TRAITÉ

ÉLÉMENTAIRE

D'ALGÈBRE.

Don de Mr Ch. Lecomte

Tout exemplaire du présent Ouvrage qui ne portera pas, comme ci-dessous, la signature de l'un des Auteurs et celle du Libraire sera contrefait. Les mesures nécessaires seront prises pour atteindre, conformément à la loi, les fabricateurs de ces exemplaires.

IMPRIMERIE DE BACHELIER,
rue du Jardinet, n° 12.

TRAITÉ

ÉLÉMENTAIRE

D'ALGÈBRE;

PAR MAYER,
Ancien Élève de l'École Polytechnique, chef d'une Institution préparatoire pour cette École, membre de la Légion d'Honneur;

ET CHOQUET,
Ancien Répétiteur à l'Ecole d'Artillerie de La Flèche, Professeur de Mathématiques.

DEUXIÈME ÉDITION.

PARIS,
BACHELIER, IMPRIMEUR-LIBRAIRE
DE L'ÉCOLE POLYTECHNIQUE, DU BUREAU DES LONGITUDES, etc.,
QUAI DES AUGUSTINS, N° 55.

1836

Nous nous sommes appliqués à mettre à profit, dans cette seconde édition, les avis de MM. les Professeurs, et ceux des Géomètres qui ont bien voulu arrêter un instant leur attention sur les modifications que nous avions tenté d'introduire dans quelques parties des Éléments d'Algèbre.

Ces conseils nous ont déterminés à placer, avant l'exposition du calcul algébrique, une introduction qui renferme des considérations propres à faire apprécier l'origine de l'Algèbre, ses usages, l'utilité des signes qu'elle emploie, et la signification des principaux symboles auxquels elle donne naissance.

Nous avons emprunté à M. Cauchy des démonstrations nouvelles, sur les nombres figurés et les formules qui servent à la sommation des piles de boulets.

On trouvera dans le chapitre XVe, au sujet de l'élimination par la méthode du plus grand commun diviseur, un théorème de M. Sarrus, qui lève entièrement les difficultés relatives aux facteurs étrangers.

Les autres additions importantes que l'ouvrage a reçues sont réunies dans le chapitre XVIIIe, qui traite de quelques développements en séries. Les démonstrations relatives aux principes sur la convergence des séries, ainsi que celles qui se rapportent à la formule du binome pour un exposant quelconque et aux développements des exponentielles et des logarithmes, sont extraites du *Cours d'Analyse algébrique* de M. Cauchy. Le chapitre se termine par un article dans lequel nous appliquons les séries logarithmiques à l'évaluation des erreurs qui résultent de la proportion dont on fait usage, pour déterminer, à l'aide des tables, le logarithme d'un nombre, ou le nombre qui correspond à un logarithme.

Nous n'avons rien négligé pour faire disparaître les imperfections qui nous avaient été signalées, ou celles que nous avions nous-mêmes reconnues; et si nous n'avons pu y réussir complétement, nous espérons, du moins, que nos efforts n'auront pas été entièrement infructueux.

TABLE DES MATIÈRES.

N. B. On a marqué d'une étoile les articles qui ne sont pas exigés pour l'admission à l'Ecole Polytechnique.

CHAPITRE PREMIER.

INTRODUCTION.

CHAPITRE DEUXIÈME.

CALCUL ALGÉBRIQUE.

ADDITION, SOUSTRACTION, MULTPLICATION, DIVISION, FRACTIONS.

CHAPITRE TROISIÈME.

ÉQUATIONS ET PROBLÈMES DU PREMIER DEGRÉ.

CHAPITRE QUATRIÈME.

RÉSOLUTION DES ÉQUATIONS GÉNÉRALES DU PREMIER DEGRÉ. DISCUSSION DES FORMULES. EXPRESSIONS INFINIES ET INDÉTERMINÉES. PRINCIPES SUR LES INÉGALITÉS.

CHAPITRE CINQUIÈME.

RACINE CARRÉE DES QUANTITÉS ALGÉBRIQUES. CALCUL DES RADICAUX DU SECOND DEGRÉ.

CHAPITRE SIXIÈME.

ÉQUATIONS ET PROBLÈMES DU SECOND DEGRÉ.

Numéros. Pages.

CHAPITRE SEPTIÈME.

DES EXPRESSIONS IMAGINAIRES. RÉSOLUTION GÉNÉRALE DE L'ÉQUATION DU TROISIÈME DEGRÉ.

CHAPITRE HUITIÈME.

PROPOSITIONS SUR LES NOMBRES. PROPORTIONS. PROGRESSIONS. FRACTIONS CONTINUES.

CHAPITRE NEUVIÈME.

ANALYSE INDÉTERMINÉE DU PREMIER DEGRÉ.

CHAPITRE DIXIÈME.

PUISSANCES ET RACINES DES MONOMES. RADICAUX. EXPOSANTS FRACTIONNAIRES. ÉQUATIONS EXPONENTIELLES. LOGARITHMES.

CHAPITRE ONZIÈME.

COMBINAISONS, ARRANGEMENTS ET PERMUTATIONS. BINOME DE NEWTON. RACINES DES POLYNOMES. NOMBRES FIGURÉS ET SOMMATION DES PILES DE BOULETS.

CHAPITRE DOUZIÈME.

THÉORIE DU PLUS GRAND COMMUN DIVISEUR ALGÉBRIQUE.

CHAPITRE TREIZIÈME.

PROPOSITIONS GÉNÉRALES SUR LES ÉQUATIONS D'UN DEGRÉ QUELCONQUE A UNE SEULE INCONNUE.

CHAPITRE QUATORZIÈME.

RECHERCHE DES RACINES RÉELLES DES ÉQUATIONS NUMÉRIQUES A UNE INCONNUE.

Numéros. Pages.

CHAPITRE QUINZIÈME.

MÉTHODE D'ÉLIMINATION POUR LA RÉSOLUTION DE DEUX ÉQUATIONS DE DEGRÉ QUELCONQUE A DEUX INCONNUES. ÉQUATION AUX DIFFÉRENCES.

CHAPITRE SEIZIÈME.

DES DIVISEURS DU SECOND DEGRÉ. DE L'ABAISSEMENT DES ÉQUATIONS. ÉQUATIONS RÉCIPROQUES. ÉQUATIONS BINOMES ET TRINOMES. ÉQUATIONS IRRATIONNELLES.

*CHAPITRE DIX-SEPTIÈME.

DES FONCTIONS SYMÉTRIQUES.

Numéros. Pages.

* CHAPITRE DIX-HUITIÈME.

DÉVELOPPEMENTS EN SÉRIES DE QUELQUES EXPRESSIONS ALGÉBRIQUES.

* CHAPITRE DIX-NEUVIÈME.

DE L'USAGE DES FONCTIONS DÉRIVÉES DANS LES QUESTIONS DE MAXIMUM ET DE MINIMUM, ET DE QUELQUES AUTRES PROPRIÉTÉS DES FONCTIONS. RECTIFICATION DE LA MÉTHODE DE NEWTON D'APRÈS FOURIER. OBSERVATIONS SUR LES FRACTIONS QUI SE PRÉSENTENT SOUS LA FORME $\frac{0}{0}$.

FIN DE LA TABLE DES MATIÈRES.

Errata.

Page 34, ligne 15, $1n=-1$, *lisez* $n=-11$

55, dernière, dividende, *lisez* diviseur; diviseur, *lisez* dividende

94, 7, par 32, *lisez* par 160

112, dernière, ab', *lisez* ab'

135, 2, 2, *lisez* $\frac{0}{0}$

ib., 4 en remontant, quelleque, *lisez* quelque

261, 2, de x, *lisez* de y

350, 14, $bx6$, *lisez* bx^6

370, 12, les théorèmes I et II, *lisez* les théorèmes II et III

405, 14, $x-4$, *lisez* $x+4$

407, 16, $+Bhy^{m-1}+Ch^2y^{m-2}$, *lisez* $+By^{m-1}+Chy^{m-2}$

408, 6 en remontant, $\frac{5}{7}$, *lisez* $\frac{5}{6}$

412, 6 en remontant, au lieu de $(x-a)^p$ *lisez* $(x-b)^p$

413, 3, $f(x)$, *lisez* $f'(x)$

504, 14, Les quatre racines imaginaires sont comprises dans la formule $y=\frac{1}{4}[-1\pm\sqrt{5}\pm\sqrt{2)5\pm\sqrt{5})}\times\sqrt{-1}]$.
Corrigez ainsi : On trouve pour les racines imaginaires de cette équation, ...

$$y=\frac{1}{4}[-1+\sqrt{5}\pm\sqrt{2(5+\sqrt{5})}\times\sqrt{-1}] \text{ et}$$
$$y=\frac{1}{4}[-1-\sqrt{5}\pm\sqrt{2(5-\sqrt{5})}\times\sqrt{-1}]$$

ib., 17, les valeurs de y données par la formule précédente, *mettez* les valeurs ci-dessus de y.

519, 7, $s_3=\frac{125-6y^2}{y^3}$, *lisez* $s_3=\frac{125-60y^2}{y^3}$

538, dernière, *lisez* qui précèdent N.

TRAITÉ

ÉLÉMENTAIRE

D'ALGÈBRE.

CHAPITRE PREMIER.

INTRODUCTION.

Premier aperçu des procédés qui servent à faciliter la résolution des problèmes d'Arithmétique.

1. L'objet que l'on a particulièrement en vue dans l'ALGÈBRE, est d'établir des méthodes à l'aide desquelles on puisse découvrir les opérations qu'il faut exécuter sur des nombres donnés, afin d'obtenir d'autres nombres inconnus qui dépendent des premiers suivant des conditions déterminées.

2. Pour montrer l'origine de cette science, supposons que l'on ait à résoudre la question suivante :

Partager 890 *francs entre trois personnes, de telle sorte que la seconde ait* 115 *francs de plus que la première, et la troisième* 180 *francs de plus que la seconde.*

Si l'on connaissait une des parts, la première, par exemple, on obtiendrait aisément les deux autres.

Or, la seconde part devant être égale à la première augmentée de 115 francs, la troisième part, qui doit être égale à la seconde augmentée de 180 fr., sera égale à la première augmentée de 115 fr. plus 180 fr., ou simplement à la première augmentée de 295 fr.

Donc, la somme des trois parts sera formée de trois fois la première part plus 115 fr., plus encore 295 fr.; ce qui est la même chose que trois fois la première part plus 410 fr.

Cette somme doit être égale au nombre à partager qui est 890 fr.

Donc trois fois la première part plus 410 fr. doivent égaler 890 fr.

Donc trois fois la première part égaleront 890 fr. moins 410 fr., ou 480 fr.

Donc la première part égalera le tiers de 480 fr., ou 160 fr.

Puisque la première personne a 160 fr., la seconde, qui doit avoir 115 fr. de plus, aura 275 fr.; et la troisième, qui doit avoir 180 fr. de plus que la seconde, aura 455 fr. Ces trois sommes réunies font 890 fr.; ce qui confirme l'exactitude de la solution.

3. Cet exemple donne un aperçu du genre des raisonnements qu'il faut faire pour résoudre les problèmes que l'on peut se proposer à l'égard des nombres; et l'on voit que, pour exprimer ces raisonnements, on a surtout besoin d'employer et de répéter fréquemment certaines expressions qui indiquent ou les nombres que l'on cherche, comme ces mots plusieurs fois répétés dans la question ci-dessus, *première part, seconde part*, etc., ou les relations qui existent entre les quantités que l'on considère et les opérations par lesquelles elles se déduisent les unes des autres, comme ces mots *égale à*, *plus* ou *augmenté de*, *moins* ou *diminué de*, etc. Il est donc naturel d'adopter des signes particuliers pour représenter d'une manière abrégée ces sortes d'expressions.

4. Pour indiquer l'addition, on emploie le signe + qu'on

prononce *plus*. Ainsi, $31 + 12 + 8$ signifie qu'on doit faire la somme des trois nombres 31, 12 et 8.

Pour indiquer la soustraction, on emploie le signe $-$ qu'on prononce *moins*. Ainsi, $31 - 12$ signifie que l'on doit soustraire 12 de 31.

Pour exprimer la multiplication, on se sert du signe $\times$ qu'on lit *multiplié par*, ou bien on place entre les facteurs un point ; ainsi, pour indiquer le produit des deux nombres 31 et 5, on écrit 31×5 ou 31.5. Pareillement, pour indiquer le produit des nombres 31, 5, 8 et 11, c'est-à-dire le résultat qu'on obtiendrait en multipliant successivement 31 par 5, le produit par 8 et le nouveau produit par 11, on écrit $31 \times 5 \times 8 \times 11$ ou bien $31.5.8.11$.

Pour exprimer qu'une quantité doit être divisée par une autre, on écrit la seconde quantité au-dessous de la première, et on les sépare par une barre ; quelquefois on écrit le diviseur à la suite du dividende, dont on le sépare par deux points. Ainsi, pour marquer qu'on doit diviser 8 par 6, on écrit $\frac{8}{6}$, ou $8 : 6$.

On exprime l'égalité de deux quantités par le signe $=$ qui se prononce *égale*. Ainsi, $3 + 5 - 2 = 6$ se lit 3 plus 5 moins 2 égale 6.

Pour exprimer les mots *plus grand*, *plus petit*, on emploie le signe $>$, en ayant soin de tourner l'ouverture de ce signe vers la quantité qui est la plus grande. Ainsi, pour exprimer l'inégalité des deux fractions $\frac{7}{9}$ et $\frac{11}{14}$, dont la seconde est plus grande que la première, on écrit $\frac{11}{14} > \frac{7}{9}$, ou bien $\frac{7}{9} < \frac{11}{14}$.

Pour représenter abréviativement un nombre inconnu qu'il s'agit de déterminer, on se sert d'une lettre qu'on choisit de préférence parmi les dernières lettres de l'alphabet.

Quand un nombre qu'on a désigné par une lettre doit être multiplié par un autre nombre connu, on se contente de placer ce nombre devant la lettre. Ainsi, pour marquer qu'un nombre qu'on a représenté par x doit être multiplié par 5, on écrit $5x$; si le nombre x doit être multiplié par $\frac{3}{4}$, le produit s'exprime par $\frac{3}{4}x$.

5. Au moyen des conventions qui viennent d'être établies, on peut écrire les raisonnements du n° 2, comme on le voit ci-après :

La première part étant désignée par..... x,
la seconde part sera .... $x+115$,
et la troisième sera $x+115+180$, ou .... $x+295$.
Il suit de là que la somme des trois parts sera $3x+115+295$,
ou simplement .... $3x+410$;
donc .... $3x+410=890$.
Donc............................ $3x=890-410$,
ou, ce qui est la même chose.......... $3x=480$.
Donc............................ $x=\frac{480}{3}$.
et en effectuant la division.............. $x=160$.

De cette manière on substitue à l'écriture ordinaire une écriture plus rapide, qui permet mieux de voir à chaque instant, et d'un seul coup d'œil, le point où la question a été amenée; et par là, la solution est rendue à la fois plus prompte et plus facile.

6. En examinant avec soin la solution qui vient d'être donnée, on voit que, pour obtenir la première part, qui est celle qu'on a désignée par x, on retranche de 890, qui est le nombre à partager, une somme 410 formée de l'excès 115 de la seconde part sur la première et de ce même nombre 115 augmenté de l'excès 180 de la troisième part sur la seconde; puis on prend le tiers du reste.

Il est clair que si les nombres connus 890, 115 et 180 étaient remplacés par d'autres, on serait encore conduit à des opérations exactement semblables.

Ainsi, que 1250 soit le nombre à partager, 170 l'excès de la seconde part sur la première, et 220 l'excès de la troisième sur la seconde; on fera la somme de 220 et 170, et l'on ajoutera 170 à cette somme, ce qui revient à faire la somme de deux fois 170 et 220; on soustraira cette somme 560 de 1250 ; enfin on divisera le reste 690 par 3. Le quotient 230 sera la valeur de la plus petite part. On vérifiera l'exactitude de ce résultat en calculant les deux autres parts et les ajoutant à la première : la somme sera égale à 1250.

On parvient donc, au moyen d'un seul exemple, à une règle par laquelle on peut résoudre immédiatement, et sans repasser par les détails des raisonnements, toutes les questions semblables à celle que l'on s'était proposée, et qui n'en diffèrent que par les valeurs des nombres donnés.

7. Il est aisé de concevoir les avantages que l'on trouverait à pouvoir généraliser ainsi, dans toutes les occasions, la solution d'un problème, en la faisant consister uniquement dans la détermination des opérations qu'il faut exécuter sur les nombres donnés afin d'obtenir les nombres inconnus.

Pour y parvenir avec facilité dans toutes les questions, on représente les nombres donnés par des lettres, en ayant soin de choisir les premières lettres de l'alphabet, afin de distinguer ces nombres de ceux qui sont inconnus et qu'on représente par les dernières lettres.

8. Au moyen de cette convention, la question du n° 2 peut être exprimée généralement de cette manière :

Partager un nombre a *en trois parties, de telle sorte que la seconde surpasse la première de* b, *et la troisième surpasse la seconde de* c.

Alors on raisonne comme il suit :

La première partie étant désignée par x,
la seconde sera . . . . $x + b$,
et la troisième sera . . . . $x + b + c$;
donc la somme des trois parties sera . . . $3x + 2b + c$.

Cette somme doit être égale au nombre à partager : ainsi l'on doit avoir l'égalité

$$3x + 2b + c = a.$$

On conclut de cette égalité, que la quantité $3x$ doit être égale au nombre a diminué de $2b$, et diminué encore de c ;

ainsi

$$3x = a - 2b - c,$$

et puisque x est le tiers de $3x$, on obtient enfin

$$x = \frac{a - 2b - c}{3}.$$

Le dernier résultat est l'expression abrégée de cette règle : *Retranchez du nombre à partager le double de l'excès de la moyenne partie sur la plus petite, et l'excès de la plus grande partie sur la moyenne ; puis divisez le reste par trois : le quotient sera la plus petite partie.*

Telle est en effet la règle qu'on avait déduite de la solution particulière exposée dans le n° 5.

9. Les égalités qui servent à déterminer des nombres inconnus, comme l'égalité ci-dessus $3x + 2b + c = a$, se nomment des *équations ;* et les expressions qui indiquent les opérations qu'on doit faire sur les nombres connus pour obtenir les nombres inconnus, comme l'expression $x = \frac{a-2b-c}{3}$, se nomment des *formules*. Si l'on veut appliquer la formule $x = \frac{a-2b-c}{3}$ à l'exemple du n° **2**, on remplacera a par 890, b par 115, c par 180, c'est-à-dire que l'on posera $a = 890$, $b = 115$, $c = 180$; on trouvera ainsi

$$x = \frac{890 - 2 \times 115 - 180}{3}.$$

Pour effectuer les opérations indiquées, on retranche de 890 le produit de 115 par 2 ou 230, ce qui donne pour reste 660 ; on retranche ensuite 180 de 660, et l'on divise le reste 480 par 3 ; le quotient 160 est la valeur de x. On pourrait exécuter plus simplement les calculs indiqués dans le numérateur, en ajoutant d'abord 180 à 230, et retranchant la somme de ces deux nombres, qui est 410, de 890.

10. Supposons que l'on veuille *partager le nombre* a *en* *quatre parties, de manière que la deuxième surpasse la première de* b, *la troisième surpasse la seconde de* c, *et la quatrième surpasse la troisième de* d.

On raisonnera comme dans l'exemple précédent ; ainsi,
en désignant la première partie par . . . . x,
la seconde partie sera. . . . . $x+b$,
la troisième sera . . . . $x+b+c$,
et la quatrième sera . . . . $x+b+c+d$;
donc la somme des quatre parties sera . . $4x+3b+2c+d$.
On devra donc avoir l'équation

$$4x + 3b + 2c + d = a;$$

par conséquent,

$$4x = a - 3b - 2c - d,$$
$$x = \frac{a - 3b - 2c - d}{4}.$$

On voit par cette formule que, *pour obtenir la plus petite partie, il faudra soustraire du nombre à partager* 3 *fois l'excès de la seconde partie sur la première,* 2 *fois l'excès de la troisième sur la seconde, et l'excès de la quatrième sur la troisième, puis diviser le reste par* 4.

11. Supposons encore que l'on demande de *partager le nombre* a *en cinq parties, de manière que la deuxième surpasse la première de* b, *la troisième surpasse la deuxième de* c, *la quatrième surpasse la troisième de* d, *et la cinquième surpasse la quatrième de* e.

Les raisonnements seront toujours les mêmes que dans les exemples ci-dessus, et l'on en déduira la formule suivante :

$$x = \frac{a - 4b - 3c - 2d - e}{5};$$

c'est-à-dire que, *pour obtenir la plus petite partie, il faudra soustraire du nombre à partager* 4 *fois l'excès de la seconde partie sur la première,* 3 *fois l'excès de la troisième sur la seconde, 2 fois l'excès de la quatrième sur la troisième, et l'excès de la cinquième sur la quatrième ; puis diviser le reste par* 5.

12. L'uniformité des règles auxquelles on parvient dans les différents cas que nous venons de considérer, permet de conclure que, quel que soit le nombre des parties, si chacune d'elles doit surpasser la précédente d'une quantité donnée, il faudra soustraire du nombre à partager l'excès de la seconde partie sur la première, répété autant de fois moins une qu'il doit y avoir de parties, l'excès de la troisième partie sur la seconde, répété autant de fois moins deux qu'il doit y avoir de parties, l'excès de la quatrième sur la troisième, répété autant de fois moins trois qu'il doit y avoir de parties, et ainsi de suite ; de sorte que l'on soustraira seulement deux fois l'excès de la pénultième partie sur l'antépénultième, et une seule fois l'excès de la dernière partie sur la pénultième : le reste divisé par le nombre des parties donnera la valeur de la plus petite partie.

Que le nombre à partager soit représenté par a, l'excès de la seconde partie sur la première par b, l'excès de la troisième sur la seconde par c, l'excès de la quatrième sur la troisième par d, ainsi de suite, enfin l'excès de la pénultième sur l'antépénultième par k, l'excès de la dernière sur la pénultième par l; et désignons le nombre des parties par n.

Pour indiquer que le nombre b doit être répété autant de fois moins une qu'il y a de parties, ou $n-1$ fois, on enferme la quantité $n-1$ entre deux parenthèses, et l'on écrit $(n-1)\times b$, ou plus simplement $(n-1)b$, en supprimant le signe de multiplication, comme on le ferait si b devait être multiplié par un nombre. On représente pareillement par $(n-2)c$ le produit résultant de l'excès c répété autant de fois qu'il y a de parties moins deux, par $(n-3)d$ le produit résultant de l'excès d répété autant de fois qu'il y a de parties moins trois, etc. Alors, en désignant par x la plus petite partie, on écrit la règle qui vient d'être énoncée, comme on le voit ci-dessous :

$$x = \frac{a-(n-1)b-(n-2)c-(n-3)d.....-2k-l}{n}.$$

On doit d'ailleurs entendre par les points placés entre les quantités $(n-3)d$ et $2k$ que, pour chaque valeur de n, il faudra écrire entre ces quantités les excès de chaque partie sur la précédente, depuis la cinquième partie jusqu'à l'antépénultième, multipliés, comme les précédents, par des nombres qui décroissent d'une unité à partir de $n-4$.

Cet exemple, qui fait ressortir toute la simplicité des notations algébriques, montre en même temps quel degré de généralité ces notations permettent de faire acquérir à la résolution d'une question.

13. Les notations nouvelles dont nous venons de faire usage se rencontreront fréquemment dans la suite ; c'est pourquoi elles doivent fixer particulièrement l'attention. Il est donc nécessaire de se rappeler que pour indiquer un produit dont les facteurs sont représentés par des lettres, on peut se contenter d'écrire ces lettres les unes à côté des autres, sans mettre aucun signe entre elles ; de sorte que les expressions ab, abc, doivent être regardées comme équivalentes à celles-ci : $a\times b$, $a\times b\times c$.

Il faut aussi remarquer qu'on ne doit pas confondre les expressions $(a+b)\times c$ et $a+b\times c$: dans la première, les parenthèses servent à indiquer que l'addition des nombres a et b doit être effectuée avant qu'on ne fasse la multiplication ; tandis que l'expression $a+b\times c$ signifie que l'on doit ajouter à a le produit $b\times c$ ou bc. Par exemple, si l'on a $a=5$, $b=3$, $c=7$, l'expression $(a+b)\times c$ vaut 8×7 ou 56, et l'expression $a+b\times c$ vaut $5+21$ ou 26.

14. On a souvent à résoudre cette question : *Trouver deux nombres dont on connaît la somme et la différence.* En représentant par a la somme donnée des deux nombres, et par b leur différence, la question revient à partager le nombre a

en deux parties telles que l'une surpasse l'autre de b : elle n'est donc qu'un cas particulier de la question du n° 12. La plus petite partie, ou le plus petit des deux nombres demandés, est alors

$$\frac{a-b}{2}.$$

Il en résulte que la plus grande partie, ou le plus grand des deux nombres demandés, est $\frac{a-b}{2}+b$. Or, d'après la règle connue pour l'addition d'un nombre entier et d'une fraction, on peut remplacer la dernière expression par $\frac{a-b+2b}{2}$; d'ailleurs, il est clair que si l'on retranche b de a, et qu'on ajoute ensuite $2b$ au reste, le résultat sera le même que si l'on ajoutait simplement b à a. Le plus grand des deux nombres cherchés est donc

$$\frac{a+b}{2}.$$

Ainsi, *l'on obtiendra le plus petit des deux nombres en retranchant la différence de ces nombres de leur somme, et prenant la moitié du reste ; on obtiendra le plus grand nombre en ajoutant la différence à la somme, et prenant la moitié du résultat.*

Problèmes qui conduisent à pratiquer diverses opérations sur les quantités exprimées algébriquement.

15. Dans les questions dont nous nous sommes occupés jusqu'ici, nous n'avions d'autre objet que de faire connaître l'origine et l'utilité des notations algébriques. Nous allons maintenant résoudre d'autres problèmes moins simples, qui feront voir à quelles sortes de règles ces notations peuvent donner naissance.

16. 1er Problème. *On propose à un marchand de lui vendre un lot de 40 pièces d'étoffe de deux qualités différentes, au* *prix commun de 32 francs par pièce. Le marchand juge qu'en achetant à ce prix, il pourra faire un bénéfice de 5 francs sur chaque pièce de la qualité supérieure, et une perte de 4 francs sur chacune des autres. Combien doit-il exiger qu'on lui livre de pièces de la meilleure qualité, pour qu'il puisse gagner sur la totalité une somme égale au dixième du prix d'achat?*

Représentons par x le nombre des pièces que le marchand vendra avec bénéfice ; le nombre de celles qu'il vendra avec perte sera $40 - x$. Le bénéfice produit par la vente de x pièces de la meilleure qualité sera égal à x fois 5 francs, ou à $5x$ fr. ; la perte occasionée par la vente des pièces dont la qualité est inférieure sera exprimée par le produit de $40 - x$ par 4, ou $(40 - x) \times 4$; et comme le bénéfice doit excéder la perte de 128 fr., il faudra que l'on ait l'équation

$$5x - (40 - x) \times 4 = 128.$$

Cette équation présente une complication qui n'existait pas dans les équations fournies par les questions précédentes, et qui consiste en ce que le nombre inconnu se trouve engagé dans une soustraction dont le résultat doit être répété quatre fois et soustrait ensuite de la quantité $5x$. Mais avec un peu d'attention, on découvre facilement le moyen de faire disparaître cette complication.

D'abord, on peut obtenir une expression du produit $(40 - x) \times 4$ qui soit délivrée de parenthèses. Il est clair, en effet, que ce produit doit être égal à celui de 40 par 4, diminué de celui de x par 4 ; or, le produit de 40 par 4 est 160 ; on a donc $(40 - x) \times 4 = 160 - 4x$. Comme le produit $(40 - x) \times 4$ devait être soustrait de $5x$, il faut retrancher de $5x$ la quantité $160 - 4x$. Pour indiquer cette opération, on devrait encore employer les parenthèses, et mettre $5x - (160 - 4x)$; car, si l'on écrivait $5x - 160 - 4x$, cela signifierait que l'on doit soustraire 160 de $5x$ et soustraire encore $4x$ du reste, de sorte que la quantité $5x$ serait réellement diminuée de la somme des quantités 160 et $4x$. Mais on peut obtenir une expression de l'opération proposée sans employer de parenthèses ; car si l'on soustrait d'abord 160 de $5x$, le reste $5x - 160$ sera trop faible de $4x$, puisqu'on aura soustrait une quantité trop forte de $4x$; donc le véritable reste est $5x - 160 + 4x$.

Au moyen de ces observations, l'équation ci-dessus $5x - (40 - x) \times 4 = 128$ se change dans la suivante :

$$5x - 160 + 4x = 128.$$

Or, $5x - 160 + 4x$ est évidemment la même chose que $9x - 160$; donc

$$9x - 160 = 128.$$

On conclut de là

$$9x = 128 + 160, \text{ ou } 9x = 288,$$

$$x = \frac{288}{9}, \text{ ou } x = 32.$$

Il faut donc que le marchand reçoive 32 pièces de la meilleure qualité. En effet, s'il vend 32 pièces avec un bénéfice de 5 fr. par pièce, il gagne 160 fr. ; mais en vendant les 8 pièces qui restent à 4 fr. de perte, il perd 32 fr. Par conséquent, le gain qu'il fait sur la totalité est $160 - 32$, ou 128 fr.

17. Si, pour généraliser la question qui vient d'être traitée, on met des lettres au lieu des nombres connus, et si l'on débarrasse en même temps l'énoncé des circonstances accessoires qu'il renferme, le problème deviendra celui-ci :

Partager un nombre a *en deux parties telles que, le produit de la seconde partie par* c *étant retranché du produit de la première partie par* b, *le reste soit égal à un nombre connu* d.

Nommant x la première partie, la seconde sera $a - x$; et l'énoncé du problème se traduira algébriquement par l'équation

$$bx - (a - x) \times c = d.$$

En raisonnant comme dans la question précédente, on

voit que, au lieu de $(a - x) \times c$ on peut écrire $ac - cx$, et que, pour exprimer le reste $bx - (ac - cx)$, on peut écrire $bx - ac + cx$. L'équation ci-dessus revient donc à la suivante :

$$bx - ac + cx = d.$$

Mais la somme $bx + cx$ exprime que x est pris autant de fois qu'il y a d'unités dans la somme $b + c$, ce qui peut aussi s'indiquer par $(b + c)x$. On peut donc écrire encore l'équation comme il suit :

$$(b + c)x - ac = d;$$

alors on en conclut aisément

$$(b + c)x = d + ac,$$
$$x = \frac{d + ac}{b + c}.$$

Si l'on met dans cette formule à la place des lettres, les nombres qu'on avait d'abord pris, savoir $a = 40$, $b = 5$, $c = 4$, $d = 128$, on trouve

$$x = \frac{128 + 40 \times 4}{5 + 4} = \frac{128 + 160}{5 + 4} = \frac{288}{9} = 32.$$

18. 2ᵉ Problème. *On a fait partir de Paris pour Bayonne un courrier qui parcourt* 12 *kilomètres dans une heure ;* 10 *heures après, on fait partir un second courrier qui parcourt* 15 *kilomètres dans une heure. On demande à quelle distance de Bayonne celui-ci rejoindra le premier?* (La distance de Paris à Bayonne est de 801 kilomètres.)

Puisque le premier courrier parcourt 12 kilomètres en une heure, et part 10 heures avant le second, il a parcouru pendant ce temps un espace de 120 kilomètres; donc, au moment du départ du second, il se trouve éloigné de Bayonne de 801 − 120, ou 681 kilomètres. Nommons x le nombre de kilomètres que les deux courriers devront encore parcourir, après l'instant de leur rencontre, pour arriver au lieu de leur destination. Les espaces qu'ils auront parcourus depuis l'instant du départ du second jusqu'au moment de la rencontre, seront exprimés par $801 - x$ et $681 - x$. Or, ces espaces ayant été parcourus dans le même temps, il faudra qu'ils soient proportionnels aux espaces que les deux courriers parcourent en une heure. On devra donc avoir

$$801 - x : 681 - x :: 15 : 12.$$

On tire de là, en égalant le produit des extrêmes au produit des moyens,

$$(801 - x) \times 12 = (681 - x) \times 15.$$

Mais, d'après ce qu'on a vu dans le problème précédent, on a

$$(801 - x) \times 12 = 801 \times 12 - 12x = 9612 - 12x,$$
$$(681 - x) \times 15 = 681 \times 15 - 15x = 10215 - 15x.$$

L'équation ci-dessus revient donc à

$$9612 - 12x = 10215 - 15x.$$

Pour que cette dernière équation soit vérifiée, il faut évidemment que la quantité $15x$ surpasse $12x$ d'autant que 10215 surpasse 9612 ; ce qui s'exprime par l'équation

$$15x - 12x = 10215 - 9612.$$

Or, $15x - 12x$ est la même chose que $3x$; et en retranchant 9612 de 10215, on a pour reste 603 ; on devra donc avoir

$$3x = 603; \quad \text{d'où} \quad x = 201.$$

Il suit de là que les deux courriers se rencontreront à 201 kilomètres de Bayonne.

On peut aisément reconnaître l'exactitude de cette solution ; car, pour que le courrier qui est parti le premier ne soit plus éloigné de Bayonne que de 201 kilomètres, il a fallu qu'il parcoure, depuis le moment du départ du second courrier, un espace égal à $681 - 201$ kilomètres ou 480 kilomètres ; et puisqu'il fait 12 kilomètres par heure, il a dû marcher pendant un nombre d'heures égal au quotient de 480 par 12, lequel est 40. Pour que le second courrier ne soit plus éloigné de Bayonne que de 201 kilomètres, il a fallu qu'il parcoure un espace égal à 801 — 201 kilomètres, ou 600 kilomètres ; et puisqu'il fait 15 kilomètres par heure, il a dû marcher pendant un nombre d'heures égal au quotient de 600 par 15, lequel est 40. Le second courrier rejoindra donc le premier à une distance de Bayonne de 201 kilomètres.

19. La question qu'on vient de résoudre peut être envisagée comme un cas particulier de la suivante :

Trouver un nombre x *tel que, si on le retranche de chacun des nombres donnés* a *et* b, *on obtienne des restes proportionnels à deux autres nombres donnés* m *et* n.

Cet énoncé se traduit par la proportion

$$a - x : b - x :: m : n;$$

d'où l'on tire, en égalant le produit des extrêmes au produit des moyens

$$n(a - x) = m(b - x).$$

En appliquant aux produits de $(a - x)$ par n, et de $b - x$ par m, les transformations que nous avons précédemment expliquées, on voit que l'équation ci-dessus revient à

$$na - nx = mb - mx.$$

Si l'on suppose $m > n$, il faudra, pour que l'équation puisse être résolue, que l'on ait aussi $mb > na$; et l'excès de mx sur nx devra être égal à celui de mb sur na, ce qui s'écrit ainsi :

$$mx - nx = mb - na.$$

Mais au lieu de $mx - nx$, on peut écrire $(m - n)x$; la dernière équation revient donc à

$$(m - n)x = mb - na;$$

donc

$$x = \frac{mb - na}{m - n}.$$

Pour appliquer cette formule à l'exemple précédent, il faut poser $a = 801$, $b = 681$, $m = 15$, $n = 12$, ce qui donne

$$x = \frac{15 \times 681 - 12 \times 801}{15 - 12}, \text{ d'où } x = 201.$$

20. Si l'on demande un nombre tel qu'en l'ajoutant à chacun des nombres a et b, on obtienne deux sommes proportionnelles aux nombres m et n, l'équation sera

$$m(b + x) = n(a + x);$$

ce qui revient à

$$mb + mx = na + nx.$$

Si l'on suppose encore $m > n$, il faudra, pour que l'équation soit possible, que l'on ait $na > mb$; et l'excès de mx sur nx devra être égal à celui de na sur mb, ce qui fournit l'équation

$$mx - nx = na - mb, \quad \text{ou bien} \quad (m - n)x = na - mb;$$

donc

$$x = \frac{na - mb}{m - n}.$$

21. Proposons-nous encore de trouver un nombre tel que, si on le retranche de a, et si on l'ajoute à b, la différence et la somme soient proportionnelles aux nombres m et n. On devra avoir l'équation

$$m(b + x) = n(a - x),$$

ce qui revient à

$$mb + mx = na - nx.$$

Il est clair que cette équation ne sera possible que dans le cas où l'on aura $na > mb$; et il faudra que la somme des deux quantités mx et nx soit égale à l'excès de na sur mb, ce qui fournit l'équation

$$mx + nx = na - mb, \quad \text{ou bien} \quad (m + n)x = na - mb;$$

donc

$$x = \frac{na - mb}{m + n}.$$

22. Dans les questions dont nous venons de nous occuper, il est arrivé que tantôt on a décomposé en multiplications partielles une multiplication indiquée sur la somme ou la différence de deux quantités ; tantôt on a, au contraire, décomposé une expression qui représentait le résultat de deux multiplications suivies d'une addition ou d'une soustraction, en une autre qui indiquait une multiplication précédée d'une addition ou d'une soustraction. Et dans la question du n° **17**, il a fallu changer l'expression d'une soustraction dans laquelle la quantité à soustraire était une différence $ac - cx$, en une autre qui marquait que l'on devait d'abord soustraire ac et ensuite ajouter cx.

Les raisonnements dont on se sert dans ces occasions ont donné naissance à des règles, au moyen desquelles on exécute sur les quantités exprimées avec des lettres, qu'on nomme *quantités littérales*, des opérations qu'on a appelées *addition*, *soustraction*, *multiplication*, *division*, à cause de l'analogie qu'elles ont avec les opérations de l'arithmétique qui portent les mêmes noms. Mais ces opérations diffèrent de celles de l'arithmétique, comme le fait remarquer M. Lacroix, en ce que *leurs résultats, qui ne sont encore que des indications de calculs à effectuer, ne présentent réellement que des transformations des opérations primitivement indiquées en d'autres qui produisent le même effet, et dont l'écriture algébrique est plus simple ou mieux appropriée aux besoins de la question que l'on traite.*

L'ensemble de ces opérations constitue ce que l'on appelle le *calcul algébrique.*

On voit aussi, par les exemples que nous avons déjà donnés, que la résolution d'une question est en général composée de deux parties. Dans la première partie, on cherche à former d'après les conditions du problème, au moyen des quantités connues représentées par des nombres ou par des lettres, et de la quantité inconnue toujours exprimée par une lettre, deux expressions différentes d'une même quantité, et on les égale. Cela s'appelle *mettre le problème en équation*. Dans la seconde partie, on déduit de l'équation la valeur de la quantité inconnue, ce qui s'appelle *résoudre l'équation*; et comme les raisonnements qu'on emploie dans cette seconde partie se reproduisent pour chaque question d'une manière uniforme, on peut les réduire à un petit nombre de règles fixes.

Nous ne nous occuperons pas actuellement des règles relatives à la résolution des équations; mais nous allons donner quelques principes sur les opérations algébriques, en nous bornant à celles dont le besoin se fait immédiatement sentir, et qui n'exigent que des explications très simples.

Premiers principes sur les opérations algébriques.

23. Supposons que l'on doive faire la somme de deux quantités exprimées par $a-b$ et $c-d+e$. Si la différence $a-b$ devait être augmentée de c, le résultat serait marqué par $a-b+c$; mais si, au lieu d'ajouter c à $a-b$, il faut ajouter à la seconde quantité la première diminuée de d, la somme $a-b+c$ sera trop forte du nombre d; il faudra donc la diminuer de ce nombre, ce qui donnera $a-b+c-d$; et comme ce n'était pas $c-d$ qu'il fallait ajouter, mais cette quantité augmentée de e, la somme $a-b+c-d$ doit être pareillement augmentée de e, ce qui donne $a-b+c-d+e$.

Dans les expressions comme celles que nous venons de considérer, la première quantité, qui n'est précédée d'aucun signe, peut être regardée comme précédée du signe $+$; car $a+b$, par exemple, est la même chose que $b+a$.

Au moyen de cette observation, on peut énoncer la règle de l'addition comme il suit : *pour ajouter deux expressions algébriques, il faut écrire ces expressions l'une à la suite de l'autre, en conservant les signes placés devant chacune des quantités qui les composent.*

24. Supposons qu'on ait à soustraire la quantité représentée par $c-d+e$ d'une autre telle que $a-b$. Si l'on devait soustraire c de $a-b$, le résultat serait marqué par $a-b-c$; si au lieu de soustraire c on doit soustraire $c-d$, le résultat $a-b-c$ sera trop faible de d, il faudra donc l'augmenter de d, ce qui donnera $a-b-c+d$; et comme ce n'était pas $c-d$ qu'il fallait retrancher, mais cette quantité augmentée de e, le reste $a-b-c+d$ doit être encore diminué de e, ce qui donne $a-b-c+d-e$.

Il suit de ces raisonnements que, *pour la soustraction, il faut écrire l'expression de la quantité que l'on soustrait après celle de la quantité dont on soustrait, en changeant, devant les quantités qui composent celle que l'on soustrait, le signe $+$ en $-$, et le signe $-$ en $+$.*

Il ne faut pas oublier que, suivant ce qui a été dit plus haut, la quantité c qui n'est précédée d'aucun signe est regardée comme précédée du signe $+$.

25. Supposons qu'on ait à multiplier la quantité $a+b-c$ par une quantité m. Il résulte de la définition connue de la multiplication que, lorsqu'un des facteurs d'un produit augmente ou diminue d'un nombre quelconque d'unités, ou d'une partie quelconque de l'unité, le produit doit augmenter ou diminuer du même nombre de fois l'autre facteur, ou de la même partie de l'autre facteur. Ainsi le produit de $a+b$ par m doit être formé du produit de a par m, augmenté du produit de b par m, ce qui s'exprime par $am+bm$; et pour obtenir le produit de $a+b-c$ par m, il faut du produit ci-dessus, $am+bm$, retrancher cm, ce qui s'exprime par $am+bm-cm$.

Que l'on ait maintenant à multiplier $a+b-c$ par $m+n-p$. D'après ce qui vient d'être dit, on pourra former le produit en faisant la somme des produits de $a+b-c$ par m et par n, et retranchant de cette somme le produit de $a+b-c$ par p. Or, le produit de $a+b-c$ par m est $am+bm-cm$, celui de $a+b-c$ par n est $an+bn-cn$, celui de $a+b-c$ par p

est $ap+bp-cp$; et d'après les principes qui ont été établis dans les nos 23 et 24, la somme des deux premiers produits diminuée du troisième est exprimée comme il suit :

$$am+bm-cm+an+bn-cn-ap-bp+cp.$$

Il suit de ces raisonnements que, *pour multiplier deux expressions composées de quantités réunies par les signes + et —, il faut multiplier chacune des quantités qui composent le multiplicande par chacune de celles qui composent le multiplicateur, et réunir tous les produits partiels, en mettant le signe + devant ceux qui proviennent de deux quantités précédées de signes semblables, et le signe — devant ceux qui proviennent de deux quantités précédées de signes contraires.*

26. Pour mieux mettre en évidence la règle relative aux signes des produits partiels, on peut la décomposer dans les trois règles qui suivent :

1°. *Les produits partiels formés avec deux quantités précédées l'une et l'autre du signe +, doivent être précédés du signe +.*

2°. *Les produits partiels formés avec deux quantités dont l'une est précédée du signe + et l'autre du signe —, doivent être précédés du signe —.*

3°. *Les produits partiels formés avec deux quantités précédées l'une et l'autre du signe —, doivent être précédés du signe +.*

Quand on veut rappeler ces trois règles, on emploie communément les expressions abrégées : + *multiplié par* + *donne* +; + *multiplié par* — *ou* — *multiplié par* + *donne* —; — *multiplié par* — *donne* +. C'est là ce qu'on appelle la règle des signes.

27. Il ne faut pas perdre de vue que lorsqu'on veut seulement indiquer une addition, une soustraction ou une multiplication, il suffit de se servir des parenthèses, comme nous l'avons précédemment expliqué ; au moyen de cette notation, les principes qui viennent d'être établis s'expriment par les égalités ci-dessous :

$$a - b + (c - d + e) = a - b + c - d + e,$$
$$a - b - (c - d + e) = a - b - c + d - e,$$
$$(a + b - c) \times m = am + bm - cm,$$

$$(a + b - c) \times (m + n - p) = \left\{ \begin{array}{ccc} am & + bm & - cm \\ + an & + bn & - cn \\ - ap & - bp & + cp \end{array} \right\}$$

28. Quant à la division, elle ne donne lieu à aucune règle, tant que l'on ne considère que des expressions comme celles dont nous venons de nous occuper. On ne peut qu'indiquer le quotient au moyen des conventions qui ont été établies à ce sujet dans le n° 4. Ainsi, pour exprimer le quotient de $a+b-c$ par $m+n-p$, il faut écrire

$$\frac{a+b-c}{m+n-p} \text{ ou } (a+b-c) : (m+n-p).$$

Observations sur les problèmes dans lesquels les données sont représentées par des lettres.

29. Lorsque l'on généralise le problème du n° 18, en représentant les données par des lettres, il offre plusieurs cas dont l'examen sera propre à faciliter l'intelligence de ce qui nous reste à dire sur les principaux caractères des méthodes algébriques.

Reprenons donc ce problème que nous énoncerons comme il suit :

Deux mobiles M *et* N *se meuvent sur une ligne droite* XY *avec des vitesses constantes* m *et* n, *et dans la même direction de* X *en* Y. *On sait que, lorsque le mobile* M *est parvenu au point* A *qui est distant du point* C *d'une quantité connue* a, *le mobile* N *se trouve au point* B *qui est éloigné du même point* C *d'une autre quantité connue* b. *On demande à quelle distance du point* C *les deux mobiles se rencontrent ?*

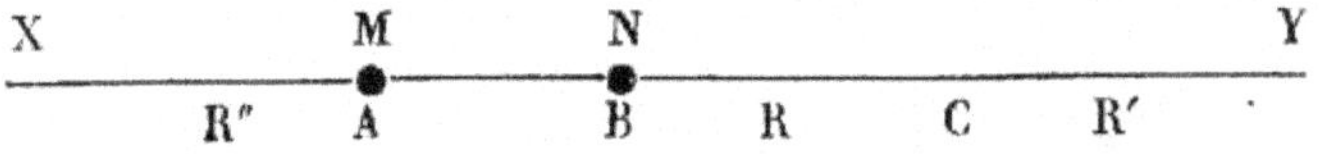

Si l'on suppose que les deux mobiles ne commencent à se mouvoir qu'à partir des points A et B, il faudra, pour qu'ils puissent se joindre, que le mobile M qui est d'abord en arrière aille plus vite que l'autre, c'est-à-dire qu'il faudra que l'on ait $m > n$. Mais, en admettant que cette condition soit remplie, on aura deux cas à considérer : celui où les deux mobiles devront se rencontrer avant d'avoir atteint le point C, et celui où ils ne pourront se rencontrer qu'après avoir passé par ce point.

Supposons que la rencontre ait lieu au point R situé entre B et C, et désignons par x la distance CR qu'il s'agira de trouver. La distance AR sera exprimée par $a - x$, la distance BR par $b - x$; et puisque ces distances seront parcourues dans le même temps, elles seront proportionnelles aux vitesses des deux mobiles, de sorte que l'on aura

$$a - x : b - x :: m : n, \quad \text{d'où} \quad n(a - x) = m(b - x).$$

On est ainsi ramené à l'équation que nous avons considérée dans le n° **19**. D'après ce qui a été dit dans ce numéro, puisque l'on a par hypothèse $m > n$, il faut, pour que cette équation puisse être résolue, que l'on ait aussi $mb > na$; et dans ce cas on trouve

$$x = \frac{mb - na}{m - n}.$$

30. Examinons maintenant le cas où les deux mobiles ne peuvent se rencontrer qu'au-delà du point C. Soit R' le point de rencontre, et désignons la distance CR' par x. Les distances AR' et BR' seront respectivement exprimées par $a + x$ et $b + x$; et l'on devra avoir

$$a + x : b + x :: m : n, \quad \text{d'où} \quad n(a + x) = m(b + x).$$

On est ainsi ramené à l'équation que nous avons considérée dans le n° **20**. D'après ce qu'on a vu dans ce numéro, puisque l'on a par hypothèse $m > n$, il faut, pour que cette équation puisse être résolue, que l'on ait aussi $na > mb$; et dans ce cas on trouve

$$x = \frac{na - mb}{m - n}.$$

31. Au lieu de supposer que les mobiles ne commencent à se mouvoir qu'à partir des points A et B, on peut concevoir qu'ils parviennent à ces points après avoir été en marche depuis un temps indéfini dans la direction XA. De cette manière, le problème ne cessera pas d'admettre une solution si, au lieu d'avoir $m > n$, on a au contraire $m < n$. Car si le mobile N, ayant la plus grande vitesse, et parvenant au point B à l'instant où l'autre mobile parvient en A, s'est trouvé d'abord en arrière de celui-ci, il aura dû le rencontrer en quelque point en-deçà de A.

Soit R″ le point de rencontre, et désignons la distance CR″ par x. Les distances R″A et R″B seront exprimées par $x - a$ et $x - b$; et puisque les mobiles parviennent au même instant l'un en A et l'autre en B, on devra avoir

$$x - a : x - b :: m : n, \quad \text{d'où } n(x - a) = m(x - b).$$

L'équation $n(x - a) = m(x - b)$ revient à celle-ci :

$$nx - na = mx - mb;$$

et l'on en conclut, par des raisonnements semblables à ceux du n° **19**,

$$x = \frac{na - mb}{n - m}.$$

Il faut remarquer d'ailleurs que, puisque l'on a par hypothèse $n > m$, et puisque l'on a aussi AC > BC ou $a > b$, on a nécessairement $na > mb$.

32. Dans chacun des trois cas que nous venons de considérer, la formule à laquelle on parvient exprime toujours qu'il faut diviser la différence des produits *mb* et *na* par la différence des quantités *m* et *n*. Mais les trois formules diffèrent par l'ordre dans lequel les soustractions s'effectuent, et quand la possibilité d'exécuter ces soustractions existe pour une des formules, elle n'existe pas pour les deux autres. Il semble que l'on doive inférer de là que les trois formules sont nécessaires pour embrasser toutes les circonstances que le problème peut offrir. Cependant au moyen des conventions que les algébristes ont établies, on parvient à éviter l'inconvénient d'employer des formules différentes pour les diverses suppositions qui peuvent être faites sur les données d'une question : c'est ce que nous allons expliquer.

Des quantités négatives.

33. Quand on est conduit à une soustraction que l'on ne peut exécuter, parce que le nombre que l'on doit soustraire est plus grand que celui dont il faut le soustraire, on retranche le plus petit nombre du plus grand, et l'on place devant le reste le signe —, qui sert alors à indiquer que ce reste est ce qu'il manquait au nombre dont on devait soustraire pour que l'opération pût être entièrement effectuée. Ainsi, que l'on ait à soustraire 10 de 7, le reste s'exprimera par —3.

Une expression formée d'un nombre précédé du signe —, comme — 3, prend le nom de quantité *soustractive* ou *négative*. Par opposition, on donne aux quantités qui sont affectées du signe + la dénomination de quantités *additives* ou *positives*. Les quantités qui ne sont précédées d'aucun signe sont regardées comme précédées du signe +.

La *valeur absolue* d'une quantité positive ou négative est le nombre dont cette quantité est formée, pris indépendamment du signe qui le précède.

34. Supposons qu'on ait exprimé par *a* la valeur des biens qu'une personne possède, et par *b* ce qu'elle doit. Si *a* est plus grand que *b*, cette personne possédera évidemment une

fortune égale à $a - b$; si, au contraire, a est moindre que b, elle sera dans le même cas que si elle ne possédait rien et devait une somme égale à $b - a$; mais on pourra comprendre les deux cas dans une même expression, en convenant de regarder la différence $a - b$ comme représentant un bien réel, ou une dette, selon que cette différence sera positive ou négative.

Par exemple, si l'on a $a = 2000$ et $b = 2500$, il en résultera $a - b = -500$, et au lieu de dire que la personne dont on veut calculer la fortune doit 500 francs au-delà de ce qu'elle possède, on dira qu'elle possède -500 francs.

Supposons encore que l'on ait exprimé par a l'espace qu'un mobile a parcouru sur une droite, à partir d'un point fixe, dans un sens désigné, et par b l'espace dont il a rétrogradé par un mouvement en sens contraire. Si b est moindre que a, le mobile se sera éloigné du point de départ d'une quantité égale à $a - b$, dans le sens du premier mouvement ; et si b est plus grand que a, le mobile sera distant du point de départ, dans une direction opposée, d'une quantité égale à $b - a$. Mais on pourra représenter dans les deux cas la distance du mobile au point de départ par la différence $a - b$, en convenant que cette distance devra être prise dans le sens du premier mouvement, ou dans le sens du second, suivant que la quantité $a - b$ sera positive ou négative.

33. Ces exemples montrent que l'emploi des quantités négatives constitue un mode de langage par lequel on renferme dans une expression commune deux significations opposées. Ils font donc pressentir qu'on augmentera utilement la généralité des solutions algébriques, si l'on introduit ces quantités dans les calculs, en les regardant comme susceptibles de se combiner entre elles et avec les quantités positives par addition, soustraction, multiplication et division.

A la vérité, ces opérations, appliquées aux quantités négatives, offriront nécessairement un sens différent de celui que l'on y attache lorsque l'on ne considère que des nombres.

Elles ne pourront pas non plus être entièrement assimilées aux opérations algébriques dont nous avons fait connaître plus haut l'origine et la nature; car ces opérations, telles que nous les avons envisagées, se rapportent seulement à des expressions dans lesquelles les signes + et — sont employés pour marquer l'addition et la soustraction, comme on les conçoit en Arithmétique. On pourrait donc croire que l'on reste maître d'appliquer aux quantités négatives telles règles que l'on voudra.

Cependant on doit aisément concevoir que, d'après l'origine même de ces quantités, il faudra toujours leur appliquer dans les calculs les mêmes règles que si elles étaient placées après des quantités positives telles que la soustraction pût être effectuée; et c'est en effet ce que l'expérience confirme de la manière la plus complète et la plus satisfaisante.

Développons les conséquences de ce principe par rapport à chaque opération.

36. Pour ajouter des quantités isolées positives et négatives, ou toutes négatives, on applique à ces quantités la règle du n° 23. Ainsi, la somme des quantités $+15$ et -10 est exprimée par $+15-10$; celle des quantités $+15$ et -20 est exprimée par $+15-20$; et celle des quantités -15 et -20 est exprimée par $-15-20$.

La première expression se réduit, selon la signification ordinaire du signe —, à $+5$; la seconde expression se réduit, d'après la convention du n° 33, à -5. A l'égard de l'expression $-15-20$, on opère pour la réduire comme si la première quantité -15 était précédée d'une quantité positive suffisamment grande. Dans ce cas, on devrait retrancher d'abord 15 de cette quantité, et retrancher ensuite 20 du reste. Or, il est clair qu'on aurait ainsi le même résultat que si l'on retranchait de la même quantité la somme des deux nombres 15 et 20, ou 35. L'expression $-15-20$ peut donc être remplacée par -35. Si, dans les deux premiers exemples, on intervertissait l'ordre des deux quantités, la réduction donnerait toujours le même résultat; car en supposant l'expression $-10+15$ précédée d'une quantité positive plus grande que 10, il faudra diminuer cette quantité de 10 et augmenter le reste de 15. Or, il est évident que le résultat ne sera pas changé si l'on augmente d'abord la première quantité de 15 et que l'on diminue la somme de 10. De même pour l'expression $-20+15$.

Ainsi, *l'addition de deux quantités, l'une positive et l'autre négative, s'exécute en prenant la différence des valeurs absolues de ces quantités, et l'affectant du signe de la quantité dont la valeur est la plus grande.*

Et, *l'addition de deux quantités négatives s'exécute en faisant la somme des valeurs absolues de ces quantités, et l'affectant du signe —.*

37. Si l'on doit ajouter les cinq quantités -2, $+5$, -13, -4, $+8$, la somme sera exprimée par

$$-2+5-13-4+8;$$

et en réduisant, au moyen des deux règles qui ont été énoncées à la fin du numéro précédent, on trouvera successivement

$$-2+5=+3,$$
$$-2+5-13=+3-13=-10,$$
$$-2+5-13-4=-10-4=-14,$$
$$-2+5-13-4+8=-14+8=-6.$$

Dans cet exemple, on retranche d'abord 2 de 5, puis on soustrait le reste de 13. Or, par ces opérations, on a le même résultat que si l'on ajoutait 2 à 13 et qu'on diminuât la somme de 5. Ensuite, la valeur absolue de l'expression -14 se forme en ajoutant 4 à la valeur absolue du résultat précédent; et puisque ce résultat était formé de la somme des nombres 2 et 13 diminuée de 5, le nombre 14 est formé de la somme des nombres 2, 13 et 4, diminuée de 5. Enfin, la valeur absolue de -6 qui se forme en retranchant 8 de 14, est la somme des nombres 2, 13 et 4, diminuée de celle des nombres 5 et 8.

Il résulte de ces observations qui s'appliqueraient également à tout autre exemple, que, *pour obtenir la somme de plusieurs quantités affectées des signes + et —, il faut calculer la somme des valeurs numériques des quantités positives, celle des valeurs numériques des quantités négatives, soustraire la plus petite somme de la plus grande, et mettre devant le reste le signe des quantités qui ont donné la plus grande somme.*

38. Il faut remarquer que, d'après le sens qu'on vient de donner à l'addition, cette opération n'entraîne pas toujours l'idée d'une augmentation; et il peut arriver qu'une somme soit moindre que chacune des parties qui la composent. Par rapport à cette manière d'envisager l'addition, on donne au résultat le nom de *somme algébrique*, tandis qu'une somme que l'on forme en ayant seulement égard aux valeurs absolues des parties qui la composent, prend le nom de *somme arithmétique*.

Au reste, les modifications que l'Algèbre apporte, par l'introduction des quantités négatives, au sens ordinaire de l'addition, offrent quelque chose d'analogue à ce que l'on observe dans l'Arithmétique, au sujet de la multiplication, lorsque après avoir considéré seulement cette opération pour le cas où le multiplicateur est un nombre entier, on passe au cas où le multiplicateur est fractionnaire. De même que l'on applique alors le nom de *multiplication* à une opération qui est mêlée de multiplication et de division, de même, dans l'Algèbre, on applique le nom d'*addition* à une opération qui comprend en réalité l'addition et la soustraction; ce qui offre d'ailleurs l'avantage de servir à renfermer dans un seul énoncé, soit en langage ordinaire, soit par l'écriture algébrique, des règles qui autrement exigeraient des énoncés ou des formules différentes.

39. Pour soustraire une quantité positive ou négative, on suit la règle du n° **24**. Ainsi, si de $+7$ on doit soustraire -3, le reste est $+7+3$ ou $+10$; si de -7 on doit soustraire $+3$, le reste est $-7-3$ ou -10; si de -7 on doit soustraire -3, le reste est $-7+3$ ou -4; si de -7 on doit soustraire -11, le reste est $-7+11$ ou $+4$.

On voit que, de cette manière, *la soustraction peut être regardée comme une addition, dans laquelle on ajoute, à la quantité dont on doit soustraire, la quantité qu'il faut soustraire prise avec le signe contraire à celui dont elle est affectée.*

On peut aussi remarquer que *le reste est toujours ce qu'il faut ajouter à la quantité que l'on a soustraite pour obtenir celle dont on a soustrait.* Car si l'on demande la quantité qu'il faut ajouter à -3 pour obtenir une somme égale à $+7$, cette quantité devra être positive et telle que, si l'on en retranche 3, on ait pour reste 7 : elle sera donc égale à $7+3$. Si l'on demande la quantité qu'il faut ajouter à $+3$ pour avoir -7, cette quantité devra être négative et numériquement égale à la quantité qui, diminuée de 3, donnerait 7 ; elle sera donc égale à $-7-3$. On voit de la même manière que la quantité qu'il faut ajouter à -3 pour avoir -7 est $-7+3$; et la quantité qu'il faut ajouter à -11 pour avoir -7 est $-7+11$. La proposition que nous avons énoncée se trouve ainsi vérifiée pour tous les cas que la soustraction peut offrir, quand on y considère des quantités négatives.

40. Pour former le produit de deux quantités, on fait le produit de leurs valeurs numériques, et l'on affecte ce produit du signe $+$ ou du signe $-$, en se conformant aux règles du n° **26**. Ainsi, le produit de -7 par $+3$ est -21 ; celui de $+7$ par -3 est également -21 ; et le produit de -7 par -3 est $+21$.

On pourrait appliquer, à la multiplication d'une quantité négative par une quantité positive, la définition connue de la multiplication en Arithmétique : on trouverait ainsi que le produit doit être négatif; car le produit de -7 par $+3$, par exemple, devrait être la somme de trois quantités égales à -7, laquelle est $-7-7-7$, ou -21. Si l'on avait à multiplier -7 par une fraction $\frac{3}{4}$, le produit devrait se former de trois fois le quart de -7; or, le quart de -7 sera exprimé par $-\frac{7}{4}$, puisque, d'après l'exemple précédent, $-\frac{7}{4}\times 4=-7$; le produit de -7 par $\frac{3}{4}$ sera donc égal à $-\frac{7}{4}\times 3$, ou à $-\frac{21}{4}$. Mais lorsque le multiplicateur est négatif, il n'est plus possible de déterminer le sens de l'opération par la définition qu'on donne de la multiplication dans l'Arithmétique, et l'on ne peut plus connaître comment on doit former le produit, que par les considérations que nous avons présentées dans le n° 38.

41. L'objet de la division est toujours, comme en Arithmétique, de trouver une quantité qui, multipliée par le diviseur, reproduise le dividende. Il suit de cette définition que, *lorsque le dividende a le signe $+$, le quotient doit avoir le même signe que le diviseur;* car, pour que le produit de deux facteurs soit positif, il faut que les deux facteurs aient le même signe. Ainsi, le quotient de $+8$ par $+2$ et celui de -8 par -2 sont l'un et l'autre $+4$. *Lorsque le dividende a le signe $-$, le quotient doit avoir le signe contraire à celui du diviseur;* car, pour que le produit de deux facteurs soit négatif, il faut que les deux facteurs aient des signes contraires. Ainsi, le quotient de $+8$ par -2 et celui de -8 par $+2$ sont l'un et l'autre -4.

On peut exprimer les règles ci-dessus de cette autre manière :

1°. *Si le dividende et le diviseur ont tous deux le signe $+$, le quotient devra avoir le signe $+$.*

2°. *Si le dividende a le signe $+$ et le diviseur le signe $-$, ou si le dividende a le signe $-$ et le diviseur le signe $+$, le quotient devra avoir le signe $-$.*

3°. *Si le dividende et le diviseur ont tous deux le signe $-$, le quotient devra avoir le signe $+$.*

On dit aussi, abréviativement, que $+$ *divisé par* $+$ *donne* $+$; $+$ *divisé par* $-$ *ou* $-$ *divisé par* $+$ *donne* $-$; *et* $-$ *divisé par* $-$ *donne* $+$.

Ces règles sont entièrement semblables à celles qui se rapportent à la multiplication, de sorte que le signe du quotient de deux quantités est le même que le signe de leur produit.

42. C'est ici le lieu de faire connaître comment on compare entre elles les grandeurs des quantités positives et négatives. Si d'un nombre tel que 10, par exemple, on retranche successivement les nombres 1, 2, 3, 4,.... 10, on obtiendra d'abord des restes positifs de plus en plus petits, puis on parviendra à un reste nul ; et si l'on continue à soustraire du même nombre 10 les nombres 11, 12, 13, 14, etc., on produira les quantités négatives -1, -2, -3, etc. On voit donc que *les quantités négatives peuvent être regardées comme étant plus petites que zéro, et d'autant plus petites que leurs valeurs absolues sont plus grandes.* Ce n'est là, du reste, qu'une convention, ou plutôt une forme de langage dont on appréciera mieux l'utilité dans la suite.

Nous avons déjà dit que les inégalités entre des quantités se marquent au moyen des signes $>$ et $<$. Ainsi, d'après la convention qui vient d'être énoncée, on peut écrire

$$-3<0, \quad -4<-3, \quad \text{ou bien} \quad 0>-3, \quad -3>-4.$$

43. Revenons actuellement à la question du n° **29**, pour laquelle nous avons obtenu, dans ce numéro et dans les deux suivants, trois formules différentes.

Supposons $a=80^m$, $b=72^m$, $m=9^m$, $n=11^m$, et mettons ces valeurs dans la formule du n° **29** ; il en résultera

$$x=\frac{648-880}{9-11}.$$

Or, au moyen des principes qui viennent d'être posés, on trouve en effectuant les soustractions indiquées $x=\dfrac{-232}{-2}$, d'où l'on conclut $x=116$.

Ce résultat est précisément celui qu'on trouverait, sans le secours des quantités négatives, si l'on mettait les valeurs ci-dessus dans la formule du n° **31**, qui se rapporte au cas où l'on a $m < n$. Les deux mobiles se rencontrent donc en-deçà des points A et B, à une distance de 116^m au point C.

Posons encore $a = 108^m$, $b = 80^m$, $m = 11^m$, $n = 9^m$, et mettons ces valeurs dans la formule du n° **29**; il en résultera

$$x = \frac{880 - 972}{11 - 9} = \frac{-92}{2}, \quad \text{d'où} \quad x = -46.$$

Pour éviter la solution négative, il faudrait mettre les valeurs de a, b, m, n dans la formule du n° **30**, ce qui donnerait $x = 46$; par conséquent les deux mobiles se rencontrent en un point situé au-delà du point C, et qui en est éloigné de 46^m.

Pour voir comment on peut interpréter la valeur négative $x = -46$, sans qu'il soit nécessaire de se reporter à ce qui a été dit dans le n° **30**, il faut reprendre l'équation du n° **29**, $n(a-x) = m(b-x)$, et faire dans cette équation $a = 108$, $b = 80$, $m = 11$, $n = 9$, $x = -46$. Les différences $a - x$ et $b - x$ deviennent alors $108 + 46$ et $80 + 46$; de sorte que le premier membre est $9(108 + 46)$ ou 1386, le second membre est $11(80 + 46)$ ou 1386, et l'équation est vérifiée. Mais d'après l'égalité $9(108 + 46) = 11(80 + 46)$, on reconnaît que l'inconnue x deviendrait positive en conservant la même valeur numérique, si, au lieu de l'équation ci-dessus, on prenait la suivante $n(a + x) = m(b + x)$. Il faut donc que les distances du point de rencontre aux points A et B, qui doivent être proportionnelles aux nombres m et n, au lieu d'être exprimées par $a - x$ et $b - x$, soient exprimées par $a + x$ et $b + x$; ce qui ne peut avoir lieu que dans le cas où le point de rencontre est au-delà du point C.

On voit donc que, dans chacun des trois cas que nous avons considérés dans les n^os^ **29**, **30** et **31**, la solution peut toujours se déduire de la formule du n° **29**.

Il est essentiel d'observer que ce que nous disons ici de la formule du n° **29** s'applique également à chacune des deux autres formules : si l'on mettait, par exemple, dans la formule du n° **30**, qu'on a obtenue en considérant le cas où le point de rencontre est au-delà de C, des nombres tels que ce point dût être à gauche de C, on trouverait pour l'inconnue x une quantité négative, dont la valeur absolue exprimerait toujours la distance cherchée.

44. La question du n° **29** peut être modifiée de diverses manières. On peut supposer, par exemple, que les deux mobiles partent de deux points A et B situés de part et d'autre du point C, et se dirigent l'un vers l'autre

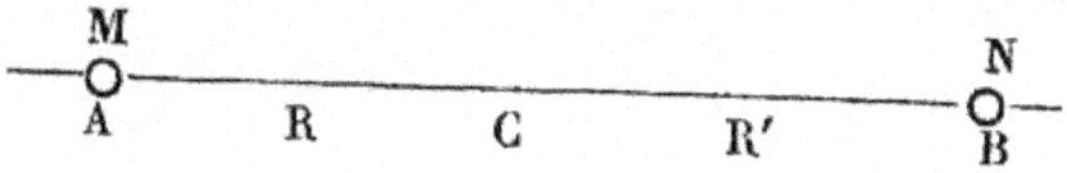

Dans ce cas, la rencontre peut avoir lieu entre C et A en un point tel que R, ou entre C et B en un point tel que R'. On pourra mettre le problème en équation en adoptant l'une ou l'autre de ces deux suppositions, et la formule qu'on obtiendra donnera encore lieu à des observations semblables à celles que nous venons de faire : c'est-à-dire que cette formule conduira à une valeur positive de l'inconnue, lorsque les valeurs particulières qu'on attribuera aux données s'accorderont avec la supposition qu'on aura adoptée ; et elle donnera, au contraire, une valeur négative de l'inconnue, quand les valeurs particulières des données ne s'accorderont pas avec la supposition. Mais ce que nous voulons surtout faire remarquer, c'est que la solution de ce nouveau problème pourra encore être donnée par la formule du n° **29**.

Pour le faire voir, supposons que le mobile M parcoure 9^{m} dans l'unité de temps, que le mobile N parcoure 11^{m} dans le même intervalle, que la distance AC soit de 140^{m}, la distance BC de 80^{m}, et que les deux mobiles se rencontrent en en un point R situé entre A et C. En représentant la distance CR par x, les distances AR et BR seront $140 - x$ et $80 + x$;

et comme elles devront être parcourues dans le même temps par les deux mobiles, il faudra que l'on ait

$$140 - x : 80 + x :: 9 : 11 ; \quad \text{d'où} \quad 11(140 - x) = 9(80 + x).$$

L'équation $11(140 - x) = 9(80 + x)$ ne paraît pas d'abord susceptible d'être comparée à l'équation qu'on a considérée dans le n° **29**, savoir, $n(a - x) = m(b - x)$; mais ces deux équations peuvent être écrites comme il suit :

$$\frac{a - x}{m} = \frac{b - x}{n}, \quad \frac{140 - x}{9} = \frac{80 + x}{11}.$$

Pour que le second membre de la première équation devienne le second membre de la seconde équation, il suffit de remplacer b par -80 et n par -11 : la fraction $\frac{b - x}{n}$ devient ainsi $\frac{-80 - x}{-11}$; or cette dernière expression équivaut à $\frac{80 + x}{11}$. Il suit de là que l'on obtiendra la valeur de x qui convient à la question actuelle, en faisant, dans la formule $x = \frac{mb - na}{m - n}$, $b = -80$, $n = -11$, $a = 140$, $m = 9$; ce qui revient à prendre dans cette formule avec des signes contraires les données b et n, qui se rapportent au mobile N dont le mouvement a lieu suivant une direction opposée à celle qu'on lui attribuait dans le problème du n° **29**. On trouve de cette manière

$$x = \frac{9 \times (-80) - (-11) \times 140}{9 - (-11)} = \frac{-720 + 1540}{20} = 41.$$

Il est facile de s'assurer *à posteriori* que la valeur $x = 41$ est en effet celle qui satisfait à la question.

43. Ces divers exemples suffisent pour faire apprécier les usages des quantités négatives, et les avantages qu'on peut en retirer. Quant aux développements dans lesquels il faudrait entrer pour établir des règles générales sur la manière d'employer les quantités négatives dans les problèmes, et sur l'interprétation des valeurs négatives des inconnues, ce n'est pas ici le lieu de nous y arrêter.

Des symboles $\frac{m}{0}$ *et* $\frac{0}{0}$.

46. Outre les circonstances que nous ont déjà présentées les applications des formules algébriques, on en rencontre encore d'autres dont la question du n° **29** peut offrir des exemples.

Reportons-nous à la formule que nous avons obtenue dans le n° **30**, savoir,

$$x = \frac{na - mb}{m - n}.$$

Quand on suppose dans cette formule $a > b$ et $m = n$, le numérateur $na - mb$ est une certaine quantité positive, et le dénominateur est zéro; de sorte qu'en représentant la valeur du numérateur par p, on obtient

$$x = \frac{p}{0}.$$

L'énoncé de la question fait voir immédiatement que dans les suppositions que nous examinons ici, les deux mobiles ne peuvent plus se rencontrer, puisque, leurs vitesses étant égales, ils conserveront toujours entre eux le même intervalle AB. Mais il faut examiner comment l'expression $\frac{p}{0}$ qu'on obtient pour x indique cette conclusion. Pour cela, concevons que l'on ait à diviser successivement le nombre p par les nombres décroissants 1, $\frac{1}{10}$, $\frac{1}{100}$, $\frac{1}{1000}$, etc., on obtiendrait ainsi les quotients p, $10p$, $100p$, $1000p$, etc.; et quel que soit le nombre p, on pourra toujours le diviser par un nombre assez petit pour que le quotient soit au-dessus de tout nombre assignable. Il suit de là que le symbole $\frac{p}{o}$ exprime le dernier état d'une grandeur qui croît indéfiniment ; et l'on dit par cette raison que ce symbole représente l'infini. Le résultat $x = \frac{p}{o}$ marque donc que les deux mobiles se rencontrent à l'*infini;* ce qui revient à dire qu'ils ne se rencontrent pas, en indiquant en même temps que plus leurs vitesses approchent d'être égales, plus le lieu de leur rencontre est éloigné, et que l'on peut supposer ces vitesses assez peu différentes l'une de l'autre pour que le lieu de la rencontre s'éloigne au-delà de toute distance assignable.

47. Quand on suppose dans la formule ci-dessus $b = a$ et $m = n$, il vient

$$x = \frac{o}{o}.$$

Or, par quelque nombre que l'on multiplie zéro, le produit est toujours égal à zéro ; on peut donc prendre pour le quotient de zéro par zéro tel nombre que l'on veut. On doit conclure de là que, dans ces dernières suppositions, les deux mobiles sont toujours ensemble ; et c'est ce que l'on aperçoit immédiatement, puisque, d'après les hypothèses $b = a$ et $m = n$, les deux mobiles partent du même point et ils ont la même vitesse.

48. Le quotient de deux quantités exprimées algébriquement devenant *infini* quand le diviseur est nul sans que le dividende le soit, et *indéterminé* quand le diviseur et le dividende sont nuls, on dit, par opposition, que lorsque le diviseur n'est pas nul, le quotient a une valeur *finie* et *déterminée*.

CHAPITRE DEUXIÈME.

CALCUL ALGÉBRIQUE.

ADDITION, SOUSTRACTION, MULTIPLICATION, DIVISION, FRACTIONS.

Définitions. — Observations préliminaires.

49. Lorsque plusieurs quantités sont réunies par les signes $+$ et $-$, chacune de ces quantités considérée avec le signe qui la précède, s'appelle un *terme*. Ainsi, dans l'expression $3a-5b+8c$, il y a trois termes qui sont $3a$, $-5b$ et $+8c$. Les termes qui ne sont affectés d'aucun signe sont regardés comme affectés du signe $+$.

Une expression algébrique qui n'a qu'un seul terme est un *monome ;* celle qui a deux termes est un *binome ;* celle qui en a trois est un *trinome,* etc. ; et l'on donne en général le nom de *polynome* à toute expression composée de plusieurs termes.

On nomme aussi quelquefois les monomes *quantités incomplexes*, et les polynomes *quantités complexes*.

Lorsqu'un nombre est placé comme facteur devant une quantité, il prend le nom de *coefficient*. Ainsi, dans l'expression $3a-\frac{5}{7}b$, les nombres 3 et $\frac{5}{7}$ sont des coefficients.

50. Dans le calcul des quantités algébriques, il faut supposer pour plus de généralité, que les diverses lettres peuvent recevoir indifféremment des valeurs positives ou des valeurs négatives.

Pour avoir la valeur d'un polynome, quand on met à la place des lettres des quantités positives ou négatives, il suffit de se reporter à ce qui a été dit dans le chapitre précédent, sur la manière d'effectuer les opérations lorsqu'il s'agit de ces quantités. Soit, par exemple, le polynome $3a - 5b + 8c$, et supposons qu'on ait à faire $a = -3$, $b = -4$, $c = +5$. Les quantités $3a$, $5b$ et $8c$ deviendront -9, -20 et $+40$; et comme le polynome proposé exprime que l'on doit soustraire $5b$ de $3a$, et ajouter $8c$ au résultat de la soustraction, il deviendra, suivant les règles des nos 36 et 39, $-9+20+40$. En appliquant alors la règle du n° 37, on trouve que cette expression se réduit à $+51$.

Il suit évidemment de la dernière règle que nous venons de rappeler, que *la valeur d'un polynome n'est point altérée quand on intervertit l'ordre des termes.*

On en déduit aussi que, *lorsqu'on change dans un polynome tous les signes + en — et les signes — en +, le résultat des opérations indiquées dans le polynome change de signe et conserve la même valeur absolue.*

51. Lorsque l'on considère des monomes tels que $+3a$ et $-5a$, si l'on suppose que la valeur de a est positive, le signe de chaque monome marque que ce monome exprime une quantité positive ou négative de la nature de celles que nous avons considérées dans le chapitre précédent. Mais quand on suppose que la valeur de a est négative, le signe du monome n'offre aucun sens. Cependant, de même que pour introduire dans les calculs des expressions formées d'un nombre précédé du signe + ou du signe —, et découvrir les règles qu'il convenait d'appliquer à ces expressions, on les a considérées comme si le signe marquait une opération susceptible d'être effectuée ; de même, pour fixer la signification d'un monome affecté du signe + ou du signe —, dans le cas où la quantité littérale jointe à ce signe devient négative, on envisage le monome comme s'il était un terme d'un polynome. Au moyen de cette convention, si l'on a, par exemple, $a = -8$, le monome $+3a$ devient -24, et le monome $-5a$ devient $+40$; et en général, lorsqu'un

monome, abstraction faite du signe dont il est affecté, prend une valeur négative, le monome se réduit à une quantité numérique précédée du signe contraire à celui qui affectait le monome.

Addition et soustraction des monomes et des polynomes.

32. Il résulte de ce qui a été dit précédemment que, lorsque les lettres contenues dans des monomes ne représentent que des quantités positives, l'*addition de plusieurs monomes doit s'exprimer en les écrivant à la suite les uns des autres avec les signes dont ils sont affectés.*

Il faut encore suivre la même règle lors même que les lettres peuvent prendre des valeurs négatives; car si, après avoir réuni les monomes suivant cette règle, on met dans le polynome qui en résulte les valeurs des lettres, on trouvera le même résultat que si l'on introduisait d'abord ces valeurs dans les monomes, et que l'on fît ensuite la somme des quantités produites par cette substitution.

33. Quant à la soustraction, puisque, d'après ce qui a été dit dans le n° 39, on soustrait une quantité positive ou négative, en ajoutant à la quantité dont on doit soustraire celle qui doit être soustraite, prise avec un signe contraire, il résulte de la règle ci-dessus que, *pour soustraire un monome, il faut l'écrire à la suite de la quantité dont on doit soustraire, avec un signe contraire à celui dont il est affecté.*

34. Supposons maintenant qu'on doive ajouter à une quantité A le polynome $a+b-c+$ etc. Nommons B la quantité à laquelle se réduirait le polynome $a+b-c+$ etc., si l'on effectuait les opérations après avoir attribué aux lettres des valeurs particulières. On aura la même somme, soit que l'on ajoute B à A ou A à B. Or, pour exprimer la seconde opération, il suffit d'écrire $a+b-c+$ etc. $+$ A; et comme on peut changer l'ordre des termes, cette expression est équivalente à $A+a+b-c+$ etc.

Si la quantité A représente le résultat des opérations exprimées par un polynome, on pourra mettre ce polynome à la place de A dans la dernière expression; et, par là, le sens de cette expression ne sera aucunement altéré.

On peut donc conclure que, *pour ajouter plusieurs polynomes, il suffit de les écrire les uns à la suite des autres, en conservant à tous leurs termes les signes dont ils sont affectés.*

55. A l'égard de la soustraction, supposons qu'on ait effectué les opérations indiquées dans le polynome à soustraire, après avoir donné des valeurs aux lettres; pour soustraire le résultat qu'on aura obtenu, il faudra ajouter à la quantité dont on doit soustraire, la quantité de signe contraire à ce résultat (n° 39). Or on sait que le résultat des opérations indiquées dans un polynome change de signe quand on change le signe de chaque terme (n° 50), et l'on vient de voir que, pour l'addition, les termes des quantités que l'on ajoute conservent leurs signes. Par conséquent, *pour soustraire un polynome, il faut l'écrire à la suite de la quantité dont on doit soustraire, en changeant le signe de chaque terme.*

56. Les deux règles que nous venons d'établir avaient déjà été expliquées dans les n°s 23 et 24; mais il nous a paru nécessaire de revenir sur ces règles, afin de montrer qu'elles ne changent pas lorsque l'on considère les polynomes et les lettres qui y entrent comme représentant indifféremment des quantités positives ou des quantités négatives.

Réduction des termes semblables.

57. On dit que des termes sont semblables, lorsqu'ils ne diffèrent les uns des autres que par les coefficients ou les signes, comme $+3a$, $+2a$ et $-\frac{2}{3}a$.

Quand il y a des termes semblables dans un polynome, on peut les réunir en un seul, et le polynome est alors ramené à une expression plus simple : c'est ce que l'on appelle la *réduction des termes semblables.*

Soit, par exemple, le polynome

$$5b + 11a - 3b + 8c + 2b - d - 10b.$$

Puisqu'il est permis d'intervertir l'ordre des termes, on peut écrire, en rapprochant les termes semblables,

$$5b + 2b - 3b - 10b + 11a + 8c - d.$$

Or, $5b + 2b$ équivaut à $7b$, $-3b - 10b$ équivaut à $-13b$; enfin, la réunion des deux termes $+7b$ et $-13b$ équivaut à $-6b$, car il faut répéter la valeur numérique de b d'une part 7 fois, et de l'autre part 13 fois, prendre la différence des deux produits, et l'affecter du signe du terme qui a la plus grande valeur numérique, lequel est évidemment $-13b$.

Le polynome revient donc à

$$11a - 6b + 8c - d.$$

De là on conclut la règle suivante ;

Lorsque plusieurs termes d'un polynome sont semblables, on les remplace par un seul terme formé de la même partie littérale, avec un coefficient égal à la différence qui existe entre la somme des coefficients des termes affectés du signe + et la somme des coefficients des termes affectés du signe —, et dont le signe est celui des termes pour lesquels la somme des coefficients est la plus grande.

S'il y avait un terme qui n'eût pas de coefficient, il faudrait le regarder comme ayant pour coefficient l'unité; car il est clair que la réunion des deux termes $+3a$ et $+a$ équivaut à $4a$, et celle des deux termes $+3a$ et $-a$ équivaut à $+2a$.

38. Lorsqu'on a appliqué, pour l'addition et la soustraction, les règles qui ont été établies dans les n°s 34 et 35, il faut faire la réduction des termes semblables. Pour faciliter cette opération, on écrit les polynomes les uns au-dessous des autres, comme on le voit dans les exemples qui suivent :

Exemples d'addition.

	1°.		2°.
	$4a-2b+3c$		$4a-\frac{3}{5}b+c+\frac{2}{3}$
	$7b-5a-2c$		$5a-3c+2d-\frac{1}{4}$
	$b-3a+2c$		$8b-5f+3.$
Somme.	$-4a+6b+3c.$	Somme.	$9a+\frac{37}{5}b-2c+2d-5f+\frac{41}{12}.$

Exemples de soustraction.

	1°.		2°.
De	$6a-2b+3c$	De	$5a-2b+3c$
soustraire	$3a-\frac{2}{3}b+2c$	soustraire	$8b-2c-5d+3$
reste	$6a-2b+3c$	reste	$5a-2b+3c$
	$-3a+\frac{2}{3}b-2c.$		$-8b+2c+5d-3$
Reste réduit	$3a-\frac{4}{3}b+c$;	Reste réduit	$5a-10b+5c+5d-3.$

Multiplication des monomes.

39. Il a été dit précédemment que le produit d'un nombre quelconque de facteurs a, b, c, d, etc., s'exprime ainsi : $a\times b\times c\times d\times$ etc., ou $a.b.c.d.$ etc., ou plus simplement encore $abcd$ etc.

Quand, il y a des facteurs égaux dans un produit, on substitue aux notations précédentes une notation plus simple, en n'écrivant qu'un seul de ces facteurs, et plaçant à la droite et un peu au-dessus le nombre qui marque combien de fois il doit entrer dans le produit. On donne alors à ce nombre le nom d'*exposant*. Ainsi, au lieu de aaa on écrit a^3, et 3 est dit l'exposant de a.

Les résultats qu'on obtient en multipliant une quantité une ou plusieurs fois par elle-même, se nomment les *puissances* de cette quantité. a^2 est la deuxième puissance de a, a^3 en est la troisième puissance, a^4 en est la quatrième puissance, etc. La seconde et la troisième puissance d'une quantité sont aussi appelées le *carré* et le *cube* de cette quantité.

La quantité qu'on a élevée à une puissance prend, par rapport à cette puissance, le nom de *racine*. Par exemple, a est la *racine carrée* ou *deuxième* de a^2, la racine *cubique* ou *troisième* de a^3, la *racine quatrième* de a^4, etc.

60. On démontre, en Arithmétique, que le produit de plusieurs nombres reste toujours le même dans quelque ordre qu'on fasse la multiplication. Cette proposition ne cesse pas d'être vraie, quand il y a des facteurs négatifs. Pour s'en convaincre, il suffit de remarquer que, d'après ce qui a été dit dans le n° **40**, le signe d'un produit est $+$ ou $-$, selon que le nombre des facteurs négatifs est pair ou impair.

On déduit de là que la multiplication d'une quantité par un produit de plusieurs facteurs revient à multiplier cette quantité par le premier facteur, puis le produit par le second facteur, le nouveau produit par le troisième facteur, etc. En effet, si la quantité a doit être multipliée par le produit bcd, le résultat de cette opération sera le même que si l'on multipliait bcd par a, ce qui s'indique par $bcd \times a$ ou $bcda$; et puisqu'on peut transposer les facteurs, le produit est aussi égal à $abcd$.

On peut encore remarquer que, pour multiplier un produit par une quantité, il suffit de multiplier un des facteurs par cette quantité; car le produit de bcd par a étant égal à $abcd$ ou à $bacd$, il s'ensuit qu'on peut former ce produit en multipliant le facteur b par a, et le produit ba par les autres facteurs c, d.

61. Une expression composée de plusieurs facteurs sans interposition des signes $+$ ou $-$ doit toujours être regardée comme un monome. Ainsi l'expression $3a^2b^3c$ est un monome; l'expression $3a^2b - 5abc + 7d^2f$ est un polynome de trois termes ou un trinome.

Le monome $3a^2b^3c$ exprime le produit qu'on obtiendrait en multipliant le nombre 3 par a^2, le produit $3a^2$ par b^3, et le produit $5a^2b^3$ par c. Mais il est préférable de considérer une semblable expression comme indiquant que le produit de tous les facteurs littéraux doit être multiplié par le facteur numérique, auquel on donne toujours le nom de *coefficient*. De cette manière, on voit clairement que tout ce que nous avons dit plus haut à l'égard des termes semblables, s'applique à des termes quelconques composés des mêmes lettres avec les mêmes exposants. Ainsi, les deux termes $5a^2b^3c$ et $-3a^2b^3c$ sont semblables; et les expressions $5a^2b^3c + 3a^2b^3c$, $5a^2b^3c - 3a^2b^3c$ se réduisent, l'une à $8a^2b^3c$, l'autre à $2a^2b^3c$. Les deux termes $3a^2b$ et $3ab^2$ ne sont pas semblables, et les expressions $3a^2b + 3ab^2$, $3a^2b - 3ab^2$ ne comportent pas de réduction.

62. Proposons-nous actuellement de multiplier deux monomes, en faisant d'abord abstraction des signes, et prenons pour exemple les monomes $5a^3b^2c$ et $3a^2b^4d^2$.

On pourrait exprimer le produit en écrivant les quantités proposées l'une à la suite de l'autre, et mettant entre elles le signe $\times$ ou un point; on pourrait même ne mettre aucun signe, puisque, d'après ce qui a été dit dans le n° **60**, la multiplication de ces quantités revient à multiplier successivement la première par chacun des facteurs 3, a^2, b^4, d^2. Mais on peut encore obtenir une expression plus simple; et c'est en cela que consiste *la multiplication des monomes*.

Pour parvenir à cette expression, on effectue d'abord la multiplication de $5a^3b^2c$ par 3, en multipliant le facteur 5 par 3, ce qui donne $15a^3b^2c$. On multiplie ensuite $15a^3b^2c$ par a^2, en multipliant a^3 par a^2. Comme a^3 est l'abréviation de aaa et a^2 celle de aa, le produit de a^3 par a^2 peut être exprimé par $aaaaa$ ou a^5; par conséquent le produit de $15a^3b^2c$ par a^2 est $15a^5b^2c$. On voit de la même manière que le produit de $15a^5b^2c$ par b^4 est $15a^5b^6c$; et enfin, pour indiquer que ce dernier produit doit être multiplié par d^2, on écrit à sa suite le facteur d^2, ce qui donne $15a^5b^6cd^2$.

On conclut de là que, *pour multiplier des monomes, il*

faut faire le produit des coefficients, et placer comme facteurs, à la suite de ce produit, toutes les lettres qui se trouvent dans les quantités proposées, en donnant à chaque lettre qui leur est commune un exposant égal à la somme des exposants dont elle est affectée, et conservant aux lettres qui n'entrent que dans un des facteurs les exposants qu'elles ont.

S'il y avait une lettre qui fût sans exposant, il faudrait la considérer comme ayant pour exposant l'unité; car le produit de a^3 par a est évidemment a^4.

63. Supposons maintenant que chacun des monomes qu'on doit multiplier soit affecté de l'un des deux signes + ou —. Si les lettres qui entrent dans ces monomes ne représentaient que des quantités positives, ces monomes exprimeraient des quantités de la nature de celles que nous avons considérées dans le n° 40; et il faudrait par conséquent suivre, pour le signe du produit, les règles connues. Mais il est nécessaire de montrer, comme nous l'avons fait pour l'addition et la soustraction, que ces règles ne changent pas, lorsque les lettres qui entrent dans les monomes peuvent représenter indifféremment des quantités positives ou des quantités négatives, en sorte que l'on a dans tous les cas

$$+a\times+b=+ab,\quad +a\times-b=-ab,$$
$$-a\times+b=-ab,\quad -a\times-b=+ab.$$

D'abord le produit ab, qui équivaut à $+ab$, n'offre qu'une indication qui est tout-à-fait indépendante des suppositions qu'on forme sur les quantités a et b.

Pour faire voir que le produit de $+a$ par $-b$ doit toujours être exprimé par $-ab$, supposons d'abord que a soit une quantité négative $-m$, b restant une quantité positive : dans ce cas le produit doit être $+mb$; or, si dans l'expression $-ab$ on remplace a par $-m$, on obtient aussi $+mb$, puisque le produit ab se change en $-mb$. Si a étant positif, b est une quantité négative $-n$, comme $-b$ deviendra $+n$

(n° 51), le produit devra être $+an$; or, si dans l'expression $-ab$ on remplace b par $-n$, on obtiendra aussi $+an$. Enfin, si a est une quantité négative $-m$, et b une quantité négative $-n$, comme $-b$ deviendra $+n$, le produit devra être $-mn$; or, en remplaçant a par $-m$ et b par $-n$, dans l'expression $-ab$, on obtient $-mn$, puisque le produit ab est alors $+mn$.

Tout ce qu'on dit du produit de $+a$ par $-b$ s'applique évidemment au produit de $-a$ par $+b$.

Quant au produit de $-a$ par $-b$, on verra par un examen semblable à celui que nous venons de faire qu'il est toujours équivalent à $+ab$.

Multiplication des polynomes.

64. Considérons d'abord la multiplication du polynome $a+b-c$ par m, les lettres a, b, c désignant des quantités quelconques positives ou négatives.

Si m désigne un nombre entier positif, le produit devra être la somme de m quantités égales à $a+b-c$; ainsi, au moyen de la réduction des termes semblables, il sera exprimé par $ma+mb-mc$.

Si m désigne une fraction positive $\frac{p}{q}$, il faudra diviser $a+b-c$ par q, et multiplier le résultat par p. Or, le quotient de $a+b-c$ par q est égal à $\frac{a}{q}+\frac{b}{q}-\frac{c}{q}$, puisque, suivant ce que l'on vient de voir, la multiplication de cette dernière quantité par q reproduira $a+b-c$. On obtiendra donc le produit de $a+b-c$ par m en multipliant $\frac{a}{q}+\frac{b}{q}-\frac{c}{q}$ par p, ce qui donnera $\frac{ap}{q}+\frac{bp}{q}-\frac{cp}{q}$ ou $am+bm-cm$.

Enfin, supposons que m représente une quantité négative : la multiplication de $a+b-c$ par m reviendra à multiplier $a+b-c$ par la valeur absolue de m, et à changer ensuite le signe du résultat, ce qui reviendra à multiplier chaque terme de $a + b - c$ par la valeur absolue de m, et à changer ensuite le signe de chaque produit partiel, ou bien encore à multiplier chaque terme du multiplicande par la quantité négative m; le produit sera donc, comme dans les cas précédents, $am + bm - cm$.

Considérons actuellement le produit de $a+b-c$ par $m+n-p$. Si l'on suppose que l'on ait effectué les opérations indiquées dans le multiplicateur de manière à le réduire à un seul terme, le produit pourra être formé suivant ce que l'on vient de voir, et il sera exprimé par

$$a(m+n-p)+b(m+n-p)-c(m+n-p).$$

Mais au lieu de $a(m+n-p)$, on peut mettre $am+an-ap$; de même on peut remplacer $b(m+n-p)$ par $bm+bn-bp$, et $c(m+n-p)$ par $cm+cn-cp$; et en ajoutant la seconde quantité à la première, et retranchant de la somme la troisième quantité, on a pour le produit demandé

$$am+an-ap+bm+bn-bp-cm-cn+cp.$$

Il résulte de là que, *pour effectuer la multiplication de deux polynomes, il faut multiplier successivement tous les termes du multiplicande par chaque terme du multiplicateur, en mettant dans les produits les signes des termes du multiplicande lorsque le terme du multiplicateur a le signe* $+$, *et les signes contraires lorsque le terme du multiplicateur a le signe* $-$.

D'après cette règle, le produit de deux termes dans la multiplication des polynomes reçoit le même signe qu'il recevrait si ces termes étaient considérés isolément et avec leurs signes; de sorte qu'on pourrait se borner à dire que, pour effectuer la multiplication de deux polynomes, il faut multiplier tous les termes du multiplicande par tous les termes du multiplicateur et faire la somme de tous les produits.

63. Pour la commodité des calculs, il est bon d'arranger

les termes des polynomes qu'on doit multiplier de manière que les exposants d'une même lettre aillent toujours en croissant ou en décroissant : cela s'appelle *ordonner* les polynomes. On dispose en outre l'opération comme on le voit dans l'exemple ci-dessous :

Multiplicande, $5a^3 - 4a^2b + 5ab^2 - 3b^3$
Multiplicateur, $4a^2 - 5ab + 2b^2$.

$$\text{Produits partiels,}\left\{\begin{array}{l} 20a^5 - 16a^4b + 20a^3b^2 - 12a^2b^3 \\ \qquad -25a^4b + 20a^3b^2 - 25a^2b^3 + 15ab^4 \\ \qquad\qquad +10a^3b^2 - 8a^2b^3 + 10ab^4 - 6b^5 \end{array}\right.$$

Produit total réduit, $20a^5 - 41a^4b + 50a^3b^2 - 45a^2b^3 + 25ab^4 - 6b^5$.

La première ligne des produits partiels contient les produits de tous les termes du multiplicande par le premier terme $4a^2$ du multiplicateur : ce terme étant censé avoir le signe $+$, les produits qu'il donne ont les mêmes signes que les termes du multiplicande ; on observe d'ailleurs, pour former chacun de ces produits, la règle qui a été donnée précédemment à l'égard des coefficients et des exposants dans la multiplication des monomes (n° 62).

La seconde ligne contient les produits de tous les termes du multiplicande par le second terme $-5ab$ du multiplicateur; et comme ce terme a le signe $-$, tous les produits qu'il donne ont les signes contraires à ceux des termes correspondants du multiplicande.

La troisième ligne contient les produits de tous les termes du multiplicande par le troisième terme $+2b^2$ du multiplicateur; et comme ce terme a le signe $+$, tous les produits qu'il donne ont les signes des termes du multiplicande.

On obtient le produit total en réunissant tous les produits partiels et pratiquant immédiatement la réduction ; et pour faciliter cette dernière opération, on a soin d'écrire les produits semblables les uns au-dessous des autres.

66. Voici quelques multiplications par lesquelles on dé-

montre des propositions que l'on a fréquemment occasion d'appliquer.

$$\begin{array}{lll}
a + b & a - b & a + b \\
a + b & a - b & a - b \\
\hline
a^2 + ab & a^2 - ab & a^2 + ab \\
\quad + ab + b^2 & \quad - ab + b^2 & \quad - ab - b^2 \\
\hline
a^2 + 2ab + b^2 & a^2 - 2ab + b^2 & a^2 \qquad - b^2
\end{array}$$

$$\begin{array}{l}
a^2 + 2ab + b^2 \\
a + b \\
\hline
a^3 + 2a^2b + ab^2 \\
\quad + a^2b + 2ab^2 + b^3. \\
\hline
a^3 + 3a^2b + 3ab^2 + b^3.
\end{array}$$

La première opération fait voir que *le carré de la somme de deux quantités est égal au carré de la première quantité, plus deux fois le produit de la première par la seconde, plus le carré de la seconde.*

La seconde opération fait voir que *le carré de la différence de deux quantités est égal au carré de la première quantité, moins deux fois le produit de la première par la seconde, plus le carré de la seconde.*

Par la troisième opération, on apprend que *le produit de la somme de deux quantités par leur différence est égal à la différence des carrés de ces quantités.*

Enfin, la dernière opération, dans laquelle on a multiplié le carré de $a+b$ par $a+b$, prouve que *le cube de la somme de deux quantités est égal au cube de la première quantité, plus trois fois le carré de la première multiplié par la seconde, plus trois fois la première multipliée par le carré de la seconde, plus le cube de la seconde.*

Pour connaître les parties dont se composent la quatrième puissance de la somme de deux nombres et les puissances supérieures, il suffira de multiplier le cube de $a+b$ par

$a+b$, de multiplier encore la quatrième puissance par $a+b$, et ainsi de suite. On parviendrait de la même manière à connaître la composition des diverses puissances de la différence de deux quantités.

67. Nous proposerons comme exercices les opérations suivantes :

1°. Multiplier la quatrième puissance de $2a+3b$ par la quatrième puissance de $2a-3b$.

2°. Faire le carré du trinome $16a^4-72a^2b^2+81b^4$.

3°. Multiplier le polynome $2a^3+5a^2b-4ab^2+2b^3$ par le polynome $2a^3+5a^2b+4ab^2-2b^3$.

Les deux premières opérations devront conduire au même résultat. On peut le démontrer sans faire les calculs, au moyen des propositions qui ont été exposées dans le numéro précédent. La troisième opération peut être abrégée en faisant usage des mêmes propositions.

68. Dans les exemples de multiplication qui précèdent, chaque facteur ne comprend que des termes dans lesquels la somme des exposants est la même. Cette somme constitue ce que l'on appelle quelquefois le *degré* d'un terme ; lorsque tous les termes d'un polynome ont le même degré, on dit que le polynome est *homogène*, et le degré de chaque terme constitue aussi le degré du polynome. Lorsqu'un produit est formé avec des facteurs homogènes, il doit être lui-même un polynome homogène, et son degré doit être égal à la somme des degrés des facteurs. Si ces conditions n'étaient pas remplies, on devrait en conclure qu'il a été commis des erreurs dans les multiplications partielles.

69. Lorsqu'un polynome qu'on veut ordonner par rapport à une lettre a contient plusieurs termes dans lesquels cette lettre a le même exposant, on renferme ces termes dans des parenthèses, en supprimant dans chacun d'eux la puissance de la lettre a, que l'on écrit une seule fois en dehors de la parenthèse. Par exemple, si le polynome proposé contient les trois termes $+2b^2a^3-2ba^3-3a^3$, on écrit $+(2b^2-2b-3)a^3$; cette expression est alors considérée comme un seul terme, et le polynome $2b^2-2b-3$ est regardé comme le coefficient de a^3. Ce coefficient est ordonné par rapport aux puissances décroissantes de b. Pour l'ordonner par rapport aux puissances croissantes de la même lettre, on écrirait.......... $+(-3-2b+2b^2)a^3$, ou $-(3+2b-2b^2)a^3$. Souvent on place les termes du coefficient les uns au-dessous des autres dans une colonne à droite de laquelle on tire un trait vertical, et l'on place à droite de ce trait la puissance de la lettre par rapport à laquelle on ordonne, comme on le voit ici :

$$\left.\begin{array}{r} +\ 2b^2 \\ -\ 2b \\ -\ 3 \end{array}\right| a^3 \qquad \text{ou bien} \qquad \left.\begin{array}{r} -\ 3 \\ -\ 2b \\ +\ 2b^2 \end{array}\right| a^3$$

On voit ci-après un exemple de multiplication dans lequel les polynomes sont ordonnés comme nous venons de l'expliquer.

On a d'abord enfermé les coefficients complexes dans des parenthèses, et on les a ensuite écrits en colonnes. La multiplication s'exécute comme si le multiplicande était seulement formé de trois termes, et le multiplicateur de deux, et l'on suit la règle du n° 64; mais dans les multiplications partielles, on a des polynomes à multiplier. La première disposition présente ces parties du calcul qu'on a faites séparément; et suivant la seconde disposition, toutes les opérations se trouvent réunies.

$$
\begin{array}{l}
(2b - 1)a^2 - (4b^2 - 2b + 1)a + 8b^3 - 4b^2 \\
(2b + 1)a - (4b^2 - 1) \\
\hline
(4b^2 - 1)a^3 - (8b^3 + 1)a^2 + (16b^4 - 4b^2)a \\
\quad - (8b^3 - 4b^2 - 2b + 1)a^2 + (16b^4 - 8b^3 + 2b - 1)a - (32b^5 - 16b^4 - 8b^3 + 4b^2) \\
\hline
(4b^2 - 1)a^3 - (16b^3 - 4b^2 - 2b + 2)a^2 + (32b^4 - 8b^3 - 4b^2 + 2b - 1)a - (32b^5 - 16b^4 - 8b^3 + 4b^2).
\end{array}
$$

1[re] *Multiplication partielle.*

$$
\begin{array}{l}
2b - 1 \\
2b + 1 \\
\hline
4b^2 - 2b \\
\qquad + 2b - 1 \\
\hline
4b^2 \qquad\quad - 1
\end{array}
$$

2[e] *Multiplication partielle.*

$$
\begin{array}{l}
4b^2 - 2b + 1 \\
2b + 1 \\
\hline
8b^3 - 4b^2 + 2b \\
\qquad + 4b^2 - 2b + 1 \\
\hline
8b^3 \qquad\qquad\quad + 1
\end{array}
$$

3[e] *Multiplication partielle.*

$$
\begin{array}{l}
8b^3 - 4b^2 \\
2b + 1 \\
\hline
16b^4 - 8b^3 \\
\qquad + 8b^3 - 4b^2 \\
\hline
16b^4 \qquad\quad - 4b^2
\end{array}
$$

4[e] *Multiplication partielle.*

$$
\begin{array}{l}
2b - 1 \\
4b^2 - 1 \\
\hline
8b^3 - 4b^2 \\
\qquad\quad - 2b + 1 \\
\hline
8b^3 - 4b^2 - 2b + 1
\end{array}
$$

5[e] *Multiplication partielle.*

$$
\begin{array}{l}
4b^2 - 2b + 1 \\
4b^2 - 1 \\
\hline
16b^4 - 8b^3 + 4b^2 \\
\qquad\qquad - 4b^2 + 2b - 1 \\
\hline
16b^4 - 8b^3 \qquad\quad + 2b - 1
\end{array}
$$

6e *Multiplication partielle.*

$$
\begin{array}{l}
8b^3 - 4b^2 \\
4b^2 - 1 \\
\hline
32b^5 - 16b^4 \\
\qquad\qquad - 8b^3 + 4b^2 \\
\hline
32b^5 - 16b^4 - 8b^3 + 4b^2.
\end{array}
$$

Autre manière.

Multiplicande.	$2b$ -1	$a^2 - 4b^2$ $+2b$ -1	$a + 8b^3$ $-4b^2$	
Multiplicateur.	$2b$ $+1$	$a - 4b^2$ $+1$		
Produit du multiplicande par $2b$ | a $+1$ |	$4b^2$ $-2b$ $+2b$ -1	$a^3 - 8b^3$ $+4b^2$ $-2b$ $-4b^2$ $+2b$ -1	$a^2 + 16b^4$ $-8b^3$ $+8b^3$ $-4b^2$	a
Produit du multiplicande par $-4b^2$ $+1$.		$-8b^3$ $+4b^2$ $+2b$ -1	$+16b^4$ $-8b^3$ $+4b^2$ $-4b^2$ $+2b$ -1	$-32b^5$ $+16b^4$ $+8b^3$ $-4b^2$
Produit total simplifié.	$4b^2$ -1	$a^3 - 16b^3$ $+4b^2$ $+2b$ -2	$a^2 + 32b^4$ $-8b^3$ $-4b^2$ $+2b$ -1	$a\ -32b^5$ $+16b^4$ $+8b^3$ $-4b^2$

Division des monomes. — Exposant zéro.

70. Lorsqu'on connaît un produit algébrique et l'un de ses facteurs, on peut déterminer l'autre facteur; l'opération par laquelle on y parvient prend, comme nous l'avons déjà dit, le nom de *division;* le produit donné est le *dividende,* le facteur connu est le *diviseur,* et le facteur cherché est le *quotient.*

71. Il est clair que le quotient de deux monomes ne peut être qu'un monome; et en se reportant aux règles qui ont été établies pour la multiplication des monomes (n° **62**), on voit que le coefficient du dividende doit résulter de la multiplication du coefficient du diviseur par celui du quotient, et que le dividende doit contenir toutes les lettres qui entrent dans le diviseur et dans le quotient, chaque lettre commune étant écrite une seule fois avec un exposant égal à la somme des exposants qu'elle a dans le diviseur et dans le quotient, et les autres lettres étant écrites avec leurs exposants. Par conséquent, *pour effectuer la division d'un monome par un monome, il faut diviser le coefficient du dividende par celui du diviseur, ce qui donne le coefficient du quotient; mettre dans le quotient chaque lettre commune aux deux monomes, avec un exposant égal au reste qu'on obtient en retranchant l'exposant qu'elle a dans le diviseur de celui qu'elle a dans le dividende; y joindre les lettres du dividende qui n'entrent pas dans le diviseur, en conservant les exposants dont elles sont affectées; et omettre toutes les lettres qui ont dans les deux monomes les mêmes exposants.*

Quant aux signes, il résulte de ce qui a été dit pour la multiplication des monomes, qu'il faut suivre dans la division les règles qui ont été établies dans le chapitre précédent (n° **41**).

En appliquant les règles des signes et celles qui viennent d'être données par rapport aux coefficients, aux lettres et aux exposants, on trouve

$$\frac{+18a^3b^2c}{+6a^2c} = +3ab^2, \qquad \frac{-18a^3b^2c}{+3ab^2} = -6a^2c,$$

$$\frac{+30a^5b^4c^3d^2}{-6a^5bd} = -5b^3c^3d, \quad \frac{-30a^5b^4c^3d^2}{-5b^3c^3d} = +6a^5bd.$$

On voit par la règle ci-dessus que, pour que la division des monomes puisse être effectuée, il faut que le coefficient du dividende soit divisible exactement par celui du diviseur, que toutes les lettres du diviseur se trouvent dans le dividende, et que l'exposant de chaque lettre dans le dividende soit au moins égal à celui de la même lettre dans le diviseur.

72. Quand une lettre a le même exposant dans le dividende et dans le diviseur, si on lui appliquait la règle que l'on suit à l'égard des lettres dont les exposants sont inégaux, on trouverait zéro pour l'exposant qu'elle devrait avoir dans le quotient; mais comme cette lettre affectée de l'exposant zéro proviendrait de la division d'une quantité par elle-même, il faudrait regarder cette expression comme équivalente à l'unité. Soit, par exemple, à diviser a^m par a^n, m et n désignant deux nombres entiers quelconques; tant que l'on supposera le premier plus grand que le second, le quotient sera égal à a^{m-n}; mais si l'on veut étendre cette expression du quotient au cas où $m=n$, il faudra poser $a^0=1$, puisque le quotient de a^m par a^m n'est autre que l'unité. L'égalité $a^0=1$ peut d'ailleurs se déduire en quelque façon de la définition que nous avons précédemment donnée de l'exposant; car a^3, par exemple, est la même chose que $1\times a\times a\times a$, a^2 équivaut pareillement à $1\times a\times a$, a ou a^1 équivaut à $1\times a$; et, d'après cela, il est naturel d'admettre que a^0 est l'expression du seul facteur 1. Au moyen de cette convention, qui est tout-à-fait indépendante de la valeur du nombre représenté par a, on peut supposer que des facteurs qui n'entrent pas dans un produit s'y trouvent avec l'exposant zéro; et cela est propre à faciliter l'expression de quelques règles. Par exemple, pour la multiplication des monomes, il suffit de dire qu'après avoir multiplié les coefficients, *on doit écrire au produit toutes les lettres qui entrent dans les monomes proposés, en donnant à chaque lettre un exposant égal à la somme des exposants dont elle est affectée dans les facteurs*; et pour la division des monomes, on peut dire qu'*il faut mettre au quotient toutes les lettres du dividende, et donner à chaque lettre un exposant égal au reste qu'on obtient en retranchant l'exposant qu'elle a dans le dividende de celui qu'elle a dans le diviseur.*

Division des polynomes.

73. Il résulte de ce qui a été dit sur la multiplication des polynomes, que le dividende est la somme des produits de tous les termes du diviseur par chacun des termes du quotient. La plupart de ces produits partiels se trouvent confondus les uns avec les autres, à cause de la réduction des termes semblables, de sorte qu'il n'est pas possible de les reconnaître immédiatement. Mais celui qui a été formé en multipliant le terme du diviseur affecté du plus fort exposant d'une lettre, par le terme affecté du plus fort exposant de la même lettre dans le quotient, n'a pu éprouver aucune réduction, par la raison que cette lettre est affectée dans ce produit partiel d'un exposant plus fort que dans tous les autres.

Il suit de cette observation que, si l'on divise le terme du dividende qui contient le plus fort exposant d'une lettre, par le terme du diviseur affecté du plus fort exposant de la même lettre, on obtiendra un terme du quotient. On suivra d'ailleurs, pour cette division partielle, les règles qui ont été données par rapport à la division des monomes, en ayant égard aux signes.

Connaissant un terme du quotient, si l'on multiplie le diviseur par ce terme, et si l'on retranche le produit du dividende, le reste ne contiendra plus que les produits du diviseur par les autres termes du quotient. Ce reste pourra donc être regardé comme un nouveau dividende ; et en divisant le terme de ce nouveau dividende qui contiendra le plus fort exposant d'une lettre, par le terme du diviseur affecté du plus fort exposant de la même lettre, on obtiendra un second terme du quotient : ainsi de suite. Quand on aura obtenu tous les termes du quotient, la soustraction du produit du diviseur par le dernier terme conduira à un reste nul; car on aura successivement retranché du dividende le produit du diviseur par tous les termes du quotient, c'est-à-dire tout ce qui compose le dividende.

Au lieu de considérer, dans chaque division partielle, les termes affectés des plus forts exposants d'une lettre, on pourrait également considérer les termes affectés des plus faibles exposants; car le produit partiel qui se forme en multipliant les termes affectés des plus faibles exposants d'une lettre dans le diviseur et dans le quotient, doit donner, sans aucune réduction, le terme affecté du plus faible exposant de la même lettre dans le dividende.

Pour faciliter les calculs, on ordonne le dividende, le diviseur et les restes, par rapport à la même lettre; de cette manière, on n'a plus qu'à prendre immédiatement pour les termes qu'il faut considérer à chaque opération, ceux qui se trouvent écrits les premiers dans le diviseur et dans les dividendes successifs.

D'après tout ce qui vient d'être dit, la règle de la division des polynomes s'énoncera comme il suit :

Ordonnez le dividende et le diviseur par rapport aux puissances décroissantes ou aux puissances croissantes d'une lettre. Divisez le premier terme du dividende par le premier terme du diviseur; le résultat sera le premier terme du quotient. Retranchez du dividende le produit du diviseur par ce terme, en prenant soin que le reste soit ordonné de la même manière que les polynomes proposés. Divisez le premier terme du reste par le premier terme du diviseur; vous obtiendrez un second terme du quotient. Ainsi de suite.

La lettre par rapport à laquelle on a ordonné est appelée la lettre *principale;* et le plus fort exposant de cette lettre dans chaque polynome, se nomme le *degré* du polynome par rapport à cette lettre.

74. Soit le polynome

$$50a^3b^2 - 6b^5 + 25ab^4 - 45a^2b^3 - 41a^4b + 20a^5,$$

qu'il faut diviser par

$$5ab^2 - 3b^3 - 4a^2b + 5a^3.$$

On ordonne ces polynomes, et l'on dispose le calcul comme on le voit ci-dessous :

$$\begin{array}{lr|l}
 & 20a^5-41a^4b+50a^3b^2-45a^2b^3+25ab^4-6b^5 & 5a^3-4a^2b+5ab^2-3b^3 \\
 & -20a^5+16a^4b-20a^3b^2+12a^2b^3 & \overline{4a^2-5ab+2b^2} \\
\hline
1^{er}\ \textit{reste} & -25a^4b+30a^3b^2-33a^2b^3+25ab^4-6b^5 & \\
 & +25a^4b-20a^3b^2+25a^2b^3-15ab^4 & \\
\hline
2^{e}\ \textit{reste} & +10a^3b^2-8a^2b^3+10ab^4-6b^5 & \\
 & -10a^3b^2+8a^2b^3-10ab^4+6b^5 & \\
\hline
3^{e}\ \textit{reste} & 0. &
\end{array}$$

La division du premier terme $20a^5$ du dividende par le premier terme $5a^3$ du diviseur, donne le premier terme $4a^2$ du quotient. On multiplie le diviseur par $4a^2$, et l'on soustrait le produit du dividende; à cet effet, on écrit le produit sous le dividende, en changeant le signe de chaque terme, puis on fait les réductions; on obtient de cette manière le premier reste. On divise le premier terme $-25a^4b$ de ce reste par le premier terme $5a^3$ du diviseur, ce qui donne le second terme $-5ab$ du quotient. On multiplie le diviseur par $-5ab$, et l'on retranche le produit du premier reste, ce qui donne le deuxième reste. On divise le premier terme de ce reste par $5a^3$, ce qui donne le troisième terme du quotient. En retranchant du deuxième reste le produit du diviseur par $+2b^2$, on obtient un reste nul, ce qui annonce que l'opération est terminée.

75. Quand on parvient à un reste dont le premier terme n'est pas divisible par le premier terme du diviseur, la division proposée ne peut pas être effectuée. Le dividende est alors égal au produit du diviseur par la somme des quotients partiels que l'on a obtenus, augmenté du dernier reste ; et le quotient total se compose de la somme des quotients partiels, à laquelle il faut ajouter une expression complémentaire qui se forme en indiquant le quotient du dernier reste par le diviseur, qu'on exprime suivant la convention qui a été établie dans le n° **4**.

Voici un exemple d'une division qui ne peut pas être entièrement effectuée.

$$
\begin{array}{l|l}
x^4 - 4ax^3 + 6a^2x^2 - 2a^3x - a^4 & x^2 - 2ax + a^2 \\
\cline{2-2}
-x^4 + 2ax^3 - a^2x^2 & x^2 - 2ax + a^2 \\
\cline{1-1}
\quad -2ax^3 + 5a^2x^2 - 2a^3x - a^4 & \\
\quad +2ax^3 - 4a^2x^2 + 2a^3x & \\
\cline{1-1}
\qquad\quad + a^2x^2 \qquad\quad - a^4 & \\
\qquad\quad - a^2x^2 + 2a^3x - a^4 & \\
\cline{1-1}
\qquad\qquad\qquad + 2a^3x - 2a^4. &
\end{array}
$$

Après trois divisions partielles, on obtient le reste..... $+2a^3x - 2a^4$; et comme le premier terme de ce reste contient la lettre x avec un exposant moindre que l'exposant de x dans le premier terme du diviseur, l'opération ne peut plus être continuée. On a l'égalité

$$
\begin{aligned}
&x^4 - 4ax^3 + 6a^2x^2 - 2a^3x - a^4 \\
&= (x^2 - 2ax + a^2)(x^2 - 2ax + a^2) + 2a^3x - 2a^4;
\end{aligned}
$$

et le quotient est exprimé par

$$x^2 - 2ax + a^2 + \frac{2a^3x - 2a^4}{x^2 - 2ax + a^2}.$$

76. Lorsqu'on a ordonné par rapport aux puissances décroissantes d'une lettre, on parvient toujours à un reste nul, ou à un reste dont le premier terme n'est pas exactement divisible par le premier terme du diviseur. En effet, chaque soustraction du produit du diviseur par le dernier terme qu'on a trouvé au quotient faisant nécessairement disparaître le premier terme du reste qui a fourni ce quotient partiel, le degré de chaque reste est toujours moindre, au moins d'une unité, que le degré du reste précédent. Il suit de là que l'on pourra faire au plus un nombre de divisions partielles égal à l'excès plus un du degré du dividende sur celui du diviseur. Si, après ces opérations, le reste n'est pas nul, l'ex-

posant de la lettre principale dans le premier terme de ce reste, sera moindre que l'exposant de la même lettre dans le premier terme du diviseur; par conséquent, la division partielle qu'il faudra exécuter pour continuer les calculs sera impossible.

77. Quand on a ordonné par rapport aux puissances croissantes d'une lettre, il peut arriver que les divisions partielles s'effectuent toujours exactement, sans pouvoir jamais conduire à un reste nul. Pour savoir quel est alors le caractère auquel on reconnaît que l'opération ne se terminera pas, il faut remarquer que, si l'on parvenait à un reste nul, le dernier terme du dividende devrait être le produit du dernier terme du diviseur par le dernier terme du quotient; de sorte que l'exposant de la lettre principale dans le dernier terme du quotient, serait égal à la différence des exposants de la même lettre dans les derniers termes du dividende et du diviseur. Il suit de là que l'on connaîtra que la division est impossible, quand on sera conduit à mettre dans le quotient un terme où la lettre principale sera affectée d'un exposant plus grand que cette différence. C'est ce que l'on voit dans l'exemple qui suit :

$$\begin{array}{rrrrl}
1 - 4x + x^2 + x^3 & & & & \left\{ \begin{array}{l} 1 - 3x + x^2 \\ \hline 1 - x - 3x^2 - 7x^3 \text{ etc.} \end{array} \right. \\
-1 + 3x - x^2 & & & & \\
\hline
-x & + x^3 & & & \\
+x - 3x^2 & + x^3 & & & \\
\hline
& -3x^2 + 2x^3 & & & \\
& +3x^2 - 9x^3 & + 3x^4 & & \\
\hline
& -7x^3 & + 3x^4 & & \\
& \text{etc.} & & &
\end{array}$$

Quelque loin que l'on pousse les calculs, le premier terme du dernier reste sera toujours divisible par le premier terme du diviseur. Mais, lorsqu'on est parvenu au reste $-3x^2+2x^3$, on est assuré que la division ne se terminera pas, parce que, si l'on continue, il faut mettre au quotient un terme dans lequel l'exposant de x est plus grand que l'excès de l'exposant de x dans le dernier terme du dividende sur l'exposant de la même lettre dans le dernier terme du diviseur. Le quotient pourra être exprimé par

$$1 - x + \frac{-3x^2 + 2x^3}{1 - 3x + x^2}, \quad 1 - x - 3x^2 + \frac{-7x^3 + 3x^4}{1 - 3x + x^2}, \text{ etc.}$$

78. On voit, par des observations tout-à-fait semblables à celles qui viennent d'être faites, que, dans le cas où l'on a ordonné par rapport aux puissances décroissantes d'une lettre, la division ne pourra pas être entièrement effectuée si l'on obtient dans le quotient un terme qui renferme cette lettre avec un exposant moindre que la différence des exposants dont elle est affectée dans les derniers termes du dividende et du diviseur.

79. Lorsque les polynomes contiennent plusieurs termes dans lesquels la lettre principale a le même exposant, on réunit ces termes comme nous l'avons expliqué dans le n° **69**; et l'on effectue ensuite la division comme dans les exemples précédents. Quand le coefficient du premier terme de l'un des dividendes partiels est un polynome, on fait à part la division de ce coefficient par celui du premier terme du diviseur.

On trouve à la page ci-contre un exemple d'une semblable division. L'opération s'explique encore par les raisonnements que nous avons exposés dans le n° **73**; car ce qui a été dit au sujet des termes affectés des plus forts exposants d'une lettre dans les polynomes proposés et dans le quotient, subsiste également quand les multiplicateurs des puissances de cette lettre sont des polynomes.

$$\textit{Divid.}\left\{\begin{array}{r|r|r|r}
4b^2 & a^3 - 16b^3 & a^2 + 32b^4 & a - 32b^5 \\
- c^2 & + 4b^2c & - 8b^3c & + 16b^4c \\
 & + 2bc^2 & - 4b^2c^2 & + 8b^3c^2 \\
 & - 2c^3 & + 2bc^3 & - 4b^2c^3 \\
 & & - c^4 &
\end{array}\right.
\qquad
\left.\begin{array}{r|r}
2b & a - 4b^2 \\
+ c & + c^2
\end{array}\right\}\textit{Divis.}$$

$$\left.\begin{array}{r|r|r}
2b & a^2 - 4b^2 & a + 8b^3 \\
- c & + 2bc & - 4b^2c \\
 & - c^2 &
\end{array}\right\}\textit{Quot.}$$

$$\begin{array}{l|r|r|r}
\textit{Produit à soustraire.} & \begin{array}{r} + 8b^3 \\ - 4b^2c \\ - 2bc^2 \\ + c^3 \end{array} & & \\
\hline
\textit{1}^{er}\textit{ reste ou 2}^{e}\textit{ divid.} & \begin{array}{r} - 8b^3 \\ - c^3 \end{array} & \begin{array}{r} a^2 + 32b^4 \\ - 8b^3c \\ - 4b^2c^2 \\ + 2bc^3 \\ - c^4 \end{array} & \begin{array}{r} a - 32b^5 \\ + 16b^4c \\ + 8b^3c^2 \\ - 4b^2c^3 \end{array} \\
\textit{Produit à soustraire.} & & \begin{array}{r} - 16b^4 \\ + 8b^3c \\ - 4b^2c^2 \\ + 4b^2c^2 \\ - 2bc^3 \\ + c^4 \end{array} & \\
\hline
\textit{2}^{e}\textit{ reste ou 3}^{e}\textit{ divid.} & & \begin{array}{r} + 16b^4 \\ - 4b^2c^2 \end{array} & \begin{array}{r} a - 32b^5 \\ + 16b^4c \\ + 8b^3c^2 \\ - 4b^2c^3 \end{array} \\
\textit{Produit à soustraire.} & & & \begin{array}{r} + 32b^5 \\ - 16b^4c \\ - 8b^3c^2 \\ + 4b^2c^3 \end{array} \\
\hline
\textit{3}^{e}\textit{ reste} \ldots\ldots\ldots\ldots & & & 0
\end{array}$$

1re division partielle.

$$\begin{array}{r|l}
4b^2 - c^2 & 2b + c \\
\cline{2-2}
- 2bc & 2b - c \\
\cline{1-1}
- 2bc - c^2 & \\
+ c^2 & \\
\cline{1-1}
0 &
\end{array}$$

2e division partielle.

$$\begin{array}{r|l}
- 8b^3 - c^3 & 2b + c \\
\cline{2-2}
+ 4b^2c & - 4b^2 + 2bc - c^2 \\
\cline{1-1}
+ 4b^2c - c^3 & \\
- 2bc^2 & \\
\cline{1-1}
- 2bc^2 - c^3 & \\
+ c^3 & \\
\cline{1-1}
0. &
\end{array}$$

3e division partielle.

$$\begin{array}{r|l}
16b^4 - 4b^2c^2 & 2b + c \\
\cline{2-2}
- 8b^3c & 8b^3 - 4b^2c \\
\cline{1-1}
- 8b^3c - 4b^2c^2 & \\
+ 4b^2c^2 & \\
\cline{1-1}
0. &
\end{array}$$

Dans chacun des produits du diviseur par les quotients partiels, on n'a point écrit le premier terme, parce que ce terme détruit toujours le premier terme du dividende correspondant. On pourrait aussi se dispenser d'écrire dans chaque dividende partiel, les termes du dividende primitif qui n'ont pas encore servi dans l'opération, et ne mettre que ceux qui ont éprouvé des réductions; mais on n'a pas employé cette dernière abréviation, afin que les calculs fussent plus faciles à suivre.

80. Pour ne laisser échapper aucun des cas qui peuvent se présenter, nous devons considérer celui où une des lettres du dividende ne se trouve point dans le diviseur. On pourrait ordonner par rapport à une des lettres communes; mais il est plus commode d'ordonner par rapport à la lettre qui n'entre pas dans le diviseur, en considérant ce polynome comme un multiplicateur de la puissance de cette lettre dont l'exposant est zéro. De cette manière, on voit que l'opération se réduit à diviser séparément par le diviseur proposé chacun des multiplicateurs de la lettre principale dans le dividende. Soit, par exemple, le polynome

$$(3c-6b)a^2-(c^2-4b^2)a+c^3-6bc^2+12b^2c-8b^3,$$

qu'on veut diviser par $c-2b$. La division de $3c-6b$ par $c-2b$ donne le quotient 3; il en résulte que le quotient de $(3c-6b)a^2$ par $c-2b$ est $3a^2$. En retranchant du dividende le produit du diviseur par le premier quotient partiel $3a^2$, on efface dans le dividende la partie qui est affectée de a^2, et le reste est $-(c^2-4b^2)a+c^3-6bc^2+12b^2c-8b^3$. La division de $+c^2-4b^2$ par $c-2b$ donne le quotient $c+2b$; il en résulte que le quotient de $-(c^2-4b^2)a$ par $c-2b$ est $-(c+2b)a$; c'est le second quotient partiel. Le second reste ne se compose que de la partie du dividende qui ne contient pas la lettre a; et en divisant ce reste par $c-2b$, on obtient un troisième quotient partiel qui est $c^2-4bc+4b^2$. Le quotient total est donc

$$3a^2-(c+2b)a+c^2-4bc+4b^2.$$

81. Parmi les résultats qui sont fournis par la division, il est utile de remarquer celui que l'on trouve en faisant l'opération ci-après, dans laquelle on suppose que m représente un nombre entier.

$$
\begin{array}{l|l}
a^m - b^m & a - b \\
\cline{2-2}
- a^m + ba^{m-1} & a^{m-1} + ba^{m-2} + b^2a^{m-3} \ldots + b^{m-1} \\
\hline
+ ba^{m-1} - b^m & \\
- ba^{m-1} + b^2a^{m-2} & \\
\hline
+ b^2a^{m-2} - b^m & \\
\vdots & \\
\hline
+ b^m a^0 - b^m. &
\end{array}
$$

On voit que les dividendes successifs sont formés du terme $-b^m$, et d'un autre terme dans lequel, à chaque opération, l'exposant de a diminue d'une unité. Or, le diviseur ne contenant que la première puissance de la lettre a, on pourra continuer les opérations jusqu'à ce qu'on obtienne un reste dont le premier terme ne renferme plus cette lettre qu'avec l'exposant zéro; et, d'après l'observation qui vient d'être faite, ce reste sera $b^m a^0 - b^m$ ou zéro. Donc $a^m - b^m$ est toujours divisible par $a - b$. Dans les termes du quotient, les exposants de a vont en diminuant d'une unité; ceux de b augmentent de la même manière, et le dernier terme est b^{m-1}; car ce dernier terme doit être tel que, si on le multiplie par le dernier terme du diviseur, on retrouve le dernier terme $-b^m$ du dividende.

On pourrait démontrer de la même manière les propositions suivantes :

La division de $a^m - b^m$ par $a+b$ peut être effectuée toutes les fois que m est un nombre pair; et dans ce cas, le quotient est

$$a^{m-1} - ba^{m-2} + b^2a^{m-3} \ldots\ldots - b^{m-1}.$$

Quand m est un nombre impair, la division n'est pas possible.

La division de $a^m + b^m$ par $a+b$ peut être effectuée toutes les fois que m est un nombre impair; et, dans ce cas, le quotient est

$$a^{m-1} - ba^{m-2} + b^2a^{m-3} \ldots\ldots + b^{m-1}.$$

Quand m est un nombre pair, la division n'est pas possible.

La division de $a^m + b^m$ par $a - b$ ne peut jamais être entièrement effectuée.

Des fractions littérales.

82. L'expression d'une division qui n'a pas été effectuée prend, comme en Arithmétique, le nom de *fraction* : ainsi $\frac{3a^2bc}{5a^3b^2d}$ et $\frac{a^2 + b^2}{a - b}$ sont des fractions. La quantité qu'il faut diviser s'appelle le *numérateur*; la quantité par laquelle on doit diviser est le *dénominateur*; le numérateur et le dénominateur sont appelés collectivement les *deux termes* de la fraction. Les quantités algébriques qui ne contiennent pas de fractions sont appelées *quantités entières*.

Les règles qu'il faut appliquer aux fractions littérales, sont les mêmes que celles qu'on enseigne dans l'Arithmétique par rapport aux fractions numériques. Mais pour le faire voir, il est nécessaire de recourir à d'autres explications, attendu que les deux termes des fractions que l'on considère en Arithmétique sont des nombres entiers, tandis que les termes des fractions littérales peuvent désigner des quantités quelconques.

83. Soient a et b deux quantités quelconques, et représentons par q le quotient de a par b; on aura

$$\frac{a}{b} = q, \quad \text{d'où} \quad a = bq;$$

et si l'on multiplie les quantités égales a et bq par une même quantité m, en observant que, pour multiplier un produit, il suffit de multiplier un des facteurs, on trouvera

$$am = bm \times q; \quad \text{donc} \quad \frac{am}{bm} = q, \quad \text{ou} \quad \frac{am}{bm} = \frac{a}{b}.$$

La dernière égalité prouve qu'on ne change pas la valeur

d'une fraction en multipliant ou en divisant les deux termes par une même quantité.

84. Ce principe donne, comme en Arithmétique, le moyen de simplifier les fractions, et de les réduire au même dénominateur.

La réduction d'une fraction s'opère en supprimant les facteurs communs au numérateur et au dénominateur. Lorsque ces deux termes sont des monomes, les facteurs communs sont le plus grand commun diviseur des coefficients numériques, et les facteurs littéraux exprimés par chaque lettre commune affectée du plus faible des exposants qu'elle a dans les deux monomes. Soit, par exemple, la fraction $\frac{18a^3b^5c^2d}{48a^7b^2c^2e}$; le plus grand commun diviseur des coefficients 18 et 48 est 6, et les facteurs littéraux communs aux deux termes sont a^3, b^2 et c^2. En supprimant ces facteurs, la fraction se réduit à $\frac{3b^3d}{8a^4e}$.

Quand les deux termes sont des polynomes, il faut recourir au procédé que donne la théorie du plus grand commun diviseur algébrique, dont nous nous occuperons plus loin. Cependant, il arrive quelquefois que les facteurs communs à deux polynomes s'aperçoivent immédiatement. Pour en donner un exemple, prenons la fraction $\frac{4x^2 - 12ax + 9a^2}{8x^3 - 27a^3}$: il est facile de voir que le numérateur est le carré de $2x - 3a$ (n° 66); et comme le dénominateur revient à $(2x)^3 - (3a)^3$, il est divisible par $2x - 3a$ (n° 81); les deux termes ont donc pour facteur commun $2x - 3a$. En supprimant ce facteur, la fraction se réduit à $\frac{2x - 3a}{4x^2 + 6ax + 9a^2}$.

85. Pour réduire des fractions au même dénominateur, il suffit de multiplier les deux termes de chaque fraction par le produit des dénominateurs de toutes les autres.

Quand les dénominateurs ont des facteurs communs, on

détermine le plus simple multiple de tous les dénominateurs, et l'on multiplie les deux termes de chaque fraction par le quotient qu'on obtient en divisant ce plus simple multiple par le dénominateur.

Lorsque tous les dénominateurs des fractions proposées sont des monomes, le plus simple multiple est formé du plus petit multiple des coefficients numériques multiplié par toutes les lettres qui entrent dans ces monomes, chaque lettre étant affectée de l'exposant qu'elle a dans le monome où cet exposant est le plus grand.

Prenons pour exemple les trois fractions

$$\frac{m}{6a^3b}, \quad \frac{n}{4a^2b^2}, \quad \frac{p}{18b^2c^2}.$$

Le plus simple multiple des dénominateurs est $36a^3b^2c^2$; et en prenant cette quantité pour dénominateur commun, on trouve que les fractions proposées peuvent être remplacées par les suivantes :

$$\frac{6bc^2m}{36a^3b^2c^2}, \quad \frac{9ac^2n}{36a^3b^2c^2}, \quad \frac{2a^3p}{36a^3b^2c^2}.$$

Pour trouver le plus simple multiple de plusieurs polynomes, il faut, en général, recourir à la théorie du plus grand commun diviseur; mais on peut quelquefois y parvenir en décomposant les polynomes en facteurs, au moyen des propositions qui ont été précédemment exposées.

Supposons, par exemple, que l'on veuille réduire au même dénominateur les deux fractions ci-après :

$$\frac{a^2m}{1-m^2}, \quad \frac{a^2}{1-2m+m^2}.$$

On remarquera que $1-m^2=(1-m)(1+m)$, et $1-2m+m^2=(1-m)^2=(1-m)(1-m)$, (n° 66) ; on en conclura qu'il suffit de multiplier les termes de la première fraction par $1-m$, et ceux de la seconde par $1+m$; on obtiendra ainsi, pour ces fractions, les expressions suivantes :

$$\frac{a^2m - a^2m^2}{1 - m - m^2 + m^3}, \quad \frac{a^2 + a^2m}{1 - m - m^2 + m^3}.$$

86. Soient maintenant trois fractions réduites au même dénominateur, $\frac{a}{m}$, $\frac{b}{m}$, $\frac{c}{m}$; et supposons que l'on doive ajouter la seconde à la première et retrancher la troisième de la somme. Si l'on pose $\frac{a}{m} = q$, $\frac{b}{m} = r$, $\frac{c}{m} = s$, d'où . . $a = mq$, $b = mr$, $c = ms$, on aura

$$a + b - c = m(q + r - s), \quad \text{d'où} \quad \frac{a+b-c}{m} = q + r - s;$$

donc

$$\frac{a}{m} + \frac{b}{m} - \frac{c}{m} = \frac{a + b - c}{m}.$$

Il suit de là que, pour l'addition et la soustraction des fractions littérales, on doit observer les mêmes règles qu'en Arithmétique.

87. Pour la multiplication, posons $\frac{a}{b} = q$, $\frac{c}{d} = r$, d'où $a = bq$, $c = dr$; on aura

$$ac = bq \times dr = bd \times qr, \quad \text{d'où} \quad \frac{ac}{bd} = qr;$$

donc

$$\frac{a}{b} \times \frac{c}{d} = \frac{ac}{bd}.$$

Il suit de là que le produit se forme en multipliant les numérateurs entre eux et les dénominateurs entre eux.

88. Enfin, soit à diviser $\frac{a}{b}$ par $\frac{c}{d}$: si l'on réduit d'abord ces fractions au même dénominateur, elles deviendront $\frac{ad}{bd}$ et $\frac{bc}{bd}$; or le quotient ne sera pas altéré, si l'on mul-

tiplie le dividende et le diviseur par bd (n° 83) ; donc

$$\frac{a}{b}:\frac{c}{d}=\frac{ad}{bc}.$$

Il suit de là que le quotient se forme en multipliant la fraction dividende par la fraction diviseur renversée.

Pour multiplier ou pour diviser une fraction par un entier, ou un entier par une fraction, ou bien pour ajouter des fractions avec des entiers, on suivrait les mêmes règles, en donnant aux entiers l'unité pour dénominateur.

89. Les règles relatives aux fractions sont appliquées dans les exercices suivants, qui offrent des réductions remarquables.

1°. $$\frac{2a}{2b-c}\times\left(\frac{b+c}{3}-\frac{c}{2}\right)=\frac{a}{3};$$

2°. $$\frac{b}{a-\frac{ac}{b+c}}=\frac{b+c}{a};$$

3°. $$\frac{1-\frac{a^3}{x^3}}{\frac{1}{x^2}-\frac{a}{x^3}}=\frac{x^3-a^3}{x-a}=x^2+ax+a^2;$$

4°. $$\frac{a+\frac{b-a}{1+ba}}{1-a\times\frac{b-a}{1+ba}}=b;$$

5°. $$\frac{a-c\times\frac{ae-bd}{ce-bf}}{b}=\frac{cd-af}{ce-bf}.$$

Des exposants négatifs.

90. On a vu que, pour former l'exposant d'une lettre dans le quotient de deux quantités monomes, il faut soustraire l'exposant de cette lettre dans le diviseur de celui de la même lettre dans le dividende ; et cette règle qui suppo-

sait d'abord l'exposant du dividende plus grand que celui du diviseur, a été étendue ensuite au cas où les deux exposants sont égaux (n° 72). On peut aussi l'étendre au cas où l'exposant du dividende est plus petit que celui du diviseur; mais alors l'exposant du quotient sera négatif, et il faudra fixer la signification qu'on devra attacher à un semblable exposant. Or, si l'on considère l'égalité $\frac{a^m}{a^n} = a^{m-n}$, et si l'on remplace dans les deux membres n par $m+p$, le second membre deviendra a^{-p}, et le premier sera $\frac{a^m}{a^{m+p}}$, ce qui équivaut à $\frac{a^m}{a^m \times a^p}$, ou $\frac{1}{a^p}$. Il faudra donc convenir que l'expression a^{-p} sera regardée comme équivalente à $\frac{1}{a^p}$.

91. Les règles qui ont été précédemment établies à l'égard des exposants positifs, pour la multiplication et la division, conviennent aussi aux exposants négatifs; c'est-à-dire que le produit de deux puissances d'une quantité se forme toujours en ajoutant les exposants des facteurs, et le quotient se forme en retranchant l'exposant du diviseur de l'exposant du dividende. Car on a

$$a^{-m} \times a^n = \frac{1}{a^m} \times a^n = \frac{a^n}{a^m} = a^{n-m},$$

$$a^{-m} \times a^{-n} = \frac{1}{a^m} \times \frac{1}{a^n} = \frac{1}{a^{m+n}} = a^{-(m+n)},$$

$$a^m \ : a^{-n} = a^m \ : \frac{1}{a^n} = a^m \times a^n = a^{m+n},$$

$$a^{-m} \ : a^{-n} = \frac{1}{a^m} \ : \frac{1}{a^n} = \frac{a^n}{a^m} = a^{n-m} = a^{-m+n}.$$

92. Au moyen des exposants négatifs, on peut ramener des expressions algébriques fractionnaires à une forme entière, pour leur appliquer ensuite les règles relatives au calcul des quantités entières; ce qui offre une analogie remarquable

avec les effets qui résultent de la notation dont on se sert en Arithmétique pour représenter les fractions décimales. Supposons, par exemple, que l'on ait à faire le produit des deux polynomes $\frac{3}{2x^2}+x^2-2+\frac{1}{3x}-2x$, et $\frac{2}{x}-3-x$. On remplacera les fractions $\frac{1}{x^2}$ et $\frac{1}{x}$ par les notations x^{-2} et x^{-1}. On ordonnera ensuite en considérant les exposants négatifs comme plus petits que zéro, et d'autant plus petits que leurs valeurs absolues sont plus grandes (n° 42); puis on fera la multiplication comme on le voit ci-dessous :

$$\begin{array}{l}
\quad x^2-2x-2+\frac{1}{3}x^{-1}+\frac{3}{2}x^{-2} \\
-x-3+2x^{-1} \\
\hline
-x^3+2x^2+2x-\frac{1}{3}x^0-\frac{3}{2}x^{-1} \\
\qquad -3x^2+6x+6x^0-x^{-1}-\frac{9}{2}x^{-2} \\
\qquad\qquad +2x-4x^0-4x^{-1}+\frac{2}{3}x^{-2}+3x^{-3} \\
\hline
-x^3-x^2+10x+\frac{5}{3}-\frac{13}{2}x^{-1}-\frac{23}{6}x^{-2}+3x^{-3}.
\end{array}$$

93. On voit dans cet exemple que le cas où les polynomes renferment des exposants négatifs n'apporte aucun changement au principe sur lequel nous nous sommes fondés pour établir la règle de la division; savoir : que, lorsqu'un produit est ordonné, le premier terme est le produit des premiers termes des facteurs, et le dernier terme est le produit des derniers termes des facteurs. La règle du n° 73 s'appliquera donc aussi aux polynomes qui renfermeront des exposants négatifs. On peut s'en assurer en divisant le produit ci-dessus par un des facteurs.

94. Quand on admet dans le quotient des exposants négatifs, les cas d'impossibilité ne peuvent plus se reconnaître au moyen de ce qui a été dit dans le n° 75. Il faut continuer les opérations jusqu'à ce qu'on ait acquis la certitude qu'on ne parviendra jamais à un reste nul, en se reportant, pour cela, au principe du n° 78.

Au reste, dans les applications les plus ordinaires de la

division, les exposants de la lettre principale dans le dividende et le diviseur sont positifs ; et l'on a pour but, quand la division ne peut pas se faire exactement, d'obtenir un quotient qui ne renferme que des exposants positifs de la lettre principale, les multiplicateurs de cette lettre pouvant être fractionnaires, et le degré du reste par rapport à cette lettre devant être moindre que celui du diviseur. On voit par ce qui a été dit dans le n° **76**, qu'il est toujours possible de satisfaire à ces conditions, quand on a ordonné par rapport aux puissances décroissantes de la lettre principale. L'expression du quotient se forme alors comme nous l'avons expliqué dans le n° **75**.

Enfin nous ferons encore remarquer que, dans le cas où le plus faible exposant de la lettre principale est zéro dans le dividende et dans le diviseur, on est assuré que l'on n'obtiendra jamais un reste nul dès que l'on parvient à un reste dont le degré est moindre que celui du diviseur; parce que, si l'on continuait l'opération, il faudrait mettre au quotient un terme dans lequel l'exposant de la lettre principale serait négatif, et cet exposant serait moindre que la différence des plus faibles exposants du dividende et du diviseur.

CHAPITRE TROISIÈME.

ÉQUATIONS ET PROBLÈMES DU PREMIER DEGRÉ.

Définitions. — Résolution des équations du premier degré à une seule inconnue.

95. Nous avons déjà employé plusieurs fois les dénominations d'*égalité* et d'*équation ;* mais comme ces dénominations reviendront encore plus fréquemment dans la suite, il est bon d'en fixer la signification d'une manière précise.

La réunion de deux expressions jointes par le signe $=$ prend le nom d'*égalité*, lorsqu'on peut constater, en effectuant des calculs indiqués, que ces expressions sont égales ; ou encore lorsque ces expressions ne renfermant que des quantités connues, on sait qu'elles sont égales en vertu des suppositions que l'on a établies. Ainsi, l'on dit que $(2x+1)(3x-2)=6x^2-x-2$ est une égalité, parce qu'en effectuant la multiplication de $2x+1$ par $3x-2$, on obtient pour produit $6x^2-x-2$. On dit aussi que $ad=bc$ est une égalité, quand on a supposé que a, b, c, d, sont quatre quantités connues qui forment une proportion par quotient.

On donne le nom d'*équation* à l'assemblage de deux expressions dans lesquelles il entre des quantités connues et des quantités inconnues, et qu'on a jointes par le signe $=$, pour exprimer que l'on doit déterminer les quantités inconnues de manière que ces expressions deviennent égales. Ainsi les quantités $(2x+1)(3x-2)$ et $2x^2-3x+4$ ne sont pas égales, mais elles peuvent le devenir quand on donne à x une valeur particulière ; si l'on veut exprimer qu'il s'agit de déterminer cette valeur, on écrit $(2x+1)(3x-2)=2x^2-3x+4$, et cette relation est une équation.

Les expressions placées de part et d'autre du signe = se nomment les deux *membres* de l'égalité ou de l'équation. L'expression qui est à gauche du signe est le premier membre, celle qui est à droite est le second membre.

Quand les deux membres d'une égalité sont absolument les mêmes, l'égalité prend le nom d'*identité*. Ainsi l'égalité ci-dessus $(2x+1)(3x-2)=6x^2-x-2$ devient une identité quand on effectue les calculs indiqués dans le premier membre. On emploie aussi quelquefois la dénomination d'identité à la place de celle d'égalité, quand il n'est pas nécessaire d'effectuer les calculs indiqués pour constater que les deux membres sont les mêmes. C'est dans ce sens que l'on dit que $(a+b)(a-b)=a^2-b^2$ est une identité, parce qu'on sait que la somme de deux nombres multipliée par leur différence donne pour produit la différence des carrés de ces nombres.

96. *Résoudre* une équation, c'est chercher quelles valeurs on doit mettre à la place de l'inconnue, ou des inconnues s'il y en a plusieurs, pour que l'équation devienne une identité : chaque valeur de l'inconnue qui jouit de cette propriété, ou chaque groupe de valeurs des inconnues, s'il y en a plusieurs, forme une *solution* de l'équation. On dit que deux équations sont *équivalentes*, ou qu'elles rentrent l'une dans l'autre, lorsqu'elles admettent les mêmes solutions.

97. Il est évident que, *lorsqu'on ajoute la même quantité aux deux membres d'une équation, ou lorsqu'on en retranche la même quantité, les valeurs des inconnues restent les mêmes ;* c'est-à-dire que les valeurs des inconnues qui vérifient la première équation vérifient aussi la seconde, et réciproquement.

Lorsqu'on multiplie ou qu'on divise les deux membres d'une équation par la même quantité, les valeurs des inconnues restent aussi les mêmes (*).

(*) Cette proposition cesse d'être exacte lorsque la quantité par laquelle on multiplie ou l'on divise les deux membres renferme les inconnues. Soit, par exemple, l'équation $3x-2=7$; si l'on multipliait les deux membres par $x-1$, il viendrait $(x-1)(3x-2)=7(x-1)$; or la dernière équation

98. Proposons-nous maintenant de résoudre l'équation

$$29x - 87 = 12x + 32.$$

On peut supprimer le terme $12x$ dans le second membre, en retranchant $12x$ du premier membre ; on peut aussi supprimer le terme -87 dans le premier membre, en ajoutant 87 au second membre. De cette manière l'équation est remplacée par la suivante :

$$29x - 12x = 32 + 87.$$

En général, lorsque chaque membre d'une équation n'offre qu'un assemblage de termes joints par les signes + et —, on peut réunir dans un membre tous les termes qui contiennent l'inconnue ou les inconnues, et mettre dans l'autre membre tous les termes qui ne renferment que des quantités connues ; pour cela, il suffit de donner à chaque terme que l'on écrit dans un membre, en le supprimant dans l'autre, le signe contraire à celui qu'il avait : cette opération constitue ce que l'on nomme la *transposition des termes*.

Si, dans l'équation ci-dessus, on réduit les termes semblables, elle devient

$$17x = 119 ;$$

et en divisant les deux membres par le coefficient de x, on trouve

$$x = 7.$$

Vérification. Pour s'assurer de l'exactitude des opérations, il faut remplacer l'inconnue x par 7 dans l'équation proposée, et voir si l'on parvient à une identité. Or, il vient par cette substitution

$$29 \times 7 - 87 = 12 \times 7 + 32 ;$$

ce qui se réduit en effet à l'identité $116 = 116$.

---

admet la solution $x = 1$, et cette solution ne convient pas à l'équation primitive. Il faut aussi que la quantité par laquelle on multiplie ou l'on divise les deux membres ne soit ni nulle, ni infinie. Mais les considérations auxquelles ces restrictions donnent lieu ne nous seraient point utiles dans le cours de ce chapitre, et elles trouveront place dans la suite.

99. Prenons en second lieu l'équation

$$\frac{5}{2}x - \frac{4}{3}x - 13 = \frac{5}{8} + \frac{x}{32}.$$

On peut d'abord changer cette équation en une autre équivalente qui n'ait pas de dénominateurs, en multipliant tous les termes de l'équation par un multiple quelconque des dénominateurs ; ce qui revient à opérer comme si l'on voulait réduire tous les termes au même dénominateur, en supprimant immédiatement le dénominateur commun. Pour la simplicité des calculs, on choisit le plus petit multiple des dénominateurs qui, dans l'exemple proposé, est 96. On trouve alors que l'équation devient

$$240x - 128x - 1248 = 60 + 3x.$$

En transposant les termes, d'après ce qui a été dit pour l'exemple ci-dessus, il vient

$$240x - 128x - 3x = 60 + 1248,$$

ou, en réduisant

$$109x = 1308;$$

d'où l'on conclut

$$x = \frac{1308}{109}, \quad \text{ou} \quad x = 12.$$

Vérification. Si l'on remplace x par 12 dans l'équation proposée, il vient d'abord

$$\frac{5}{2} \times 12 - \frac{4}{3} \times 12 - 13 = \frac{5}{8} + \frac{12}{32};$$

et en effectuant les opérations indiquées dans chaque membre, on parvient à l'identité $1 = 1$.

100. Pour troisième exemple, soit l'équation

$$4 - \frac{x+3}{6} = 2 + \frac{9-2x}{3}.$$

On opère comme si l'on voulait réduire les entiers et les fractions au même dénominateur, en prenant pour dénominateur commun le plus petit nombre divisible par tous les dénominateurs, qui est 6, et l'on omet dans chaque terme le dénominateur commun. L'équation devient ainsi

$$24 - (x + 3) = 12 + 2(9 - 2x).$$

On effectue les calculs indiqués, ce qui donne

$$24 - x - 3 = 12 + 18 - 4x.$$

On transpose les termes, de manière que tous les termes qui contiennent l'inconnue soient dans le premier membre, et tous les termes indépendants de l'inconnue dans le second membre ; on est ainsi conduit à l'équation

$$4x - x = 12 + 18 + 3 - 24,$$

ou, en réduisant,

$$3x = 9; \quad \text{d'où} \quad x = 3.$$

Vérification. Si l'on remplace l'inconnue x par 3 dans l'équation proposée, on trouve d'abord

$$4 - \frac{3+3}{6} = 2 + \frac{9 - 2 \times 3}{3};$$

et, en effectuant les calculs indiqués dans chaque membre, on parvient à l'identité $3 = 3$.

101. Considérons encore l'équation

$$\frac{25}{x+3} = \frac{10}{3x-4}.$$

On réduit d'abord les deux fractions au même dénominateur ; il faut alors que les numérateurs soient égaux, ce qui donne l'équation

$$25(3x - 4) = 10(x + 3),$$

ou, en effectuant les calculs indiqués,

$$75x - 100 = 10x + 30.$$

On tire de là, par la transposition des termes,

$$75x - 10x = 30 + 100, \quad \text{ou} \quad 65x = 130;$$

donc

$$x = \frac{130}{65}, \quad \text{ou} \quad x = 2.$$

Vérification. Si l'on remplace x par 2 dans l'équation proposée, on trouve

$$\frac{25}{2+3} = \frac{10}{3 \times 2 - 4};$$

et, en effectuant les calculs indiqués, on parvient à l'identité $5 = 5$.

102. Les équations de la nature de celles que nous venons de considérer sont appelées équations du *premier degré*, parce qu'après l'évanouissement des dénominateurs, la transposition des termes et la réduction, elles ne contiennent que l'inconnue sans exposant. Lorsqu'après ces opérations l'inconnue se trouve élevée à diverses puissances, le degré de l'équation est marqué par l'exposant de la plus haute puissance. Quand il y a plusieurs inconnues, le degré est marqué par la somme des exposants de toutes les inconnues dans le terme où cette somme est la plus forte. Ainsi l'équation $5x^2 - 3x = 30$ est une équation du second degré; l'équation à deux inconnues $yx^2 - 5y + 2x = 48$ est une équation du troisième degré, parce que la somme des exposants des inconnues dans le terme yx^2 est égale à 3.

103. Ce que nous avons dit à l'égard des équations cidessus renferme toutes les règles nécessaires pour résoudre les équations du premier degré à une inconnue; et l'on peut résumer ces règles comme il suit :

Si l'équation contient des dénominateurs, on les fait disparaître : à cet effet on opère comme si l'on voulait réduire tous les termes au même dénominateur, et l'on omet dans chaque terme le dénominateur. Il faut avoir soin, pour simplifier l'opération, de choisir le plus petit dénominateur commun.

L'équation n'ayant plus de dénominateurs, on effectue les opérations algébriques qui ne sont qu'indiquées, afin que chaque membre n'offre plus qu'un assemblage de termes joints par les signes + et —.

On rassemble ensuite dans le premier membre tous les termes qui renferment l'inconnue, et l'on met dans le second membre tous les termes qui ne contiennent que des quantités connues, en observant pour cela de changer les signes des termes que l'on fait passer d'un membre dans l'autre.

Enfin on réduit les termes semblables, puis on divise les deux membres par le multiplicateur de l'inconnue; après cette opération, le second membre exprime la valeur de l'inconnue.

104. Voici un dernier exemple assez compliqué, dans lequel on rencontre l'application de toutes ces règles. Soit l'équation

$$\frac{(a+b)x}{a} - 3a - \frac{(a-b)^2}{a+b} = \frac{b(2a-b)(x-a)}{a^2-b^2} - 3x.$$

On fait d'abord disparaître les dénominateurs, en observant que l'on peut prendre pour dénominateur commun de tous les termes $a(a^2-b^2)$, puisque a^2-b^2 est divisible par $a+b$. L'équation proposée se change alors dans la suivante :

$$(a+b)(a^2-b^2)x-3a^2(a^2-b^2)-a(a-b)^3=ab(2a-b)(x-a)-3a(a^2-b^2)x.$$

En effectuant tous les calculs indiqués, transposant les termes et réduisant, on trouve

$$4a^3x-a^2bx-3ab^2x-b^3x=4a^4-5a^3b+a^2b^2-ab^3;$$

ce qui revient à

$$(4a^3-a^2b-3ab^2-b^3)x=4a^4-5a^3b+a^2b^2-ab^3;$$

d'où l'on tire

$$x=\frac{a(4a^3-5a^2b+ab^2-b^3)}{4a^3-a^2b-3ab^2-b^3}.$$

105. Il arrive assez souvent qu'en réunissant dans le pre-

mier membre d'une équation tous les termes qui contiennent l'inconnue, on trouve que ces termes se réduisent à un seul qui est affecté du signe —. On peut alors considérer ce terme comme étant formé du produit de l'inconnue par une quantité négative; et en divisant le second membre par cette quantité négative, on obtient la valeur de l'inconnue. Mais on peut aussi faire en sorte que le terme où se trouve l'inconnue ne soit plus affecté du signe —, en changeant les signes des deux membres de l'équation; en général, *on peut toujours, quand on le juge à propos, changer les signes de tous les termes dans les deux membres d'une équation.* Il est clair, en effet, que, par ce changement, on n'altère pas la valeur de l'inconnue, puisque la nouvelle équation qu'on obtient est celle qu'on trouverait si l'on faisait passer les termes du second membre dans le premier, et les termes du premier membre dans le second.

Des équations du premier degré à plusieurs inconnues. — Résolution de deux équations numériques à deux inconnues.

106. Lorsqu'on veut résoudre une équation dans laquelle il entre plusieurs inconnues, on peut mettre à la place de toutes les inconnues, hors une, des nombres pris arbitrairement; on est alors ramené à résoudre une équation à une seule inconnue. La valeur de cette inconnue forme, avec les valeurs arbitraires des autres inconnues, une *solution* de l'équation; et l'on peut trouver ainsi un nombre illimité de solutions. Il ne faut pas perdre de vue que l'on doit d'abord simplifier l'équation par l'évanouissement des dénominateurs, la transposition des termes et la réduction.

Considérons, par exemple, l'équation

$$\frac{3}{2}x - \frac{2}{3}y - 1 = \frac{4}{3} + y - \frac{x}{3};$$

On fait disparaître les dénominateurs en multipliant chaque terme par 6, ce qui donne

$$9x - 4y - 6 = 8 + 6y - 2x.$$

Il vient ensuite, par la transposition des termes,

$$9x + 2x - 4y - 6y = 8 + 6;$$

et en réduisant, on obtient enfin

$$11x - 10y = 14.$$

Au moyen de ces simplifications, une équation du premier degré à plusieurs inconnues peut toujours être transformée de manière que le premier membre ne comprenne que des termes en nombre égal à celui des inconnues, et formés chacun du produit d'une inconnue par une quantité connue, le second membre étant une quantité connue ; de sorte que s'il y a, par exemple, quatre inconnues, x, y, z, u, l'équation pourra être ramenée à la forme $ax + by + cz + du = f$, les quantités que nous désignons ici par les lettres a, b, c, d, f étant des quantités connues littérales ou numériques, et sans dénominateurs.

Maintenant, si dans l'équation ci-dessus $11x - 10y = 14$, on met successivement à la place de y différents nombres pris arbitrairement, par exemple, les nombres entiers 1, 2, 3, 4, etc., on obtiendra pour les valeurs correspondantes de x les nombres $\frac{24}{11}$, $\frac{34}{11}$, 4, $\frac{54}{11}$, etc. Ainsi l'on aura une solution de l'équation proposée, en prenant l'un quelconque des couples ou *systèmes* de valeurs ci-dessous :

$$\begin{cases} y = 1 \\ x = \frac{24}{11}, \end{cases} \begin{cases} y = 2 \\ x = \frac{34}{11}, \end{cases} \begin{cases} y = 3 \\ x = 4, \end{cases} \begin{cases} y = 4 \\ x = \frac{54}{11}, \end{cases} \Big\} \text{etc.}$$

Au lieu de mettre immédiatement des nombres arbitraires à la place de l'une des inconnues, on peut commencer par résoudre l'équation par rapport à l'une d'elles, comme si l'autre était une quantité connue ; on trouve ainsi

$$x = \frac{14+10y}{11}, \quad \text{ou bien} \quad y = \frac{11x-14}{10}.$$

Alors, si l'on prend pour l'une des inconnues une valeur arbitraire, et qu'on la substitue à cette inconnue dans l'expression $\frac{14+10y}{11}$, ou dans l'expression $\frac{11x-14}{10}$, on obtiendra la valeur correspondante de l'autre inconnue.

Lorsque la valeur d'une quantité dépend des valeurs d'une ou de plusieurs autres quantités dont on peut disposer arbitrairement, on dit que la première quantité est une *fonction* des autres. Ainsi, dans l'exemple ci-dessus, on dit que l'expression $\frac{14+10y}{11}$ est la valeur de x *exprimée en fonction* de y, et l'expression $\frac{11x-14}{10}$ est la valeur de y exprimée en fonction de x.

107. Supposons actuellement que les quantités inconnues x et y doivent être déterminées de manière à vérifier les deux équations

$$11x - 10y = 14, \quad 5x + 7y = 41.$$

Si l'on résout chacune de ces équations par rapport à x, comme si y était une quantité connue, on trouve

$$x = \frac{14+10y}{11}, \quad x = \frac{41-7y}{5};$$

il faut donc que la valeur cherchée de y soit telle que l'on ait

$$\frac{14+10y}{11} = \frac{41-7y}{5}.$$

En appliquant à cette équation les règles qui ont été précédemment établies pour la résolution des équations du premier degré à une inconnue, on en déduit $y=3$. On obtient la valeur de x en faisant $y=3$ dans l'une des équations ci-dessus

$x = \frac{14 + 10y}{11}$, $x = \frac{41 - 7y}{5}$, ce qui donne $x = 4$. Les valeurs $y = 3$, $x = 4$ doivent nécessairement vérifier les équations proposées ; car la valeur de y ayant été déterminée par la condition que les valeurs de x exprimées en fonction de y, et tirées des équations proposées soient égales, il en résulte qu'après la substitution de la valeur de y dans ces équations, la valeur de x donnée par l'une d'elles doit aussi convenir à l'autre. D'ailleurs, comme l'équation $\frac{14+10y}{11} = \frac{41-7y}{5}$ n'est vérifiée que lorsqu'on fait $y = 3$, le système des équations proposées n'admet que la seule solution $y = 3$, $x = 4$.

108. On peut aussi résoudre les équations ci-dessus par le procédé suivant :

Après avoir tiré de la première équation la valeur de x exprimée en fonction de y, on met cette valeur à la place de x, dans la seconde équation, ce qui donne

$$5 \times \frac{14 + 10y}{11} + 7y = 41.$$

Cette dernière équation donne la valeur de y ; et en la substituant dans l'équation $x = \frac{14 + 10y}{11}$, on obtient la valeur de x.

Ce procédé s'explique aisément ; car en supposant que l'on ait des valeurs de x et de y qui vérifient la première équation, on obtiendra le même résultat soit que l'on substitue ces valeurs dans la seconde équation, soit que l'on substitue seulement la valeur de y dans l'équation $5 \times \frac{14+10y}{11} + 7y = 41$. Par conséquent, pour que les valeurs de x et de y conviennent au système des équations proposées, il faut que la valeur de y vérifie l'équation ci-dessus ; et si l'on adjoint à la valeur de y qui vérifie cette équation, la valeur de x fournie par l'équation $x = \frac{14 + 10y}{11}$, les deux équations proposées seront vérifiées.

109. On peut encore résoudre le système de deux équations à deux inconnues par une troisième méthode qui est d'un usage plus commode que les précédentes.

Pour montrer comment on est conduit à cette méthode, nous considérerons d'abord le cas où l'on a deux équations dans lesquelles les coefficients d'une des inconnues sont égaux. Soient les équations

$$2x + 3y = 17, \quad 5x - 3y = 11.$$

Si on les ajoute membre à membre, on trouve

$$7x = 28; \quad \text{d'où} \quad x = 4.$$

En mettant le nombre 4 à la place de x dans l'une des équations proposées, on trouve $y = 3$.

Si l'on a les équations

$$5x - 3y = 19, \quad 5x - 7y = 11,$$

on retranchera les deux membres de la seconde de ceux de la première, ce qui donnera

$$4y = 8, \quad \text{d'où} \quad y = 2.$$

On aura ensuite la valeur de x, en mettant le nombre 2 à la place de y dans l'une des équations proposées.

Pour démontrer que les valeurs des inconnues qu'on obtient par cette méthode doivent vérifier les équations proposées, et sont les seules qui jouissent de cette propriété, nous ferons remarquer qu'en général lorsqu'on ajoute membre à membre deux équations $A = B$, $A' = B'$, l'équation résultante $A + A' = B + B'$ doit nécessairement être vérifiée par les valeurs des inconnues qui satisfont aux deux premières équations; et les valeurs qui vérifient cette équation resultante, $A + A' = B + B'$, avec l'une de celles que l'on a ajoutées, par exemple $A = B$, doivent évidemment vérifier aussi l'autre équation $A' = B'$. Les mêmes conclusions subsistent quand au lieu d'ajouter les deux équations $A = B$, $A' = B'$, on les retranche l'une de l'autre.

Il suit de ces observations que le système des deux équations ci-dessus $2x + 3y = 17$, $5x - 3y = 11$, peut être remplacé par celui des deux équations $2x + 3y = 17$ et $7x = 28$, ou $5x - 3y = 11$ et $7x = 28$; et de même le système des deux équations $5x - 3y = 19$, $5x - 7y = 11$, peut être remplacé par celui des deux équations $5x - 3y = 19$ et $4y = 8$, ou $5x - 7y = 11$ et $4y = 8$.

Prenons actuellement les deux équations

$$11x - 10y = 14, \quad 5x + 7y = 41.$$

On peut les remplacer par d'autres équations équivalentes dans lesquelles les coefficients de l'une des inconnues soient égaux. Il suffit pour cela de multiplier les deux membres de la première équation par le coefficient de cette inconnue dans la seconde, et les deux membres de la seconde équation par le coefficient de la même inconnue dans la première.

Si l'on veut avoir une équation qui donne immédiatement la valeur de x, on multipliera la première équation par 7, et la seconde par 10 ; on obtiendra ainsi les deux équations

$$77x - 70y = 98, \quad 50x + 70y = 410.$$

En ajoutant membre à membre ces dernières équations, on trouve

$$127x = 508, \quad \text{d'où} \quad x = 4.$$

En mettant le nombre 4 à la place de x dans l'une des équations proposées, on détermine la valeur de y.

On peut aussi obtenir la valeur de y en opérant comme on l'a fait pour avoir celle de x. On multiplie alors les deux membres de la première équation par 5, et ceux de la seconde par 11 ; on obtient ainsi les deux équations

$$55x - 50y = 70, \quad 55x + 77y = 451.$$

En retranchant les deux membres de la première équation de

ceux de la dernière, on trouve

$$127y = 381, \quad \text{d'où} \quad y = 3.$$

La préparation que l'on fait subir aux équations, afin de rendre égaux les coefficients de l'une des inconnues, offre une analogie remarquable avec la réduction des fractions au même dénominateur, et elle est évidemment susceptible des mêmes abréviations.

110. En comparant les trois méthodes qui viennent d'être exposées, on voit que l'on effectue toujours les mêmes opérations : seulement l'ordre dans lequel elles se succèdent est différent. Car, suivant la première méthode (n° **107**), la valeur de x en fonction de y, tirée de la première équation, est substituée dans la seconde équation qu'on a aussi résolue par rapport à x; tandis que, suivant la seconde méthode (n° **108**), la même substitution est faite sans que l'on ait fait subir à la seconde équation aucune transformation. Quant à la troisième méthode, elle consiste à préparer d'abord les équations de manière qu'en substituant ensuite dans l'une d'elles la valeur d'une des inconnues tirée de l'autre équation, on n'ait pas de dénominateur à faire disparaître; car lorsque l'on ajoute les deux équations $77x - 70y = 98$, $50x + 70y = 410$, c'est comme si l'on substituait dans l'une la valeur du terme $70y$ déduite de l'autre.

Le caractère essentiel de ces méthodes est de substituer au système des équations proposées, un système équivalent formé de l'une de ces équations et d'une autre qui ne contient plus une des inconnues. On dit, par cette raison, que l'on *élimine* une des inconnues. Suivant la première méthode (n° **107**), l'*élimination* est faite *par comparaison;* suivant la seconde méthode, l'élimination est faite *par substitution;* suivant la troisième méthode, l'élimination est faite *par addition* ou *par soustraction;* on dit aussi, quand on emploie cette dernière méthode, que l'élimination est faite *par réduction*.

De la résolution d'un nombre quelconque d'équations qui renferment un pareil nombre d'inconnues.

111. Soient les trois équations

$$\begin{aligned} 4x - 3y + 2z &= 9, \\ 2x + 5y - 3z &= 4, \\ 5x + 6y - 2z &= 18. \end{aligned}$$

En employant l'une des méthodes qui viennent d'être exposées, on pourra éliminer l'inconnue z entre la première équation et chacune des deux autres; on obtiendra ainsi deux équations qui ne contiendront plus que les inconnues x et y; on en déduira les valeurs de ces deux inconnues; et en les substituant dans l'une des équations proposées, on trouvera la valeur de z.

Pour faire l'élimination par *comparaison*, on tire de chacune des équations la valeur de z, comme si x et y étaient des quantités connues, on trouve

$$z = \frac{9-4x+3y}{2},$$

$$z = \frac{2x+5y-4}{3},$$

$$z = \frac{5x+6y-18}{2}.$$

On égale la première valeur de z à chacune des deux autres, ce qui fournit les deux équations à deux inconnues,

$$\frac{9-4x+3y}{2} = \frac{2x+5y-4}{3}, \quad \frac{9-4x+3y}{2} = \frac{5x+6y-18}{2}.$$

Ces équations deviennent par la réduction

$$\begin{aligned} 16x + y &= 35, \\ 3x + y &= 9; \end{aligned}$$

on en déduit $x=2$, $y=3$. La substitution des nombres 2 et 3 à la place de x et y, dans l'une des valeurs de z, exprimées en fonction de x et y, donne $z=5$. Les valeurs des inconnues sont donc $x=2$, $y=3$, $z=5$.

Pour faire l'élimination par substitution, on tire de la première équation la valeur de z en fonction de x et de y, puis on substitue cette valeur dans les deux autres équations, ce qui donne

$$2x+5y-\frac{3(9-4x+3y)}{2}=4,\quad 5x+6y-(9-4x+3y)=18.$$

On réduit ces équations, ce qui ramène aux équations ci-dessus $16x+y=35$, $3x+y=9$. On en déduit les valeurs de x et de y, et la substitution de ces valeurs dans celle de z exprimée en fonction de x et de y conduit à la valeur de z.

Pour appliquer aux équations proposées la méthode d'élimination par réduction, on remarque que, dans la première équation et dans la troisième, les coefficients de z étant égaux et de signes contraires, on fera disparaître immédiatement z en ajoutant ces équations; on trouve ainsi, après avoir divisé les deux membres de l'équation résultante par 3,

$$3x+y=9.$$

Il faut encore éliminer z entre la seconde équation et l'une des deux autres. A cet effet, on multiplie les deux membres de la seconde équation par 2, ceux de la première par 3, puis on ajoute, ce qui donne $16x+y=35$. Les deux équations $3x+y=9$, $16x+y=35$, déterminent les valeurs de x et de y. On obtient ensuite la valeur de z en substituant celles des deux autres inconnues dans l'une des équations proposées.

112. Donnons encore un exemple en considérant cinq équations à cinq inconnues. Pour plus de simplicité, nous n'emploierons que la méthode d'élimination par réduction.

Soient les équations

$$3x - 2y - 5z = 11,$$
$$5x + 3y - 7u = 47,$$
$$11u - 2t + 4z = 9,$$
$$8t - 5y = 25,$$
$$2x - 13u = 5.$$

En éliminant z entre la première équation et la troisième, on obtient l'équation $12x - 8y + 55u - 10t = 89$. On peut donc considérer au lieu du système des équations proposées, le système suivant :

$$3x - 2y - 5z = 11,$$
$$12x - 8y + 55u - 10t = 89,$$
$$5x + 3y - 7u = 47,$$
$$8t - 5y = 25,$$
$$2x - 13u = 5.$$

Il faudra déterminer x, y, u et t au moyen des quatre dernières équations, et l'on obtiendra ensuite la valeur de z par la première.

En éliminant t entre les deux équations .... $12x - 8y + 55u - 10t = 89$ et $8t - 5y = 25$, et en observant que, pour cela, il suffit de les ajouter après avoir multiplié la première par 4 et la seconde par 5, on obtient l'équation $48x - 57y + 220u = 481$. On peut donc au système précédent substituer celui-ci :

$$3x - 2y - 5z = 11,$$
$$8t - 5y = 25,$$
$$48x - 57y + 220u = 481,$$
$$5x + 3y - 7u = 47,$$
$$2x - 13u = 5.$$

Il faudra alors déterminer x, y et u au moyen des trois dernières équations, et l'on aura ensuite la valeur de t par la seconde, et celle de z par la première.

On élimine y entre la troisième équation et la quatrième,

ce qui s'exécute en les ajoutant après avoir multiplié les deux membres de la quatrième par 19. On obtient ainsi l'équation $143x + 87u = 1374$, et l'on peut au système précédent substituer celui-ci :

$$\begin{aligned} 3x - 2y - 5z &= 11, \\ 8t - 5y &= 25, \\ 5x + 3y - 7u &= 47, \\ 2x - 13u &= 5, \\ 143x + 87u &= 1374. \end{aligned}$$

Il faudra alors déterminer x et u au moyen des deux dernières équations ; on aura ensuite la valeur de y par la troisième équation, celle de t par la seconde, et celle de z par la première.

En éliminant u entre la quatrième équation et la cinquième, on parvient à $x = 9$. En mettant la valeur de x dans l'équation $2x - 13u = 5$, on trouve $u = 1$. En mettant les valeurs de x et de u dans l'équation $5x + 3y - 7u = 47$, on trouve $y = 3$. En mettant la valeur de y dans l'équation $8t - 5y = 25$, on trouve $t = 5$. Enfin, en mettant les valeurs de x et de y dans l'équation $3x - 2y - 5z = 11$, on trouve $z = 2$.

Pour s'assurer que les opérations ont été faites exactement, il suffit de mettre dans les équations proposées les valeurs $x = 9$, $y = 3$, $z = 2$, $t = 5$, $u = 1$, afin de voir si l'on parvient à des identités.

113. Le lecteur pourra s'exercer sur les deux exemples cidessous.

Premier exemple.

$$\begin{aligned} 7x - 2y - 3z &= 16, \\ 3y - 5x - 2z &= -13, \\ 17x - 11y + 5z &= 45. \end{aligned}$$

On trouvera $x = 2$, $y = -1$, $z = 0$.

Deuxième exemple.

$$\begin{aligned} 3x + 4y - 5z &= -11, \\ 11t - 8y &= 13 + \tfrac{1}{8}, \\ 16z - 9x &= 38, \\ 16t - 5z &= 12. \end{aligned}$$

On trouvera $x = -\frac{2}{3}$, $y = \frac{1}{4}$, $z = 2$, $t = 1 + \frac{3}{8}$.

Problèmes qui dépendent des équations du premier degré.

114. Nous avons fait remarquer, dans le chapitre premier, que la résolution d'un problème est composée de deux parties, dont l'une consiste à exprimer les conditions du problème par des équations, et dont l'autre consiste à tirer des équations les valeurs des inconnues.

Toutes les règles qu'on peut donner sur la manière de mettre les problèmes en équations sont renfermées dans le précepte suivant, que nous citerons textuellement d'après M. Lacroix.

On indique, à l'aide des signes algébriques, sur les quantités connues représentées soit par des nombres, soit par des lettres, et sur les quantités inconnues représentées toujours par des lettres, les raisonnements et les opérations qu'il faudrait effectuer pour vérifier les valeurs des inconnues si elles étaient données.

Nous allons faire l'application de ce précepte, en développant la solution de quelques problèmes.

115. 1er Problème. *Une personne qui possède* 120000 *francs emploie une partie de cette somme à faire l'acquisition d'une maison ; elle place ensuite un tiers de ce qui lui reste à raison de* 4 *pour* 100, *et les deux autres tiers à raison de* 5 *pour* 100. *De cette manière, le revenu de son capital est de* 3920 *francs. On veut connaître le prix de la maison et les sommes qui ont été placées aux taux de* 4 *pour* 100 *et de* 5 *pour* 100.

Désignons par x le prix de la maison. Il restera après le paiement de ce prix $120000 - x$; en conséquence, la somme placée à 4 pour 100 sera $\frac{120000 - x}{3}$, et celle qui a été placée à 5 pour 100 sera $\frac{2(120000 - x)}{3}$. Le revenu de la première somme sera $\frac{(120000 - x) \times 4}{300}$; le revenu de la seconde sera $\frac{2(120000 - x) \times 5}{300}$; et puisque le revenu total est 3920, il faudra que l'on ait l'équation

$$\frac{(120000 - x) \times 4}{300} + \frac{2(120000 - x) \times 5}{300} = 3920.$$

En chassant les dénominateurs, effectuant les calculs indiqués et transposant ensuite les termes, on trouve

$$480000 - 4x + 1200000 - 10x = 1176000,$$
$$10x + 4x = 480000 + 1200000 - 1176000,$$
$$14x = 504000,$$
$$x = \frac{504000}{14} = 36000.$$

Puisque le prix de la maison est 36000 francs, la somme qui reste après le paiement de ce prix est 84000 fr. ; la somme placée à 4 pour 100 est donc le tiers de 84000 francs, ou 28000 francs ; et celle qui a été placée à 5 pour 100 est deux fois 28000, ou 56000 francs.

On vérifie l'exactitude de cette solution en calculant le revenu de 28000 francs à 4 pour 100, et celui de 56000 francs à 5 pour 100 ; en les ajoutant, la somme est 3920 francs, comme l'exige l'énoncé.

116. 2ᵉ Problème. *Plusieurs négocians avaient formé une société dont la durée a été de trois ans. Il leur a fallu prélever sur la mise sociale, au commencement de la première année, une somme de 45000 francs, pour les frais de premier établissement ; et au commencement de chacune des deux* *années suivantes, ils ont prélevé, pour les frais de loyer et d'entretien du matériel, une somme de 15000 francs. La première année, le bénéfice a été égal au dixième des fonds qui étaient restés disponibles, et dans chacune des deux années suivantes, le bénéfice a été égal au quart des fonds qui restaient au commencement de l'année. Alors la société ayant été dissoute, chaque associé a retiré 40 pour 100 en sus de sa mise. On demande quel était le montant de la mise sociale?*

Désignons par x la somme cherchée. Quand on a prélevé sur cette somme 45000 fr., il reste $x-45000$. Le bénéfice de la première année étant le dixième de ce reste, le capital social est devenu à la fin de cette année,

$$x-45000+\frac{x-45000}{10}, \quad \text{ou} \quad \frac{11x-495000}{10}.$$

En retranchant de cette quantité 15000 fr., on a pour reste

$$\frac{11x-645000}{10};$$

et puisque le bénéfice de la seconde année est le quart de ce reste, on a pour la valeur du capital, à la fin de la seconde année,

$$\frac{11x-645000}{10}+\frac{11x-645000}{40}, \quad \text{ou} \quad \frac{55x-3225000}{40}.$$

En retranchant encore de cette quantité 15000, on a pour reste

$$\frac{55x-3825000}{40};$$

et puisque le bénéfice de la troisième année est le quart de ce reste, on a pour la valeur du capital, à la fin de la troisième année,

$$\frac{55x-3825000}{40}+\frac{55x-3825000}{160}, \quad \text{ou} \quad \frac{275x-19125000}{160}.$$

Chaque associé retirant, à la fin de la troisième année,

40 p. 100 en sus de sa mise, il faut que le capital social ait augmenté de 40 p. 100. Il doit donc être devenu $x+\frac{40}{100}x$, ou $x+\frac{2}{5}x$, ou plus simplement $\frac{7}{5}x$. On doit donc avoir l'équation

$$\frac{275x-19125000}{160}=\frac{7}{5}x.$$

On chasse les dénominateurs en multipliant les deux membres par 32 ; il vient alors

$$275x - 19125000 = 224x;$$

et de là on conclut

$$\begin{aligned}275x - 224x &= 19125000\\ 51x &= 19125000\\ x &= \frac{19125000}{51} = 375000.\end{aligned}$$

La mise totale était donc 375000 francs.

On vérifie l'exactitude de cette solution comme il suit :

Lorsqu'on a prélevé 45000 fr. sur le capital primitif 375000 fr., il reste 330000 fr. Cette somme produisant un bénéfice qui en est le dixième ou 33000 fr., on a pour le capital, à la fin de la première année, 363000 fr. En prélevant sur cette somme 15000 fr., il reste 348000 fr. Le bénéfice de la seconde année étant le quart de ce reste ou 87000 fr., on a pour le capital, à la fin de la seconde année, 435000 fr. En prélevant sur cette somme 15000 fr., il reste 420000 fr. Le bénéfice de la troisième année étant le quart de ce reste, ou 105000 fr., on a pour le capital, à la fin de la troisième année, 525000 fr. Ce dernier capital surpasse la mise sociale de 150000 fr. ; ce qui forme un bénéfice de 40 p. 100, comme l'exige l'énoncé.

117. 3e Problème. *Deux vases de la même capacité ont été remplis avec des mélanges formés de deux liquides* A *et* B. *Le premier mélange est formé de* 60 *parties de* A *et* 40 *parties de* B. *Le second mélange est formé de* 20 *parties de* A *et* 80 *parties de* B. *On propose de partager le liquide* *contenu dans chaque vase en deux parties, de telle sorte que l'une des parties du premier liquide et l'une des parties du second puissent former un mélange qui contienne des quantités égales de* A *et de* B, *et que les parties restantes puissent former un autre mélange dans lequel les liquides* A *et* B *se trouvent en quantités proportionnelles aux nombres* 3 *et* 7. (On suppose que les deux liquides A et B peuvent être mélangés dans des proportions quelconques, sans altération de volume.)

Désignons par x et y les nombres des parties des mélanges donnés, qu'il faudra prendre pour former un troisième mélange qui contienne les liquides A et B en quantités égales. Le nombre des parties restantes du premier mélange sera $100 - x$, et le nombre des parties restantes du second mélange sera $100 - y$.

Puisque le premier mélange est formé de 60 parties de A et 40 parties de B, les x parties de ce mélange contiendront $\frac{60x}{100}$ parties de A et $\frac{40x}{100}$ parties de B.

Puisque le second mélange est formé de 20 parties de A et de 80 parties de B, les y parties de ce mélange contiendront $\frac{20y}{100}$ parties de A et $\frac{80y}{100}$ parties de B.

Il en résulte que, dans le mélange formé en réunissant les x parties du premier mélange donné et les y parties du second, il y aura $\frac{60x}{100} + \frac{20y}{100}$ parties de A et $\frac{40x}{100} + \frac{80y}{100}$ parties de B.

On devra donc avoir l'équation

$$\frac{60x}{100} + \frac{20y}{100} = \frac{40x}{100} + \frac{80y}{100}.$$

On reconnaît, par des raisonnements semblables à ceux qui viennent d'être faits, que, pour que le mélange formé en réunissant les portions restantes des mélanges donnés, soit tel que l'exige l'énoncé, il faut que l'on ait l'équation

$$\frac{60(100-x)}{100}+\frac{20(100-y)}{100}=\frac{3}{7}\times\left[\frac{40(100-x)}{100}+\frac{80(100-y)}{100}\right].$$

En supprimant dans la première équation le dénominateur qui affecte tous les termes, divisant ensuite chaque terme par 20, et rassemblant les termes en x dans le premier membre, et les termes en y dans le second, on trouve que cette équation se réduit à $x=3y$.

Pour réduire la seconde équation, on remarque d'abord que l'on peut supprimer le dénominateur 100 qui affecte tous les termes; en divisant ensuite les deux membres par 20, l'équation devient

$$3(100-x)+100-y=\tfrac{3}{7}\times[2(100-x)+4(100-y)].$$

En effectuant les calculs indiqués et multipliant les deux membres par 7, il vient

$$2800-21x-7y=1800-6x-12y.$$

Enfin, en transposant les termes, réduisant et divisant les deux membres par 5, on obtient l'équation ci-dessous :

$$3x-y=200.$$

En remplaçant dans cette équation x par $3y$, on parvient à $y=25$, et l'on en conclut $x=75$.

Ainsi, pour satisfaire aux conditions du problème, il faudra former un mélange de 75 parties du premier mélange donné avec 25 parties du second, et un autre des 25 parties restantes du premier mélange donné avec les 75 parties restantes du second; ou plus simplement, il faudra prendre les trois quarts du premier mélange avec le quart du second, et le quart du premier avec les trois quarts du second.

On vérifie l'exactitude de cette solution comme il suit :

Le premier mélange donné contenant 60 parties de A et 40 parties de B, les trois quarts de ce mélange contiendront 45 parties de A et 30 de B; et puisque le second mélange contient 20 parties de A et 80 parties de B, le quart de ce mélange contiendra 5 parties de A et 20 parties de B. Ces deux portions réunies contiendront donc 50 parties de A et 50 parties de B.

D'un autre côté, le quart du premier mélange contiendra 15 parties de A et 10 parties de B; les trois quarts du second mélange contiendront 15 parties de A et 60 parties de B. Ainsi, en réunissant ces deux portions, on obtiendra un mélange qui contiendra 30 parties de A et 70 parties de B. Les quantités des liquides A et B contenues dans ce mélange seront donc proportionnelles aux nombres 3 et 7.

118. 4e PROBLÈME. *Trois joueurs sont convenus qu'à chaque partie le perdant doublera l'argent des deux autres. Après trois parties, chacun des joueurs en ayant perdu une, se retire avec 120 fr. On demande la somme que chaque joueur avait en se mettant au jeu.*

Soit x la somme qu'avait le joueur qui perd la 1re partie, y la somme qu'avait le joueur qui perd la 2e partie, z la somme qu'avait le joueur qui perd la 3e partie.

Après la première partie, le 1er joueur a $x-y-z$, le 2e a $2y$, et le 3e a $2z$.

Après la deuxième partie, le 1er joueur a $2x-2y-2z$; le 2e a $2y-2z-(x-y-z)$, ce qui se réduit à $3y-z-x$; le 3e a $4z$.

Après la troisième partie, le 1er joueur a $4x-4y-4z$; le 2e a $6y-2z-2x$; le 3e a $4z-(3y-z-x)-(2x-2y-2z)$, ce qui se réduit à $7z-y-x$.

Puisque après cette partie, chacun des joueurs doit avoir 120 francs, il faudra que l'on ait les trois équations :

$$7z - y - x = 120,$$
$$6y - 2z - 2x = 120,$$
$$4x - 4z - 4y = 120.$$

On peut diviser les deux membres de la seconde équation par 2, et ceux de la troisième par 4. Les deux équations deviennent, par cette réduction,

$$3y - z - x = 60,$$
$$x - z - y = 30.$$

En les ajoutant, et en ajoutant en outre la dernière avec l'équation $7z - y - x = 120$, on obtient les deux équations

$$2y - 2z = 90,$$
$$6z - 2y = 150.$$

On peut diviser les deux membres de chacune de ces équations par 2; on les ramène ainsi aux suivantes :

$$y - z = 45,$$
$$3z - y = 75.$$

En ajoutant ces deux dernières équations, on parvient à $z = 60$. La substitution de la valeur de z dans l'équation $y - z = 45$, donne $y = 105$. Enfin, en mettant les valeurs de z et de y dans l'équation $x - z - y = 30$, on trouve $x = 195$. Ainsi, au commencement de la première partie, le premier joueur avait 195 francs, le second 105 francs, et le troisième 60 francs.

Il est facile de s'assurer que ces nombres satisfont aux conditions de l'énoncé.

On peut résoudre ce problème d'une manière plus simple. Puisque la somme totale que possèdent les trois joueurs est 3 fois 120 fr., ou 360 fr., la somme qui reste à chaque joueur après la partie qu'il a perdue, est égale à celle qu'il avait au commencement de cette partie, diminuée de l'excès de 360 fr., sur la même somme. Ainsi, après la 1re partie, le 1er joueur a $x - (360 - x)$ ou $2x - 360$; le 2e a $2y$, et le 3e a $2z$. Après la 2e partie, le 1er joueur a $4x - 720$; le 2e a $2y - (360 - 2y)$ ou $4y - 360$; le 3e a $4z$. Après la 3e partie, le 1er joueur a $8x - 1440$; le 2e a $8y - 720$; le 3e a $4z - (360 - 4z)$ ou $8z - 360$. En égalant ces trois quantités à 120, on obtient trois équations qui déterminent immédiatement les trois inconnues x, y, z.

Énoncés de problèmes à résoudre.

I. *Un père, interrogé sur l'âge de son fils, répond : mon âge est triple de celui de mon fils ; il y a dix ans, il en était le quintuple. On demande l'âge du fils.* (Réponse : 20 ans.)

II. *Vingt personnes, hommes et femmes, mangent dans une auberge ; l'écot d'un homme est de 8 sous, celui d'une femme est de 5 sous ; la dépense totale est 7# 5s. On demande le nombre des hommes et celui des femmes.* (Réponse : 15 hommes et 5 femmes.)

III. *Trouver un nombre tel que, si l'on y ajoute sa moitié, la somme surpasse 60 d'autant que le nombre lui-même est au-dessous de 65.* (Réponse : 50.)

IV. *Partager 32 en deux parties telles que, si l'on divise l'une de ces parties par 6, et l'autre par 5, on ait deux quotients dont la somme soit égale à 6.* (Les deux parties sont 12 et 20.)

V. *Deux personnes ont un égal revenu ; la première épargne chaque année le cinquième de son revenu ; et la seconde, qui dépense 600 francs par an de plus que la première, doit, au bout de trois ans, 1140 francs. Combien ont-elles de revenu ?* (Réponse : 1100 francs.)

VI. *On demandait à une fermière le nombre de ses poulets ; elle répondit : j'ai vendu la moitié de ce que j'avais, plus un ; j'en ai mangé 10, et il m'en reste encore le tiers de ce que j'avais, plus 7 poulets $\frac{2}{3}$. Quel était le nombre des poulets ?* (Réponse : 112.)

VII. *Une personne a 100000 francs ; elle place une partie de cette somme à 5 °/o et l'autre à 4 °/o ; de cette manière, elle a un revenu de 4640 francs. Trouver les deux parties.* (La première partie est 64000 francs et la seconde 36000 francs.)

VIII. *Hieron, roi de Syracuse, avait remis à un orfèvre*

10 livres d'or pour faire une couronne qu'il voulait offrir à Jupiter. Le travail étant achevé, la couronne se trouva du poids de 10 *livres; mais le roi, soupçonnant que l'ouvrier avait allié de l'argent à l'or, consulta Archimède. Celui-ci, sachant que l'or perd dans l'eau les* 52 *millièmes de son poids, et que l'argent y perd les* 99 *millièmes de son poids, détermina le poids de la couronne plongée dans l'eau, et trouva qu'il était de* 9 *livres* 6 *onces, ce qui lui fit reconnaître la fraude. On demande combien il y avait de livres de chaque métal dans la couronne?* (Réponse : 7 livres 12 onces $\frac{12}{47}$ d'or, et 2 livres 3 onces $\frac{35}{47}$ d'argent.)

IX. *Deux voitures portent des charges inégales. Si l'on ôtait de la première, pour le mettre dans la seconde, un tonneau qui pèse* 3 *quintaux, la charge de la seconde serait double de celle de la première; et si l'on ôtait de la seconde une caisse du poids de* 5 *quintaux, pour la mettre dans la première, la charge de celle-ci serait triple de celle de l'autre. On demande quelle est la charge de chaque voiture?* (Réponse : la charge de la première est de 9 quintaux $\frac{2}{5}$, et celle de la seconde est de 9 quintaux $\frac{4}{5}$.)

X. *Deux amis ont fait en commun une dépense de* 81 *francs. Il manque au premier, pour payer cette dépense, les $\frac{2}{3}$ de l'argent du second, et il manque au second les $\frac{3}{5}$ de l'argent du premier. Combien ont-ils chacun?* (Réponse : le premier a 45 francs, et le second a 54 francs.)

XI. *Une personne possède un capital qu'elle fait valoir à un certain intérêt. Une autre personne, qui possède* 10000 *fr. de plus que la première, et qui fait valoir son capital à* 1 *de plus p.* 100, *a un revenu plus grand de* 800 *fr. Une troisième personne, qui possède* 15000 *fr. de plus que la première, et qui fait valoir son bien à* 2 *de plus p.* 100, *a un revenu plus grand de* 1500 *fr. On demande les biens des trois personnes, et à quel intérêt chacune fait valoir son bien?* (Réponse : la première personne possède 30000 fr., qu'elle fait valoir à 4 p. 100.)

XII. *Trois billets, qui valent ensemble* 2790^{f}, *ont été escomptés en dehors à 5 p. 100. Le premier est à 7 mois d'échéance, le deuxième à 5 mois, le troisième à 4 mois. On a perdu sur le premier billet autant que sur les deux autres ensemble, et sur le deuxième* 1[f] *de moins que le tiers de ce qu'on a perdu sur les deux autres ensemble. Trouver la valeur de chaque billet.* (On trouvera pour la valeur du premier billet 1080[f], pour celle du deuxième 720[f], et pour celle du troisième 990[f].)

XIII. *On a trois lingots du poids d'une livre chacun; le premier est composé de 12 onces d'argent, 1 once de cuivre et 3 onces d'étain; le deuxième contient 1 once d'argent, 12 de cuivre et 3 d'étain; enfin, le troisième est formé de 14 onces de cuivre et 2 d'étain. On demande quelle portion il faut prendre de chacun de ces lingots pour en former un quatrième qui contienne 4 onces d'argent, 9 de cuivre et 3 d'étain.* (On trouvera qu'il faut prendre les $\frac{3}{11}$ du premier lingot, les $\frac{8}{11}$ du deuxième, et zéro du troisième.)

XIV. *Un nombre est formé de quatre chiffres dont la somme est 11; le chiffre des dixaines est égal à la somme des chiffres des centaines et des mille; celui des mille est égal à la somme de ceux des centaines et des unités; et quand on retranche de ce nombre 1728, on obtient pour reste le nombre renversé. Quel est ce nombre?* (Réponse : 3251.)

Observations sur la résolution des problèmes. — Interprétation des valeurs négatives.

119. Quand les équations qu'on a tirées de l'énoncé d'un problème expriment toutes les conditions de ce problème, les valeurs des inconnues qui vérifient les équations conviennent aussi au problème. Mais on rencontre quelquefois des questions dans lesquelles les quantités inconnues sont assujetties à des conditions qui ne peuvent pas être exprimées dans les équations; c'est ce qui a lieu, par exemple, quand les valeurs des inconnues doivent être des nombres entiers, ou quand elles doivent être renfermées entre certaines limites. Alors, pour que le problème soit possible, il ne suffit plus que l'on obtienne pour les inconnues des valeurs qui vérifient les équations, il faut encore que ces valeurs satisfassent à toutes les autres conditions de la question.

120. Dans un grand nombre de problèmes, on ne peut admettre pour les inconnues que des valeurs positives; de sorte que, si l'on en trouve de négatives, il faut n'en pas tenir compte. Mais il suffit souvent de changer le sens de quelque restriction qu'on a apportée à l'énoncé du problème, en le mettant en équation, ou de modifier quelqu'une des conditions comprises dans cet énoncé, sans changer les quantités données, pour que les inconnues à l'égard desquelles on avait trouvé des valeurs négatives, admettent des valeurs positives numériquement égales aux premières.

Pour fixer les idées, supposons qu'en résolvant les équations d'un problème, on ait trouvé, pour une inconnue x, une valeur négative $-a$. Il est clair que par la substitution de la valeur $-a$ à la place de x, dans les équations, on a les mêmes résultats que si l'on remplaçait d'abord x par $-x$, et que l'on substituât ensuite à la place de x la valeur $+a$. Il suit de là que, lorsqu'on a changé x en $-x$, les nouvelles équations admettent une solution dans laquelle la valeur de x est $+a$. Donc, pour que le problème admette pareillement une solution dans laquelle la valeur de x soit positive et égale à a, il suffit de modifier, si cela est possible, le sens de quelques-unes des conditions déterminées par l'énoncé, ou le sens qu'on a attribué à celles de ces conditions qui pouvaient être diversement interprétées, de manière que toutes ces conditions s'accordent avec les équations qui résultent du changement de x en $-x$ dans les équations primitives.

Nous avons déjà donné dans le n° 29, un exemple par lequel on voit comment l'énoncé d'un problème peut donner lieu à deux suppositions différentes et telles que l'on passe de l'une à l'autre en changeant dans l'équation x en $-x$.

Pour offrir un autre exemple de l'interprétation des valeurs négatives, nous prendrons le problème suivant :

121. *On a acheté plusieurs aunes d'étoffe pour une certaine somme; si l'on avait payé l'aune* 1^f *de plus, en prenant 3 aunes de moins, on aurait dépensé* 8^f *de plus; et si l'on avait payé l'aune* 2^f *de moins, en prenant 5 aunes de plus, on aurait dépensé* 25^f *de moins. Combien a-t-on acheté d'aunes, et quel était le prix de l'aune?*

Nommons x le nombre d'aunes que l'on a achetées, et y le prix de l'aune; les équations du problème seront

$$(1) \ldots (x-3)(y+1)=xy+8, \quad (2) \ldots (x+5)(y-2)=xy-25.$$

En développant les calculs indiqués, et retranchant, dans chaque équation, le terme xy commun aux deux membres, on obtient les deux équations du premier degré

$$x-3y=11, \quad 5y-2x=-15;$$

et la résolution de ces équations donne $y=-7$, $x=-10$.

Pour reconnaître comment on peut interpréter ces valeurs négatives, on remplace, dans les équations (1) et (2), x par $-x$, et y par $-y$; il vient alors

$$(-x-3)(-y+1)=(-x)\times(-y)+8,$$
$$(-x+5)(-y-2)=(-x)\times(-y)-25.$$

Comme on peut changer les signes des deux facteurs d'un produit, sans que ce produit soit altéré, les équations qu'on vient d'obtenir peuvent s'écrire ainsi :

$$(x+3)(y-1)=xy+8, \quad (x-5)(y+2)=xy-25.$$

On voit par là que le problème proposé admettrait une solution exprimée par les valeurs positives $x=10$, $y=7$, si l'on en modifiait l'énoncé de la manière suivante :

On a acheté plusieurs aunes d'étoffe pour un certain prix; si l'on avait payé l'aune 1^f *de moins, en prenant 3 aunes de plus, on aurait dépensé* 8^f *de plus; et si l'on avait payé l'aune 2f de plus, en prenant 5 aunes de moins, on aurait dépensé 25 francs de moins. Combien a-t-on acheté d'aunes, et quel était le prix de l'aune?*

Il faut bien remarquer que, dans le nouvel énoncé, les nombres donnés sont les mêmes que dans le précédent; seulement on prend quelques-uns de ces nombres dans une acception opposée à celle qu'ils avaient d'abord, en regardant comme des diminutions, par rapport aux nombres cherchés, ceux qui exprimaient des augmentations, *et vice versâ.*

Des cas d'impossibilité et d'indétermination dans les équations du premier degré.

122. En exposant les règles qu'il faut suivre pour résoudre les équations du premier degré à une ou plusieurs inconnues, nous avons omis de parler de diverses circonstances dont nous allons maintenant nous occuper.

123. Considérons l'équation du premier degré à une inconnue

$$(1) \qquad \frac{3(2x+1)}{4} - 5 - \frac{3x+2}{10} = \frac{2(3x-1)}{5}.$$

En chassant les dénominateurs, développant les calculs et transposant les termes, on trouve

$$15(2x+1) - 100 - 2(3x+2) = 8(3x-1),$$
$$30x + 15 - 100 - 6x - 4 = 24x - 8,$$
$$30x - 6x - 24x = 100 + 4 - 15 - 8,$$
$$0 = 81.$$

Le dernier résultat, $0 = 81$, n'offrant plus qu'une absurdité, il faut en conclure que l'équation proposée ne peut être vérifiée par aucune valeur de x. Cette impossibilité peut être rendue manifeste dans l'équation proposée; car en développant les calculs indiqués dans chacun des deux membres, on trouve

$$\frac{6x}{4}+\frac{3}{4}-5-\frac{3x}{10}-\frac{2}{10}=\frac{6x}{5}-\frac{2}{5}.$$

En réduisant le premier membre, il vient

$$\frac{6}{5}x-\frac{89}{20}=\frac{6}{5}x-\frac{2}{5}.$$

On voit alors que les deux membres ne peuvent jamais devenir égaux, quelque valeur que l'on attribue à x.

124. Prenons actuellement l'équation

$$(2)\qquad \frac{3(2x+1)}{4}-\frac{(5x+3)}{6}+\frac{x+1}{3}=x+\frac{7}{12}.$$

En faisant les mêmes opérations que pour l'équation précédente, on trouve

$$18x+9-10x-6+4x+4=12x+7,$$
$$18x-10x+4x-12x=7+6-9-4,$$
$$0=0.$$

Le dernier résultat, $0=0$, n'offrant plus qu'une identité, on doit en conclure que l'équation proposée sera toujours vérifiée, quelque valeur que l'on attribue à x. Cette indétermination devient manifeste dans l'équation proposée, lorsqu'on réduit le premier membre; car l'équation devient alors $x+\frac{7}{12}=x+\frac{7}{12}$. Sous cette forme, on voit qu'elle est vérifiée pour toute valeur de x.

125. Lorsqu'une équation ne peut jamais être vérifiée, quelque valeur que l'on mette à la place de l'inconnue, on dit qu'elle est *impossible;* et quand une équation est toujours vérifiée, quelles que soient les valeurs que l'on mette à la place des inconnues, on dit qu'elle est *indéterminée.* Ainsi, l'équation (1) est une équation impossible, l'équation (2) est une équation indéterminée; on dit aussi que l'équation (2) est une équation *identique.*

126. Soient les deux équations

$$(3) \qquad 121x - 143y = 130,$$
$$(4) \qquad 187x - 221y = 340.$$

En multipliant la première par 187 et la seconde par 121, on trouve

$$22627x - 26741y = 24310,$$
$$22627x - 26741y = 41140.$$

Comme les premiers membres de ces nouvelles équations sont les mêmes, tandis que les seconds membres, qui sont des quantités connues, ont des valeurs différentes, il n'existe point de nombres qui, mis à la place de x et de y, puissent les vérifier toutes les deux ; par conséquent, le système des équations (3) et (4) n'admet pas de solution.

Il est essentiel de remarquer que chacune des équations prise séparément est possible, et peut être vérifiée d'une infinité de manières. Il est seulement impossible de trouver une solution qui convienne à la fois aux deux équations. On dit, par cette raison, que les deux équations sont *incompatibles* ou qu'elles sont *contradictoires*. On dit aussi que le système de ces équations est *impossible*.

Si, au lieu d'effectuer l'élimination de x par réduction, on prend la valeur de x dans la première équation, et qu'on la substitue ensuite dans la seconde, on trouvera d'abord

$$x = \frac{130 + 143y}{121},$$

et la seconde équation deviendra

$$187 \times \frac{130 + 143y}{121} - 221y = 340 ;$$

d'où

$$187 \times 130 + 187 \times 143y - 121 \times 221y = 340 \times 121.$$

Transposant les termes et effectuant les calculs, il viendra

$$26741y - 26741y = 41140 - 24310,$$
$$0 = 16830.$$

On voit que, de cette manière, l'impossibilité de vérifier le système proposé se manifeste par une équation absurde, comme dans l'exemple du nº **123**. On serait également parvenu à l'équation absurde $0 = 16830$, si l'on eût retranché l'une de l'autre les deux équations qu'on a obtenues d'abord en multipliant l'équation (3) par 187, et l'équation (4) par 121. Mais cette soustraction est sans utilité dès qu'on a reconnu l'incompatibilité des équations.

127. On a un exemple de deux équations dont le système est indéterminé, en prenant les équations suivantes :

$$121x - 143y = 110,$$
$$187x - 221y = 170.$$

Si l'on multiplie les deux membres de la première par 187, et ceux de la seconde par 121, on parvient à deux équations identiques. Il suit de là que, si l'une des équations proposées est vérifiée, l'autre le sera pareillement. Par conséquent, l'ensemble des deux équations peut seulement servir à faire connaître la valeur de l'une des inconnues x et y, après que l'on a attribué une valeur arbitraire à l'autre.

Si, au lieu d'effectuer l'élimination de x par réduction, on tire la valeur de x de l'équation $121x - 143y = 110$, et qu'on la substitue dans $187x - 221y = 170$, on trouve successivement

$$187 \times \frac{110 + 143y}{121} - 221y = 170,$$
$$187 \times 143y - 121 \times 221y = 170 \times 121 - 110 \times 187,$$
$$26741y - 26741y = 20570 - 20570,$$
$$0 = 0.$$

De cette manière, l'indétermination du système proposé s'annonce par l'identité $0 = 0$, comme dans l'exemple du nº **124**.

128. Prenons les équations à trois inconnues :

$$\begin{array}{ll}(5) & 2x + y - 8z = 10,\\ (6) & 3x - 2y + 5z = 14,\\ (7) & 8x - 3y + 2z = 35.\end{array}$$

En éliminant y entre la première équation et chacune des deux autres, on obtient les deux équations à deux inconnues

$$7x - 11z = 34, \quad 14x - 22z = 65.$$

Ces équations sont incompatibles, car le premier membre de la dernière est double de $7x - 11z$, et le second membre 65 est différent du double de 34. Il suit de là que le système proposé n'admet aucune solution.

Dans cet exemple, il n'y a d'incompatibilité ni entre les équations (5) et (6), ni entre les équations (5) et (7), ni même entre les équations (6) et (7) ; et ces équations, prises deux à deux, admettraient une infinité de solutions communes; mais l'une d'elles est incompatible avec le système des deux autres. Cette incompatibilité vient de ce que le premier membre de l'équation (7) est la somme du premier membre de l'équation (5), et de deux fois le premier membre de l'équation (6), tandis que le second membre de l'équation (7) a une valeur différente de celle qu'on obtient en ajoutant au second membre de l'équation (5) deux fois le second membre de l'équation (6).

129. Prenons maintenant les équations

$$\begin{array}{l}2x + y - 8z = 10,\\ 3x - 2y + 5z = 14,\\ 8x - 3y + 2z = 38.\end{array}$$

En éliminant y entre la première équation et chacune des deux autres, on obtient les deux équations à deux inconnues

$$7x - 11z = 34, \quad 14x - 22z = 68.$$

Ces deux équations sont identiques ; car on obtient la seconde en multipliant tous les termes de la première par 2. Il résulte de là que le système proposé admet une infinité de solutions. Pour obtenir une de ces solutions, il faudrait donner une valeur arbitraire à l'une des inconnues. Si l'on choisissait arbitrairement la valeur de z, par exemple, l'équation $7x - 11z = 34$ ferait connaître la valeur correspondante de x, et la valeur de y se tirerait ensuite de l'une des équations proposées. On peut aussi exprimer deux des inconnues en fonction de la troisième; l'équation $7x - 11z = 34$ donne

$$x = \frac{34 + 11z}{7};$$

et par la substitution de cette valeur de x dans l'équation $2x + y - 8z = 10$, on trouve

$$y = \frac{2 + 34z}{7}.$$

Au moyen de ces deux formules, on trouve immédiatement les valeurs de x et de y qui conviennent au système proposé, quand on a attribué à z une valeur arbitraire.

Dans cet exemple, l'une des équations est une conséquence des deux autres; car la troisième équation peut être formée en ajoutant respectivement aux deux membres de la première les deux membres de la seconde multipliés par 2.

S'il arrivait qu'en traitant une question à trois inconnues on fût conduit à trois équations équivalentes, on pourrait donner des valeurs arbitraires à deux des inconnues, et l'on trouverait, pour la troisième inconnue, une valeur qui, jointe à celles qu'on aurait d'abord choisies arbitrairement, formerait une solution de la question.

130. Soient encore les trois équations

$$\begin{aligned} 3x - 2y + 5z &= 14, \\ 6x - 4y - 3z &= 15, \\ 9x - 6y - 7z &= 20. \end{aligned}$$

En éliminant y entre la première équation et chacune des deux autres, on obtient les deux équations équivalentes $13z = 13$, $22z = 22$, qui donnent $z = 1$. Pour satisfaire aux équations proposées, on pourra joindre à la valeur $z = 1$, une valeur arbitraire de l'une des inconnues x et y; et l'on obtiendra la valeur de l'autre inconnue par la première équation qui devient $3x - 2y = 9$.

Dans cet exemple, il n'y a aucune des équations qui soit une conséquence de l'une des deux autres, ou de leur combinaison, cependant le système est indéterminé. Cette circonstance tient à ce que pour la valeur $z = 1$, chacune des trois équations se réduit à $3x - 2y = 9$.

131. Prenons pour dernier exemple les quatre équations

$$\begin{aligned} 3x - 2y + 5z &= 8, \\ 2x - y + t &= 3, \\ 5z - x - 2t &= 2, \\ 10z - y - 3t &= 5. \end{aligned}$$

En éliminant y entre la première équation et la seconde, on trouve précisément la troisième équation; d'où il suit que le système des équations proposées n'offre en réalité que trois équations distinctes, savoir :

$$2x - y + t = 3, \quad 5z - x - 2t = 2, \quad 10z - y - 3t = 5.$$

En éliminant y entre la première et la dernière, il vient $10z - 2x - 4t = 2$. Or cette équation est évidemment incompatible avec l'équation $5z - x - 2t = 2$. Le système proposé est donc impossible.

132. Par les remarques que nous venons de faire, et les exemples que nous avons donnés, on voit que pour un système de m équations du premier degré à m inconnues (m désignant un nombre entier quelconque), les procédés d'élimination peuvent présenter trois cas :

Ou bien on pourra, par ces procédés, transformer le système proposé en une suite d'autres systèmes équivalents, jusqu'à ce que l'on parvienne à un système tel que la dernière équation fournisse la valeur d'une inconnue, et que les autres équations, en remontant de la dernière à la première, déterminent successivement les valeurs des autres inconnues. Dans ce cas, l'ensemble des équations données admettra une solution qui se formera de l'ensemble des valeurs qu'on aura trouvées pour les inconnues, et il n'en admettra pas d'autre.

Ou bien on parviendra, dans le cours des calculs, à une condition absurde, ou à des équations manifestement contradictoires. Dans ce cas, le système proposé sera impossible.

Ou bien enfin on parviendra à des équations qui n'offriront plus que des identités, ou à un système dans lequel plusieurs équations exprimeront des conditions identiques. Dans ce cas on pourra généralement obtenir, pour une partie des inconnues, des valeurs exprimées en fonction des autres inconnues; et en donnant à celles-ci des valeurs arbitraires, on trouvera pour les premières des valeurs correspondantes; de sorte que le système proposé admettra une infinité de solutions. Cependant il faut encore remarquer 1°. que l'on pourra trouver pour quelques inconnues des valeurs déterminées, comme on l'a vu par l'exemple du n° 130; 2° qu'il pourra se faire que les calculs nécessaires pour évaluer une partie des inconnues en fonction des autres, conduisent à des conditions absurdes, comme on l'a vu dans le dernier exemple.

Il est évident que les trois cas qui viennent d'être exposés sont les seuls qui puissent se présenter.

133. Le cas où l'on proposerait *à priori* un système d'équations dans lequel le nombre des inconnues surpasserait celui des équations, donnerait lieu à des observations semblables à celles que nous venons de faire sur les cas d'indétermination.

Si, au contraire, le nombre des équations surpassait celui des inconnues, on considérerait d'abord une partie de ces équations en même nombre que les inconnues; et l'on en déduirait généralement un système unique de valeurs pour toutes les inconnues; il faudrait ensuite examiner si ces valeurs vérifient les équations restantes; et, si cela n'avait pas lieu, le système proposé serait impossible.

CHAPITRE QUATRIÈME.

RÉSOLUTION DES ÉQUATIONS GÉNÉRALES DU PREMIER DEGRÉ. DISCUSSION DES FORMULES. EXPRESSIONS INFINIES ET INDÉTERMINÉES. PRINCIPES SUR LES INÉGALITÉS.

Résolution des équations générales du premier degré. —Règles relatives à la composition des formules.

134. On dit que des équations du premier degré à plusieurs inconnues sont générales, lorsque chaque équation renferme toutes les inconnues et un terme indépendant des inconnues, chacun des coefficients et le terme indépendant des inconnues étant exprimé par une lettre. Pour éviter la confusion qui résulterait d'un trop grand nombre de lettres différentes dans un système d'équations générales, on emploie des lettres affectées d'un ou de plusieurs accents. Ainsi, le coefficient d'une inconnue dans l'une des équations étant représenté par la lettre a, on représente les coefficients de la même inconnue dans les autres équations par les lettres accentuées a', a'', a''', etc., qu'on prononce *a prime*, *a seconde*, *a tierce*, etc.

135. Soient les deux équations générales

$$(1) \qquad ax + by = c,$$
$$(2) \qquad a'x + b'y = c'.$$

En multipliant les deux membres de la première équation par b', ceux de la seconde par b, et retranchant ensuite les deux équations l'une de l'autre, on trouve

$$(3) \qquad (ab' - ba')x = cb' - bc';$$

d'où l'on tire

$$(4) \qquad x = \frac{cb' - bc'}{ab' - ba'}.$$

On déterminera la valeur de y en substituant la valeur de x dans l'une des équations (1) et (2), ou en faisant des calculs analogues à ceux que l'on a faits pour obtenir la valeur de x. On trouve ainsi

$$(5) \qquad y = \frac{ac' - ca'}{ab' - ba'}.$$

On voit aussi par la forme des équations que l'on peut déduire la valeur de y de celle de x, en remplaçant a et a' par b et b', et réciproquement ; en effectuant ces changements, on trouve d'abord $y = \frac{ca' - ac'}{ba' - ab'}$, et si l'on change les signes des deux termes de la fraction on retrouve la formule (5).

Si l'on veut appliquer les formules (4) et (5) aux équations numériques

$$5x - 3y = 14, \quad 8x - 15y = 2,$$

il faudra faire dans ces formules $a = 5$, $b = -3$, $c = 14$, $a' = 8$, $b' = -15$, $c' = 2$; on trouvera ainsi $x = 4$, $y = 2$. Ces valeurs sont en effet celles que l'on obtient en résolvant directement les équations proposées.

136. Considérons maintenant les trois équations

$$(6) \qquad ax + by + cz = d,$$
$$(7) \qquad a'x + b'y + c'z = d',$$
$$(8) \qquad a''x + b''y + c''z = d''.$$

La méthode d'élimination que nous venons d'employer s'appliquerait également à la résolution de ces trois équations ; mais les calculs sont plus simples par le procédé suivant.

Les équations (6) et (7) peuvent s'écrire comme il suit :

$$ax + by = d - cz,$$
$$a'x + b'y = d' - c'z,$$

En regardant alors z comme une quantité connue, on voit que pour obtenir les valeurs de x et de y, il suffit de remplacer dans les formules (4) et (5), c et c' par $d - cz$ et $d' - c'z$; on trouve de cette manière

$$x = \frac{(d - cz)b' - (d' - c'z)b}{ab' - ba'}, \quad y = \frac{(d' - c'z)a - (d - cz)a'}{ab' - ba'},$$

ou bien

$$(9)\ x = \frac{db' - bd' + (bc' - cb')z}{ab' - ba'}, \quad (10)\ y = \frac{ad' - da' + (ca' - ac')z}{ab' - ba'}.$$

En substituant les dernières valeurs de x et y dans l'équation $a''x + b''y + c''z = d''$, et réduisant, on obtient l'équation

$$(11) \qquad Dz = N,$$

en posant pour abréger

$$\begin{aligned} D &= ab'c'' - ac'b'' + ca'b'' - ba'c'' + bc'a'' - cb'a'', \\ N &= ab'd'' - ad'b'' + da'b'' - ba'd'' + bd'a'' - db'a''. \end{aligned}$$

L'équation (11) donne immédiatement la valeur de z, et l'on obtiendra les valeurs des deux autres inconnues x et y, en substituant celle de z dans les équations (9) et (10). On trouve ainsi les trois formules qui suivent :

$$(4) \quad x = \frac{db'c'' - dc'b'' + cd'b'' - bd'c'' + bc'd'' - cb'd''}{ab'c'' - ac'b'' + ca'b'' - ba'c'' + bc'a'' - cb'a''},$$

$$(5) \quad y = \frac{ad'c'' - ac'd'' + ca'd'' - da'c'' + dc'a'' - cd'a''}{ab'c'' - ac'b'' + ca'b'' - ba'c'' + bc'a'' - cb'a''},$$

$$(6) \quad z = \frac{ab'd'' - ad'b'' + da'b'' - ba'd'' + bd'a'' - db'a''}{ab'c'' - ac'b'' + ca'b'' - ba'c'' + bc'a'' - cb'a''}.$$

On doit aussi remarquer qu'il suffit de connaître la valeur de l'une des inconnues pour avoir immédiatement les valeurs des deux autres ; car d'après la forme des équations, on peut obtenir la valeur de x en remplaçant dans celle de z la lettre c par a, et réciproquement, sans rien changer aux accents. On obtiendrait pareillement la valeur de y en remplaçant dans celle de z la lettre c par b, et réciproquement.

137. On peut encore employer, pour résoudre les équations générales dont nous venons de nous occuper, le procédé suivant qui a été donné par *Bezout*.

Reprenons d'abord les équations générales à deux inconnues

$$ax + by = c, \quad a'x + b'y = c'.$$

On multiplie les deux membres de la première équation par une quantité indéterminée m, ce qui donne $max + mby = mc$. On retranche des deux membres de cette nouvelle équation ceux de l'équation $a'x + b'y = c'$; on obtient ainsi l'équation suivante :

$$(am - a')x + (bm - b')y = cm - c'.$$

Les valeurs de x et de y se déduisent de cette dernière équation, en disposant de l'indéterminée m de manière que le coefficient de l'inconnue qu'on veut éliminer se réduise à zéro. Ainsi, pour trouver x, on fait disparaître y en posant $bm - b' = 0$, d'où $m = \frac{b'}{b}$. Cette valeur de m étant substituée dans l'équation $(am - a')x = cm - c'$, on trouve

$$\left(a\frac{b'}{b} - a'\right)x = c\frac{b'}{b} - c';$$

ou, en chassant les dénominateurs,

$$(ab' - ba')x = cb' - bc'.$$

La dernière équation donne pour x la valeur qu'on a trouvée précédemment. On obtiendrait la valeur de y par un calcul analogue.

Reprenons aussi les équations générales à trois inconnues

$$ax + by + cz = d, \quad a'x + b'y + c'z = d', \quad a''x + b''y + c''z = d''.$$

On multiplie les deux membres de la première équation par une quantité indéterminée m, ceux de la seconde par une autre quantité indéterminée n; on ajoute les deux équations résultantes, et l'on en retranche la troisième équation $a''x+b''y+c''z=d''$; on obtient ainsi l'équation suivante :

$$(am+a'n-a'')x+(bm+b'n-b'')y+(cm+c'n-c'')z=dm+d'n-d''.$$

La valeur de chacune des inconnues x, y, z se déduit de cette dernière équation, en disposant des indéterminées m et n de manière que les coefficients des deux autres inconnues deviennent nuls. Ainsi pour obtenir la valeur de z, on pose les deux équations

$$am+a'n-a''=0,\quad bm+b'n-b''=0.$$

Les valeurs des indéterminées m et n sont alors données par les formules relatives aux équations générales à deux inconnues dont nous venons de nous occuper, en observant qu'on doit remplacer dans ces formules les inconnues x et y par m et n, les quantités connues a, b, c, par a, a', a'', et a', b', c', par b, b', b''; de sorte que l'on a

$$m=\frac{a''b'-b''a'}{ab'-ba'},\quad n=\frac{ab''-ba''}{ab-ba'}.$$

Il faut substituer ces valeurs de m et n dans l'équation

$$(cm+c'n-c'')z=dm+d'n-d'',$$

ce qui donne

$$\left\{c\frac{a''b'-b''a'}{ab'-ba'}+c'\frac{ab''-ba''}{ab'-ba'}-c''\right\}z=d\frac{a''b'-b''a'}{ab'-ba'}+d'\frac{ab''-ba''}{ab'-ba'}-d''.$$

En chassant les dénominateurs, on parvient à l'équation que nous avons représentée dans le n° 136 par $Dz=N$, et l'on en déduit immédiatement la valeur de z. On obtiendrait la valeur de chacune des deux autres inconnues par un calcul analogue.

138. En examinant attentivement les formules qui expriment les valeurs des inconnues dans les équations générales que nous venons de considérer, on y découvre une loi remarquable qui permet de les retrouver sans aucun calcul.

Pour les équations à deux inconnues (n° 135), le dénominateur commun des valeurs de x et de y est formé des deux *permutations* (*) ab, ba, séparées par le signe —, et dans chacune desquelles la seconde lettre est affectée d'un accent. Le numérateur $cb' - bc'$ de la valeur de x, se déduit du dénominateur $ab' - ba'$ en remplaçant les coefficients a, a' par les termes connus c, c'; le numérateur de y s'obtient d'une manière semblable, en remplaçant dans le dénominateur b et b' par c et c'.

Pour les équations à trois inconnues (n° 136), on prend les deux permutations $+ab$ et $-ba$, formées avec les coefficiens a et b des inconnues x et y dans la première équation; on introduit successivement, dans chacune de ces permutations, la lettre c, qui est le coefficient de la troisième inconnue z, en mettant cette lettre à la troisième place, puis à la seconde, et enfin à la première. Lorsqu'on met la lettre c à la troisième place, on conserve le signe qu'avait la permutation de deux lettres, et chaque fois qu'on fait avancer la lettre c d'un rang, on change le signe. On affecte ensuite, dans chacune des nouvelles permutations, la seconde lettre d'un accent, et la troisième lettre de deux accents. On obtient ainsi le dénominateur commun

$$ab'c'' - ac'b'' + ca'b'' - ba'c'' + bc'a'' - cb'a''.$$

Les numérateurs des valeurs des inconnues se déduisent du dénominateur, en remplaçant les coefficients de l'inconnue qu'on veut trouver par les termes connus d, d', d''.

On peut s'assurer en résolvant les équations générales du premier degré à quatre inconnues, que les valeurs des inconnues se forment encore suivant les mêmes règles; si l'on désigne par d, d', d'', d''', les coefficients de la quatrième inconnue dans les quatre équations, on trouve par ce moyen que le dénomi-

(*) Les *permutations* de plusieurs lettres sont les différents résultats qu'on obtient quand on écrit ces lettres les unes à la suite des autres de toutes les manières possibles.

nateur commun est

$$\begin{aligned}
&ab'c''d''' - ab'd''c''' + ad'b''c''' - da'b''c''' \\
&- ac'b''d''' + ac'd''b''' - ad'c''b''' + da'c''b''' \\
&+ ca'b''d''' - ca'd''b''' + cd'a''b''' - dc'a''b''' \\
&- ba'c''d''' + ba'd''c''' - bd'a''c''' + db'a''c''' \\
&+ bc'a''d''' - bc'd''a''' + bd'c''a''' - db'c''a''' \\
&- cb'a''d''' + cb'd''a''' - cd'b''a''' + dc'b''a'''.
\end{aligned}$$

Les numérateurs se forment encore en remplaçant dans le dénominateur les coefficients de l'inconnue qu'on veut trouver par les termes connus.

La loi que suivent les valeurs des inconnues dans les équations du premier degré a été démontrée d'une manière générale par LAPLACE, dans les *Mémoires de l'Académie des Saiences*, année 1772. On trouvera cette démonstration dans les *Leçons d'Algèbre* de M. LEFÉBURE DE FOURCY, où elle a été présentée avec d'heureuses modifications.

Discussion des formules données par les équations générales du premier degré.

139. Nous avons montré à la fin du chapitre précédent, comment la résolution d'un système d'équations numériques, au lieu de fournir pour les inconnues des valeurs déterminées, peut conduire à des équations par lesquelles on connaît que le système primitif est impossible ou qu'il est indéterminé. Nous devons actuellement examiner si les formules que nous avons déduites des équations générales donnent, pour toutes les suppositions que l'on peut établir sur les quantités connues, des indications conformes à celles que l'on trouverait en résolvant directement les équations résultantes de ces suppositions.

On a déjà vu, dans le chapitre premier, comment les formules algébriques peuvent indiquer l'impossibilité ou l'indétermination. En mettant dans une formule des données pour lesquelles l'équation d'où la formule avait été tirée devenait impossible, on a trouvé pour l'inconnue le symbole $\frac{m}{0}$; et en mettant dans la formule des données qui rendaient l'équation indéterminée, on a trouvé pour l'inconnue le symbole $\frac{0}{0}$. Nous avons d'ailleurs montré que le premier symbole est parfaitement approprié aux cas d'impossibilité, et que le second l'est pareillement aux cas d'indétermination. Il est donc naturel de penser qu'au moyen de ces symboles, les formules embrasseront toutes les circonstances qui peuvent se présenter quand on établit des suppositions particulières sur les données. Cependant il faut remarquer que, lorsque ces suppositions sont telles que les équations qui en résultent offrent les particularités qui se sont présentées dans les derniers exemples du chapitre précédent (pages 104 et suivantes), on ne peut plus affirmer avec une entière certitude que les formules devront encore conduire aux mêmes conséquences que les équations particulières produites par ces suppositions, puisqu'il ne serait plus possible d'appliquer à celles-ci des calculs semblables à ceux qu'il est nécessaire d'exécuter sur les équations générales pour parvenir aux formules.

D'ailleurs, en réfléchissant qu'il se présente des cas où quelques inconnues sont déterminées et les autres indéterminées (n° 130), et qu'il s'en présente d'autres où le système des équations est indéterminé quoiqu'il renferme des conditions identiques (n° 131), on sentira qu'on ne peut apprécier à l'avance la forme que les formules devront affecter dans ces cas.

C'est donc une question qui n'est pas sans importance que de rechercher s'il est toujours indifférent d'introduire des suppositions dans des formules, ou de faire les suppositions dans les équations dont les formules ont été tirées, et de les résoudre ensuite directement. Cette recherche constitue ce que l'on nomme la *discussion* des formules.

Nous allons nous occuper de la discussion des formules relatives aux équations littérales du premier degré.

140. Considérons d'abord l'équation générale du premier

degré à une seule inconnue qu'on peut présenter sous la forme

$$(1) \qquad Ax = B,$$

A et B désignant des expressions littérales qui ne renferment que des quantités connues, et qui ne contiennent pas de dénominateurs. On tire de cette équation

$$(2) \qquad x = \frac{B}{A}.$$

Il est clair que, lorsque le dénominateur A n'est pas zéro, les équations (1) et (2) sont toujours équivalentes.

Lorsque A devient nul, B prenant une valeur b différente de zéro, la formule (2) donne pour x le symbole $\frac{b}{0}$. D'un autre côté, en introduisant ces suppositions dans l'équation, on voit qu'elle devient impossible, puisqu'elle se change dans la suivante $0 \times x = b$.

Quand A et B deviennent nuls, la formule (2) donne pour x le symbole $\frac{0}{0}$. D'un autre côté, en introduisant ces suppositions dans l'équation (1) on reconnaît qu'elle est indéterminée, car elle se réduit à $0 \times x = 0$.

On voit donc que, dans toutes les suppositions que l'on peut établir sur les quantités connues, la formule (2) et l'équation (1) conduisent toujours aux mêmes conséquences.

141. Considérons maintenant les équations générales du premier degré à deux inconnues

$$(3) \quad ax + by = c, \qquad (4) \quad a'x + b'y = c',$$

d'où l'on tire ces formules

$$(5) \quad x = \frac{cb' - bc'}{ab' - ba'}, \qquad (6) \quad y = \frac{ac' - ca'}{ab' - ba'}.$$

En se reportant aux calculs qui ont été expliqués dans le nº 135, on voit que quelles que soient les suppositions que l'on établira sur les quantités a, b, c, a', b', c', si elles ne réduisent pas à zéro le dénominateur commun $ab'-ba'$, on pourra toujours repasser par les mêmes calculs, après avoir introduit ces suppositions dans les équations. Ainsi, dans ce cas, les valeurs des inconnues données par les formules seront nécessairement les mêmes que celles qu'on tirerait des équations.

Supposons que l'on ait $ab'-ba'=0$, les quantités $cb'-bc'$ et $ac'-ca'$ étant différentes de zéro, les formules donneront pour chaque inconnue le symbole de l'infini. Il est facile de voir que, dans ce cas, les deux équations sont incompatibles; car en multipliant les deux membres de l'équation (3) par b', et ceux de l'équation (4) par b, on ramène les deux équations à celles-ci :

$$ab'x+bb'y=cb', \quad a'bx+bb'y=bc';$$

or, puisque l'on a $ab'-ba'=0$, d'où $ab'=ba'$, les premiers membres de ces deux dernières équations sont identiques ; et puisque, par hypothèse, $bc'-cb'$ n'est pas nul, les seconds membres sont différents. Les deux équations (3) et (4) sont donc contradictoires.

Supposons à présent que la valeur de l'une des inconnues, celle de x, par exemple, se réduise au symbole $\frac{0}{0}$.

Il faudra que l'on ait en même temps $ab'=ba'$, et $cb'=bc'$; or on déduit de ces relations $\frac{a}{a'}=\frac{b}{b'}$ et $\frac{c}{c'}=\frac{b}{b'}$; on aura donc aussi $\frac{a}{a'}=\frac{c}{c'}$, d'où $ac'=ca'$, ce qui montre que la valeur de y sera aussi réduite au symbole $\frac{0}{0}$. De ce que l'on a $ab'=ba'$, et $cb'=bc'$, il résulte que les deux équations qu'on obtient en multipliant les deux membres de l'équation (3) par b', et ceux de l'équation (4) par b, sont parfaitement identiques. Le système proposé est donc indéterminé.

142. Les explications que nous venons de donner en examinant le cas où la valeur de x prend la forme $\frac{0}{0}$, supposent que les quantités b et b' ne sont pas nulles. Quand on a $b=0$ et $b'=0$, il en résulte $ab'-ba'=0$ et $cb'-bc'=0$; mais on ne peut pas en conclure que l'on a $ac'-ca'=0$; et si cette dernière condition n'est pas remplie, la valeur générale de y donne le symbole $\frac{m}{0}$. En faisant dans les équations (3) et (4), $b=0$, $b'=0$, on trouve qu'elles deviennent $ax=c$ et $a'x=c'$; on tire de la première $x=\frac{c}{a}$, et de la seconde $x=\frac{c'}{a'}$. Or, dans le cas où l'on n'a pas $ac'-ca'=0$, les quantités $\frac{c}{a}$ et $\frac{c'}{a'}$ sont différentes, car si l'on avait $\frac{a}{c}=\frac{c'}{a'}$, on en conclurait $a'c=ac'$, d'où $a'c-ac'=0$. Les deux équations sont donc contradictoires.

Quand on a à la fois $b=0$, $b'=0$ et $ac'-ca'=0$, la valeur générale de y devient $\frac{0}{0}$. Ce symbole reçoit alors une juste application, puisque l'inconnue y n'entrant pas dans les équations est une quantité arbitraire. Mais il est à remarquer que les équations donnent une valeur déterminée pour x, tandis que la valeur générale de cette inconnue donne le symbole $\frac{0}{0}$.

143. Considérons encore les équations générales du premier degré à trois inconnues.

$$(7) \qquad ax+by+cz=d,$$
$$(8) \qquad a'x+b'y+c'z=d',$$
$$(9) \qquad a''x+b''y+c''z=d''.$$

Les formules que l'on a tirées de ces équations peuvent s'écrire comme il suit :

$$(10) \qquad x=\frac{(bc'-cb')d''+(cb''-bc'')d'+(b'c''-c'b'')d}{(bc'-cb')a''+(cb''-bc'')a'+(b'c''-c'b'')a},$$

$$(11) \qquad y=\frac{(ca'-ac')d''+(ac''-ca'')d'+(c'a''-a'c'')d}{(ca'-ac')b''+(ac''-ca'')b'+(c'a''-a'c'')b},$$

$$(12) \qquad z=\frac{(ab'-ba')d''+(ba''-ab'')d'+(a'b''-b'a'')d}{(ab'-ba')c''+(ba''-ab'')c'+(a'b''-b'a'')c}.$$

Il est facile de voir que, tant que le dénominateur commun des valeurs générales de x, y et z ne devient pas nul par les suppositions que l'on établit, on peut toujours appliquer aux équations particulières qui résultent de ces suppositions, des calculs semblables à ceux qui ont été expliqués dans le n° **136**. Car si le dénominateur commun n'est pas nul, il faut que, parmi les trois différences $ab'-ba'$, $ba''-ab''$, $a'b''-b'a''$, il y en ait une au moins qui ne soit pas nulle. Or en supposant que $ab'-ba'$, par exemple, soit une quantité différente de zéro, on pourra tirer des équations (7) et (8) les valeurs de x et de y exprimées en fonction de z qui seront

$$(13)\qquad x=\frac{db'-bd'-(cb'-bc')z}{ab'-ba'},$$

$$(14)\qquad y=\frac{ad'-da'-(ac'-ca')z}{ab'-ba'}.$$

En substituant ces valeurs dans l'équation (9), on parviendra, comme dans le n° **136**, à l'équation

$$(15)\qquad \mathrm{D}z=\mathrm{N}.$$

Puisque, par hypothèse, la quantité D n'est pas nulle, on tirera de la dernière équation la valeur de z qui est exprimée par la formule (12); et la substitution de cette valeur dans les équations (13) et (14) conduira aux valeurs de x et de y qui sont exprimées par les formules (10) et (11).

Il suit de là que, tant que le dénominateur des valeurs générales des inconnues ne sera pas réduit à zéro, les valeurs particulières qu'on déduira de ces valeurs générales en vertu des suppositions que l'on aura établies seront les mêmes que celles que l'on tirerait des équations.

144. Lorsque le dénominateur des valeurs générales des inconnues se réduit à zéro, ces valeurs peuvent être de la forme $\frac{m}{0}$ ou $\frac{0}{0}$; et il peut arriver qu'on obtienne en même temps le premier symbole pour l'une d'elles, et le second pour une autre. Examinons d'abord le cas où la valeur de l'une des inconnues, celle de z, par exemple, est de la forme $\frac{m}{0}$. Il faudra encore que, parmi les trois différences $ab'-ba'$, $ba''-ab''$, $a'b''-b'a''$, il y en ait une au moins qui ne soit pas nulle; car si ces trois différences étaient nulles, la valeur de z serait $\frac{0}{0}$. Or, si la quantité $ab'-ba'$, par exemple, est différente de zéro, on pourra passer, comme précédemment, des équations (7) et (8) aux équations (13) et (14), qui donnent les valeurs de x et de y exprimées en fonction de z; et en substituant ces valeurs dans l'équation (9), on obtiendra l'équation (15). Mais puisque D est nul, cette dernière équation sera impossible. Le système proposé sera donc aussi impossible.

145. Lorsque les valeurs générales des inconnues se présentent toutes sous la forme $\frac{0}{0}$, il y a deux cas à distinguer, celui où les neuf différences telles que $ab'-ba'$, $ba''-ab''$, $ac'-ca'$, etc., ne sont pas toutes nulles, et celui où ces différences sont simultanément réduites à zéro.

1er Cas. Si la différence $ab'-ba'$, par exemple, n'est pas nulle, on pourra toujours passer des équations (7) et (8) aux équations (13) et (14) qui donnent les valeurs de x et y exprimées en fonction de z, et en substituant ces valeurs dans l'équation (9), on parviendra à l'équation (15). Mais cette dernière équation ne sera plus qu'une identité, puisque l'on a par hypothèse $D=0$ et $N=0$. Il suit de là que le système des équations (7), (8) et (9) n'exprimera rien de plus que le système des équations (13) et (14); de sorte que l'on pourra prendre pour l'une des inconnues une valeur arbitraire, et l'on obtiendra ensuite une valeur déterminée pour chacune des deux autres inconnues.

Il faut cependant remarquer que, d'après les équations (13) et (14), si l'on a $cb'-bc'=0$, ou $ac'-ca'=0$, l'une des inconnues x et y n'aura qu'une valeur déterminée. D'ailleurs, on n'aura pas à la fois $cb'-bc'=0$ et $ac'-ca'=0$; car il en résulterait $ab' - ba' = 0$, ce qui est contre l'hypothèse.

2° Cas. Supposons que les neuf différences $ab' - ba'$, $ba'' - ab''$, etc., soient toutes réduites à zéro. Il est facile de voir que ce cas se présentera si l'on a les relations ci-après :

$$\frac{a'}{a} = \frac{b'}{b} = \frac{c'}{c}, \quad \frac{a''}{a} = \frac{b''}{b} = \frac{c''}{c}.$$

En posant alors $a' = aq$, on aura $b' = bq$, $c' = cq$; et en posant pareillement $a'' = aq'$, on aura aussi $b'' = bq'$, $c'' = cq'$. Il suit de là que les équations (8) et (9) pourront s'écrire comme il suit :

$$q(ax + by + cz) = d', \quad q'(ax + by + cz) = d''.$$

Par conséquent, pour que ces équations puissent être vérifiées par les mêmes valeurs des inconnues que l'équation $ax + by + cz = d$, il faudra que l'on ait, outre les suppositions qui ont été exprimées,

$$d' = qd, \quad d'' = q'd.$$

Quand ces deux dernières conditions seront vérifiées, le système des équations (7), (8) et (9) n'exprimera rien de plus que la seule équation $ax + by + cz = d$; par conséquent on pourra prendre des valeurs arbitraires pour deux des inconnues, et l'on obtiendra ensuite une valeur déterminée pour la troisième inconnue. Mais quand une seule des conditions ci-dessus sera remplie, ou quand elles ne seront remplies ni l'une ni l'autre, les trois équations se réduiront à deux équations incompatibles, ou elles seront incompatibles deux à deux.

On doit conclure de ce qui vient d'être dit sur le cas où les valeurs générales des inconnues se réduisent au symbole $\frac{0}{0}$, que ce n'est qu'en résolvant directement les équations pour lesquelles on a obtenu ce résultat, qu'on peut connaître exactement les particularités qu'elles présentent.

146. On est conduit quelquefois à des équations à trois inconnues dans lesquelles les termes indépendants des inconnues sont nuls. Pour discuter ces sortes d'équations, il suffit de faire $d = 0$, $d' = 0$, $d'' = 0$, dans les formules qu'on a tirées des équations (7), (8) et (9). Les numérateurs des valeurs générales des inconnues deviennent alors zéro ; par conséquent, si le dénominateur commun est aussi nul, ces valeurs se réduisent toutes au symbole $\frac{0}{0}$. Dans ce cas, le système des équations est toujours indéterminé ; car, en se reportant à ce qui a été dit dans le numéro précédent, on reconnaît que les suppositions qui y ont été examinées, et qui rendaient les équations incompatibles ne peuvent plus se rencontrer, puisque, à cause de $d = 0$, $d' = 0$, $d'' = 0$, on a nécesssairement $qd = d'$, $q'd = d''$, quels que soient les rapports q et q'.

Quand les suppositions $d = 0$, $d' = 0$, $d'' = 0$ subsistent avec celles dont l'examen a été fait dans le n° précédent (1er cas), le système des trois équations peut encore être remplacé par celui des équations (13) et (14), qui deviennent

$$x = \frac{(bc' - cb')z}{ab' - ba'}, \quad y = \frac{(ca' - ac')z}{ab' - ba'}.$$

On voit par là que les rapports $\frac{x}{z}$, $\frac{y}{z}$ ont des valeurs constantes, et chaque inconnue en particulier peut recevoir une valeur arbitraire. Cependant il faut remarquer que si l'on avait $bc' - cb' = 0$, ou $ca' - ac' = 0$, sans que $ab' - ba'$ fût nul, la valeur ci-dessus de x ou de y serait toujours nulle, quelque valeur que l'on attribuât à z.

147. On n'a point sujet de s'occuper des cas où, dans les équations générales à trois inconnues, on devrait supposer nuls quelques-uns des coefficients a, b, c, a', b', c' etc. ; car ces suppositions ne changeraient rien à ce qui a été dit dans la discussion ci-dessus, s'il n'en résultait pas l'anéantissement des neuf différences $ab' - ba'$, $ab'' - ba''$, etc. ; et d'après ce qu'on a vu par rapport au cas où ces neuf différences sont nulles, un examen plus étendu des circonstances qui peuvent alors se présenter n'aurait aucune utilité.

Exemples de la discussion des problèmes du premier degré.

148. Quand les données d'un problème ont été représentées par des lettres, la discussion des formules auxquelles on parvient ne doit pas avoir seulement pour objet l'examen des suppositions qui rendent les équations du problème possibles et déterminées, impossibles ou indéterminées ; il faut examiner en outre si les diverses circonstances que présentent les équations s'accordent toujours avec l'énoncé du problème ; et si, dans le cas où elles donnent pour les inconnues des valeurs déterminées, ces valeurs forment une solution du problème, ou si elles ne peuvent être interprétées qu'au moyen de quelques changements dans l'énoncé.

Les deux exemples suivants montreront comment on doit se diriger dans la discussion des formules données par les problèmes du premier degré.

149. 1er PROBLÈME. *Deux courriers sont en marche depuis un temps indéfini et parcourent la même route dans le même sens* CABC'. *Le premier courrier fait* v *lieues par heure, le second en fait* v'. *L'arrivée du premier courrier en* A *précède de* h *heures l'arrivée du second courrier en* B ; *la distance* AB *est de* a *lieues. En quel endroit de la route les deux courriers se rencontrent-ils ?*

C R' A B R C'

Solution. Si l'on connaissait le nombre d'heures qui s'écoulent depuis l'instant où le premier courrier arrive en A jusqu'à l'instant de la rencontre, il serait facile de trouver le lieu de la rencontre. Nommons x ce nombre d'heures, et supposons que les deux courriers se rencontrent au point R. L'espace AR ayant été parcouru par le premier courrier en un nombre d'heures marqué par x, sera exprimé par vx. L'espace BR aura été parcouru par le second courrier en un nombre d'heures marqué par $x-h$, puisque ce courrier ne parvient en B que h heures après l'instant depuis lequel on compte le temps x; ainsi cet espace sera exprimé par $v'(x-h)$. Il suit de là que l'équation du problème est

$$(1) \qquad vx = v'(x-h) + a\,;$$

et l'on en conclut

$$x = \frac{a - hv'}{v - v'}.$$

Discussion. Si l'on suppose $v > v'$, et en même temps $a > hv'$, la valeur de x est positive ; ainsi, dans ce cas, les deux courriers se rencontrent après l'arrivée du premier courrier en A, comme on l'a supposé en mettant le problème en équation. Cette conséquence est facile à vérifier par l'examen des conditions de la question ; car le produit hv' exprime la distance que le second courrier doit encore parcourir pour arriver au point B, à partir du moment où le premier courrier arrive en A. Ainsi, de ce que l'on a $hv' < a$, il résulte qu'au moment où le premier courrier atteint le point A, le second a dépassé ce point ; et puisque la vitesse du second courrier est moindre que celle du premier, celui-ci devra atteindre l'autre au bout d'un certain temps.

Lorsque l'on a $v > v'$, $a < hv'$, la valeur de x est négative. Pour qu'elle changeât de signe, il faudrait qu'au lieu de l'équation (1) on eût la suivante :

$$(2) \qquad vx = v'(x+h) - a.$$

Or on voit par cette dernière équation que les distances du point de rencontre aux points A et B auront été parcourues par les deux courriers dans les temps x et $x+h$, et que la première distance sera moindre que la seconde de l'intervalle AB ; ce qui exige que le point de rencontre soit situé en-deçà de A. On peut aussi parvenir directement à cette conclusion ;

car, de ce que l'on a $a < hv'$, il résulte que lorsque le courrier dont la vitesse est v atteint le point A, l'autre courrier est en-deçà de A; et puisque $v > v'$, le second courrier restera toujours en arrière du premier. Mais si les deux courriers sont partis de deux points suffisamment éloignés de A, ils auront dû se rencontrer en un point en-deçà de A tel que R'. En mettant le problème en équation d'après ces observations, on parvient en effet à l'équation (2), qui donne pour x une valeur positive. On voit donc que les valeurs négatives de l'inconnue conviennent à la question, lorsqu'on les interprète dans ce sens que le moment de la rencontre des courriers est antérieur à l'instant qu'on a choisi pour origine du temps.

Quand on a $v = v'$, et $a > hv'$, ou $a < hv'$, la valeur de x est infinie, ce qui indique que les deux courriers ne se rencontreront jamais; c'est ce que l'on aperçoit immédiatement, puisque, suivant ces suppositions, quand le premier courrier est au point A, le second est en-deçà ou au-delà de ce point, et comme ils ont la même vitesse, ils conservent toujours entre eux le même intervalle.

Si l'on suppose en même temps $v = v'$, $a = hv'$, on trouve $x = \frac{0}{0}$. Le symbole $\frac{0}{0}$ est une réponse convenable; car il indique que les deux courriers sont ensemble à toutes les époques; et c'est ce qu'on voit immédiatement, en observant que les deux courriers, qui ont la même vitesse, se trouvent en même temps au point A.

L'examen des cas où l'on aurait $v < v'$ donnerait lieu à des observations tout-à-fait semblables à celles que l'on a faites ci-dessus en supposant $v > v'$; et il est par conséquent inutile de s'y arrêter.

Remarque. On peut modifier de diverses manières l'énoncé du problème dont nous venons de nous occuper, sans que la solution cesse d'être donnée par la même formule. Par exemple, si l'on suppose que le courrier dont la vitesse est v n'arrive au point A que h heures après le moment où le second courrier arrive en B, la quantité h prendra dans l'équation et dans la formule des signes contraires à ceux dont elle est affectée.

Ainsi, dans cette supposition, le temps inconnu x pourra encore être déterminé par la formule ci-dessus, pourvu que l'on convienne d'attribuer alors à h une valeur négative.

Si le second courrier dont la vitesse est v', est parti d'un point situé dans la direction BC' et vient à la rencontre de l'autre courrier, en supposant toujours, comme dans l'énoncé, que l'arrivée de celui-ci au point A précède de h heures l'arrivée en B du courrier dont la vitesse est v', on parviendra à une équation qui ne différera de l'équation (1) que par le signe du terme $v'(x-h)$. Ainsi, dans ce cas, le temps inconnu x pourra encore être déterminé au moyen de la formule qui a été tirée de l'équation (1), pourvu que l'on convienne d'attribuer alors à la vitesse v' une valeur négative.

180. 2e Problème. *Partager chacun des nombres* a *et* b *en deux parties, de manière que l'une des parties de* a *contienne* m *fois l'une des parties de* b, *et l'autre partie de* b *contienne aussi* m *fois l'autre partie de* a (*).

Solution. Représentons par x la première partie de a et par y la première partie de b, les deux autres parties seront $a-x$ et $b-y$, et l'on devra avoir les deux équations

$$x = my, \quad b - y = m(a - x).$$

On tire de ces équations

$$x = \frac{m(ma - b)}{m^2 - 1}, \quad y = \frac{ma - b}{m^2 - 1};$$

par suite on a

$$a - x = \frac{mb - a}{m^2 - 1}, \quad b - y = \frac{m(mb - a)}{m^2 - 1}.$$

(*) On peut remplacer l'énoncé de ce problème par le suivant, qui conduit exactement aux mêmes équations : *Partager chacun des côtés d'un rectangle donné, dont les dimensions sont* a *et* b, *en deux parties telles que, si l'on joint les points de division, on obtienne un second rectangle dont les côtés adjacents soient dans le rapport de* m *à* 1. Au moyen de ce changement, l'interprétation des différentes circonstances que présentent les formules devient plus sensible.

Discussion. Si les deux nombres a et b ne sont pas égaux, il sera permis de supposer que l'on a représenté par a le plus grand de ces nombres; et si le nombre m est différent de l'unité, il sera permis de supposer qu'il est plus grand, car il est évident que tout ce que l'on dira, pour ce cas, de x et de $a-x$, s'appliquerait, si m était plus petit que 1, à y et $b-y$. Soient donc $a>b$ et $m>1$. On voit immédiatement que les valeurs de x et de y sont positives; mais pour que les valeurs des deux autres parties $a-x$ et $b-y$ soient aussi positives, il faut que l'on ait $mb>a$, ou $m>\frac{a}{b}$. Si l'on a au contraire $m<\frac{a}{b}$, les valeurs de $a-x$ et de $b-y$ seront négatives, ce qui montre que les valeurs de x et de y ne seront plus des parties de a et de b, mais des quantités respectivement plus grandes que ces nombres. Dans ce cas, le problème ne peut pas être résolu dans le sens même de l'énoncé. Mais les nombres qu'on déduit des formules ci-dessus, formeraient une solution du problème, si on le modifiait dans le sens des équations ci-après $x=my$, $y-b=m(x-a)$.

Quand on suppose $a=b$, les formules deviennent

$$x=\frac{ma}{m+1},\quad y=\frac{a}{m+1},\quad a-x=\frac{a}{m+1},\quad b-y=\frac{ma}{m+1};$$

ainsi, dans ce cas, la question admet toujours une solution. Si l'on suppose en outre $m=1$, on trouve que les quatre parties doivent être égales à $\frac{1}{2}a$.

En se reportant aux premières formules, on voit que si l'on suppose $m=1$ et $a>b$, les valeurs des quatre parties deviennent infinies; d'où il suit que le problème est impossible; et si l'on suppose dans les mêmes formules $m=1$ et $a=b$, on trouve que les valeurs des inconnues se réduisent au symbole $\frac{0}{0}$. Quand on introduit les dernières suppositions dans les équations, elles se réduisent l'une et l'autre à $x=y$; ainsi la question admet une infinité de solutions.

Il est à remarquer que cette indétermination n'est plus indiquée par les formules quand on les a simplifiées, après avoir supposé $b=a$, en supprimant le facteur $m-1$ dans les deux termes de chaque fraction.

151. Dans les exemples qui précèdent, les suppositions qui rendent les inconnues infinies produisent une impossibilité dans la question; mais il n'en est pas toujours ainsi. Quand une formule donne une valeur infinie pour une inconnue, par suite de certaines valeurs particulières attribuées aux données de la question, ce résultat exprime que, si les données s'approchaient indéfiniment de ces valeurs particulières, l'inconnue croîtrait de manière à surpasser toute grandeur assignable. Or, dans les questions dont la solution dépend d'une construction géométrique, il arrive souvent que ce dernier état des accroissements de l'inconnue, qui est l'infini, correspond à une construction déterminée. Dans ce cas, la valeur infinie est une solution de la question (*).

Obesrvations auxquelles donnent lieu les symboles ∞ *et* $\frac{0}{0}$.

152. Lorsqu'une fraction algébrique est susceptible de prendre successivement des valeurs qui croissent jusqu'à l'in-

---

(*) Supposons que l'on ait à résoudre cette question : *Trouver sur le prolongement de la ligne qui joint les centres de deux cercles, le point où aboutit la tangente commune aux deux cercles.* On verra sans difficulté que, si l'on représente par a la distance des centres, et par r et r' les rayons des deux cercles, la distance du point cherché au centre du premier cercle sera exprimée par la formule $\frac{ar}{r-r'}$. Or, cette fraction devient infinie quand les deux rayons sont égaux. Ce résultat indique que la tangente commune ne rencontre plus la ligne des centres, et l'on doit par conséquent en conclure que ces deux droites sont parallèles. On sait qu'en effet lorsque deux cercles sont égaux, ils ont une tangente commune parallèle à la ligne des centres. On voit donc qu'en donnant pour la distance que l'on cherche une valeur infinie, l'Algèbre fait réellement connaître la solution de la question.

fini, il peut arriver qu'elle ne tende vers ce dernier état que par des valeurs positives, ou seulement par des valeurs négatives, ou qu'elle s'en approche indifféremment par des valeurs positives et par des valeurs négatives. C'est pourquoi les valeurs infinies peuvent être regardées, dans certains cas comme positives, dans d'autres comme négatives; et dans d'autres encore elles peuvent être regardées comme affectées indifféremment du signe $+$ ou du signe $-$.

Pour éclaircir ceci, prenons d'abord la fraction

$$\frac{m}{a-x};$$

supposons que m et a représentent des quantités constantes et positives, et concevons que l'on fasse croître x à partir de zéro. Tant que la valeur de x sera moindre que a, la fraction aura une valeur positive qui deviendra de plus en plus grande : quand on fera $x=a$, la valeur de la fraction sera infinie; et quand x croîtra au-delà de a, les valeurs de la fraction seront négatives et iront en décroissant. La valeur infinie produite par la supposition $x=a$ pourra donc être indifféremment regardée comme positive ou comme négative.

Si, au lieu de la fraction ci-dessus, on prend la suivante

$$\frac{m}{(a-x)^2},$$

on obtiendra toujours une valeur positive, soit que l'on donne à x une valeur plus petite que a, ou une valeur plus grande. En conséquence, la valeur infinie produite par $x=a$ sera regardée comme positive.

Si, dans la dernière fraction, m désignait une quantité négative, la supposition $x=a$ donnerait une valeur infinie qui serait regardée comme négative.

Pour exprimer l'ambiguité de la valeur infinie que prend la première fraction quand on fait $x=a$, on représente cette valeur par $\pm\infty$; tandis que la valeur infinie que prend la seconde fraction est représentée par $+\infty$ quand m est une quantité positive, et par $-\infty$ quand m est une quantité négative.

133. Lorsque le dénominateur d'une fraction algébrique prend des valeurs de plus en plus grandes, sans que le numérateur augmente, la fraction prend des valeurs de plus en plus petites ; de telle sorte que, si la valeur du dénominateur augmente jusqu'à l'infini, celle de la fraction décroît jusqu'à zéro. Ainsi, en désignant par m une quantité finie quelconque, on a $\frac{m}{\infty} = 0$.

134. Le symbole $\frac{0}{0}$ n'est pas le seul caractère que l'Algèbre emploie pour marquer l'indétermination. Considérons, par exemple, les deux expressions

$$\frac{A}{B} \times C, \quad \frac{A}{B} : \frac{D}{C},$$

les lettres A, B, C, D représentant des quantités algébriques quelconques qui ne contiennent pas de dénominateurs. Si l'on établit des suppositions qui annullent les quantités B et C, en faisant prendre aux quantités A et D des valeurs finies différentes de zéro, les expressions proposées deviendront

$$\infty \times 0 \quad \text{et} \quad \frac{\infty}{\infty}.$$

Pour interpréter ces nouveaux symboles, il suffit de remarquer que l'on peut remplacer les expressions proposées par les suivantes :

$$\frac{A \times C}{B}, \quad \frac{A \times C}{B \times D}.$$

En introduisant dans celles-ci les suppositions qui annullent les quantités B et C, elles se réduisent l'une et l'autre au symbole $\frac{0}{0}$. On doit donc regarder les deux expressions $\infty \times 0$ et $\frac{\infty}{\infty}$ comme équivalentes à $\frac{0}{0}$.

133. Une observation importante doit être faite encore au sujet du symbole $\frac{0}{0}$.

Supposons que les deux termes d'une fraction diminuent de manière à devenir moindres que toute quantité donnée. Si les suppositions qui font décroître indéfiniment l'un des deux termes sont entièrement indépendantes de celles qui font décroître indéfiniment l'autre terme, on pourra faire prendre à ces deux termes des valeurs aussi voisines qu'on le voudra de zéro, et telles que leur rapport, qui est la valeur de la fraction, soit telle quantité que l'on voudra ; en conséquence le symbole $\frac{0}{0}$ auquel on parviendra quand les deux termes auront atteint la limite de leur décroissement, exprimera une complète indétermination. Mais il peut arriver que les deux termes de la fraction soient liés entre eux de manière qu'à une valeur très petite de l'un, il corresponde toujours une valeur très petite de l'autre, et que lorsqu'ils convergent vers zéro, leur rapport converge vers une limite déterminée qu'il n'atteint qu'au moment où les deux termes devenant nuls, la fraction se présente sous la forme indéterminée $\frac{0}{0}$.

Ce dernier cas a lieu toutes les fois qu'une fraction est réduite à $\frac{0}{0}$ par l'anéantissement d'un facteur commun au numérateur et au dénominateur. Soit, par exemple, la fraction

$$\frac{x^2 - a^2}{x^3 - a^3}.$$

Cette fraction se réduit à $\frac{0}{0}$, lorsqu'on suppose $x = a$; mais on peut diviser les deux termes par $x - a$, et l'on obtient alors la fraction suivante

$$\frac{x + a}{x^2 + ax + a^2}.$$

Il est clair que si l'on donne à x une valeur très voisine de a, quelle que petite que soit la différence $x - a$, si elle n'est pas nulle, la seconde fraction sera toujours équivalente à la première. Or la valeur de x étant très peu différente de a, la valeur de la seconde fraction différera très peu de $\frac{2a}{3a^2}$. Il suit de là que lorsqu'on attribue à x des valeurs de plus en plus voisines de a, les valeurs de la fraction $\frac{x^2-a^2}{x^3-a^3}$ convergent vers une limite déterminée qui est $\frac{2a}{3a^2}$, ou en réduisant $\frac{2}{3a}$.

Soient encore les deux fractions ci-après :

$$\frac{x^2-2ax+a^2}{x^2-a^2}, \quad \frac{x^2-a^2}{x^2-2ax+a^2}.$$

Elles deviennent toutes deux $\frac{0}{0}$, quand on suppose $x=a$; mais en supprimant d'abord le facteur $x-a$, qui est commun aux deux termes, et faisant ensuite $x=a$, on trouve pour la première fraction zéro, et pour l'autre l'infini.

186. Puisque les symboles $\infty \times 0$ et $\frac{\infty}{\infty}$ sont équivalents à $\frac{0}{0}$, on doit conclure de ce qui vient d'être dit, que les expressions qui se réduisent à ces symboles peuvent conserver dans quelques cas une signification déterminée.

On parvient aussi aux mêmes conclusions en remarquant que le symbole $\infty \times 0$ marque la limite du produit de deux quantités, dont l'une décroît indéfiniment, tandis que l'autre, au contraire, augmente indéfiniment ; et le symbole $\frac{\infty}{\infty}$ marque la limite des valeurs d'une fraction dont les deux termes augmentent indéfiniment. Selon la nature des suppositions qui conduiront à ces limites, elles pourront être des quantités déterminées, ou rester absolument indéterminées.

Enfin, on doit encore joindre à ces expressions, comme présentant un caractère semblable, l'expression $\infty - \infty$, qui marque la limite de la différence de deux quantités dont les valeurs augmentent indéfiniment. Il faut seulement remarquer que la différence de deux quantités qui croissent indéfiniment, n'est susceptible d'une limite finie qu'autant que les deux quantités en croissant ne cessent pas d'être toutes deux positives ou toutes deux négatives ; car si l'on avait à soustraire d'une quantité positive de plus en plus grande, une quantité négative de plus en plus grande, la différence deviendrait de plus en plus grande ; et quand les deux quantités seraient infinies, leur différence serait elle-même infinie.

L'utilité des considérations que nous venons de présenter dans ce numéro et dans le précédent deviendra sensible par l'application de l'Algèbre à la Géométrie.

Observation sur les cas où les formules relatives aux équations générales du premier degré donnent le symbole $\frac{0}{0}$, sans qu'il y ait indétermination dans les équations.

137. Dans la discussion des formules relatives aux équations du premier degré à deux inconnues, on a vu que, lorsque l'on fait les suppositions $b=0$, $b'=0$, $ac'-ca'=0$, les équations donnent pour x une valeur déterminée $x=\frac{c}{a}$, tandis que, pour les mêmes suppositions, la formule générale $x=\frac{cb'-bc'}{ab'-ba'}$ donne le symbole $\frac{0}{0}$. On peut déduire de cette formule la valeur déterminée $\frac{c}{a}$ de x. A cet effet, on introduit d'abord dans la formule la supposition $ac'-ca'=0$, en remplaçant a' par $\frac{ac'}{c}$; il vient $x=\frac{c(cb'-bc')}{a(cb'-bc')}$; en supprimant alors dans les deux termes de la fraction le facteur $cb'-bc'$, on trouve $x=\frac{c}{a}$.

On a vu aussi que le cas où les formules relatives aux équations du premier degré à trois inconnues donnent le symbole $\frac{0}{0}$, sans qu'il y ait indétermination dans les équations, est celui où l'on a les suppositions ci-après :

$$\frac{a'}{a}=\frac{b'}{b}=\frac{c'}{c},\quad \frac{a''}{a}=\frac{b''}{b}=\frac{c''}{c},\quad \frac{d'}{d}>\text{ ou }<\frac{a'}{a},\quad \frac{d''}{d}>\text{ ou }<\frac{a''}{a}.$$

Si l'on considère la valeur de z, savoir

$$z = \frac{(ab'-ba')d'' + (ba''-ab'')d' + (a'b''-b'a'')d}{(ab'-ba')c'' + (ba''-ab'')c' + (a'b''-b'a'')c};$$

en supposant d'abord $\frac{a'}{a} = \frac{b'}{b}$; d'où $a' = \frac{ab'}{b}$; on trouve

$$z = \frac{(ba''-ab'')(bd'-db')}{(ba''-ab'')(bc'-cb')}.$$

En supprimant alors dans les deux termes le facteur $ba''-ab''$, et supposant ensuite $bc'-cb'=0$, on trouve $z=\infty$. En opérant de la même manière sur les valeurs des deux inconnues x et y, on trouverait que ces valeurs conduisent également au symbole de l'infini.

On pourrait penser, d'après le succès des transformations que nous venons d'employer, qu'il n'est pas impossible d'établir des règles générales pour l'interprétation des formules algébriques, dans les cas où elles se présentent sous la forme $\frac{0}{0}$; mais nous ne croyons pas qu'on soit en droit d'en tirer une semblable conclusion ; car, indépendamment de ce que, dans les deux cas qui viennent d'être examinés, rien n'indique l'ordre qu'il faut suivre pour introduire les suppositions dans les formules de manière à mettre en évidence les facteurs communs, il peut arriver que l'indétermination qu'on parviendrait ainsi à faire disparaître d'une formule existe réellement dans les équations. On en a vu un exemple dans la discussion du problème du n° 130, quand on a supposé $a=b$, $m=1$.

Principes sur les inégalités.

158. Les conditions qu'il est nécessaire d'examiner dans la discussion d'un problème consistent presque toujours dans des inégalités, et pour développer les conséquences qui résultent de ces inégalités, il faut souvent leur appliquer des transformations analogues à celles qui servent à simplifier les équations.

Les principes sur lesquels reposent ces transformations sont fort simples, et l'on pourrait les admettre sans explication. Cependant il n'est peut-être pas inutile d'entrer à ce sujet dans quelques détails, en raison de certaines précautions qu'il faut prendre pour éviter des transformations inexactes, quand on considère dans les inégalités des quantités négatives.

159. Il est évident que, lorsque les deux quantités a et b sont positives, si l'on a $a > b$, la différence $a - b$ est positive, ce qui s'exprime par $a - b > 0$ (n° 42). Quand a est une quantité positive et b une quantité négative, on a, d'après les conventions exposées dans le n° 42, $a > b$: d'un autre côté, comme la différence $a - b$ se forme en ajoutant à a la valeur absolue de b, cette différence est positive; on a donc encore $a - b > 0$. Enfin, quand a et b ont des valeurs négatives, l'inégalité $a > b$ ne subsiste qu'autant que la valeur absolue de a est moindre que celle de b (n° 42); et dans ce cas la valeur de la différence $a - b$ est encore positive; de sorte que l'on a toujours $a - b > 0$. Il est d'ailleurs facile de reconnaître que les suppositions que nous venons d'examiner sont les seules qui puissent rendre la différence $a - b$ positive. Les deux inégalités $a > b$ et $a - b > 0$ expriment donc toujours les mêmes conditions, quels que soient les signes des quantités a et b. A l'aide de cette observation, on peut expliquer par des raisonnements uniformes les propriétés les plus essentielles des inégalités.

160. *Une inégalité n'est pas troublée quand on ajoute une même quantité aux deux membres, ou quand on retranche la même quantité des deux membres.* Ainsi l'inégalité $a > b$ entraîne toujours la suivante $a \pm c > b \pm c$; car la différence $a - b$ étant positive, la différence $(a \pm c) - (b \pm c)$ est aussi positive.

On conclut immédiatement de ce principe qu'*on peut transporter un terme d'une inégalité d'un membre dans l'autre, en l'écrivant dans cet autre membre avec le signe contraire à celui dont il était affecté.*

Lorsqu'on change les signes de tous les termes d'une inégalité, il faut renverser le signe d'inégalité; car cela revient à faire passer tous les termes du premier membre dans le second, et ceux du second membre dans le premier.

On ne trouble point une inégalité en multipliant ou en divisant les deux membres par une quantité positive. Ainsi, m désignant une quantité positive, l'inégalité $a > b$ entraîne les suivantes $ma > mb$, $\frac{a}{m} > \frac{b}{m}$. Car la différence $a - b$ étant positive, le produit et le quotient de cette différence par m, ou les quantités $ma - mb$ et $\frac{a}{m} - \frac{b}{m}$, seront aussi positives.

On peut aussi démontrer le dernier principe, en remarquant que les produits et les quotients des deux quantités a et b par la quantité positive m, ont les mêmes signes que les quantités a et b, et les valeurs absolues de ces produits ou de ces quotients ont entre elles le même rapport que les valeurs absolues de ces deux quantités.

Quand on multiplie ou quand on divise les deux membres d'une inégalité par une quantité négative, il faut renverser le signe d'inégalité; car cela revient à multiplier les deux membres par la valeur absolue de cette quantité, et à changer ensuite les signes de tous les termes.

161. Lorsqu'une quantité inconnue n'entre dans une inégalité qu'à la première puissance, on peut *dégager* cette quantité ; c'est-à-dire que l'on peut ramener l'inégalité à une forme telle que cette quantité soit seule dans un membre, sans autre coefficient que l'unité. On suit pour cela la même marche que pour résoudre une équation du premier degré.

Considérons d'abord l'inégalité

$$3x - 2 > \frac{5}{2}x - \frac{4}{5}.$$

On chasse les dénominateurs, en multipliant les deux membres par 10, il vient

$$30x - 20 > 25x - 8.$$

En réunissant les termes en x dans le premier membre et les termes connus dans le second, on obtient

$$30x - 25x > 20 - 8, \quad \text{ou} \quad 5x > 12.$$

Enfin, en divisant les deux membres de la dernière inégalité par 5, on trouve qu'elle se réduit à $x > \frac{12}{5}$.

En exécutant des transformations semblables sur l'inégalité $\frac{7}{6} - \frac{5}{4}x < 8 - 2x$, on en déduit $x < \frac{82}{9}$.

Si l'on doit avoir l'inégalité $43 - 5x < 10 - 8x$, on en conclura de la même manière $x < -11$.

Dans le premier exemple, l'inconnue x ne pouvant recevoir que des valeurs plus grandes que $\frac{12}{5}$ ou $2\frac{2}{5}$, le nombre $2\frac{2}{5}$ est *une limite inférieure* des valeurs de x.

Dans le second exemple, l'inconnue x ne pouvant recevoir que des valeurs plus petites que $\frac{82}{9}$ ou $9\frac{1}{9}$, ce nombre est *une limite supérieure* des valeurs de x.

Dans le troisième exemple, -11 est une limite supérieure des valeurs de x; il en résulte que ces valeurs ne peuvent être que des quantités négatives numériquement plus grandes que 11.

Si l'inconnue x devait vérifier à la fois les deux premières inégalités, elle ne pourrait recevoir que les valeurs comprises entre $2\frac{2}{5}$ et $9\frac{1}{9}$. Si cette inconnue devait vérifier à la fois la seconde inégalité et la troisième, il suffirait qu'elle vérifiât la condition $x < -11$. Enfin, il n'y a aucune valeur de x qui puisse vérifier à la fois la première inégalité et la troisième.

162. Considérons aussi le cas où l'on a entre deux inconnues x et y, deux inégalités qui ne contiennent ces inconnues qu'au premier degré ; par exemple,

$$3x - 2y > 5, \quad 5x + 3y > 16.$$

On conclut de ces inégalités

$$x > \frac{5+2y}{3}, \quad x > \frac{16-3y}{5};$$

on pourra attribuer à y une valeur quelconque, et pour chaque valeur arbitraire de y, on pourra donner à x toutes les valeurs plus grandes que la plus grande des deux quantités

$$\frac{5+2y}{3}, \quad \frac{16-3y}{5}.$$

On conclut aussi des inégalités proposées

$$y < \frac{3x-5}{2}, \quad y > \frac{16-5x}{3};$$

pour que ces deux dernières conditions puissent être remplies, il faut que l'on ait

$$\frac{3x-5}{2} > \frac{16-5x}{3},$$

d'où l'on tire $x > \frac{47}{19}$. Ainsi l'inconnue x ne pourra recevoir que les valeurs supérieures à $\frac{47}{19}$ ou $2\frac{9}{19}$; et pour chaque valeur de x, on ne devra admettre pour y que des valeurs comprises entre les deux limites ci-dessus.

163. Lorsque l'on a les inégalités ci-après

$$a > b, \quad a' > b', \quad a'' > b'', \text{ etc.},$$

on peut toujours en conclure la suivante

$$a + a' + a'' + \text{etc.} > b + b' + b'' + \text{etc.}$$

Car les différences $a - b$, $a' - b'$, $a'' - b''$, etc. étant toutes positives, leur somme $a - b + a' - b' + a'' - b'' + \text{etc.}$, ou $(a + a' + a'' + \text{etc.}) - (b + b' + b'' + \text{etc.})$ est aussi positive.

Si les quantités a, a', a'', etc., b, b', b'', etc., sont toutes positives, les inégalités $a > b$, $a' > b'$, etc., donneront aussi

$$aa'a''\ldots > bb'b''\ldots$$

Car chacun des quotients $\frac{a}{b}$, $\frac{a'}{b'}$, $\frac{a''}{b''}$, etc., est alors un nombre supérieur à l'unité; par conséquent, le produit de ces quotients, ou la quantité $\frac{aa'a''\ldots}{bb'b''\ldots}$, est aussi un nombre supérieur à l'unité.

Cette dernière propriété peut cesser d'avoir lieu lorsque les quantités a, a', etc., b, b', etc., ne sont pas toutes positives; on en a un exemple en prenant les deux inégalités $8 > 5$ et $-3 > -4$. Le produit des premiers membres est -24, celui des seconds membres est -20; ainsi le premier produit est plus petit que le second.

Lorsque les quantités a et b sont positives, l'inégalité $a > b$ donne évidemment $a^m > b^m$; mais la dernière inégalité n'est plus une conséquence de la précédente, lorsque les quantités a et b ne sont pas positives; car on a à la fois $-3 > -4$ et $(-3)^2 < (-4)^2$.

164. Théorème. *Soient* $\frac{\mathrm{a}}{\mathrm{b}}$, $\frac{\mathrm{a}'}{\mathrm{b}'}$, $\frac{\mathrm{a}''}{\mathrm{b}''}$, *etc., plusieurs fractions dont les numérateurs sont des quantités quelconques, et dont les dénominateurs sont tous positifs, la fraction* $\frac{\mathrm{a}+\mathrm{a}'+\mathrm{a}''+\ldots}{\mathrm{b}+\mathrm{b}'+\mathrm{b}''+\ldots}$ *sera une moyenne entre toutes ces fractions, c'est-à-dire qu'elle aura une valeur comprise entre la plus grande et la plus petite de ces fractions.*

Démonstration. Supposons que $\frac{a}{b}$ soit la plus petite des fractions proposées, en sorte que l'on ait

$$\frac{a'}{b'} > \frac{a}{b},\quad \frac{a''}{b''} > \frac{a}{b},\quad \frac{a'''}{b'''} > \frac{a}{b},\ \text{etc.},$$

il en résultera

$$a' > b' \times \frac{a}{b}, \quad a'' > b'' \times \frac{a}{b}, \quad a''' > b''' \times \frac{a}{b}, \text{ etc.}$$

En ajoutant membre à membre les dernières inégalités, et en ajoutant respectivement aux deux membres de l'inégalité qui en résulte les quantités égales a et $b \times \frac{a}{b}$, on trouve

$$a + a' + a'' + \text{etc.} > (b + b' + b'' + \text{etc.}) \times \frac{a}{b};$$

donc

$$\frac{a + a' + a'' + \text{etc.}}{b + b' + b'' + \text{etc.}} > \frac{a}{b}.$$

On prouverait de la même manière que la fraction..... $\frac{a + a' + a'' + \text{etc.}}{b + b' + b'' + \text{etc.}}$ est plus petite que la plus grande des fractions $\frac{a}{b}$, $\frac{a'}{b'}$, etc.

CHAPITRE CINQUIÈME.

RACINE CARRÉE DES QUANTITÉS LITTÉRALES. CALCUL DES RADICAUX DU SECOND DEGRÉ.

Notations. — Double valeur de la racine carrée et des racines de degré pair. — Racines imaginaires.

165. Pour indiquer qu'on doit prendre la racine carrée ou deuxième d'une quantité, on place cette quantité sous le signe $\sqrt{\ }$, qu'on nomme *radical.* Ce signe s'emploie pour exprimer les racines de tous les degrés ; mais quand il s'agit d'une autre racine que la racine carrée, on place entre les branches le nombre qui marque le degré de la racine. Ainsi la racine quatrième de $a+b$ s'indique de cette manière $\sqrt[4]{a+b}$. Le nombre qui marque le degré de la racine s'appelle l'*indice du radical.*

Quand on veut exprimer la racine d'une fraction, il faut avoir soin de faire descendre le signe $\sqrt{\ }$ au-dessous de la barre qui sépare le numérateur du dénominateur. Ainsi la racine carrée de $\frac{341}{27}$ doit s'indiquer de cette manière, $\sqrt{\frac{341}{27}}$; et il ne faudrait pas confondre cette expression avec $\frac{\sqrt{341}}{27}$, qui marque le quotient que donnerait la division par 27 de la racine carrée de 341. Lorsque la quantité dont on veut indiquer la racine est un polynome, il faut prolonger la barre du radical sur toute la quantité. Ainsi pour marquer la racine carrée de la quantité $a^3-2a^2b+4b^2$, on écrit $\sqrt{a^3-2a^2b+4b^2}$. On peut aussi, dans cet exemple, employer les parenthèses, en écrivant $\sqrt{(a^3-2a^2b+4b^2)}$. Cette seconde notation est quelquefois préférable à la précédente.

166. Quand on multiplie une quantité positive ou négative par elle-même, le produit est toujours positif. Il suit de là qu'une quantité positive a deux racines carrées, l'une positive, l'autre négative, et dont la valeur absolue est la même. Le nombre 25, par exemple, qui est le carré de 5, est aussi le carré de -5; ce nombre a donc deux racines carrées, $+5$ et -5. Il est évident que tout nombre plus grand ou plus petit que 5, pris positivement ou négativement, donnera un carré plus grand ou plus petit que 25; par conséquent le nombre 25 n'admet pas d'autre racine carrée que $+5$ et -5. Ce que nous disons ici à l'égard d'un nombre s'applique également à une quantité littérale. Par exemple A^2 est à la fois le carré de $+A$ et le carré de $-A$; la quantité A^2 a donc deux racines carrées $+A$ et $-A$; elle n'en admet aucune autre; car dans toutes les suppositions particulières que l'on pourra établir, la valeur numérique de l'expression A^2 aura seulement deux racines carrées, l'une positive, l'autre négative, qui seront nécessairement les valeurs des deux expressions $+A$ et $-A$.

La racine carrée d'une quantité négative ne peut être exprimée par aucune quantité positive ou négative. Par exemple, que l'on ait à prendre la racine de -25: il n'existe que le nombre 5 qui, élevé au carré, donne 25; or ce nombre, pris positivement ou négativement, donne pour carré $+25$; donc il n'y a aucune quantité positive ou négative dont le carré soit égal à -25. On dit par cette raison que la racine d'une quantité négative est *imaginaire*. Par opposition, on applique aux quantités positives et négatives la dénomination commune de *quantités réelles*.

Quant aux racines d'un degré supérieur à la racine carrée, on peut remarquer dès à présent que les règles relatives aux signes dans la multiplication conduisent immédiatement aux principes suivants :

Toute racine de degré pair d'une quantité positive peut être indifféremment affectée du signe + ou du signe —.

Une racine de degré impair d'une quantité positive ou négative doit avoir le même signe que cette quantité.

La racine d'un degré pair d'une quantité négative ne peut s'exprimer par aucune quantité positive ou négative.

Racines carrées des monomes. — Expressions irrationnelles.

167. Comme les deux racines carrées d'une quantité ne diffèrent l'une de l'autre que par le signe, il suffit, pour les obtenir, de déterminer l'une d'elles.

Il résulte de la règle de la multiplication des monomes, qu'on obtient le carré d'un monome en formant le carré du coefficient numérique et multipliant l'exposant de chaque lettre par 2. Donc, *pour avoir la racine carrée d'un monome, il faut prendre la racine carrée du coefficient numérique, et diviser par 2 l'exposant de chaque lettre.* Ainsi la racine carrée de $25a^6b^4c^2$ est $5a^3b^2c$.

Le produit de deux fractions étant égal au produit des numérateurs divisé par le produit des dénominateurs, il en résulte que le carré d'une fraction se forme en élevant chaque terme au carré. Donc, *pour obtenir la racine carrée d'une fraction, il faut extraire la racine carrée de chacun des deux termes.* Ainsi la racine carrée de $\frac{25a^4b^6}{36c^2d^2}$ est $\frac{5a^2b^3}{6cd}$.

168. Lorsqu'une racine d'un nombre ne peut être exprimée exactement par aucun nombre entier ou fractionnaire, en sorte qu'on ne peut en obtenir que des valeurs approchées, on dit que cette racine est *incommensurable*, parce qu'elle n'a pas de commune mesure avec l'unité; ou bien encore qu'elle est *irrationnelle*, parce qu'on ne peut pas assigner exactement la raison ou le rapport de cette racine à l'unité. On donne, au contraire, aux nombres entiers ou fractionnaires, la dénomination de quantités *commensurables* ou *rationnelles*. Par analogie, on donne aux racines des quantités littérales qui ne peuvent être exprimées sans le secours du signe radical, le nom d'*expressions irrationnelles*. Telle est, par exemple, la racine carrée d'un monome qui contient des exposants impairs, ou un coefficient numérique qui n'est pas un carré. On nomme au contraire *expressions* ou *quantités rationnelles*, toutes les quantités littérales qui ne renferment que les signes des quatre premières opérations.

On emploie aussi, par abréviation, la dénomination de *radical*, pour désigner une racine qui est exprimée par le signe radical. Cette dénomination reçoit ainsi une double acception; mais il est facile d'apprécier par le sens du discours, si elle se rapporte seulement au signe, ou bien à l'expression qui est formée par le moyen de ce signe.

Les expressions irrationnelles se présentent fréquemment dans les calculs; il est donc important de faire connaître toutes les transformations ou réductions qu'on peut leur faire subir. Tel est l'objet des règles que l'on comprend sous le nom de *calcul des radicaux*. Nous allons exposer les règles qui concernent les radicaux du second degré; nous ne nous occuperons pour le moment que des radicaux réels.

Calcul des radicaux du second degré.

169. Quand on indique, au moyen du signe radical, qu'on doit extraire la racine carrée d'une quantité A, on n'exprime pas qu'il faut prendre l'une des valeurs de cette racine plutôt que l'autre. La notation $\sqrt{A}$ peut donc représenter indifféremment les deux racines carrées de A. Cependant on suppose ordinairement que, lorsque le radical $\sqrt{A}$ n'est précédé d'aucun signe, ou lorsqu'il est précédé du signe $+$, il ne représente que la racine carrée positive, qu'on nomme la *valeur arithmétique* de la racine; on exprime la valeur négative de la racine en faisant précéder le radical du signe $-$; et pour indiquer à la fois les deux valeurs, on fait précéder le radical du double signe $\pm$, de cette manière, $\pm\sqrt{A}$. Au moyen de cette convention, on n'a à considérer, dans les explications relatives au calcul des radicaux, que les valeurs absolues de ces expressions.

170. On dit que deux quantités radicales sont *semblables*, lorsqu'elles sont formées du même radical multiplié par des facteurs rationnels différents. Ainsi $5\sqrt{2ab}$, $3\sqrt{2ab}$, $3(c+d)\sqrt{2ab}$, sont des quantités radicales semblables.

Pour ajouter ou soustraire des quantités radicales semblables, on ajoute ou l'on soustrait les facteurs rationnels, et l'on multiplie le résultat par le radical commun; car il est clair que l'on a, par exemple,

$$5\sqrt{2ab} + 3\sqrt{2ab} = 8\sqrt{2ab},$$
$$5\sqrt{2ab} - 3\sqrt{2ab} = 2\sqrt{2ab},$$
$$3a\sqrt{c} \pm 2b\sqrt{c} = (3a \pm 2b)\sqrt{c}.$$

Lorsque les quantités radicales qu'on doit ajouter ou soustraire sont dissemblables, on ne peut qu'indiquer l'opération par les signes + et —. Ainsi la somme et la différence des quantités $3\sqrt{a}$ et $2\sqrt{b}$ ne peuvent s'exprimer que de cette manière :

$$3\sqrt{a} + 2\sqrt{b}, \quad 3\sqrt{a} - 2\sqrt{b}.$$

171. *Pour multiplier ou pour diviser l'un par l'autre deux radicaux du second degré, on fait la multiplication ou la division des quantités placées sous le signe radical, et l'on affecte le résultat du radical du même degré.* Ainsi l'on a

$$\sqrt{a} \times \sqrt{b} = \sqrt{ab}, \quad \frac{\sqrt{a}}{\sqrt{b}} = \sqrt{\frac{a}{b}}.$$

En effet, d'après les principes relatifs à la multiplication, le carré du produit $\sqrt{a} \times \sqrt{b}$ est $(\sqrt{a})^2 \times (\sqrt{b})^2$ ou $a \times b$; donc $\sqrt{a} \times \sqrt{b}$ est la racine carrée de $a \times b$. On démontrerait de même l'exactitude de la seconde égalité.

Au moyen de ces règles, on trouve

$$3a\sqrt{8b} \times \frac{5}{4}\sqrt{2b} = \frac{15a}{4}\sqrt{16b^2} = \frac{15a}{4} \times 4b = 15ab,$$

$$3a\sqrt{8b} : \frac{5}{4}\sqrt{2b} = \frac{12a}{5}\sqrt{4} = \frac{24}{5}a.$$

172. Les puissances de degré pair d'un radical du second degré sont des quantités rationnelles, et les puissances de degré impair sont formées du radical proposé multiplié par des quantités rationnelles; car on trouve par des multiplications successives

$$(\sqrt{a})^2 = a, \quad (\sqrt{a})^3 = a\sqrt{a},$$

$$(\sqrt{a})^4 = a^2, \quad (\sqrt{a})^5 = a^2\sqrt{a},$$

etc.

173. D'après ce qui a été dit à l'égard de la multiplication des radicaux, on a

$$\sqrt{a^2 b} = \sqrt{a^2} \times \sqrt{b} = a\sqrt{b}.$$

Donc, *lorsqu'une quantité placée sous un radical du second degré contient des facteurs qui sont des carrés, on peut prendre les racines de ces facteurs, et les écrire hors du signe radical, en conservant sous ce signe les autres facteurs*. C'est ce qu'on appelle *faire sortir des facteurs du radical.*

Il résulte aussi de l'égalité ci-dessus que, *lorsqu'un radical est multiplié par des facteurs rationnels, on peut supprimer ces facteurs, en multipliant la quantité qui est sous le radical par leurs carrés.* C'est ce qu'on appelle *faire entrer des facteurs sous le radical.*

Il arrive quelquefois que des quantités radicales qui paraissent dissemblables deviennent semblables quand on simplifie chaque radical, en faisant sortir du radical tous les facteurs qui ont des racines carrées exactes. Cette simplification est principalement utile lorsque les quantités radicales doivent être ajoutées ou soustraites. On aura par exemple

$$3a\sqrt{8b^3c^2}+\sqrt{2bd^2}=6abc\sqrt{2b}+d\sqrt{2b}=(6abc+d)\sqrt{2b}.$$
$$2\sqrt{18}+3\sqrt{50}-7\sqrt{8}=6\sqrt{2}+15\sqrt{2}-14\sqrt{2}=7\sqrt{2}=\sqrt{98}.$$

Dans le second exemple, on fait entrer sous le radical le facteur extérieur 7, parce que, de cette manière, le calcul se réduit à extraire une racine carrée qu'on obtient aisément avec l'approximation convenable.

Quand on veut supprimer dans une quantité monome placée sous un radical du second degré, le plus grand nombre possible de facteurs numériques ou littéraux, il faut décomposer le coefficient numérique de cette quantité en facteurs premiers; on conserve seulement sous le radical les premières puissances des facteurs premiers et des lettres qui ont des exposants impairs; et l'on écrit hors du radical tous les facteurs premiers et toutes les lettres, avec des exposants égaux aux quotients entiers qu'on obtient en divisant par 2 les exposants de ces quantités sous le radical.

174. Les fractions dont le dénominateur contient des radicaux peuvent quelquefois être changées en d'autres équivalentes dont le dénominateur est rationnel. Les exemples suivants montrent comment on peut exécuter cette transformation.

Soit d'abord la fraction $\frac{3}{2\sqrt{5}}$. On multiplie les deux termes par $\sqrt{5}$; on a ainsi $\frac{3}{2\sqrt{5}}=\frac{3\sqrt{5}}{10}$. On peut faire entrer sous le radical le facteur 3 et le diviseur 10; par là l'expression proposée est réduite à $\sqrt{0,45}$.

Pour la fraction $\frac{2\sqrt{7}}{2\sqrt{5}-3\sqrt{2}}$, on multiplie les deux termes par $2\sqrt{5}+3\sqrt{2}$; on trouve ainsi

$$\frac{2\sqrt{7}}{2\sqrt{5}-3\sqrt{2}}=\frac{2\sqrt{7}(2\sqrt{5}+3\sqrt{2})}{(2\sqrt{5})^2-(3\sqrt{2})^2}=2\sqrt{35}+3\sqrt{14}.$$

On a pareillement

$$\frac{a}{\sqrt{p}+\sqrt{q}}=\frac{a(\sqrt{p}-\sqrt{q})}{(\sqrt{p})^2-(\sqrt{q})^2}=\frac{a\sqrt{p}-a\sqrt{q}}{p-q},$$

$$\frac{a}{\sqrt{p}-\sqrt{q}}=\frac{a(\sqrt{p}+\sqrt{q})}{(\sqrt{p})^2-(\sqrt{q})^2}=\frac{a\sqrt{p}+a\sqrt{q}}{p-q}.$$

Soit encore la fraction

$$\frac{a}{\sqrt{n}+\sqrt{p}+\sqrt{q}}.$$

Si l'on multiplie d'abord les deux termes par $\sqrt{n}+\sqrt{p}-\sqrt{q}$, on obtiendra une fraction équivalente dont le dénominateur sera $(\sqrt{n}+\sqrt{p})^2-q$, ou $n+p-q+2\sqrt{np}$; et en multipliant les deux termes de cette nouvelle fraction par $n+p-q-2\sqrt{np}$, on parviendra à une expression dont le dénominateur sera entièrement délivré de radicaux.

On pourrait encore exécuter la même réduction par des transformations successives semblables à celles que nous venons d'employer, si le dénominateur de la fraction proposée était formé de quatre radicaux du second degré, ou de trois radicaux et d'une partie rationnelle.

175. La signification restreinte que nous avons attribuée aux radicaux, en supposant qu'un radical qui n'est précédé d'aucun signe, ou qui est précédé du signe +, doit être regardé comme une quantité positive, ne s'applique rigoureusement qu'au cas où la quantité placée sous le signe $\sqrt{}$ est numérique. Quand on reste dans la généralité de l'Algèbre, il n'est pas toujours possible de se conformer à cette supposition. Quelquefois il faut ne considérer dans une formule que la valeur d'un radical déterminée par des conditions qui s'appliquent tantôt à la valeur positive, tantôt à la valeur négative, selon les valeurs particulières que l'on attribue aux données de la question. Quelquefois aussi les radicaux doivent être pris dans toute leur généralité, quoiqu'on ne les fasse pas précéder du double signe.

Quand on considère seulement les valeurs absolues des radicaux, l'égalité $\sqrt{a^2b}=a\sqrt{b}$ n'est exacte qu'autant que le facteur a est positif. Il n'en est plus de même lorsque l'on considère les radicaux dans toute leur généralité. Alors, quel que soit le signe de a, les produits des deux valeurs de $\sqrt{b}$ par a donnent deux déterminations égales et de signes contraires, qui sont précisément les deux valeurs de $\sqrt{a^2 b}$. L'égalité $\sqrt{a}\times\sqrt{b}=\sqrt{ab}$ est pareillement vraie lorsque l'on considère les radicaux dans toute leur généralité ; car si l'on représente par a' et b' les valeurs absolues des radicaux $\sqrt{a}$ et $\sqrt{b}$, le premier radical sera équivalent à l'expression $\pm a'$, le second sera équivalent à $\pm b'$; et les quatre produits qu'on pourra former en combinant de toutes les manières possibles les déterminations des deux radicaux seront tous renfermés dans l'expression $\pm a'b'$, qui donne précisément les deux valeurs du radical $\sqrt{ab}$. La même observation s'applique aussi à l'égalité $\frac{\sqrt{a}}{\sqrt{b}}=\sqrt{\frac{a}{b}}$.

Nous n'insisterons pas davantage sur les observations auxquelles les doubles valeurs des radicaux du second degré pourraient donner lieu, parce que ces observations se trouveront comprises dans celles que nous présenterons plus loin au sujet des radicaux de tous les degrés. D'ailleurs les différentes suppositions qu'on peut établir sur les radicaux du second degré ne sauraient occasioner dans les calculs aucune difficulté sérieuse ; car les erreurs que l'on commettrait ne pouvant porter que sur les signes, il suffit toujours de quelque attention pour les prévenir.

Des carrés et de la racine carrée des polynomes.

176. Pour découvrir la loi suivant laquelle se forme le carré d'un polynome, nous allons faire successivement le carré d'un binome, celui d'un trinome, etc.

On a trouvé précédemment par la multiplication, la formule

$$(a+b)^2 = a^2 + 2ab + b^2.$$

Pour former le carré du trinome $a+b+c$, on peut d'abord considérer $(a+b)$ comme un seul terme ; on trouve ainsi

$$\begin{aligned}(a+b+c)^2 &= (a+b)^2 + 2(a+b)c + c^2 \\ &= a^2 + 2ab + b^2 + 2ac + 2bc + c^2.\end{aligned}$$

On obtient pareillement le carré du polynome $a+b+c+d$, en considérant d'abord $a+b+c$ comme un seul terme ; on a de cette manière

$$\begin{aligned}(a+b+c+d)^2 &= (a+b+c)^2 + 2(a+b+c)d + d^2 \\ &= a^2 + 2ab + b^2 + 2ac + 2bc + c^2 + 2ad + 2bd + 2cd + d^2.\end{aligned}$$

Sans aller plus loin, on peut conclure par analogie, que *le carré d'un polynome est formé du carré du premier terme, plus deux fois le produit du premier terme par le second, plus le carré du second, plus deux fois le produit de chacun des deux premiers termes par le troisième, plus le carré du troisième, et ainsi de suite.*

On peut dire aussi que le carré d'un polynome se compose de la somme des carrés de tous les termes, et du double de la somme des produits deux à deux de ces termes.

177. Supposons maintenant qu'on ait à extraire la racine carrée d'un polynome.

Le polynome proposé devant être le produit de deux facteurs égaux à la racine cherchée, il résulte des remarques que l'on a faites sur la composition d'un produit (n° 73), que si ce polynome et sa racine étaient ordonnés par rapport aux puissances décroissantes d'une même lettre, le premier terme du polynome serait le carré du premier terme de la racine. Par conséquent, si l'on ordonne le polynome proposé, et si l'on extrait la racine carrée du premier terme, on obtiendra le premier terme de la racine. Représentons ce terme par a, désignons par r l'ensemble des autres termes de la racine, et par P le polynome proposé ; on aura

$$P = (a + r)^2 = a^2 + 2ar + r^2.$$

Si l'on retranche du polynome P le carré du premier terme a de la racine, en désignant le reste par R, on aura

$$R = P - a^2 = r \times (2a + r).$$

Puisque les exposants de la lettre principale dans les termes de r sont tous moindres que l'exposant de cette lettre dans a, et puisque le reste R est le produit des deux polynomes r et $2a+r$, le terme de R qui contient la plus haute puissance de la lettre principale doit être égal au produit de $2a$ par le terme de r affecté de la plus haute puissance de la même lettre, lequel est le 2ᵉ terme de la racine. Par conséquent, si l'on divise le 1ᵉʳ terme de R par $2a$, on aura le 2ᵉ terme de la racine. Représentons par b ce 2ᵉ terme, et désignons par r' la somme de tous les autres termes de la racine ; on aura

$$P = (a + b + r')^2 = a^2 + 2ab + b^2 + 2ar' + 2br' + r'^2.$$

Concevons actuellement que l'on retranche de P la quantité $a^2 + 2ab + b^2$, ce qui se réduit à retrancher de R la somme $2ab + b^2$ formée du double produit du 1ᵉʳ terme de la racine par le 2ᵉ et du carré du 2ᵉ terme. En nommant R' le reste, on aura

$$R' = P - (a^2 + 2ab + b^2) = R - (2ab + b^2) = r' \times (2a + 2b + r')\ ;$$

et en raisonnant comme précédemment, on verra que, pour trouver le 3ᵉ terme de la racine, il faudra diviser le 1ᵉʳ terme du reste R' par $2a$.

D'après ces explications, et en observant qu'elles ne changeraient pas si l'on supposait le polynome P et sa racine ordonnés par rapport aux puissances croissantes de la lettre principale, on est conduit à la règle suivante :

Pour extraire la racine carrée d'un polynome P, *ordonnez-le par rapport aux puissances décroissantes ou croissantes d'une lettre ; prenez la racine carrée du* 1ᵉʳ *terme ; vous aurez ainsi le* 1ᵉʳ *terme de la racine. Retranchez le carré de ce terme du polynome* P, *vous obtiendrez un reste* R. *Divisez le* 1ᵉʳ *terme de* R *par le double du* 1er *terme de la racine, vous aurez le* 2e *terme. Retranchez du reste* R *le double produit du* 1er *terme de la racine par le* 2e *et le carré du* 2e, *vous aurez un second reste* R'. *Divisez le* 1er *terme de ce second reste par le double du* 1er *terme de la racine, vous aurez le* 3e *terme. Retranchez de* R' *le double de la somme des deux premiers termes multipliée par le* 3e *et le carré du* 3e *terme; vous aurez un troisième reste* R''. *Divisez le* 1er *terme de ce troisième reste par le double du* 1er *terme de la racine, vous aurez le* 4e *terme; et ainsi de suite.* (Quand on parle des premiers termes des restes R, R', R'', etc., on entend toujours que ces restes sont ordonnés de la même manière que le polynome P.)

On peut remarquer que le 1er terme du premier reste R est toujours le second terme du polynome P; de sorte que les deux premiers termes de ce polynome déterminent immédiatement les deux premiers termes de la racine.

Lorsque le polynome P est un carré, les opérations prescrites par la règle ci-dessus conduisent à un reste nul; car on obtient successivement tous les termes de la racine, et après la soustraction qu'on exécute quand on a obtenu le dernier terme, on a retranché du polynome proposé toutes les parties qui le composent.

Réciproquement : lorsqu'on parvient à un reste nul, le polynome proposé est un carré exact, et l'ensemble des termes qu'on a obtenus est la racine de ce polynome.

178. La règle relative à l'extraction de la racine carrée d'un polynome étant la même que celle qu'on suit pour trouver la racine carrée d'un nombre entier, on dispose le calcul de la même manière : c'est ce qu'on voit dans l'exemple ci-dessous.

$$
\begin{array}{ll|l}
P = & x^6-6ax^5+15a^2x^4-20a^3x^3+15a^4x^2-6a^5x+a^6 & x^3-3ax^2+3a^2x-a^3 \\
 & +6ax^5-9a^2x^4 & 2x^3-3ax^2 \\
\hline
R' = & +6a^2x^4-20a^3x^3+15a^4x^2-6a^5x+a^6 & 2x^3-6ax^2+3a^2x \\
 & -6a^2x^4+18a^3x^3-9a^4x^2 & 2x^3-6ax^2+6a^2x-a^3 \\
\hline
R'' = & -2a^3x^3+6a^4x^2-6a^5x+a^6 & \\
 & +2a^3x^3-6a^4x^2+6a^5x-a^6 & \\
\hline
R''' = & 0 &
\end{array}
$$

Le polynome proposé étant ordonné, on prend la racine carrée du 1er terme x^6; cette racine est le 1er terme x^3 de la racine totale. On retranche du polynome P le carré de x^3; le reste R est le polynome P dans lequel on a effacé le terme x^6 (il est inutile d'écrire ce reste). On divise le 2e terme, $-6ax^5$, de P par le double du 1er terme de la racine, c'est-à-dire par $2x^3$: le quotient est $-3ax^2$. On écrit ce quotient à la racine et à côté de $2x^3$; on multiplie $2x^3-3ax^2$ par $-3ax^2$, et on retranche le produit du reste R; ce qui donne le reste R'. On divise le 1er terme $6a^2x^4$ de R' par $2x^3$: le quotient est $+3a^2x$. On place ce quotient à la racine et à côté du double des deux premiers termes; on multiplie $2x^3-6ax^2+3a^2x$ par $+3a^2x$, et l'on retranche le produit du reste R', ce qui donne le 3e reste R''. On divise le 1er terme $-2a^3x^3$ de R'' par $2x^3$: le quotient est $-a^3$. On écrit $-a^3$ à la racine et à côté du double des trois premiers termes; on multiplie $2x^3-6ax^2+6a^2x-a^3$ par $-a^3$, et l'on retranche le produit de R'', ce qui donne le 4e reste R''', qui est zéro. Il suit de là que la racine du polynome P est $x^3-3ax^2+3a^2x-a^3$.

179. Quand le polynome dont on extrait la racine est ordonné par rapport aux puissances décroissantes de la lettre principale, on est certain que l'opération ne se terminera jamais lorsqu'on est conduit à mettre à la racine un terme où l'exposant de cette lettre est moindre que la moitié de l'exposant de la même lettre dans le dernier terme du polynome. Car, si l'opération se terminait, le polynome proposé serait le carré de la racine qu'on aurait trouvée; et, d'après les observations qu'on a faites sur la composition d'un produit (n° 73), le dernier terme de ce polynome serait le carré du dernier terme de la racine. Par conséquent, l'exposant de la lettre principale dans le dernier terme du polynome serait le double de l'exposant du dernier terme de la racine; ce qui est contre la supposition.

Quand le polynome proposé est ordonné par rapport aux puissances croissantes de la lettre principale, on est certain que l'opération ne se terminera jamais, lorsqu'on est conduit à mettre à la racine un terme où l'exposant de cette lettre surpasse la moitié de l'exposant de la même lettre dans le dernier terme du polynome. Cette règle s'explique de la même manière que la précédente.

180. Lorsqu'un polynome ne contient aucun dénominateur littéral ou numérique, on est certain que ce polynome n'est pas un carré, quand on parvient à un reste dont le premier terme n'est pas exactement divisible par le double du premier terme de la racine. On reconnaît aussi qu'un polynome ordonné par rapport à une lettre n'est pas un carré, lorsque le premier terme et le dernier ne sont pas des carrés. Mais quoique ces assertions semblent être suffisamment justifiées par les explications qui ont été données pour établir la règle relative à l'extraction de la racine carrée, il n'est peut-être pas inutile d'entrer à ce sujet dans quelques détails.

Examinons d'abord le cas où, en prenant la racine d'un polynome qui ne contient pas de dénominateurs et dont le premier terme est un carré, on parvient à un reste dans lequel le premier terme n'est pas divisible exactement par le double du premier terme de la racine. Il est clair que si le polynome avait une racine exacte, cette racine contiendrait des dénominateurs; or on conçoit que le carré d'une quantité fractionnaire ne peut pas être une quantité entière. Cette proposition peut d'ailleurs être démontrée de la même manière que pour les nombres, au moyen des principes sur les facteurs premiers des quantités algébriques que nous ferons connaître dans la suite.

Quand les dénominateurs qu'il faudrait mettre à la racine contiennent la lettre principale, on reconnaît immédiatement que l'opération ne se terminera pas, parce que la racine renfermerait alors des termes dans lesquels les exposants de la lettre principale seraient moindres que la moitié du plus faible exposant de cette lettre dans le polynome proposé.

Supposons maintenant que le premier terme du polynome

ne soit pas un carré. Il est clair que la racine du polynome ne pourra pas être exprimée rationnellement ; mais si l'on prend la racine du premier terme, en l'exprimant au moyen d'un radical, on pourra ensuite continuer les calculs conformément à la règle du n° 177, et il pourra arriver que l'on parvienne ainsi à un reste nul. Dans ce cas le polynome aura une racine composée d'un certain nombre de termes irrationnels. Pour mieux apprécier le caractère de cette racine, représentons le premier terme par $a\sqrt{m}$, a désignant un facteur rationnel et $\sqrt{m}$ étant un radical réduit autant que possible ; le second terme de la racine, qui s'obtient en divisant le second terme du polynome par $2a\sqrt{m}$ sera de la forme $\frac{b}{\sqrt{m}}$ ou $\frac{b\sqrt{m}}{m}$.

La somme des deux premiers termes de la racine revenant à $\left(a+\frac{b}{m}\right)\sqrt{m}$, le carré de cette somme sera rationnel ; par conséquent le reste qu'on obtiendra après avoir soustrait ce carré du polynome sera également rationnel ; et en divisant le premier terme de ce reste par $2a\sqrt{m}$, on obtiendra pour le troisième terme de la racine une quantité de la forme $\frac{c}{\sqrt{m}}$ ou $\frac{c}{m}\sqrt{m}$. On verrait de même que le quatrième terme de la racine doit être d'une forme semblable, et ainsi de suite. Donc, quand on sera parvenu à un reste nul, on aura pour la racine une quantité de la forme $\left(a+\frac{b}{m}+\frac{c}{m}+\text{etc.}\right)\sqrt{m}$, c'est-à-dire le produit d'un polynome rationnel par un facteur irrationnel provenant seulement de la racine carrée du premier terme du polynome.

On peut obtenir cette racine par un calcul plus simple ; car, si l'on multiplie tout le polynome proposé, dont le premier terme est a^2m, par m, on obtiendra un produit dont le premier terme sera un carré ; la racine de ce produit sera $am+b+c+$ etc., et en la divisant par $\sqrt{m}$ on obtiendra la racine du polynome proposé.

Considérons, par exemple, le trinome ax^2+bx+c; le premier terme de ce polynome n'est pas un carré, mais sa racine peut être exprimée par $x\sqrt{a}$. En divisant bx par $2x\sqrt{a}$, on obtient pour le second terme de la racine $\frac{b}{2\sqrt{a}}$; et en retranchant de $bx+c$ le produit de $2x\sqrt{a}+\frac{b}{2\sqrt{a}}$ par $\frac{b}{2\sqrt{a}}$, on obtient le reste $c-\frac{b^2}{4a}$. Le trinome ax^2+bx+c n'est donc pas un carré; mais, si l'on attribuait aux coefficients a, b, c, des valeurs numériques susceptibles de vérifier la relation $c-\frac{b^2}{4a}=0$, ou $b^2=4ac$, ce trinome aurait une racine rationnelle par rapport à x, qui serait $x\sqrt{a}+\frac{b}{2\sqrt{a}}$.

Si l'on multiplie le trinome proposé par a, le produit est $a^2x^2+bax+ca$. En prenant la racine de ce produit, on obtient deux termes dont la somme est $ax+\frac{b}{2}$, et l'on a un reste indépendant de x qui est $ac-\frac{b^2}{4}$. Quand ce reste est nul, c'est-à-dire quand on a $b^2=4ac$, la racine est exacte, et en la divisant par $\sqrt{a}$, on trouve pour la racine de ax^2+bx+c la même valeur que précédemment.

CHAPITRE SIXIÈME.

ÉQUATIONS ET PROBLÈMES DU SECOND DEGRÉ.

Résolution des équations du second degré à une inconnue.

181. D'après la définition que nous avons donnée du degré d'une équation (n° **102**), les équations du second degré à une inconnue sont celles qui, sans renfermer l'inconnue dans les dénominateurs, contiennent cette inconnue élevée au carré, et ne la contiennent pas à une puissance plus haute. Ces équations ne peuvent donc renfermer que trois sortes de termes; savoir : des termes qui contiennent le carré de l'inconnue, des termes qui contiennent l'inconnue sans exposant, et des termes entièrement connus. Par conséquent, si dans une équation du second degré à une seule inconnue x, on réunit dans le premier membre tous les termes en x^2 et en x, et dans le second membre tous les termes indépendants de x, et si l'on fait les réductions, l'équation sera ramenée à cette forme :

$$(1) \qquad ax^2 + bx = c,$$

a, b, c, étant des quantités connues numériques ou littérales.

182. Lorsque l'équation ne renferme pas de termes affectés de la première puissance de l'inconnue, ou lorsque l'on trouve en faisant les réductions que ces termes se détruisent, on a $b = 0$, et l'équation est

$$(2) \qquad ax^2 = c.$$

Pour résoudre cette équation, on divise les deux membres par a ; il vient

$$(3) \qquad x^2 = \frac{c}{a}.$$

Le carré de l'inconnue x devant être égal à la quantité connue $\frac{c}{a}$, on ne pourra prendre pour x que l'une des racines carrées de $\frac{c}{a}$; il faudra donc poser

$$(4) \qquad x = \pm\sqrt{\frac{c}{a}}.$$

On voit par là que l'équation (2) admet deux solutions ; et elle n'en admet que deux, puisqu'une quantité a seulement deux racines carrées (n° 166).

Lorsque le quotient de la division de c par a est positif, la formule (4) détermine pour x deux valeurs réelles. Quand $\frac{c}{a}$ est une quantité négative, les valeurs de x sont imaginaires (n° 166), ce qui marque que l'équation est impossible.

183. On pourrait croire que, pour déduire la valeur de x de l'équation (3), il faut extraire la racine carrée de chaque membre; et que, puisque la racine carrée de x^2 est $-x$ aussi bien que $+x$, on doit écrire, en désignant pour abréger le second membre de l'équation par b, $\pm x = \pm\sqrt{b}$. Mais il faut observer que l'inconnue ayant été représentée simplement par la lettre x sans aucun signe ou avec le signe $+$, c'est la valeur de x que l'on doit chercher, et non pas celle de $-x$. D'ailleurs, si l'on combine de toutes les manières possibles les signes des deux membres dans l'équation $\pm x = \pm\sqrt{b}$, il en résultera ces quatre équations : $+x = +\sqrt{b}$, $+x = -\sqrt{b}$, $-x = +\sqrt{b}$, $-x = -\sqrt{b}$; or les deux dernières se déduisent des deux premières en changeant les signes des deux membres; l'équation $\pm x = \pm\sqrt{b}$ n'exprime donc rien de plus que $x = \pm\sqrt{b}$.

184. Lorsque dans l'équation (1) la quantité toute connue c est nulle, l'équation devient

$$ax^2 + bx = 0,$$

ou, en mettant x en facteur commun,

$$x(ax + b) = 0.$$

On aperçoit immédiatement qu'on vérifie la dernière équation en posant $x = 0$; et on la vérifie aussi en posant $ax+b=0$, d'où $x = -\frac{b}{a}$.

185. Considérons à présent l'équation complète du second degré

$$ax^2 + bx = c.$$

En divisant les deux membres par le coefficient de x^2, et posant pour abréger $\frac{b}{a} = p$, $\frac{c}{a} = q$, on obtient l'équation plus simple

(5) $$x^2 + px = q.$$

Pour ramener la résolution de cette équation à celle d'une équation de la même forme que l'équation (3), on remarque que le premier membre x^2+px peut être considéré comme la somme des deux premiers termes du carré d'un binome dont le premier terme est x, et dont on obtient le second terme en divisant px par $2x$, ce qui donne $\frac{1}{2}p$; de sorte que ce binome est $x+\frac{1}{2}p$. Comme le carré de $x+\frac{1}{2}p$ contient, outre les deux termes x^2+px, le carré de $\frac{1}{2}p$ ou $\frac{1}{4}p^2$, on ajoute $\frac{1}{4}p^2$ aux deux membres de l'équation, afin d'avoir dans le premier membre un carré parfait. L'équation devient ainsi

$$x^2+px+\tfrac{1}{4}p^2=q+\tfrac{1}{4}p^2, \quad \text{ou} \quad (x+\tfrac{1}{2}p)^2=q+\tfrac{1}{4}p^2.$$

D'après ce qui a été dit dans le n° **182**, on obtiendra les solutions de l'équation $(x+\frac{1}{2}p)^2=q+\frac{1}{4}p^2$ en posant

$$x+\tfrac{1}{2}p=\pm\sqrt{q+\tfrac{1}{4}p^2};$$

d'où en transposant le terme $\frac{1}{2}p$,

$$(6) \qquad x = -\tfrac{1}{2}p \pm \sqrt{q + \tfrac{1}{4}p^2}.$$

Il résulte d'ailleurs de ce qui a été dit dans le n° **182**, que les valeurs de x données par cette formule sont les seules qui puissent vérifier l'équation (5).

Ainsi, *dans toute équation du second degré, l'inconnue admet deux valeurs, et elle n'en admet que deux; et lorsque l'équation est ramenée à la forme* $x^2 + px = q$, *on obtient les deux valeurs de l'inconnue, en prenant la moitié du coefficient de la première puissance de* x *en signe contraire, plus et moins la racine carrée de la somme que l'on forme en ajoutant au carré de la moitié de ce coefficient le terme indépendant de* x.

Cette règle et la formule (6) qui en est l'expression algébrique, s'appliquent aux cas particuliers que nous avons précédemment considérés. Quand on suppose $p=0$, la formule (6) devient $x = \pm\sqrt{q}$; quand on suppose $q=0$, la même formule devient $x = -\frac{1}{2}p \pm \sqrt{\frac{1}{4}p^2}$, ce qui donne $x = 0$ et $x = -p$.

Les valeurs d'une inconnue déduites d'une équation du second degré sont appelées les *racines* de l'équation.

186. Comme il importe de se familiariser avec la règle ci-dessus, nous allons l'appliquer à quelques exemples.

1er EXEMPLE. $\dfrac{4}{x-1} + 1 = \dfrac{15}{x+2}$.

L'inconnue entrant dans les dénominateurs, il faut d'abord les faire disparaître; à cet effet, on multiplie tous les termes par le produit $(x-1)(x+2)$. L'équation devient

$$4x + 8 + x^2 + x - 2 = 15x - 15.$$

En transposant les termes et réduisant, on trouve

$$x^2 - 10x = -21;$$

on en conclut alors, d'après la règle,

$$x = 5 \pm \sqrt{25 - 21};$$

d'où, en effectuant les calculs indiqués,

$$x = 7 \quad \text{et} \quad x = 3.$$

2ᵉ Exemple. $3x^2 + 2x = 56$.

On commence par dégager le terme en x^2 de son coefficient, en divisant les deux membres par 3; l'équation devient ainsi

$$x^2 + \tfrac{2}{3}x = \tfrac{56}{3},$$

et la règle donne

$$x = -\tfrac{1}{3} \pm \sqrt{\tfrac{1}{9} + \tfrac{56}{3}}.$$

En effectuant les calculs, on trouve

$$x = 4 \quad \text{et} \quad x = -\tfrac{14}{3}.$$

3ᵉ Exemple. $5x - x^2 = 4$.

Il faut changer les signes des deux membres, afin que le carré de l'inconnue soit affecté du signe $+$. L'équation devient ainsi

$$x^2 - 5x = -4;$$

on en déduit

$$x = \tfrac{5}{2} \pm \sqrt{\tfrac{25}{4} - 4},$$

ce qui conduit à

$$x = 4 \quad \text{et} \quad x = 1.$$

4ᵉ Exemple. $7x^2 - 11x = 23$.

En agissant comme dans le 2ᵉ exemple, on trouve

$$x = \frac{11}{14} \pm \sqrt{\frac{(11)^2}{(14)^2} + \frac{23}{7}}.$$

Pour effectuer les calculs, il faut d'abord réduire au même dénominateur les deux fractions qui sont sous le radical. Or, 14 étant le produit de 7 par 2, $14^2 = 7^2 \times 2^2$; donc, si l'on multiplie les deux termes de la seconde fraction par 4×7, elle aura le même dénominateur que la première. On trouve ainsi

$$x = \frac{11}{14} \pm \sqrt{\frac{765}{(14)^2}},$$

ce qui revient à

$$x = \frac{11 \pm \sqrt{765}}{14}.$$

La racine carrée de 765 ne peut pas s'obtenir exactement ; en la calculant à moins d'un centième, on trouve 27,65 ; il en résulte que les valeurs de x sont, à moins d'un centième,

$$2,76 \quad \text{et} \quad -1,18.$$

Si l'on prend, pour la racine carrée de 765, le nombre 27,66 qui est aussi la valeur approchée de cette racine, à moins d'un centième, on aura pour la racine négative de l'équation $-1,19$, et cette valeur sera approchée à moins de $\frac{1}{1400}$, parce que la division de 27,66 — 11 par 14 se fait sans reste.

5ᵉ Exemple. $x^2 - 3x = -4$. On trouve

$$x = \tfrac{3}{2} \pm \sqrt{\tfrac{9}{4} - 4}, \quad \text{ou} \quad x = \tfrac{3}{2} \pm \sqrt{-\tfrac{7}{4}}.$$

Les racines sont donc imaginaires.

Nous nous sommes bornés dans ces divers exemples à appliquer immédiatement la règle du numéro précédent ; mais on pourrait répéter pour chacun d'eux les raisonnements que nous avons employés à l'égard de l'équation $x^2 + px = q$.

187. Nous allons à présent résoudre quelques problèmes qui conduisent à des équations du second degré.

1ᵉʳ Problème. *Un marchand vend un objet* 11 *louis, et à ce prix, il gagne autant pour cent que l'objet lui a coûté. Quel était le prix d'achat ?*

Soit x le prix que le marchand a payé : le gain qu'il fait sera le quatrième terme de la proportion $100 : x :: x : \frac{x^2}{100}$.

On devra donc avoir

$$x + \frac{x^2}{100} = 11.$$

Les racines de cette équation sont

$$x = 10 \quad \text{et} \quad x = -110.$$

La valeur positive $x = 10$ fait connaître que le prix d'achat est 10 louis. Il est facile de vérifier l'exactitude de cette solution ; car si le marchand gagne 10 pour 110 sur le prix d'achat, il gagnera $\frac{10 \times 10}{100}$ louis, ou 1 louis ; le prix de vente devra donc être 11 louis, ce qui est conforme à l'énoncé.

La valeur négative $x = -110$ est tout-à-fait étrangère à la question ; car si l'on change x en $-x$ dans l'équation, elle devient $\frac{x^2}{100} - x = 11$, et il n'y a aucun changement dans l'acception des quantités connues ou inconnues qui puisse conduire à un énoncé conforme à cette nouvelle équation.

2ᵉ Problème. *Deux marchands vendent du drap à des prix différents ; le premier vend 3 aunes de plus que le second, et les produits qu'ils en tirent forment ensemble* 350 fr. *Le premier marchand dit au second : j'aurais retiré* 125 fr. *du nombre d'aunes que vous avez vendues. Le second répond : et moi j'aurais retiré* 240 fr. *de ce que vous avez vendu. Combien d'aunes chaque marchand a-t-il vendu?*

Désignons par x le nombre d'aunes que le second marchand a vendues, le premier en aura vendu $x + 3$. Celui-ci aurait reçu 125 fr. pour x aunes, donc il recevait pour une aune $\frac{125^{\text{fr.}}}{x}$; et comme il a vendu $x + 3$ aunes, il a retiré de cette vente $\frac{125(x+3)}{x}$. Le second marchand aurait reçu 240 fr. pour $x + 3$ aunes, donc, pour une aune, il recevait $\frac{240}{x+3}$; et comme il a vendu x aunes, il a retiré de sa vente $\frac{240x}{x+3}$. On a donc

$$\frac{240x}{x+3} + \frac{125(x+3)}{x} = 350.$$

Cette équation devient par les réductions

$$x^2 - 20x + 75 = 0;$$

et les racines sont

$$x = 15 \quad \text{et} \quad x = 5.$$

Le problème admet donc deux solutions : suivant l'une, le premier marchand a vendu 15 aunes, et le second en a vendu 18; suivant l'autre solution, le premier marchand a vendu **5 aunes**, et le second en a vendu 8.

3e Problème. *On a acheté plusieurs aunes de drap pour* 540 fr. ; *si l'on avait reçu pour la même somme trois aunes de plus, l'aune aurait coûté* 15 fr. *de moins. Combien a-t-on acheté d'aunes ?*

Désignons par x le nombre cherché, l'aune aura coûté $\frac{540^f}{x}$; si l'acheteur avait eu $x+3$ aunes pour 540 fr., l'aune lui serait revenue à $\frac{540^f}{x+3}$; et puisqu'elle eût alors coûté 15 fr. de moins que dans le premier cas, il faut que l'on ait

$$\frac{540}{x+3} = \frac{540}{x} - 15.$$

En faisant les réductions, on trouve

$$x^2 + 3x = 108;$$

d'où l'on tire

$$x = 9 \quad \text{et} \quad x = -12.$$

La valeur positive $x=9$ satisfait à la question, et il est aisé de le vérifier. Quant à la valeur négative $x=-12$, elle fait connaître que le nombre 12 serait une solution, si l'on modifiait la question de manière qu'elle se traduisît par l'équation

$$\frac{540}{-x+3} = \frac{540}{-x} - 15 \quad \text{ou} \quad \frac{540}{x-3} = \frac{540}{x} + 15.$$

Il faudrait alors énoncer le problème comme il suit :

On a acheté plusieurs aunes de drap pour 540 fr. ; *si pour le même prix on avait eu* 3 *aunes de moins, l'aune aurait coûté* 15 fr. *de plus. Combien a-t-on eu d'aunes ?*

Dans ce cas, les deux valeurs de x seraient $+12$ et -9.

Examen des particularités relatives aux équations du second degré.

188. Lorsqu'une équation du second degré est ramenée à la forme $x^2+px=q$, il peut se présenter pour les signes de p et q les quatre cas suivants : 1°. p et q positifs ; 2°. p négatif et q positif ; 3°. p positif et q négatif ; 4°. p et q négatifs.

Pour rendre ces différentes combinaisons de signes plus manifestes, on peut rapporter les équations du second degré aux quatre équations ci-après :

$$x^2+px=q, \qquad x^2-px=q,$$
$$x^2+px=-q, \quad x^2-px=-q;$$

de cette manière p et q seront toujours des quantités positives. Mais il ne faut pas perdre de vue que chacune des équations ci-dessus comprend toutes les équations du second degré, lorsqu'on n'établit aucune restriction à l'égard des quantités p et q.

Considérons d'abord l'équation

$$(1) \qquad x^2+px=q.$$

Les racines sont données par la formule

$$(2) \qquad x=-\tfrac{1}{2}p\pm\sqrt{\tfrac{1}{4}p^2+q}.$$

La quantité $\frac{1}{4}p^2+q$ est positive, puisqu'elle est la somme de deux quantités positives ; et la racine carrée de cette somme est plus grande que $\frac{1}{2}p$. Donc les deux racines de l'équation (1) sont réelles ; l'une d'elles est positive et l'autre est négative.

Passons à l'équation

$$(3) \qquad x^2-px=q.$$

Les racines de cette équation peuvent se déduire de la formule (2) en y changeant p en $-p$, ce qui donne

$$(4) \qquad x=\tfrac{1}{2}p\pm\sqrt{\tfrac{1}{4}p^2+q}.$$

Le radical étant le même que dans la formule précédente, sa valeur est encore réelle et plus grande que $\frac{1}{2}p$. Par suite les racines sont réelles; l'une est positive et l'autre est négative.

Pour l'équation

$$(5) \qquad x^2 + px = -q$$

les racines peuvent se déduire de la formule (2) en y changeant q en $-q$, ce qui donne

$$(6) \qquad x = -\tfrac{1}{2}p \pm \sqrt{\tfrac{1}{4}p^2 - q}.$$

Lorsque l'on a $q < \frac{1}{4}p^2$, on obtient pour x deux valeurs réelles, et comme la racine carrée de $\frac{1}{4}p^2 - q$ est moindre que $\frac{1}{2}p$, ces valeurs sont toutes deux négatives.

On peut reconnaître à l'inspection de l'équation qu'elle ne saurait être vérifiée par aucune valeur positive de l'inconnue; car pour une semblable valeur, le premier membre étant positif, il ne peut pas être égal au second membre qui est négatif.

Lorsque l'on a $q = \frac{1}{4}p^2$, la formule (6) ne donne pour x qu'une seule valeur, $x = -\frac{1}{2}p$. On dit alors que *les deux racines sont égales*. Dans ce cas l'équation (5) qui est... $x^2 + px = -\frac{1}{4}p^2$, peut être écrite comme il suit :

$$x^2 + px + \tfrac{1}{4}p^2 = 0, \text{ ou } (x + \tfrac{1}{2}p)^2 = 0.$$

Par là il devient manifeste qu'elle n'admet que la seule solution $x = -\frac{1}{2}p$.

Lorsque l'on a $q > \frac{1}{4}p^2$, le radical $\sqrt{\frac{1}{4}p^2 - q}$ est imaginaire, et l'on doit en conclure qu'il n'existe aucune valeur réelle de l'inconnue qui puisse vérifier l'équation.

On peut rendre cette conclusion manifeste dans l'équation en y introduisant la condition $q > \frac{1}{4}p^2$. A cet effet on pose $q = \frac{1}{4}p^2 + r$, r désignant une quantité positive. En substituant cette valeur de q dans l'équation, et faisant passer tous les termes dans le premier membre, il vient

$$x^2 + px + \tfrac{1}{4}p^2 + r = 0, \text{ ou } (x + \tfrac{1}{2}p)^2 + r = 0.$$

Or, pour toute valeur réelle de x, la quantité $(x+\frac{1}{2}p)^2$ est positive, et puisque r est aussi une quantité positive, le premier membre ne peut pas être nul. L'équation ne peut donc être vérifiée par aucune quantité réelle.

Considérons enfin l'équation

$$(7) \qquad x^2 - px = -q.$$

Pour obtenir les racines de cette équation, il suffit de remplacer dans la formule (6) p par $-p$, ce qui donne

$$(8) \qquad x = \frac{1}{2}p \pm \sqrt{\frac{1}{4}p^2 - q}.$$

Lorsque l'on a $q < \frac{1}{4}p^2$, les deux valeurs de x sont réelles, et elles sont toutes deux positives. L'inspection de l'équation fait aussi connaître que les valeurs de l'inconnue ne peuvent pas être négatives.

Quant aux cas où l'on a, dans la formule (8), $q = \frac{1}{4}p^2$, ou $q < \frac{1}{4}p^2$, ils donnent lieu à des observations semblables à celles que nous avons faites en considérant l'équation (5).

189. Il est quelquefois utile de réunir les termes connus et inconnus d'une équation du second degré dans le premier membre, l'équation se présente alors sous la forme

$$(9) \qquad ax^2 + bx + c = 0.$$

Pour obtenir les racines de cette équation, il suffit d'appliquer la règle ordinaire, après avoir divisé les deux membres par a, et transporté le terme connu dans le second membre; on trouve ainsi

$$x = -\frac{b}{2a} \pm \sqrt{\frac{b^2}{4a^2} - \frac{c}{a}},$$

et en réduisant,

$$(10) \qquad x = \frac{-b \pm \sqrt{b^2 - 4ac}}{2a}.$$

On voit par cette formule que suivant que l'on a $b^2 - 4ac > 0$, $b^2 - 4ac = 0$, $b^2 - 4ac < 0$, les racines sont réelles et inégales, égales, ou imaginaires : c'est aussi ce que l'on déduirait de ce qui a été dit dans le numéro précédent. Quant aux signes des racines : si a et c ont des signes contraires, la valeur du radical sera numériquement plus grande que b ; par conséquent les deux racines auront des signes contraires. Si a et c sont des quantités de même signe, la valeur du radical sera numériquement moindre que b; par conséquent les deux racines auront l'une et l'autre le signe de $-\frac{b}{2a}$.

190. Quand on fait dans la formule (10) $a=0$, la première racine $x=\frac{-b+\sqrt{b^2-4ac}}{2a}$ se réduit au symbole $\frac{0}{0}$, et la seconde racine $x=\frac{-b-\sqrt{b^2-4ac}}{2a}$ devient $-\frac{2b}{0}$. Si l'on introduit cette hypothèse dans l'équation, elle devient $bx+c=0$, et elle donne pour l'inconnue une seule valeur finie, $x=-\frac{c}{b}$. Il semblerait donc que la formule (10) n'est pas applicable au cas que nous examinons. Cependant la valeur déterminée que l'on tire de l'équation peut se déduire de l'expression $\frac{-b+\sqrt{b^2-4ac}}{2a}$; car, si l'on multiplie les deux termes de cette fraction par $b+\sqrt{b^2-4ac}$, le numérateur devient $-4ac$; on peut alors supprimer dans les deux termes le facteur $2a$, ce qui réduit la fraction à $\frac{-2c}{b+\sqrt{b^2-4ac}}$; et quand on fait dans celle-ci $a=0$, on obtient $-\frac{c}{b}$.

Quant à la valeur infinie de x, elle fait connaître que, si l'on formait sur les données des suppositions telles que la quantité a s'approchât de plus en plus de zéro, et pût devenir aussi voisine qu'on le voudrait de cette limite, la valeur de x exprimée par $\frac{-b-\sqrt{b^2-4ac}}{2a}$ augmenterait de plus en plus, et pourrait s'élever au-dessus de toute grandeur assignable.

Cette conclusion peut aussi être tirée directement de l'équation. Pour le faire voir, divisons les deux membres par x^2 ; il viendra

$$a + \frac{b}{x} + \frac{c}{x^2} = 0,$$

équation qu'on peut écrire ainsi :

$$(11) \qquad \frac{1}{x}\left(b + \frac{c}{x}\right) = -a.$$

Il est clair que toute valeur de x différente de zéro et de l'infini qui vérifiera l'équation (11), vérifiera aussi l'équation $ax^2 + bx + c = 0$, et la réciproque est également vraie.

Cela posé, concevons que l'on fasse croître x positivement ou négativement, de manière que le signe de $b \times \frac{1}{x}$ soit contraire à celui de a ; à mesure que x augmentera, $\frac{c}{x}$ diminuera, et quand la valeur de x sera très grande, le facteur $b + \frac{c}{x}$ aura une valeur très peu différente de b ; en même temps, le facteur $\frac{1}{x}$ aura une très petite valeur ; donc le premier membre de l'équation (11) aura lui-même une valeur très petite. Nommons α la valeur que prend le premier membre de l'équation (11) lorsqu'on fait $x = \mathcal{C}$, la valeur numérique de $\mathcal{C}$ pouvant être supposée aussi grande qu'on le voudra. Si l'on conçoit que x, sans changer de signe, passe par tous les états de grandeur entre $\mathcal{C}$ et l'infini, le premier membre de l'équation (11) passera nécessairement par tous les états de grandeur entre α et zéro ; de sorte que, si la quantité $-a$ est comprise entre α et zéro, l'équation sera vérifiée par une valeur de x comprise entre $\mathcal{C}$ et l'infini. Donc, pour les valeurs de a qui tendent indéfiniment vers la limite zéro, l'équation admet une racine dont la valeur numérique converge vers l'infini.

On déduit également de l'équation (11) la racine $-\frac{c}{b}$; car, lorsqu'on fait dans cette équation $a=0$, elle est vérifiée en posant $b+\frac{c}{x}=0$, d'où $x=-\frac{c}{b}$.

191. Lorsque l'on suppose à la fois $a=0$ et $b=0$, les deux valeurs de x exprimées par la formule (10) se réduisent l'une et l'autre au symbole $\frac{0}{0}$. D'un autre côté, si l'on introduit dans l'équation les suppositions $a=0$, $b=0$, elle devient $c=0$; par conséquent, elle ne peut être vérifiée par aucune valeur finie de x. La formule (10) conduit à la même conclusion quand on applique à chacune des valeurs qui y sont comprises la transformation dont nous avons fait usage dans le numéro précédent : la première valeur $x=\frac{-b+\sqrt{b^2-4ac}}{2a}$ devenant, comme on l'a vu, $\frac{-2c}{b+\sqrt{b^2-4ac}}$, on trouve en faisant $a=0$, $b=0$, qu'elle se réduit à $-\frac{2c}{0}$; la seconde valeur $x=\frac{-b-\sqrt{b^2-4ac}}{2a}$ devient $\frac{-2c}{b-\sqrt{b^2-4ac}}$, et en faisant dans la dernière fraction $a=0$, $b=0$, on obtient aussi $-\frac{2c}{0}$.

192. Lorsque l'on a en même temps $a=0$, $b=0$, $c=0$, l'équation (9) devient une identité ; ainsi les valeurs de l'inconnne sont complétement indéterminées. Si l'on introduit ces suppositions dans les expressions générales des valeurs de x transformées comme ci-dessus, elles donnent l'une et l'autre $x=\frac{0}{0}$.

Décomposition du trinome $x^2 + px + q$ *en deux facteurs du premier degré. — Propriétés des racines de l'équation* $x^2 + px + q = 0$.

193. L'existence de deux solutions pour une équation du second degré, tandis qu'une équation du premier degré n'en a généralement qu'une seule, est un fait digne de fixer l'attention. On a vu que ce fait tient à ce que la racine carrée d'une quantité a deux valeurs ; mais on peut aussi l'expliquer par d'autres considérations qui se reproduiront d'une manière plus générale dans la théorie des équations de tous les degrés.

Reprenons l'équation

$$(1) \qquad x^2 + px + q = 0.$$

Afin de compléter dans le premier membre le carré dont les deux premiers termes sont $x^2 + px$, ajoutons à ces termes $\frac{1}{4}p^2$, et retranchons ensuite la même quantité, pour ne rien changer à l'équation Le premier membre sera alors exprimé comme il suit :

$$x^2 + px + \tfrac{1}{4}p^2 - \tfrac{1}{4}p^2 + q.$$

Cette dernière expression peut être écrite ainsi :

$$(2) \qquad (x + \tfrac{1}{2}p)^2 - (\tfrac{1}{4}p^2 - q).$$

D'ailleurs on sait que la différence des carrés de deux quantités est égale au produit de la somme de ces quantités par leur différence. L'expression (2) équivaut donc à la suivante :

$$(3) \qquad \left(x + \tfrac{1}{2}p + \sqrt{\tfrac{1}{4}p^2 - q}\right)\left(x + \tfrac{1}{2}p - \sqrt{\tfrac{1}{4}p^2 - q}\right).$$

Il suit de là que l'équation (1) peut être mise sous cette forme

$$\left(x + \tfrac{1}{2}p + \sqrt{\tfrac{1}{4}p^2 - q}\right)\left(x + \tfrac{1}{2}p - \sqrt{\tfrac{1}{4}p^2 - q}\right) = 0.$$

Or il est clair que, pour qu'un produit devienne nul, il suffit et il faut qu'un de ses facteurs soit égal à zéro. On obtiendra donc les valeurs de l'inconnue x, en résolvant les deux équations du premier degré

$$x+\tfrac{1}{2}p+\sqrt{\tfrac{1}{4}p^2-q}=0, \quad x+\tfrac{1}{2}p-\sqrt{\tfrac{1}{4}p^2-q}=0;$$

ce qui donne les solutions qu'on a trouvées précédemment, savoir :

$$x=-\tfrac{1}{2}p-\sqrt{\tfrac{1}{4}p^2-q}, \quad x=-\tfrac{1}{2}p+\sqrt{\tfrac{1}{4}p^2-q}.$$

De cette manière on voit encore, comme dans le n° **185**, que l'équation du second degré n'admet pas plus de deux solutions.

194. Les calculs que nous venons d'exposer prouvent en outre cette proposition, qui est d'un usage fréquent.

Le trinome x^2+px+q *est le produit de deux facteurs du premier degré par rapport à* x, *que l'on forme en retranchant de* x *chacune des racines de l'équation* $x^2+px+q=0$.

195. Pour que le trinome x^2+px+q puisse être considéré comme la différence de deux carrés, il faut que la quantité $\tfrac{1}{4}p^2-q$ soit positive. Lorsque cette quantité est nulle, on a $q=\tfrac{1}{4}p^2$, et le trinome est $x^2+px+\tfrac{1}{4}p^2$, ou $(x+\tfrac{1}{2}p)(x+\tfrac{1}{2}p)$; ce qui s'accorde avec la proposition ci-dessus, puisque, dans ce cas, les deux racines de l'équation $x^2+px+q=0$ sont égales l'une et l'autre à $-\tfrac{1}{2}p$ (n° **188**). Lorsque la quantité $\tfrac{1}{4}p^2-q$ est négative, le trinome x^2+px+q peut être mis sous la forme $(x+\tfrac{1}{2}p)^2+r$, r étant une quantité positive égale à la valeur absolue de $\tfrac{1}{4}p^2-q$ (n° **188**); si l'on voulait le décomposer en facteurs, comme on le voit dans l'expression (3), on n'obtiendrait que des facteurs imaginaires.

196. Voici des exemples relatifs aux diverses transformations des trinomes du second degré.

1er Exemple. $x^2-7x+10$.

En posant l'équation $x^2-7x+10=0$, on trouve pour les racines $x=5$ et $x=2$. On en conclut l'égalité qui suit :

$$x^2-7x+10=(x-2)(x-5).$$

2e Exemple. $3x^2 - 5x - 2$.

En égalant ce trinome à zéro, après l'avoir divisé par 3, on obtient l'équation $x^2 - \frac{5}{3}x - \frac{2}{3} = 0$; les racines de cette équation étant $x = 2$ et $x = -\frac{1}{3}$, on en conclut que

$$3x^2 - 5x - 2 = 3(x-2)(x+\tfrac{1}{3}) = (x-2)(3x+1).$$

3e Exemple. $x^2 + 5x + 3$.

En opérant comme dans le premier exemple, on trouve

$$x^2 + 5x + 3 = (x + \tfrac{5}{2} - \tfrac{1}{2}\sqrt{13})(x + \tfrac{5}{2} + \tfrac{1}{2}\sqrt{13}).$$

4e Exemple. $4x^2 - 4x + 1$.

Les racines de l'équation $x^2 - x + \frac{1}{4} = 0$ étant toutes deux égales à $\frac{1}{2}$, on en conclut que

$$4x^2 - 4x + 1 = 4(x - \tfrac{1}{2})^2 = (2x-1)^2.$$

5e Exemple. $x^2 - 5x + 7$.

Les racines de l'équation $x^2 - 5x + 7 = 0$ sont $x = \frac{5}{2} \pm \sqrt{-\frac{3}{4}}$. On en conclut que

$$x^2 - 5x + 7 = (x - \tfrac{5}{2})^2 + \tfrac{3}{4}.$$

On peut aisément vérifier *à posteriori* toutes les égalités que nous avons obtenues dans ces exemples. On parvient aussi directement à ces égalités par des opérations analogues à celles qu'on a exécutées dans le n° **193**.

197. Les transformations précédentes sont principalement utiles quand on veut connaître les valeurs de x qui rendent un trinome du second degré positif ou négatif. Supposons, par exemple, que l'on demande quelles valeurs il faut donner à x pour que le trinome $x^2 - 7x + 10$ soit positif. Ce trinome étant égal à $(x-2)(x-5)$, il faudra, pour qu'il soit positif, que les facteurs $x-2$ et $x-5$ soient tous deux positifs ou tous deux négatifs. Il en résulte que l'on peut donner à x toutes les valeurs, à l'exception de celles qui sont comprises entre 2 et 5. Lorsque le trinome proposé est un carré, il est positif pour toutes les valeurs positives et négatives de x, et il peut passer par tous les états de grandeur entre zéro et l'infini. Lorsque le trinome peut être mis sous la forme $(x+\frac{1}{2}p)^2+r$, la quantité r étant positive, ce trinome est encore positif pour toutes les valeurs positives et négatives de x, et il peut passer par tous les états de grandeur compris entre r et l'infini; mais il ne peut prendre aucune valeur inférieure à r.

198. En nommant x' et x'' les racines de l'équation $x^2+px+q=0$, on a, par la proposition du nº **194**,

$$x^2+px+q=(x-x')(x-x'').$$

En effectuant la multiplication de $x-x'$ par $x-x''$, il vient

$$x^2+px+q=x^2-(x'+x'')x+x'x'';$$

comme cette dernière égalité a lieu quelle que soit la valeur de x, il s'ensuit que l'on a

$$x'+x''=-p,\quad x'x''=q.$$

Ainsi, *dans une équation du second degré ramenée à la forme* $x^2+px+q=0$, *la somme des deux racines est égale au coefficient de la première puissance de* x *pris en signe contraire, et le produit des racines est égal au terme indépendant de* x.

On peut aussi parvenir immédiatement à ces conséquences, au moyen des expressions connues des racines, savoir :

$$x'=-\tfrac{1}{2}p+\sqrt{\tfrac{1}{4}p^2-q},\quad x''=-\tfrac{1}{2}p-\sqrt{\tfrac{1}{4}p^2-q}.$$

On déduit de là le moyen de connaître, à l'inspection d'une équation du second degré, quels sont les signes de ses racines. Si le terme indépendant de l'inconnue, qui est le produit des racines, est négatif, les racines doivent avoir des signes contraires; et puisque leur somme doit être égale au coefficient de la première puissance de x, il faut que la racine qui a la plus grande valeur numérique soit affectée du signe contraire à celui de ce coefficient. Quand le terme indépendant de l'inconnue est positif, les racines, si elles sont réelles, doivent avoir le même signe, et leur signe doit être contraire à celui du coefficient de la première puissance de x. Ces conséquences s'accordent avec ce qu'on a vu dans le n° 188.

199. Proposons-nous maintenant cette question que l'on rencontre assez souvent.

Trouver deux nombres dont la somme soit égale à un nombre donné p, *et dont le produit soit égal à un autre nombre donné* q.

D'après les relations que nous venons de reconnaître entre les coefficients de l'équation du second degré et les racines, les nombres demandés seront les racines de l'équation $x^2 - px + q = 0$.

On peut aussi parvenir directement à cette équation; car si l'on représente l'un des deux nombres par x, l'autre sera $p - x$, et l'on devra avoir

$$x(p-x) = q, \quad \text{d'où} \quad x^2 - px + q = 0.$$

Cette équation donne

$$x = \tfrac{1}{2}p \pm \sqrt{\tfrac{1}{4}p^2 - q};$$

et l'on en conclut

$$p - x = \tfrac{1}{2}p \mp \sqrt{\tfrac{1}{4}p^2 - q}.$$

On voit que les deux valeurs de x donnent les deux nombres demandés. On pouvait d'ailleurs prévoir qu'il en serait ainsi, puisque x ne désigne pas plutôt l'un de ces nombres que l'autre.

Pour que la question soit possible, il est nécessaire que l'on ait $q < \frac{1}{4}p^2$ ou $q = \frac{1}{4}p^2$. Si l'on avait $q > \frac{1}{4}p^2$, les valeurs de x seraient imaginaires.

Il suit de là que *le plus grand produit qu'on puisse former avec deux nombres qui doivent donner une somme connue* p, *est le carré de la moitié de cette somme.*

La démonstration de ce théorème peut encore être faite comme il suit. En représentant l'un des deux nombres par $\frac{1}{2}p + z$, l'autre sera $\frac{1}{2}p - z$, et le produit de ces nombres sera $\frac{1}{4}p^2 - z^2$; or, la quantité $\frac{1}{4}p^2 - z^2$ ne peut jamais être plus grande que $\frac{1}{4}p^2$, et elle n'est égale à $\frac{1}{4}p^2$ que lorsqu'on suppose $z = 0$, auquel cas les deux nombres sont égaux l'un et l'autre à $\frac{1}{2}p$. On voit en outre, par cette explication, que si les deux facteurs variaient, le produit varierait et s'approcherait d'autant plus de la limite $\frac{1}{4}p^2$ que la différence des facteurs serait plus petite.

Des équations trinomes réductibles au second degré. — Réduction de l'expression $\sqrt{a + \sqrt{b}}$ *à la forme* $\sqrt{p} + \sqrt{q}$.

200. Une équation du quatrième degré qui ne contient ni la troisième puissance de l'inconnue, ni la première, peut toujours être ramenée à la forme

$$(1) \qquad z^4 + pz^2 + q = 0.$$

Si l'on pose $z^2 = y$, il vient

$$(2) \qquad y^2 + py + q = 0.$$

On tire de cette dernière équation

$$(3) \qquad y = -\frac{p}{2} \pm \sqrt{\frac{p^2}{4} - q}\,;$$

et, d'après la relation $z^2 = y$, on voit que toutes les racines de l'équation (1) sont comprises dans la formule

$$(4) \qquad z = \pm \sqrt{-\tfrac{1}{2}p \pm \sqrt{\tfrac{1}{4}p^2 - q}}.$$

On obtient ainsi pour l'inconnue z quatre valeurs qui sont deux à deux égales et de signes contraires.

Quand les valeurs de y données par la formule (3) sont réelles et positives, les quatre valeurs de z sont réelles. Quand une des valeurs de y est négative, l'autre étant positive, deux des valeurs de z sont imaginaires, et les deux autres sont réelles. Enfin, lorsque les deux valeurs de y sont négatives ou imaginaires, les quatre valeurs de z sont imaginaires.

201. Considérons encore l'équation trinome

$$(5) \qquad z^{2m} + pz^m + q = 0;$$

m désignant un nombre entier positif quelconque.

Si l'on pose $z^m = y$, il vient $y^2 + py + q = 0$; d'où

$$y = -\tfrac{1}{2}p \pm \sqrt{\tfrac{1}{4}p^2 - q}.$$

On vérifiera donc l'équation (5) en posant

$$(6) \qquad z = \sqrt[m]{-\tfrac{1}{2}p \pm \sqrt{\tfrac{1}{4}p^2 - q}}.$$

Quand m est un nombre pair, chaque valeur positive de y fournit pour z deux valeurs réelles de signes contraires, les valeurs négatives de y ne fournissent pour z aucune valeur réelle. Quand m est un nombre impair, chaque valeur réelle de y, positive ou négative, fournit une valeur réelle pour z, et n'en fournit qu'une seule.

On verra dans la suite que les équations représentées par la formule (5) admettent, outre les racines qu'on obtient par les règles relatives au second degré, d'autres racines qui sont toutes imaginaires. Mais nous n'avons ici en vue que les questions pour lesquelles il suffit d'avoir égard aux racines réelles; et sous ce rapport, la résolution de l'équation, telle que nous venons de la présenter, est complète.

202. Les racines d'une équation du quatrième degré réductible au second se présentent ordinairement sous la forme $\sqrt{a \pm \sqrt{b}}$, a et b désignant des quantités commensurables, et $\sqrt{b}$ étant incommensurable. Or, le carré de l'expression $\sqrt{p} \pm \sqrt{q}$ étant $p + q \pm 2\sqrt{pq}$, ce carré est composé, comme l'expression $a \pm \sqrt{b}$, d'une partie rationnelle et d'une partie irrationnelle. Par conséquent, la racine carrée d'une quantité de la forme $a \pm \sqrt{b}$ peut être quelquefois exprimée par la somme de deux radicaux du second degré.

Pour reconnaître dans quel cas cette réduction est possible, et comment on peut alors trouver l'expression simplifiée de la racine, posons l'équation

$$(7) \qquad \sqrt{a+\sqrt{b}} = \sqrt{x} + \sqrt{y},$$

x et y étant des quantités inconnues pour lesquelles il s'agit d'obtenir des valeurs commensurables.

Si l'on élève les deux membres au carré, on trouve

$$a+\sqrt{b} = x+y+2\sqrt{xy}, \quad \text{d'où} \quad 2\sqrt{xy} = a-x-y+\sqrt{b};$$

en élevant de nouveau les deux membres au carré, il vient

$$4xy = (a-x-y)^2 + b + 2(a-x-y)\sqrt{b}.$$

Comme le premier membre de la dernière équation est une quantité commensurable, puisque x et y doivent être commensurables, il faut que le second membre soit aussi commensurable, ce qui exige que l'on ait

$$a - x - y = 0, \quad \text{d'où} \quad x + y = a.$$

L'équation ci-dessus se réduit alors à

$$4xy = b; \quad \text{d'où} \quad xy = \tfrac{1}{4}b.$$

Il suit de là que les valeurs de x et de y sont les deux racines de l'équation $z^2 - az + \frac{1}{4}b = 0$ (n° **199**) ; donc

$$x = \frac{a+\sqrt{a^2-b}}{2}, \quad y = \frac{a-\sqrt{a^2-b}}{2}.$$

Pour que ces valeurs soient commensurables, il faut que la quantité a^2-b soit un carré parfait. Quand cette condition sera remplie, et seulement dans ce cas, la réduction demandée sera possible. Alors on trouvera, en reportant dans l'équation (7) les valeurs ci-dessus de x et de y,

$$(8) \qquad \sqrt{a+\sqrt{b}} = \sqrt{\frac{a+\sqrt{a^2-b}}{2}} + \sqrt{\frac{a-\sqrt{a^2-b}}{2}}.$$

On aurait obtenu les mêmes valeurs de x et de y, si, au lieu de l'équation (7), on avait considéré l'équation.... $\sqrt{a-\sqrt{b}}=\sqrt{x}-\sqrt{y}$; ainsi, à la formule (8), on peut joindre la suivante :

$$(9) \quad \sqrt{a-\sqrt{b}}=\sqrt{\frac{a+\sqrt{a^2-b}}{2}}-\sqrt{\frac{a-\sqrt{a^2-b}}{2}}.$$

Prenons pour exemple l'expression $\sqrt{2+\sqrt{3}}$. On a $a=2$, $b=3$, $a^2-b=1$, et la formule (8) donne

$$\sqrt{2+\sqrt{3}}=\sqrt{\tfrac{3}{2}}+\sqrt{\tfrac{1}{2}}.$$

Soit encore l'expression $\sqrt{11-6\sqrt{2}}$. On a $a=11$, $b=6^2\times 2=72$, $a^2-b=49=7^2$, et en mettant ces valeurs dans la formule (9), on trouve

$$\sqrt{11-6\sqrt{2}}=3-\sqrt{2}.$$

203. Lorsque la quantité a^2-b n'est pas un carré, les égalités (8) et (9) ne cessent pas d'être vraies; car l'équation (7) doit être vérifiée par les valeurs de x et de y, qui en ont été déduites, quels que soient a et b. On peut d'ailleurs reconnaître *à posteriori* que ces égalités (8) et (9) ne comportent pas de restriction; car en élevant chaque membre au carré, on parvient à des identités. Mais quand la quantité a^2-b n'est pas un carré, les radicaux contenus dans les seconds membres ne se simplifient point, et les formules (8) et (9) ne sont plus d'aucune utilité. D'ailleurs il est à remarquer que, si l'on a pu tirer de l'équation (7) des valeurs déterminées des deux inconnues x et y, c'est parce qu'on a joint à cette équation la condition que ces valeurs devaient être commensurables; de sorte que, si cette condition était écartée, l'équation (7) admettrait une infinité de solutions.

Ces observations montrent que l'on pourrait attribuer à a et b des valeurs négatives, sans que les égalités (8) et (9) cessassent d'être vraies. Mais le cas où b est négatif appartient au calcul des radicaux imaginaires, dont il sera parlé plus loin. Quant au cas où, b étant positif, a est négatif, il faut, pour que l'expression $\sqrt{a+\sqrt{b}}$ soit réelle, que l'on ait $a^2 < b$; or, dans cette hypothèse, $\sqrt{a^2-b}$ est imaginaire, de sorte que l'équation (7) ne peut pas être vérifiée par des valeurs rationnelles de x et de y.

Élimination d'une inconnue entre deux équations du second degré.

204. L'élimination d'une ou de plusieurs inconnues entre des équations du premier degré prises avec une seule équation du second degré n'offre aucune difficulté, et l'on en verra des exemples dans les problèmes qui vont suivre. Nous nous occuperons seulement de l'élimination d'une inconnue entre deux équations du second degré à deux inconnues.

La forme la plus générale d'une équation du second degré à deux inconnues x et y est celle-ci :

$$(1) \qquad ay^2 + bxy + cx^2 + dy + ex = f.$$

Supposons qu'avec cette équation on ait la suivante :

$$(2) \qquad a'y^2 + b'xy + c'x^2 + d'y + e'x = f',$$

et qu'on veuille trouver les solutions communes à ces deux équations.

On pourrait tirer de l'une des équations la valeur de y exprimée en fonction de x, et la substituer dans l'autre équation; mais comme on aurait alors l'inconnue x sous un radical qu'il faudrait faire disparaître, il est plus simple d'employer le procédé suivant.

En multipliant les deux membres de l'équation (1) par a', ceux de l'équation (2) par a, et retranchant ensuite la seconde équation de la première, on obtient une troisième équation que nous représenterons, pour abréger, par

$$(3) \qquad myx + nx^2 + py + qx = r.$$

On peut alors considérer, au lieu du système des équations (1) et (2), celui des équations (1) et (3).

L'équation (3) donne

$$(4) \qquad y = \frac{r - nx^2 - qx}{mx + p};$$

la substitution de cette valeur de y dans l'équation (1) conduit à l'équation

$$a\frac{(r - nx^2 - qx)^2}{(mx + p)^2} + (bx + d)\frac{r - nx^2 - qx}{mx + p} + cx^2 + ex = f,$$

et en chassant les dénominateurs, il vient

$$(5) \qquad a(r - nx^2 - qx)^2 + (bx + d)(mx + p)(r - nx^2 - qx) \\ + (cx^2 + ex - f)(mx + p)^2 = 0.$$

Il faudra donc résoudre cette dernière équation qui sera généralement une équation complète du quatrième degré.

On a déjà vu qu'une équation du quatrième degré peut avoir quatre racines (nº 200) ; on verra dans la suite qu'elle en a toujours quatre, réelles ou imaginaires, et qu'elle ne peut en admettre davantage. D'ailleurs, pour chaque valeur de x, l'équation (4) donne une valeur correspondante de y, et elle n'en donne qu'une. Le système des équations (1) et (2) admettra donc généralement quatre solutions, et il ne pourra en admettre davantage.

PROBLÈMES.

4ᵉ Problème. *Partager un nombre donné* a *en deux parties telles que leurs carrés soient dans le rapport de* m *à* 1.

Désignons par x l'une des parties ; l'équation du problème sera

$$(1) \qquad \frac{x^2}{(a - x)^2} = m.$$

Si l'on développe les calculs, afin de ramener cette équation à la forme $x^2 + px = q$, pour la résoudre ensuite par les règles connues, on trouve

$$(1-m)x^2+2amx=ma^2,\quad x^2+\frac{2am}{1-m}x=\frac{ma^2}{1-m},$$

$$x=-\frac{am}{1-m}\pm\sqrt{\frac{a^2m^2}{(1-m)^2}+\frac{a^2m}{1-m}}=-\frac{am}{1-m}\pm\frac{\sqrt{a^2m^2+a^2m(1-m)}}{1-m},$$

$$(2)\qquad x=\frac{-am\pm a\sqrt{m}}{1-m}.$$

On peut résoudre l'équation (1) d'une manière plus simple ; car en prenant la racine carrée de chaque membre, on trouve

$$\frac{x}{a-x}=\pm\sqrt{m},$$

cette dernière équation donne

$$x=\pm(a-x)\sqrt{m},\quad x(1\pm\sqrt{m})=\pm a\sqrt{m},$$

$$(3)\qquad x=\frac{\pm a\sqrt{m}}{1\pm\sqrt{m}}.$$

Les valeurs de x exprimées par la formule (3) sont plus simples que celles qu'on a trouvées d'abord ; mais il est facile de passer de la formule (2) à la formule (3). En effet, on a $m=\sqrt{m}\times\sqrt{m}$, et $1-m=1-(\sqrt{m})^2=(1+\sqrt{m})(1-\sqrt{m})$; la formule (2) peut donc s'écrire ainsi :

$$x=\frac{-a\sqrt{m}\times\sqrt{m}\pm a\sqrt{m}}{(1+\sqrt{m})(1-\sqrt{m})},\ \text{ou}\ x=\frac{-a\sqrt{m}(\sqrt{m}\mp1)}{(1+\sqrt{m})(1-\sqrt{m})}.$$

Quand on prend le signe inférieur, on peut diviser les deux termes de la valeur de x par $1+\sqrt{m}$, et l'on obtient

$$(4)\qquad x=\frac{-a\sqrt{m}}{1-\sqrt{m}}.$$

Quand on prend le signe supérieur, on peut diviser les deux termes de la valeur de x par $1-\sqrt{m}$; et en observant que le quotient de $\sqrt{m}-1$ par $1-\sqrt{m}$ est -1, on trouve

$$(5)\qquad x=\frac{a\sqrt{m}}{1+\sqrt{m}}.$$

Les valeurs de x déterminées par les formules (4) et (5) ne sont autres que celles que donne la formule (3).

Lorsqu'on prend la valeur (5) de x, les deux parties sont

$$x=\frac{a\sqrt{m}}{1+\sqrt{m}},\quad a-x=a-\frac{a\sqrt{m}}{1+\sqrt{m}}=\frac{a}{1+\sqrt{m}};$$

elles sont donc toutes deux positives, et plus petites que le nombre proposé. Quand on suppose $m=1$, les valeurs de x et de $a-x$ deviennent égales ; c'est ce qu'on pouvait prévoir d'après l'énoncé.

Lorsqu'on prend la valeur (4) de x, les deux parties sont

$$x=\frac{-a\sqrt{m}}{1-\sqrt{m}},\ \text{et}\ a-x=a+\frac{a\sqrt{m}}{1-\sqrt{m}}=\frac{a}{1-\sqrt{m}};$$

comme elles ont des signes contraires, le nombre a est la différence de leurs valeurs absolues. Quand on suppose $m=1$, ces deux parties deviennent infinies ; et en effet, il est impossible de trouver deux nombres tels que leur différence soit égale au nombre donné a, et que le rapport de leurs carrés soit égal à l'unité.

Quand on fait $m=1$ dans la valeur de x exprimée par $\frac{-am+a\sqrt{m}}{1-m}$, cette valeur se réduit à la forme indéterminée $\frac{0}{0}$. Ce résultat est dû au facteur $1-\sqrt{m}$, qui est contenu dans les deux termes, et qu'on a supprimé pour arriver à la formule (5).

Le problème que nous venons de résoudre correspond à cette question qui a été traitée par Clairaut : *Trouver sur la ligne qui joint deux lumières d'intensités inégales, le point où ces deux lumières éclairent également.* Il correspond encore à cette autre question : *Trouver sur la ligne qui joint les centres de deux masses inégales, le point qui est également attiré par ces masses.* Le nombre m est alors le rapport des intensités des lumières, ou celui des masses.

5e Problème. *Trouver deux nombres tels que la différence de leurs produits par les nombres respectifs* a *et* b, *soit égale à un nombre donné* s, *et que la différence de leurs carrés soit égale à un autre nombre donné* q.

Soient x et y les nombres cherchés ; les équations du problème seront

$$ax - by = s, \quad x^2 - y^2 = q.$$

La première équation donne $y = \frac{ax - s}{b}$; la substitution de cette valeur dans la seconde équation conduit à

$$(a^2 - b^2)x^2 - 2asx = - s^2 - b^2q ;$$

on tire de là

$$x = \frac{as \pm b\sqrt{s^2 - q(a^2 - b^2)}}{a^2 - b^2};$$

et en reportant cette valeur de x dans la valeur de y tirée de la première équation, on trouve

$$y = \frac{bs \pm a\sqrt{s^2 - q(a^2 - b^2)}}{a^2 - b^2}.$$

Ainsi, la question admet les deux solutions suivantes :

1°. $x = \frac{as + b\sqrt{s^2 - q(a^2 - b^2)}}{a^2 - b^2}$, $y = \frac{bs + a\sqrt{s^2 - q(a^2 - b^2)}}{a^2 - b^2}$;

2°. $x = \frac{as - b\sqrt{s^2 - q(a^2 - b^2)}}{a^2 - b^2}$, $y = \frac{bs - a\sqrt{s^2 - q(a^2 - b^2)}}{a^2 - b^2}$.

Discussion. Nous distinguerons trois cas, savoir :

$$a > b, \quad a = b, \quad a < b.$$

1er *Cas.* $a > b$. Pour que les valeurs de x et de y soient réelles, il faut qu'on ait $s^2 > q(a^2 - b^2)$.

Dans la première solution, les valeurs de x et de y sont positives. Dans la seconde solution, la valeur de x est aussi positive, car on a $as > bs$, et par conséquent............. $as > b\sqrt{s^2 - q(a^2 - b^2)}$; mais la valeur de y n'est positive qu'autant qu'on a $bs > a\sqrt{s^2 - q(a^2 - b^2)}$, ce qui revient à $b^2s^2 > a^2s^2 - a^2q(a^2 - b^2)$, d'où $(a^2 - b^2)s^2 < a^2q(a^2 - b^2)$, et enfin, $s^2 < a^2q$.

Si, avec les deux conditions $a > b$, $s^2 > q(a^2 - b^2)$, on a $s^2 = a^2q$, la valeur de y, dans la seconde solution, est nulle; et si l'on a $s^2 > a^2q$, la valeur de y est négative.

Quand on a $a > b$ et $s^2 = q(a^2 - b^2)$, les deux solutions n'en font qu'une seule, et les valeurs des inconnues sont positives.

Quand on a $s^2 < q(a^2 - b^2)$, les valeurs des inconnues sont imaginaires.

2e *Cas.* $a < b$. Comme la quantité $a^2 - b^2$ est alors négative, les valeurs ci-dessus de x et de y sont toujours réelles. Pour examiner dans quels cas elles sont positives ou négatives, il faut les écrire comme il suit :

$$1^o.\ x = \frac{-as - b\sqrt{s^2 + q(b^2 - a^2)}}{b^2 - a^2},\quad y = \frac{-bs - a\sqrt{s^2 + q(b^2 - a^2)}}{b^2 - a^2};$$

$$2^o.\ x = \frac{-as + b\sqrt{s^2 + q(b^2 - a^2)}}{b^2 - a^2},\quad y = \frac{-bs + a\sqrt{s^2 + q(b^2 - a^2)}}{b^2 - a^2}.$$

On voit alors que, dans la première solution, x et y sont négatifs. Dans la seconde solution, x est toujours positif, car on a $b\sqrt{s^2 + q(b^2 - a^2)} > bs > as$. Quant à la valeur de y, on trouve qu'elle est positive, nulle ou négative, selon qu'on a $s^2 < a^2q$, $s^2 = a^2q$, $s^2 > a^2q$.

2e *Cas.* $a = b$. La première solution donne pour x et y des valeurs infinies qui ne peuvent pas convenir au problème; et dans la seconde solution, les valeurs des inconnues se présentent sous la forme $\frac{0}{0}$. Pour obtenir la véritable solution de la question, il suffit d'introduire dans les équations proposées l'hypothèse $a = b$; elles deviennent

$$x - y = \frac{s}{a} \quad \text{et} \quad x^2 - y^2 = q;$$

on en déduit aisément $x+y=\frac{aq}{s}$, et par suite

$$x=\frac{a^2q+s^2}{2as} \quad y=\frac{a^2q-s^2}{2as}.$$

Ces valeurs sont toujours réelles. La valeur de x est positive ; celle de y est positive, nulle ou négative, selon qu'on a $s^2<a^2q$, $s^2=a^2q$, $s^2>a^2q$.

On aurait pu tirer les valeurs de x et de y relatives au cas de $a=b$ des formules générales du problème, en exécutant des transformations semblables à celle qui a été employée dans le n° **190**; mais il était plus simple de calculer ces valeurs comme nous l'avons fait.

Toute la discussion que nous venons d'établir est résumée dans le tableau suivant :

$a>b$	$s^2>q(a^2-b^2)$	1re *solution*. x et y sont positifs.	
		2e *solution*. x est positif........	$s^2<a^2q$, y est positif.
			$s^2=a^2q$, y est nul.
			$s^2>a^2q$, y est négatif.
	$s^2=q(a^2-b^2)$	*Une seule solution*. x et y sont positifs.	
	$s^2<q(a^2-b^2)$	*Pas de solution*.	
$a<b$	....	1re *solution*. x et y sont négatifs.	
	....	2e *solution*. x est positif........	$s^2<a^2q$, y est positif.
			$s^2=a^2q$, y est nul.
			$s^2>a^2q$, y est négatif.
$a=b$	....	*Une seule solution*. x est positif..	$s^2<a^2q$, y est positif.
			$s^2=a^2q$, y est nul.
			$s^2>a^2q$, y est négatif.

6e Problème. *Trouver les termes d'une proportion par quotient, connaissant la somme* a *des extrêmes, la somme* b *des moyens, et la différence* s² *entre la somme des carrés des deux premiers termes et la somme des carrés des deux autres.*

Désignons par x et y les deux termes du premier rapport ; les termes du second rapport seront $b-y$ et $a-x$, et l'on devra avoir les deux équations

$$x(a-x)=y(b-y), \quad x^2+y^2-(a-x)^2-(b-y)^2=s^2.$$

Ces équations se réduisent à

$$x^2-y^2-ax+by=0,\quad 2ax+2by=s^2+a^2+b^2;$$

la dernière donne

$$y=\frac{s^2+a^2+b^2-2ax}{2b};$$

en substituant cette valeur de y dans la première équation, on trouve, après quelques réductions,

$$(a^2-b^2)x^2-a(s^2+a^2-b^2)x+\tfrac{1}{4}(s^4+2a^2s^2+a^4-b^4)=0.$$

On déduit de cette équation

$$x=\frac{a(s^2+a^2-b^2)\pm b\sqrt{s^4-(a^2-b^2)^2}}{2(a^2-b^2)},$$

et l'on trouve ensuite

$$y=\frac{b(a^2-b^2-s^2)\mp a\sqrt{s^4-(a^2-b^2)^2}}{2(a^2-b^2)}.$$

On déduit de ces valeurs de x et y les deux solutions ci-après :

1°. $$\begin{cases} x=\dfrac{a(s^2+a^2-b^2)+b\sqrt{s^4-(a^2-b^2)^2}}{2(a^2-b^2)}, & y=\dfrac{b(a^2-b^2-s^2)-a\sqrt{s^4-(a^2-b^2)^2}}{2(a^2-b^2)},\\ a-x=\dfrac{a(a^2-b^2-s^2)-b\sqrt{s^4-(a^2-b^2)^2}}{2(a^2-b^2)}, & b-y=\dfrac{b(a^2-b^2+s^2)+a\sqrt{s^4-(a^2-b^2)^2}}{2(a^2-b^2)}; \end{cases}$$

2°. $$\begin{cases} x=\dfrac{a(s^2+a^2-b^2)-b\sqrt{s^4-(a^2-b^2)^2}}{2(a^2-b^2)}, & y=\dfrac{b(a^2-b^2-s^2)+a\sqrt{s^4-(a^2-b^2)^2}}{2(a^2-b^2)},\\ a-x=\dfrac{a(a^2-b^2-s^2)+b\sqrt{s^4-(a^2-b^2)^2}}{2(a^2-b^2)}, & b-y=\dfrac{b(a^2-b^2+s^2)-a\sqrt{s^4-(a^2-b^2)^2}}{2(a^2-b^2)}. \end{cases}$$

Discussion. Supposons $a>b$. Pour que les valeurs des inconnues soient réelles, il faut qu'on ait $s^2>a^2-b^2$, le signe $>$ n'excluant pas l'égalité.

La première solution donne des valeurs positives pour x et $b-y$; mais la valeur de y et celle de $a-x$ sont négatives, car chacune d'elles est formée de deux parties négatives.

Dans la seconde solution, les valeurs de x et de y sont

toujours positives. En effet, le radical $\sqrt{s^4-(a^2-b^2)^2}$ étant équivalent à $\sqrt{(s^2+a^2-b^2)[s^2-(a^2-b^2)]}$ qui est la moyenne proportionnelle entre les deux quantités $s^2+a^2-b^2$, $s^2-(a^2-b^2)$, la valeur de ce radical est plus petite que $s^2+(a^2-b^2)$, et plus grande que $s^2-(a^2-b^2)$; et puisque a est plus grand que b, on a

$$a(s^2+a^2-b^2)>b\sqrt{s^4-(a^2-b^2)^2} \text{ et } a\sqrt{s^4-(a^2-b^2)^2}>b[s^2-(a^2-b^2)].$$

Quant aux valeurs de $a-x$ et de $b-y$, pour qu'elles soient positives, il faut qu'on ait

$$b\sqrt{s^4-(a^2-b^2)^2}>a[s^2-(a^2-b^2)] \text{ et } a\sqrt{s^4-(a^2-b^2)^2}<b(s^2+a^2-b^2);$$

ces deux conditions se réduisent l'une et l'autre à $s^2<a^2+b^2$.

Si l'on a $s^2=a^2+b^2$, les valeurs de $a-x$ et de $b-y$, dans la seconde solution, sont nulles; par suite, la valeur de x se réduit à a, et celle de y se réduit à b.

Quand on a $s^2=a^2-b^2$, les deux solutions n'en font qu'une, savoir, $x=a$, $y=0$, $a-x=0$, $b-y=b$.

Quand on a $s^2<a^2-b^2$, le problème est impossible.

L'hypothèse $a<b$ conduirait à des conséquences semblables à celles que nous avons obtenues en supposant $a>b$, si ce n'est que tout ce que nous avons dit de x et de $a-x$ s'appliquerait alors à y et à $b-y$, et *vice versâ*.

Quand on suppose $a=b$, les valeurs des inconnues dans le premier système sont infinies, et dans le second système, elles deviennent indéterminées. En introduisant cette hypothèse dans les équations, elles se réduisent à

$$(x-y)(x+y-a)=0, \quad x+y=\frac{s^2+2a^2}{2a}.$$

La seconde équation exige que $x+y-a$ ne soit pas zéro; on ne peut donc satisfaire à la première qu'en posant $x-y=0$, ou $x=y$; on en conclut

$$x=\frac{s^2+2a^2}{4a}, \quad a-x=\frac{2a^2-s^2}{4a}.$$

Il resterait à chercher quelle interprétation on doit donner aux valeurs négatives des inconnues x, y, $a-x$, $b-y$. Mais cette recherche est sans difficulté, et elle n'offre que peu d'intérêt ; elle acquerrait plus d'importance si, à la question que nous nous sommes proposée, on substituait celle-ci, qui donne les mêmes équations : *Inscrire dans un rectangle donné, dont les côtés sont* a *et* b, *un second rectangle tel que la différence des carrés de ses côtés soit égale à un carré donné* s².

7ᵉ PROBLÈME. *Déterminer les côtés d'un triangle rectangle, connaissant son périmètre* 2p *et sa surface* m².

Soient x et y les côtés de l'angle droit, et z l'hypothénuse ; on aura les trois équations

$$x+y+z=2p,\quad xy=2m^2,\quad x^2+y^2=z^2.$$

Pour résoudre ces équations, on prend la valeur de z dans la première et on la porte dans la troisième, ce qui donne

$$2p^2-2p(x+y)+xy=0\,;$$

en remplaçant alors xy par $2m^2$, on a

$$p^2-p(x+y)+m^2=0,$$

d'où

$$x+y=\frac{p^2+m^2}{p}.$$

La valeur de $x+y$ étant connue, l'équation $x+y+z=2p$ donne immédiatement

$$z=\frac{p^2-m^2}{p}.$$

La détermination des deux autres côtés x et y est facile ; car, d'après la valeur ci-dessus de $x+y$ et l'équation $xy=2m^2$, les valeurs de x et de y sont les deux racines de l'équation

$$X^2-\frac{p^2+m^2}{p}X+2m^2=0.$$

On a donc

$$x = \frac{p^2 + m^2 + \sqrt{p^4 + m^4 - 6p^2m^2}}{2p},$$

$$y = \frac{p^2 + m^2 - \sqrt{p^4 + m^4 - 6p^2m^2}}{2p}.$$

Discussion. La valeur de z est toujours réelle, et pour qu'elle soit positive, il faut qu'on ait $p^2 > m^2$. Pour que x et y soient réels, il faut qu'on ait

$$p^4 + m^4 - 6p^2m^2 > 0,$$

le signe $>$ n'excluant pas l'égalité. D'ailleurs, les valeurs de x et de y ne peuvent pas être négatives; car dans l'équation qui les donne, le terme connu est positif, et le coefficient du second terme est négatif. Par conséquent, toutes les conditions nécessaires pour que le problème soit possible, sont comprises dans ces deux relations

$$p^2 > m^2, \quad p^4 - 6p^2m^2 + m^4 > 0.$$

Le polynome $p^4 - 6p^2m^2 + m^4$ pouvant être considéré comme un trinome du second degré par rapport à p^2, on peut le décomposer en deux facteurs; et l'inégalité ci-dessus se trouve ainsi remplacée par la suivante :

$$[p^2 - m^2(3 + 2\sqrt{2})][p^2 - m^2(3 - 2\sqrt{2})] > 0.$$

Pour que cette condition soit remplie, il faut que les deux facteurs soient de même signe. On doit donc avoir

$$p^2 > m^2(3 + 2\sqrt{2}), \quad \text{ou bien} \quad p^2 < m^2(3 - 2\sqrt{2}).$$

Mais puisqu'on a déjà la condition $p^2 > m^2$, on ne peut admettre que l'inégalité

$$p^2 > m^2(3 + 2\sqrt{2})\,;$$

d'où l'on conclut

$$p > m\sqrt{3 + 2\sqrt{2}}, \quad \text{ou} \quad p > m(1 + \sqrt{2}) \text{ (n° 202)}.$$

Comme le signe $>$ n'exclut pas l'égalité, on voit que, pour que le problème soit possible, il faut et il suffit que le demi-périmètre ne soit pas moindre que $m(1+\sqrt{2})$, m étant le côté du carré équivalent au triangle.

Il suit de là que, lorsqu'on a $p = m(1+\sqrt{2})$, le périmètre est le plus petit possible; donc, parmi tous les triangles rectangles de même surface m^2, celui dont le périmètre est le plus petit a pour périmètre $2p = 2m(1+\sqrt{2})$. D'ailleurs, les valeurs de x, y et z deviennent, par cette relation,

$$x = \frac{m(2+\sqrt{2})}{1+\sqrt{2}} = m\sqrt{2}, \quad y = m\sqrt{2}, \quad z = 2m.$$

Donc le triangle rectangle de plus petit périmètre est isoscèle.

La relation $p > m(1+\sqrt{2})$ revient à

$$m < \frac{p}{1+\sqrt{2}}, \quad \text{ou} \quad m < p(\sqrt{2}-1).$$

Donc, parmi tous les triangles rectangles de même périmètre $2p$, celui qui a la plus grande surface est le triangle isoscèle, et il est équivalent au carré dont le côté est $p(\sqrt{2}-1)$.

8ᵉ Problème. *Trouver deux nombres* x *et* y, *connaissant leur produit* b *et la somme* a *de leurs carrés.*

Les équations du problème sont

$$x^2 + y^2 = a, \quad xy = b.$$

On peut éliminer y entre ces deux équations en prenant la valeur de y dans la seconde, et la substituant dans la première. On peut aussi remarquer que l'équation $xy = b$ donnant $x^2y^2 = b^2$, on connaît la somme et le produit des deux quantités x^2 et y^2, de sorte qu'on pourrait former immédiatement une équation du second degré dont les racines donneraient les valeurs de ces quantités; mais les calculs sont plus simples par le procédé suivant.

En ajoutant et en retranchant les deux équations, membre à membre, après avoir multiplié les deux membres de la seconde par 2, on obtient les deux équations

$$(x+y)^2 = a + 2b, \quad (x-y)^2 = a - 2b\,;$$

donc

$$x + y = \pm\sqrt{a+2b}, \quad x - y = \pm\sqrt{a-2b}.$$

Ces deux dernières équations donnent

$$x = \frac{\pm\sqrt{a+2b} \pm \sqrt{a-2b}}{2},$$

$$y = \frac{\pm\sqrt{a+2b} \mp \sqrt{a-2b}}{2}.$$

Chaque radical doit avoir à la fois, dans les valeurs des deux inconnues, le signe supérieur ou le signe inférieur; de sorte qu'en désignant le premier radical par $2\sqrt{A}$ et le second par $2\sqrt{B}$, on a ces quatre solutions :

$$1^{o}.\ \begin{cases} x = +\sqrt{A} + \sqrt{B}, \\ y = +\sqrt{A} - \sqrt{B}; \end{cases} \quad 2^{o}.\ \begin{cases} x = -\sqrt{A} - \sqrt{B}, \\ y = -\sqrt{A} + \sqrt{B}; \end{cases}$$

$$3^{o}.\ \begin{cases} x = +\sqrt{A} - \sqrt{B}, \\ y = +\sqrt{A} + \sqrt{B}; \end{cases} \quad 4^{o}.\ \begin{cases} x = -\sqrt{A} + \sqrt{B}, \\ y = -\sqrt{A} - \sqrt{B}. \end{cases}$$

Les deux dernières solutions ne diffèrent pas des deux premières; ainsi on n'en a réellement que deux. On pouvait d'ailleurs prévoir par la forme des équations que l'on aurait deux solutions dont l'une se déduirait de l'autre en changeant les signes des valeurs de x et de y, puisque ces équations restent les mêmes quand on change x en $-x$ et y en $-y$.

Quand on emploie, pour résoudre ce problème, l'une des deux méthodes que nous avons d'abord indiquées, il y a des radicaux superposés dans les valeurs de x et de y; mais au moyen de ce qui a été dit dans le n° **202**, on prouve aisément que ces valeurs ne diffèrent pas de celles que nous avons obtenues. Les calculs présentent en outre des particularités sur lesquelles il y aurait plusieurs observations à faire ; mais nous ne nous y arrêterons pas, attendu qu'il sera facile au lecteur de suppléer à cette omission.

9e PROBLÈME. *On donne la somme* a *de deux nombres et la somme* b *de leurs quatrièmes puissances ; trouver ces nombres.*

Les équations du problème sont

$$(1) \qquad x + y = a, \qquad (2) \qquad x^4 + y^4 = b.$$

En prenant dans la première équation la valeur de y en fonction de x, et la substituant dans la seconde équation, on parvient à une équation complète du quatrième degré. Mais on peut obtenir une équation plus simple. A cet effet, on élève à la quatrième puissance les deux membres de l'équation (1), ce qui donne

$$x^4 + 4x^3y + 6x^2y^2 + 4xy^3 + y^4 = a^4.$$

Remplaçant $x^4 + y^4$ par b, et mettant xy en facteur commun, il vient

$$(3) \qquad xy(4x^2 + 6xy + 4y^2) = a^4 - b.$$

On tire aussi de l'équation (1), en élevant les deux membres au carré,

$$x^2 + y^2 = a^2 - 2xy ;$$

et en remplaçant, dans l'équation (3), $4x^2 + 4y^2$ par $4a^2 - 8xy$, on parvient à l'équation

$$xy(4a^2 - 2xy) = a^4 - b, \quad \text{d'où} \quad xy = a^2 \pm \sqrt{\tfrac{1}{2}(a^4 + b)}.$$

Les valeurs de x et de y sont donc les racines de l'équation

$$X^2 - aX + a^2 \pm \sqrt{\tfrac{1}{2}(a^4 + b)} = 0.$$

En prenant le signe $+$ devant le radical $\sqrt{\frac{1}{2}(a^4+b)}$, on n'obtient que des racines imaginaires. Quand on prend le signe $-$, la nature des racines dépend des valeurs de a et de b.

La résolution du problème dont nous venons de nous occuper peut aussi être effectuée comme il suit.

Si l'on considère le produit xy comme une inconnue auxiliaire représentée par z, les valeurs de x et de y seront les racines de l'équation

$$X^2 - aX + z = 0,$$

de sorte que l'on aura

$$x = \frac{a}{2} + \sqrt{\frac{a^2}{4} - z}, \quad y = \frac{a}{2} - \sqrt{\frac{a^2}{4} - z}.$$

En substituant ces valeurs de x et de y dans l'équation (2), on obtient une équation semblable à celle qu'on a précédemment résolue, si ce n'est que xy est remplacé par z.

On peut encore poser $x - y = t$; on tire de cette relation jointe à l'équation $x + y = a$,

$$x = \frac{a+t}{2}, \quad y = \frac{a-t}{2}.$$

Substituant ces valeurs de x et de y dans l'équation $x^4 + y^4 = b$, et réduisant, on obtient l'équation

$$2t^4 + 12a^2t^2 + 2a^4 = 16b;$$

cette équation se résout par les règles qui ont été précédemment expliquées (n° 200).

10ᵉ Problème. *Si au produit de deux nombres on ajoute* m *fois leur somme, on obtient un nombre donné* a; *et si à la somme des carrés de ces mêmes nombres on ajoute* n *fois leur somme, on obtient un autre nombre donné* b. *Trouver ces deux nombres.*

Soient x et y les nombres demandés; on a les deux équations

$$xy + m(x + y) = a, \quad x^2 + y^2 + n(x + y) = b.$$

En ajoutant ces équations, après avoir multiplié les deux membres de la première par 2, on parvient à l'équation

$$(x + y)^2 + (2m + n)(x + y) = 2a + b.$$

On déduit de cette dernière équation la valeur de $x+y$: on obtient ensuite aisément celle de xy, et la détermination des valeurs de x et de y n'offre plus de difficulté.

Ce problème et le précédent montrent comment on peut, par des artifices de calcul, ou par un choix convenable d'inconnues, ramener au second degré des questions qui, par les méthodes ordinaires, conduiraient à des équations de degrés plus élevés.

Nous proposerons les exercices suivants :

11e Problème. *Une personne possède 13000f qu'elle partage en deux parties inégales dont elle tire des revenus égaux ; si elle faisait valoir la première partie au taux de la seconde, elle en retirerait un revenu de 360f, et si la seconde partie était placée au taux de la première, elle produirait un revenu de 490f. Trouver les deux taux.* (Rép. 7 et 6.)

12e Problème. *Les trois arêtes d'un parallélépipède rectangle sont entre elles comme 2 : 3 : 4, et si ces arêtes augmentaient respectivement de 1m, 2m, 3m, le volume du corps augmenterait de 153 mètres cubes. Déterminer les longueurs des arêtes.* (Rép. 3m, $4^m \frac{1}{2}$, 6m.)

13e. Problème. *Trouver trois nombres tels que les produits de chacun d'eux par la somme des deux autres soient 20, 18 et 14.* (Rép. 4, 3, 2.)

14e Problème. *Un nombre est composé de trois chiffres. Le carré du chiffre des dixaines est égal au produit des chiffres extrêmes augmenté de 4 ; la différence entre le double du chiffre des dixaines et celui des unités est égale au chiffre des centaines ; et quand on écrit les chiffres de ce nombre dans un ordre inverse, on obtient un second nombre qui, retranché du premier, donne pour reste 396 augmenté du chiffre des dixaines commun à ces deux nombres. Trouver ce nombre.* (Rép. 864.)

15e Problème. *Quatre nombres sont en proportion par quotient ; la somme des extrêmes est 14, celle des moyens est 11, et la somme des quatrièmes puissances des quatre termes est 24929. Trouver ces quatre nombres.* (Rép. 12, 8, 3, 2.)

16e Problème. *Trouver les côtés* x *et* y, z *et* t *de deux rectangles dont on connaît la somme* q *des surfaces, la somme* a *des bases, et dont les surfaces deviennent* p *et* p′, *quand à la base de chacun d'eux on donne la hauteur de l'autre.* (Les formules générales qu'on obtiendra devront être telles que, si l'on suppose $q=10$, $a=3$, $p=4$, $p'=4$, on trouve ces deux solutions : $x=1$, $y=2$, $z=2$, $t=4$, et $x=2$, $y=4$, $z=1$, $t=2$.)

17e Problème. *Partager les deux nombres* a *et* b *chacun en deux parties, de manière que la somme des carrés d'une partie de* a *et d'une partie de* b *soit égale à un nombre donné* p, *et que la somme des carrés des deux autres parties de* a *et de* b *soit égale à un nombre donné* q. (Si l'on fait dans les formules générales de ce problème $a=7$, $b=11$, $p=13$, $q=89$, on devra trouver, pour les parties cherchées, 2, 5, 3 et 8.)

18e Problème. *Trouver un nombre tel que son carré soit au produit des différences de ce nombre à deux nombres donnés* a *et* b *dans le rapport de* p *à* q. (Si l'on fait dans la formule générale de ce problème $a=3$, $b=2$, $p=3$, $q=1$, on trouvera pour le nombre cherché les deux valeurs 6 et $\frac{3}{2}$.)

Exemples de la résolution, au moyen des équations du second degré, de quelques questions relatives aux maximums *et aux* minimums.

203. La plus grande valeur que peut recevoir une quantité qui varie sous des conditions qui limitent ses accroissements se nomme le maximum de cette quantité, et la plus petite valeur que peut recevoir une quantité qui varie sous des conditions qui limitent ses décroissements en est le minimum.

Les questions qui ont pour objet la détermination d'un maximum ou d'un minimum exigent souvent le secours des parties les plus élevées des Mathématiques. Cependant nous allons traiter quelques problèmes de cette espèce, qui peuvent être résolus au moyen des principes que nous avons exposés. Nous nous dirigerons, dans ces exemples, d'après la règle suivante, qui se trouve déjà indiquée par les conséquences auxquelles on est parvenu dans la question du n° 199 et dans le 7ᵉ problème ci-dessus.

Pour déterminer la plus grande ou la plus petite valeur d'une expression qui dépend d'une quantité variable, on suppose que cette expression doit avoir une valeur déterminée m. *Cette hypothèse fournit une équation qu'on résout par rapport à la quantité variable. On discute la formule qu'on obtient et qui renferme nécessairement la quantité* m, *afin de trouver les conditions auxquelles cette quantité* m *est assujettie pour que la variable soit réelle et pour qu'elle soit de plus positive, si la question l'exige. Ces conditions donnent ordinairement le maximum ou le minimum demandé.*

19ᵉ PROBLÈME. *Partager un nombre donné 2a en deux parties telles que la somme de leurs carrés soit un maximum ou un minimum.*

On supposera qu'il s'agit de partager le nombre donné $2a$ en deux parties telles que la somme de leurs carrés soit égale à un nombre déterminé m. Alors, en désignant une des parties par x, on aura l'équation

$$x^2 + (2a - x)^2 = m \quad \text{ou} \quad 2x^2 - 4ax = m - 4a^2.$$

Cette équation donne

$$x = a \pm \sqrt{\frac{m - 2a^2}{2}}.$$

Comme on n'a pas désigné par x l'une des parties plutôt que l'autre, les deux valeurs de x doivent exprimer les deux parties ; ainsi ces parties sont

$$a + \sqrt{\frac{m - 2a^2}{2}}, \quad a - \sqrt{\frac{m - 2a^2}{2}}.$$

Pour qu'elles soient réelles, il faut qu'on ait $m >$ ou $= 2a^2$;

et pour que la seconde partie soit positive, il faut qu'on ait $a >$ ou $= \sqrt{\frac{m - 2a^2}{2}}$, ce qui donne $m <$ ou $= 4a^2$.

On conclut de là que la somme m des carrés des parties est un minimum lorsqu'elle est égale à $2a^2$, ce qui arrive quand les deux parties sont égales ; et que cette somme est un maximum lorsqu'elle est égale à $4a^2$, ce qui n'a lieu que lorsqu'une des parties est nulle.

20ᵉ Problème. *Partager un nombre donné* 2a *en deux parties telles que la somme des deux quotients qu'on obtient, en divisant alternativement ces deux parties l'une par l'autre, soit un minimum.*

On supposera qu'il s'agit de partager le nombre $2a$ en deux parties telles que la somme des quotients qu'on obtiendra, en les divisant l'une par l'autre, soit égale à un nombre déterminé m. Alors, en désignant l'une des parties par x, on aura l'équation

$$\frac{x}{2a - x} + \frac{2a - x}{x} = m \quad \text{ou} \quad x^2 - 2ax + \frac{4a^2}{2 + m} = 0.$$

On voit immédiatement par la forme de la dernière équation que les valeurs de x, qui expriment les deux parties cherchées, ne peuvent pas être négatives. Pour qu'elles soient réelles, il faut qu'on ait $a^2 >$ ou $= \frac{4a^2}{2 + m}$, d'où $m >$ ou $= 2$; par conséquent le minimum demandé est 2. Il est facile de voir que ce minimum répond au cas où les deux parties sont égales.

La somme m n'est pas susceptible d'un maximum ; car elle devient infinie quand une des parties est nulle.

21ᵉ Problème. *Assigner la valeur de* x *pour laquelle la fraction* $\frac{x - 4}{x^2 - 3x - 3}$ *devient un maximum ou un minimum.*

On supposera que cette fraction doit prendre une valeur déterminée m. On aura ainsi l'équation

$$\frac{x - 4}{x^2 - 3x - 3} = m \quad \text{ou} \quad mx^2 - (3m + 1)x - 3m + 4 = 0,$$

d'où l'on tire

$$x = \frac{3m+1}{2m} \pm \frac{1}{2m}\sqrt{21m^2 - 10m + 1}.$$

Pour que les valeurs de x soient réelles, il faut que l'on ait

$$21m^2 - 10m + 1 > \text{ ou } = 0.$$

En décomposant le trinome $21m^2 - 10m + 1$ en facteurs du premier degré, on trouve que la condition ci-dessus revient à

$$21(m - \tfrac{1}{3})(m - \tfrac{1}{7}) > \text{ ou } = 0.$$

Or un produit de deux facteurs ne peut être positif que lorsque les deux facteurs ont le même signe; on devra donc avoir

$$m > \text{ ou } = \tfrac{1}{3}, \quad \text{ou bien} \quad m < \text{ ou } = \tfrac{1}{7}.$$

D'après les deux dernières conditions, la fraction proposée ne peut recevoir aucune valeur comprise entre $\frac{1}{3}$ et $\frac{1}{7}$, et elle peut acquérir toutes les valeurs plus grandes que $\frac{1}{3}$, et toutes les valeurs plus petites que $\frac{1}{7}$. On peut donc concevoir ces valeurs partagées en deux séries; $\frac{1}{3}$ est un minimum à l'égard d'une de ces séries, et $\frac{1}{7}$ est un maximum à l'égard de l'autre série. Le minimum $\frac{1}{3}$ correspond à $x = 3$, et le maximum $\frac{1}{7}$ correspond à $x = 5$.

Nous proposerons comme exercices les questions suivantes :

22ᵉ Problème. *Assigner parmi tous les rectangles que l'on peut inscrire dans un triangle donné, celui dont la surface est un maximum.* (Le rectangle demandé est celui dont la hauteur est la moitié de la hauteur du triangle.)

23ᵉ Problème. *Assigner parmi tous les triangles rectangles de même périmètre, celui qui jouit de cette propriété que la perpendiculaire abaissée du sommet de l'angle droit sur l'hypothénuse est un maximum.* (Le triangle demandé est celui qui est isoscèle.)

24ᵉ Problème. *Assigner les limites des valeurs positives que peut prendre la fraction* $\dfrac{4(x+2)}{4x^2+8x+9}$, *en supposant*

1°. *que* x *peut recevoir des valeurs négatives;* 2°. *que* x *ne peut recevoir que des valeurs positives.* (Dans le premier cas, la limite cherchée est 1, et elle répond à $x = -\frac{1}{2}$; dans le second cas, la limite cherchée est $\frac{8}{9}$, et elle répond à $x = 0$.)

25° Problème. *Assigner les limites des valeurs positives que peut prendre la fraction* $\frac{x-2}{x^2-3x+2}$ *quand on n'attribue à* x *que des valeurs positives.* (Rép. $+\infty$ qui répond à $x = 1$, et *zéro* qui répond à $x = \infty$.)

26° Problème. *Assigner les limites des valeurs positives que peut prendre la fraction* $\frac{2x-1}{2x^2-1}$, *quand on n'attribue à* x *que des valeurs positives.* (Rép. *zéro* et ∞.)

CHAPITRE SEPTIÈME.

DES EXPRESSIONS IMAGINAIRES. RÉSOLUTION GÉNÉRALE DE L'ÉQUATION DU 3ᵉ DEGRÉ.

Réduction des expressions imaginaires du second degré à la forme $\alpha + \beta\sqrt{-1}$. Module. Addition, soustraction, multiplication, division des expressions de la forme $\alpha + \beta\sqrt{-1}$.

206. Quoique l'indication de la racine carrée d'une quantité négative ne soit que le symbole d'une opération impossible, cependant les algébristes mettent ces sortes de racines au rang des quantités, et ils les emploient fréquemment dans leurs calculs au moyen d'un petit nombre de conventions.

Soit β une quantité réelle quelconque; les racines carrées de la quantité négative $-\beta^2$ seront exprimées suivant la notation ordinaire par $\pm\sqrt{-\beta^2}$. D'un autre côté, la quantité négative $-\beta^2$ pouvant être considérée comme le produit de β^2 par -1, si l'on suppose que les racines carrées de ce produit peuvent être formées, comme dans le cas où les facteurs sont positifs, en multipliant entre elles les racines carrées des facteurs, les racines carrées de $-\beta^2$ seront exprimées par $\pm\beta\sqrt{-1}$. On peut donc convenir que les expressions $\pm\sqrt{-\beta^2}$ et $\pm\beta\sqrt{-1}$ seront regardées comme équivalentes; de cette manière on n'a plus à considérer dans les calculs d'autre radical imaginaire que $\sqrt{-1}$.

Considérons actuellement l'équation complète du second

degré

$$x^2 - px + q = 0.$$

On a vu que lorsque l'on a $q > \frac{1}{4}p^2$, les racines de cette équation sont imaginaires. Remplaçons $\frac{1}{2}p$ par α, afin d'éviter les fractions, et pour exprimer que q surpasse $\frac{1}{4}p^2$, posons $q = \alpha^2 + \beta^2$; l'équation deviendra

$$x^2 - 2\alpha x + \alpha^2 + \beta^2 = 0.$$

Les racines seront données par la formule

$$x = \alpha \pm \sqrt{-\beta^2};$$

et d'après ce que nous avons dit tout à l'heure, on pourra écrire cette formule comme il suit :

$$x = \alpha \pm \beta\sqrt{-1}.$$

On donne généralement le nom d'expression imaginaire à toute expression qui n'est susceptible d'aucune valeur réelle positive ou négative. Mais les expressions imaginaires de la forme $\alpha + \beta\sqrt{-1}$ ou $\alpha - \beta\sqrt{-1}$, sont les seules qu'on emploie dans les calculs algébriques. C'est pourquoi, lorsque nous nous servirons de la dénomination d'expression imaginaire, on devra ordinairement entendre qu'il s'agit d'une expression de cette forme.

Lorsque, dans l'expression $\alpha + \beta\sqrt{-1}$ le coefficient β de $\sqrt{-1}$ devient nul, le terme $\beta\sqrt{-1}$ est regardé comme réduit à zéro. Par cette convention, l'expression se réduit à la quantité réelle α; de sorte que les expressions imaginaires comprennent comme cas particulier les quantités réelles.

Il est évident que, pour que deux expressions imaginaires soient égales, il faut et il suffit qu'il y ait égalité entre les parties réelles de ces expressions, et entre les coefficients de $\sqrt{-1}$. Ainsi, une équation entre des quantités imaginaires est la représentation *symbolique* de deux équations entre des quantités réelles. Par exemple, l'équation

$$\alpha + \beta\sqrt{-1} = \gamma + \delta\sqrt{-1}$$

représente à la fois les deux équations réelles

$$\alpha = \gamma, \quad \beta = \delta.$$

On dit que deux expressions imaginaires sont conjuguées l'une à l'autre, quand elles ne diffèrent que par le signe du coefficient de $\sqrt{-1}$, comme

$$\alpha + \beta\sqrt{-1} \text{ et } \alpha - \beta\sqrt{-1}.$$

207. On applique aux expressions imaginaires les règles ordinaires du calcul, en observant que, lorsque l'on a à multiplier le symbole $\sqrt{-1}$ par lui-même, il faut admettre, d'après la signification du signe $\sqrt{}$, que le produit est -1.

En considérant seulement deux expressions imaginaires, la somme, la différence et le produit de ces expressions se formeront comme on le voit dans les égalités ci-dessous :

$$(\alpha+\beta\sqrt{-1})+(\gamma+\delta\sqrt{-1}) = \alpha+\gamma+(\beta+\delta)\sqrt{-1},$$
$$(\alpha+\beta\sqrt{-1})-(\gamma+\delta\sqrt{-1}) = \alpha-\gamma+(\beta-\delta)\sqrt{-1},$$
$$(\alpha+\beta\sqrt{-1})(\gamma+\delta\sqrt{-1}) = \alpha\gamma-\beta\delta+(\alpha\delta+\beta\gamma)\sqrt{-1}.$$

En ajoutant les deux expressions conjuguées

$$\alpha + \beta\sqrt{-1}, \quad \alpha - \beta\sqrt{-1},$$

on obtient une quantité réelle 2α ; le produit des mêmes expressions est aussi une quantité réelle $\alpha^2 + \beta^2$.

La valeur absolue de la racine carrée de la quantité $\alpha^2+\beta^2$ est ce qu'on nomme le *module* de chacune des expressions $\alpha+\beta\sqrt{-1}$, $\alpha-\beta\sqrt{-1}$. Il suit de cette définition que le module d'une quantité réelle est la valeur absolue de cette quantité.

Pour que le module $\sqrt{\alpha^2+\beta^2}$ soit nul, il faut qu'on ait en même temps $\alpha=0$, $\beta=0$; dans ce cas, l'expression $\alpha+\beta\sqrt{-1}$

se réduit à zéro. Réciproquement, pour que l'expression $\alpha + \beta\sqrt{-1}$ soit nulle, il faut que son module soit zéro; car cela exige que l'on ait $\alpha = 0$ et $\beta = 0$, d'où l'on conclut $\sqrt{\alpha^2 + \beta^2} = 0$.

Il est manifeste que l'égalité de deux expressions imaginaires entraîne toujours l'égalité de leurs modules; mais la réciproque n'est pas vraie.

208. L'expression imaginaire qu'on a obtenue en multipliant entre elles les deux expressions $\alpha + \beta\sqrt{-1}$ et $\gamma + \delta\sqrt{-1}$, a pour module

$$\sqrt{[(\alpha\gamma - \beta\delta)^2 + (\alpha\delta + \beta\gamma)^2]}.$$

Or on trouve, par les règles ordinaires du calcul,

$$(\alpha\gamma - \beta\delta)^2 + (\alpha\delta + \beta\gamma)^2 = (\alpha^2 + \beta^2)(\gamma^2 + \delta^2).$$

Le module ci-dessus est donc égal à $\sqrt{(\alpha^2 + \beta^2)(\gamma^2 + \delta^2)}$, ce qui revient à

$$\sqrt{\alpha^2 + \beta^2} \times \sqrt{\gamma^2 + \delta^2}$$

Il suit de là que *le module du produit de deux facteurs imaginaires est égal au produit des modules des deux facteurs;* d'où l'on peut conclure que *le module du produit d'un nombre quelconque de facteurs imaginaires est égal au produit des modules des facteurs.*

Pour qu'un produit de plusieurs facteurs imaginaires soit nul, il faut et il suffit que le module de ce produit soit nul (n° **207**); or, ce module étant le produit des modules des facteurs imaginaires, qui sont tous des quantités réelles et même positives, il ne peut être nul qu'autant que le module de l'un des facteurs est zéro, ce qui exige que l'un des facteurs imaginaires soit nul. Donc, *pour qu'un produit de facteurs imaginaires soit nul, il faut et il suffit que l'un des facteurs soit nul* (*).

(*) L'égalité $(\alpha^2+\beta^2)(\gamma^2+\delta^2)=(\alpha\gamma-\beta\delta)^2+(\alpha\delta+\beta\gamma)^2$ montre que, *lorsque*

209. On a fréquemment à considérer les puissances de $\sqrt{-1}$. En formant ces puissances par des multiplications successives, on trouve d'abord

$$(\sqrt{-1})^1 = \sqrt{-1},\ (\sqrt{-1})^2 = -1,$$
$$(\sqrt{-1})^3 = -\sqrt{-1},\ (\sqrt{-1})^4 = +1.$$

La puissance quatrième de $\sqrt{-1}$ étant égale à $+1$, si l'on formait les puissances supérieures, on retrouverait périodiquement les quatre résultats

$$\sqrt{-1},\quad -1,\quad -\sqrt{-1},\quad +1.$$

On peut exprimer toutes les puissances de $\sqrt{-1}$ au moyen de quatre formules, en remarquant que si l'on représente par n un nombre entier quelconque, tous les nombres entiers seront compris dans les quatre formules $4n$, $4n+1$, $4n+2$, $4n+3$. On voit alors par ce qui vient d'être dit que l'on a

$$(\sqrt{-1})^{4n} = +1,\quad (\sqrt{-1})^{4n+1} = +\sqrt{-1},$$
$$(\sqrt{-1})^{4n+2} = -1,\quad (\sqrt{-1})^{4n+3} = -\sqrt{-1}.$$

210. Soit à diviser l'expression imaginaire $\alpha + \beta\sqrt{-1}$ par une quantité réelle γ. Si l'on suppose que le quotient soit $p + q\sqrt{-1}$, il faudra que l'on ait

$$\gamma(p + q\sqrt{-1}) = \alpha + \beta\sqrt{-1},$$

---

l'on multiplie entre eux deux nombres dont chacun est la somme de deux carrés, le produit est encore la somme de deux carrés. La manière dont on parvient ici à ce théorème est un exemple remarquable de la liaison qui peut souvent exister entre des considérations en apparence très éloignées les unes des autres.

En échangeant entre elles les lettres γ et δ, dans l'égalité ci-dessus, on obtient la suivante : $(\alpha^2+\beta^2)(\gamma^2+\delta^2) = (\alpha\delta-\beta\gamma)^2 + (\alpha\gamma+\beta\delta)^2$. Par là on voit qu'*il y a toujours deux manières de décomposer en deux carrés le produit de deux nombres dont chacun est la somme de deux carrés.*

Ce théorème conduit à un autre plus général, savoir, que le produit des facteurs $\alpha^2+n\beta^2$ et $\gamma^2+n\delta^2$ peut être exprimé de deux manières différentes, par une somme de la forme A^2+nB^2. Pour cela, il suffit de remplacer dans les égalités ci-dessus β par $\beta\sqrt{n}$ et δ par $\delta\sqrt{n}$.

ou bien

$$p\gamma + q\gamma\sqrt{-1} = \alpha + \beta\sqrt{-1}.$$

La dernière égalité exige que l'on ait $p\gamma = \alpha$, $q\gamma = \beta$, d'où $p = \frac{\alpha}{\gamma}$, $q = \frac{\beta}{\gamma}$; le quotient est donc $\frac{\alpha}{\gamma} + \frac{\beta}{\gamma}\sqrt{-1}$.

Soit à diviser l'expression imaginaire $\alpha + \beta\sqrt{-1}$, par $\gamma + \delta\sqrt{-1}$. Supposons que le quotient puisse être exprimé par $p + q\sqrt{-1}$; on devra avoir

$$(p + q\sqrt{-1})(\gamma + \delta\sqrt{-1}) = \alpha + \beta\sqrt{-1},$$

ce qui revient à

$$p\gamma - q\delta + (p\delta + q\gamma)\sqrt{-1} = \alpha + \beta\sqrt{-1}.$$

Cette équation se partage en deux autres, savoir :

$$p\gamma - q\delta = \alpha, \quad p\delta + q\gamma = \beta.$$

On tire de celles-ci

$$p = \frac{\alpha\gamma + \beta\delta}{\gamma^2 + \delta^2}, \quad q = \frac{\beta\gamma - \alpha\delta}{\gamma^2 + \delta^2}.$$

le quotient demandé est donc

$$\frac{\alpha\gamma + \beta\delta}{\gamma^2 + \delta^2} + \frac{\beta\gamma - \alpha\delta}{\gamma^2 + \delta^2}\sqrt{-1}.$$

On peut aussi obtenir ce quotient en indiquant la division par une fraction, et multipliant les deux termes de cette fraction par $\gamma - \delta\sqrt{-1}$. On trouve ainsi

$$\frac{\alpha + \beta\sqrt{-1}}{\gamma + \delta\sqrt{-1}} = \frac{(\alpha + \beta\sqrt{-1})(\gamma - \delta\sqrt{-1})}{(\gamma + \delta\sqrt{-1})(\gamma - \delta\sqrt{-1})} = \frac{\alpha\gamma + \beta\delta + (\beta\gamma - \alpha\delta)\sqrt{-1}}{\gamma^2 + \delta^2}$$

$$= \frac{\alpha\gamma + \beta\delta}{\gamma^2 + \delta^2} + \frac{\beta\gamma - \alpha\delta}{\gamma^2 + \delta^2}\sqrt{-1}.$$

Racines carrées de $\alpha+\beta\sqrt{-1}$. — Considérations sur les valeurs algébriques des racines de tous les degrés.

211. On a trouvé dans le chapitre VI les deux formules ci-après :

$$(1)\quad \sqrt{a+\sqrt{b}}=\sqrt{\frac{a+\sqrt{a^2-b}}{2}}+\sqrt{\frac{a-\sqrt{a^2-b}}{2}},$$

$$(2)\quad \sqrt{a-\sqrt{b}}=\sqrt{\frac{a+\sqrt{a^2-b}}{2}}-\sqrt{\frac{a-\sqrt{a^2-b}}{2}}.$$

On peut obtenir au moyen de ces formules les racines carrées des expressions imaginaires $\alpha+\beta\sqrt{-1}$ et $\alpha-\beta\sqrt{-1}$; il faut pour cela remplacer a par α, et b par $-\beta^2$, ce qui donne

$$(3)\quad \sqrt{\alpha+\beta\sqrt{-1}}=\sqrt{\frac{\alpha+\sqrt{\alpha^2+\beta^2}}{2}}+\sqrt{\frac{\sqrt{\alpha^2+\beta^2}-\alpha}{2}}\sqrt{-1},$$

$$(4)\quad \sqrt{\alpha-\beta\sqrt{-1}}=\sqrt{\frac{\alpha+\sqrt{\alpha^2+\beta^2}}{2}}-\sqrt{\frac{\sqrt{\alpha^2+\beta^2}-\alpha}{2}}\sqrt{-1}.$$

Les formules (3) et (4) montrent que la racine carrée d'une expression de la forme $\alpha+\beta\sqrt{-1}$ peut toujours être représentée par une autre expression de la même forme. Cette racine a deux valeurs; car, dans chacune des formules (3) et (4), le carré du second membre ne change pas quand on donne à la partie réelle et au coefficient de $\sqrt{-1}$, les signes contraires à ceux dont ils sont affectés. Cherchons maintenant si une expression imaginaire peut avoir d'autres racines carrées que celles qui sont données par les formules (3) et (4).

Soit $x+y\sqrt{-1}$ une expression imaginaire qui, élevée au carré, doit reproduire l'expression $\alpha+\beta\sqrt{-1}$, x et y devant être des quantités réelles. Le carré de $x+y\sqrt{-1}$

étant $x^2 - y^2 + 2xy\sqrt{-1}$, on devra avoir l'équation

$$x^2 - y^2 + 2xy\sqrt{-1} = \alpha + \beta\sqrt{-1};$$

or, cette équation se partage en deux autres, savoir :

$$x^2 - y^2 = \alpha, \quad 2xy = \beta.$$

Celles-ci donnent, par une transformation fort simple,

$$(x^2 + y^2)^2 = \alpha^2 + \beta^2, \text{ d'où } x^2 + y^2 = \sqrt{\alpha^2 + \beta^2};$$

par suite on a

$$x^2 = \frac{\sqrt{\alpha^2 + \beta^2} + \alpha}{2}, \quad \text{d'où} \quad x = \pm\sqrt{\frac{\sqrt{\alpha^2 + \beta^2} + \alpha}{2}},$$

$$y^2 = \frac{\sqrt{\alpha^2 + \beta^2} - \alpha}{2}, \quad \text{d'où} \quad y = \pm\sqrt{\frac{\sqrt{\alpha^2 + \beta^2} - \alpha}{2}},$$

Il faut d'ailleurs observer 1°. que les valeurs de x et de y devant être réelles, la somme $x^2 + y^2$ doit être une quantité positive, d'où il suit qu'on ne doit prendre que la valeur absolue de $\sqrt{\alpha^2 + \beta^2}$; 2°. que les valeurs de x et de y devant vérifier l'équation $2xy = \beta$, il faut qu'elles aient le même signe ou des signes contraires, selon que β est une quantité positive ou une quantité négative.

D'après ces observations, l'expression $\alpha + \beta\sqrt{-1}$ a seulement deux racines carrées de la forme $x + y\sqrt{-1}$, et qui sont égales et de signes contraires. En exprimant, suivant les notations ordinaires, ces deux racines carrées par $\pm\sqrt{\alpha + \beta\sqrt{-1}}$, on aura, dans le cas où β sera positif

$$(5) \quad \pm\sqrt{\alpha + \beta\sqrt{-1}} = \pm\left(\sqrt{\frac{\sqrt{\alpha^2+\beta^2}+\alpha}{2}} + \sqrt{\frac{\sqrt{\alpha^2+\beta^2}-\alpha}{2}}\sqrt{-1}\right).$$

Si β est négatif, ou, ce qui revient au même, si l'expression proposée est $\alpha - \beta\sqrt{-1}$, β étant positif, les deux racines carrées de cette expression seront données par la formule

$$(6)\quad \pm\sqrt{\alpha-6\sqrt{-1}}=\pm\left(\sqrt{\frac{\sqrt{\alpha^2+6^2}+\alpha}{2}}-\sqrt{\frac{\sqrt{\alpha^2+6^2}-\alpha}{2}}\sqrt{-1}\right).$$

On peut remplacer les formules (5) et (6) par d'autres qui s'appliquent à la fois aux valeurs positives et négatives de 6. Pour cela, après avoir déterminé la valeur de l'une des inconnues x ou y comme ci-dessus, il faut déterminer la valeur de l'autre inconnue au moyen de l'équation $2xy=6$. On trouve ainsi

$$x=\pm\sqrt{\frac{\sqrt{\alpha^2+6^2}+\alpha}{2}},\quad y=\pm\frac{6}{\sqrt{2}\sqrt{\sqrt{\alpha^2+6^2}+\alpha}}.$$

ou, ce qui revient au même,

$$y=\pm\sqrt{\frac{\sqrt{\alpha^2+6^2}-\alpha}{2}},\quad x=\pm\frac{6}{\sqrt{2}\sqrt{\sqrt{\alpha^2+6^2}-\alpha}}$$

On a donc

$$(7)\quad \pm\sqrt{\alpha+6\sqrt{-1}}=\pm\left(\sqrt{\frac{\sqrt{\alpha^2+6^2}+\alpha}{2}}+\frac{6}{\sqrt{2}\sqrt{\sqrt{\alpha^2+6^2}+\alpha}}\sqrt{-1}\right)$$

ou, ce qui revient au même,

$$(8)\quad \pm\sqrt{\alpha+6\sqrt{-1}}=\pm\left(\frac{6}{\sqrt{2}\sqrt{\sqrt{\alpha^2+6^2}-\alpha}}+\sqrt{\frac{\sqrt{\alpha^2+6^2}-\alpha}{2}}\sqrt{-1}\right)$$

212. Pour obtenir les racines carrées de $+\sqrt{-1}$ et de $-\sqrt{-1}$, il faut faire, dans les formules (5) et (6), $\alpha=0$ et $6=1$; on trouve ainsi

$$\pm\sqrt{+\sqrt{-1}}=\pm\frac{1+\sqrt{-1}}{\sqrt{2}},$$

$$\pm\sqrt{-\sqrt{-1}}=\pm\frac{1-\sqrt{-1}}{\sqrt{2}}.$$

Les racines carrées de $+\sqrt{-1}$ et de $-\sqrt{-1}$ sont les valeurs qu'on obtiendrait pour z en considérant l'équation $z^4=-1$; car cette équation peut s'écrire ainsi : $(z^2)^2=-1$, d'où $z^2=\pm\sqrt{-1}$. D'un autre côté, l'équation $z^4=-1$ exprime que z est une racine quatrième de -1. On voit donc qu'il y a quatre racines quatrièmes de -1 qui sont

$$\frac{1+\sqrt{-1}}{\sqrt{2}},\ -\frac{1+\sqrt{-1}}{\sqrt{2}},\quad \frac{1-\sqrt{-1}}{\sqrt{2}},-\frac{1-\sqrt{-1}}{\sqrt{2}}.$$

Si l'on voulait avoir les racines quatrièmes d'une quantité négative $-A$, il faudrait résoudre l'équation

$$z^4=-A.$$

Or, en désignant par a la valeur absolue de la racine quatrième de A et posant $z=ay$, on ramène l'équation ci-dessus à la suivante :

$$a^4y^4=-a^4 \quad \text{ou} \quad y^4=-1.$$

Il suit de là que l'on aura toutes les racines quatrièmes de $-A$ en multipliant par a les racines quatrièmes de -1.

Les racines quatrièmes d'une quantité positive $+A$ sont données par l'équation

$$z^4=A.$$

Si l'on désigne encore par a la valeur absolue de la racine quatrième de A, l'équation $z^4=A$ deviendra

$$z^4-a^4=0, \quad \text{ou} \quad (z^2-a^2)(z^2+a^2)=0;$$

on obtiendra donc toutes les valeurs de z en résolvant séparément les deux équations

$$z^2-a^2=0, \quad z^2+a^2=0.$$

La première donne $z=\pm a$, et la seconde donne $z=\pm a\sqrt{-1}$. Les racines quatrièmes de $+A$ seront donc $+a$, $-a$, $+a\sqrt{-1}$, $-a\sqrt{-1}$.

215. Soit k un nombre entier quelconque et A une quantité réelle ou même une expression imaginaire ; si l'on pose l'équation

$$(9) \qquad z^{2^k} = A,$$

les valeurs de z qui satisferont à cette équation seront les racines de A du degré 2^k. Or l'équation (9) peut s'écrire comme il suit :

$$\left(z^{2^{k-1}}\right)^2 = A.$$

Cette dernière équation fournira deux valeurs de $z^{2^{k-1}}$; chacune de ces valeurs fournira deux valeurs de $z^{2^{k-2}}$; chacune de ces nouvelles valeurs fournira pareillement deux valeurs de $z^{2^{k-3}}$, et en continuant ainsi on obtiendra enfin pour z un nombre de valeurs égal à 2^k. Toutes ces valeurs seront des expressions de la forme $p + q\sqrt{-1}$, puisque l'on a vu que les racines carrées d'une expression de cette forme sont des expressions de la même forme.

Il est facile de prouver que toutes les valeurs de z qu'on obtiendra par ces calculs seront différentes ; il suffit pour cela de faire voir que si cette proposition est vraie pour l'équation $z^{2^{k-1}} = A$, elle sera vraie aussi pour l'équation $z^{2^k} = A$. Or, soient $m + n\sqrt{-1}$, et $m' + n'\sqrt{-1}$ deux valeurs différentes de z qui satisfont à la première équation ; les valeurs correspondantes de z pour l'équation $z^{2^k} = A$ seront les racines carrées de ces deux expressions imaginaires. Mais, d'après les formules du n° **211**, les deux racines carrées de $m + n\sqrt{-1}$ seront différentes l'une de l'autre : celles de $m' + n'\sqrt{-1}$ seront aussi différentes l'une de l'autre. De plus, chacune d'elles sera différente des deux racines carrées de la première expression ; autrement, en élevant ces racines au carré, on aurait le même résultat, et les expressions $m + n\sqrt{-1}$ et $m' + n'\sqrt{-1}$ ne seraient pas différentes, ce qui est contraire à la supposition.

214. Si l'on considère l'équation

$$(10) \qquad z^m = A,$$

m désignant un nombre entier quelconque, les valeurs de z qu'on déduira de cette équation seront les racines du degré m de A. Lorsque m sera un nombre pair, il sera de la forme $n \times 2^k$, n désignant un nombre impair; si l'on pose alors $z^{2^k} = y$, l'équation (10) se changera dans la suivante :

$$(11) \qquad y^n = A.$$

Quand on aura pu déterminer les valeurs de y qui vérifieront la dernière équation, on déduira de chaque valeur de y, par des extractions successives de racines carrées, un nombre de valeurs de z égal à 2^k.

Considérons le cas particulier où A étant une quantité réelle, positive ou négative, on a $n = 3$; l'équation (11) est alors

$$(12) \qquad y^3 = A.$$

Supposons qu'on ait extrait par les procédés de l'Arithmétique la racine cubique de la valeur absolue de A, et désignons par a cette racine cubique prise avec le signe de A ; on aura $A = a^3$, de sorte que l'équation (12) pourra s'écrire ainsi :

$$y^3 = a^3, \quad \text{ou} \quad y^3 - a^3 = 0.$$

On a vu que $y^3 - a^3$ est divisible par $y - a$ (n° 81), et que le quotient est $y^2 + ay + a^2$; il suit de là que l'équation $y^3 - a^3 = 0$ revient à celle-ci :

$$(y - a)(y^2 + ay + a^2) = 0 ;$$

D'ailleurs, on sait que, pour qu'un produit de facteurs réels ou imaginaires soit réduit à zéro, il suffit et il faut que l'un des facteurs devienne nul (n° 208). On obtiendra donc toutes les racines de l'équation $y^3 - a^3 = 0$ en résolvant séparément les deux équations ci-après :

$$y - a = 0, \quad y^2 + ay + a^2 = 0.$$

L'équation $y - a = 0$ donne $y = a$, et en résolvant l'équation $y^2 + ay + a^2 = 0$ on trouve

$$y = \frac{-a \pm \sqrt{-3a^2}}{2} \quad \text{ou} \quad y = \left(\frac{-1 \pm \sqrt{3}\sqrt{-1}}{2}\right) \times a.$$

On voit donc qu'une quantité réelle a trois racines cubiques ; l'une de ces racines est réelle, et les deux autres sont des expressions imaginaires.

Si l'on suppose en particulier $A = 1$, on aura aussi $a = 1$; on obtient ainsi pour les trois racines cubiques de l'unité

$$1, \quad \frac{-1 + \sqrt{3}\sqrt{-1}}{2}, \quad \frac{-1 - \sqrt{3}\sqrt{-1}}{2}.$$

En comparant les trois dernières expressions avec celles qu'on a obtenues pour les racines cubiques de A, on voit que celles-ci se déduisent des racines cubiques de l'unité en les multipliant par la racine cubique réelle de A.

Si l'on veut reconnaître *à posteriori* comment l'expression $\frac{1}{2}(-1 + \sqrt{3}\sqrt{-1})$ est une racine cubique de l'unité, il faudra élever cette expression au cube ; en l'élevant d'abord au carré, on a pour résultat l'expression $\frac{1}{2}(-1 - \sqrt{3}\sqrt{-1})$, et en multipliant ce résultat par $\frac{1}{2}(-1 + \sqrt{3}\sqrt{-1})$, on trouve pour produit l'unité. On s'assurera de même que le cube de $\frac{1}{2}(-1 - \sqrt{3}\sqrt{-1})$ est aussi égal à l'unité.

Ces derniers calculs montrent que chacune des deux racines cubiques imaginaires de l'unité est le carré de l'autre ; de sorte que si l'on représente, pour abréger, l'une de ces racines par α, l'autre sera représentée par α^2 ; et si l'on continue de désigner par a la racine cubique réelle de A, les trois racines cubiques de A seront a, $a\alpha$, $a\alpha^2$.

Si l'on veut avoir les racines sixièmes d'une quantité positive $+A^2$, il suffira, d'après ce qui a été dit (n° **213**), de prendre les racines carrées de chacune des racines cubiques de A^2. En représentant par a^2 la valeur absolue de la racine cubique de A^2, les trois racines cubiques de cette quantité sont a^2, $a^2\alpha$, $a^2\alpha^2$. Les racines carrées de a^2 sont $\pm a$, celles de $a^2\alpha^2$ sont $\pm a\alpha$; pour trouver les racines carrées de $a^2\alpha$, on remarque que la relation $\alpha^3 = 1$ donne $\alpha^4 = \alpha$, d'où il suit que les racines carrées de $a^2\alpha$ sont $\pm a\alpha^2$. Les racines sixièmes de A^2 sont donc $\pm a$, $\pm a\alpha$, $\pm a\alpha^2$.

On parvient à la même conséquence en remarquant que si l'on pose l'équation

$$z^6 = A^2,$$

on pourra écrire cette équation comme il suit :

$$z^6 - A^2 = 0, \quad \text{ou} \quad (z^3 - A)(z^3 + A) = 0;$$

de sorte que l'on obtiendra toutes les valeurs de z en résolvant séparément les deux équations

$$z^3 - A = 0, \quad z^3 + A = 0;$$

ce qui reviendra à prendre les racines cubiques de chacune des quantités $+A$ et $-A$. La racine cubique réelle de A étant a, celle de $-A$ sera $-a$, et les valeurs de z déterminées par les deux équations $z^3 - A = 0$, $z^3 + A = 0$ seront comme ci-dessus $+a$, $+a\alpha$, $+a\alpha^2$, $-a$, $-a\alpha$, $-a\alpha^2$.

215. On verra dans la suite que les observations que nous venons de présenter sur les racines d'une quantité s'étendent aux racines de tous les degrés; de sorte qu'une quantité réelle, ou même une expression de la forme $p+q\sqrt{-1}$ a toujours m racines du degré m, toutes les déterminations imaginaires de ces racines étant de la forme $p+q\sqrt{-1}$.

Résolution générale de l'équation du 3e degré.

216. Une équation du 3e degré à une inconnue peut contenir, avec la troisième puissance de l'inconnue, les puissances inférieures, et un terme indépendant de l'inconnue; mais comme il sera démontré dans la suite qu'on peut toujours ramener la résolution d'une équation à celle d'une autre qui ne renferme pas la puissance de l'inconnue immédiatement inférieure au degré de l'équation, nous supposerons que cette réduction a été opérée ; et, pour éviter les fractions, nous présenterons l'équation du 3ᵉ degré sous cette forme

$$(1) \qquad x^3 + 3px + 2q = 0.$$

Nous supposerons d'ailleurs que p et q sont des quantités réelles.

Si l'on fait

$$x = y + z,$$

on pourra écrire l'équation résultante comme il suit :

$$y^3 + z^3 + 3(yz + p)(y + z) + 2q = 0.$$

Cette dernière équation est évidemment vérifiée quand on pose

$$yz + p = 0 \quad \text{et } y^3 + z^3 + 2q = 0.$$

Celles-ci donnent

$$y^3z^3 = -p^3, \quad y^3 + z^3 = -2q ;$$

on conclut de ces deux équations que y^3 et z^3 sont les deux racines de l'équation

$$t^2 + 2qt - p^3 = 0 ;$$

de sorte que l'on a

$$y^3 = -q + \sqrt{q^2 + p^3}, \quad z^3 = -q - \sqrt{q^2 + p^3},$$

et puisque $x = y + z$, la formule des valeurs de x est celle-ci :

$$(2) \qquad x = \sqrt[3]{-q + \sqrt{q^2 + p^3}} + \sqrt[3]{-q - \sqrt{q^2 + p^3}}.$$

Si l'on n'avait point égard aux valeurs algébriques des radicaux, la formule (2) ne déterminerait qu'une seule valeur de x ; mais chaque radical cubique ayant trois déterminations, la somme des deux radicaux fournira neuf expressions différentes. Il est facile de voir que ces neuf expressions ne peuvent pas toutes convenir à l'équation proposée ; car les valeurs de y et z doivent vérifier les deux équations $yz = -p$, $y^3 + z^3 = -2q$; or la première équation ayant été remplacée par $y^3z^3 = -p^3$, et toute quantité ayant trois racines cubiques, l'équation $y^3z^3 = -p^3$ comporte, pour le produit yz, trois déterminations différentes; et si l'on représente, comme dans le n° **214**, les racines cubiques imaginaires de l'unité par α et α^2, les trois valeurs de yz correspondantes à $y^3z^3 = -p^3$ sont $yz = -p$, $yz = -p\alpha$, $yz = -p\alpha^2$. La formule (2) doit donc donner à la fois les racines de l'équation (1) et celles des équations qu'on obtiendrait en remplaçant p soit par $p\alpha$, soit par $p\alpha^2$; or comme p est une quantité réelle, il faudra, pour n'obtenir que les racines de l'équation (1), exclure toutes les combinaisons des deux radicaux cubiques formées avec des valeurs dont le produit sera imaginaire.

Lorsque la quantité $q^2 + p^3$ est positive, chaque radical cubique admet une détermination réelle. Représentons, pour abréger, celle du premier radical par A, et celle du second par B; les trois déterminations du premier radical seront A, αA, α^2A, et celles du second seront B, αB, α^2B. Or, en multipliant successivement les trois premières quantités par les trois dernières, et en observant 1°. que α et α^2 sont des expressions imaginaires, 2°. que $\alpha^3 = 1$, et que α^4 est imaginaire, puisque, à cause de $\alpha^3 = 1$, on a $\alpha^4 = \alpha$, on voit que l'on n'obtient que trois produits réels, savoir $A \times B$, $\alpha A \times \alpha^2 B$, $\alpha^2 A \times \alpha B$. Il suit de là que l'on doit seulement admettre pour x les trois valeurs ci-après :

$$A + B, \quad \alpha A + \alpha^2 B, \quad \alpha^2 A + \alpha B.$$

La première valeur est réelle, et les deux autres sont imaginaires. On verra d'ailleurs dans la suite que l'équation ne peut pas admettre un plus grand nombre de racines.

Prenons pour exemple l'équation

$$x^3 - 6x - 9 = 0.$$

On a $p = -2$, $q = -\frac{9}{2}$, d'où $\sqrt{q^2 + p^3} = \frac{7}{2}$; ce qui donne

$$A = \sqrt[3]{-q + \sqrt{q^2 + p^3}} = \sqrt[3]{\tfrac{16}{2}} = 2,$$

$$B = \sqrt[3]{-q - \sqrt{q^2 + p^3}} = \sqrt[3]{\tfrac{2}{2}} = 1.$$

Ainsi les trois racines sont

$$x = 3,$$

$$x = -1 + \sqrt{3}\sqrt{-1} + \tfrac{1}{2}(-1 - \sqrt{3}\sqrt{-1}) = \tfrac{1}{2}(-3 + \sqrt{3}\sqrt{-1}),$$

$$x = -1 - \sqrt{3}\sqrt{-1} + \tfrac{1}{2}(-1 + \sqrt{3}\sqrt{-1}) = \tfrac{1}{2}(-3 - \sqrt{3}\sqrt{-1}).$$

On s'assurera aisément que ces trois valeurs de x vérifient en effet l'équation proposée.

Lorsque la quantité $q^2 + p^3$ est négative, ce qui exige que p soit négatif, les radicaux cubiques compris dans la formule (2) n'ont plus de détermination réelle, et les valeurs de x se trouvent compliquées d'imaginaires. Cependant il ne faut pas en conclure que l'équation n'a que des racines imaginaires; il sera au contraire démontré dans la suite que les racines sont toutes réelles. Mais si l'on voulait faire usage de la formule (2), pour obtenir les racines, il faudrait la débarrasser des imaginaires; et l'on ne peut y parvenir qu'en exprimant chaque radical cubique par une suite composée d'un nombre infini de termes : c'est ce qu'on appelle le *cas irréductible* du troisième degré.

On a un exemple de ce cas en prenant l'équation

$$x^3 - 21x + 20 = 0,$$

il faut faire dans la formule (2) $p = -7$, $q = 10$; on trouve ainsi

$$x = \sqrt[3]{-10 + 9\sqrt{-3}} + \sqrt[3]{-10 - 9\sqrt{-3}}.$$

Il est facile de s'assurer que l'équation a trois racines réelles; car elle est vérifiée quand on remplace x par chacun des nombres 1, 4 et -5.

Dans les cas où la quantité $q^2 + p^3$ est positive, la formule (2) présente encore une imperfection, qui consiste en ce qu'elle peut ne donner pour la racine réelle qu'une expression embarrassée de radicaux, quoique la racine soit rationnelle. On a un exemple de ce cas en prenant l'équation

$$x^3 - 6x - 40 = 0.$$

Il faut faire dans la formule (2) $p=-2$, $q=-20$, ce qui conduit à

$$x=\sqrt[3]{20+14\sqrt{2}}+\sqrt[3]{20-14\sqrt{2}}.$$

La racine réelle se trouve ainsi exprimée sous une forme irrationnelle; cependant elle est commensurable, car l'équation est vérifiée quand on fait $x=4$.

Pour déduire de la formule (2) la valeur exacte de la racine, lorsqu'elle est rationnelle, il faudrait exécuter sur chacun des radicaux cubiques compris dans la formule une transformation analogue à celle que nous avons exposée au sujet de l'expression $\sqrt{a+\sqrt{b}}$; mais cette transformation dépend elle-même de la recherche d'une racine rationnelle d'une équation du troisième degré.

Lorsque l'on a $q^2+p^3=0$, les quantités que nous avons exprimées par A et B sont égales l'une et l'autre à la valeur réelle de $\sqrt[3]{-q}$; et comme $\alpha+\alpha^2=-1$, on trouve

$$A+B=2\sqrt[3]{-q},\quad A\alpha+B\alpha^2=-\sqrt[3]{-q},\quad A\alpha^2+B\alpha=-\sqrt[3]{-q}.$$

Ainsi, les trois racines de l'équation sont réelles, et deux d'entre elles sont égales.

CHAPITRE HUITIÈME.

PROPOSITIONS SUR LES NOMBRES. PROPORTIONS. PROGRESSIONS. FRACTIONS CONTINUES.

Propositions sur les nombres premiers, les diviseurs des nombres, et les fractions irréductibles.

217. Théorème. *Si un nombre* p *divise un produit* ab *de deux facteurs, et s'il est premier avec* a, *il doit diviser* b.

Soit $a > p$, et supposons qu'on opère sur les nombres a et p, comme si l'on voulait trouver leur plus grand commun diviseur ; nommons q, q', etc., les quotients successifs qui résultent de cette opération, et r, r', etc., les restes successifs ; on aura

$$a = pq + r, \quad p = rq' + r', \text{etc.}$$

En multipliant chacune de ces égalités par b, et les divisant ensuite par p, il vient

$$\frac{ab}{p} = bq + \frac{rb}{p}, \quad b = \frac{br}{p} \times q' + \frac{r'b}{p}, \text{ etc.}$$

D'après la première égalité, puisque $\frac{ab}{p}$ est un nombre entier, il faut que $\frac{br}{p}$ soit aussi un nombre entier ; d'après la seconde égalité, $\frac{br}{p}$ étant un nombre entier, $\frac{br'}{p}$ doit être aussi un nombre entier ; ainsi de suite. Or, a et p étant premiers entre eux, l'un des restes r, r', etc., est égal à l'unité. Donc $\frac{b \times 1}{p}$ ou $\frac{b}{p}$ doit être un nombre entier.

La démonstration serait absolument la même si l'on avait $a < p$.

Corollaire i^er. Tout nombre premier p qui divise un produit $abcd$ divise un des facteurs de ce produit ; car si p ne divise pas a, il est premier avec a, donc il doit diviser bcd. De même, si p ne divise pas b, il est premier avec b, donc il doit diviser cd. Enfin, si p ne divise pas c, il doit diviser d.

Corollaire ii. Tout nombre premier qui divise a^m divise aussi a, car $a^m = a \times a \times a \times$ etc.

Corollaire iii. Lorsqu'un nombre n est divisible par plusieurs nombres d, d' d'', etc., tels que chacun d'eux est premier avec tous les autres, le nombre n est divisible par le produit $dd'd''$. En effet, n étant divisible par d, on a $n = dq$, et q est un nombre entier. Puisque d' divise n, il doit diviser dq ; or, d' est premier avec d, donc il doit diviser q. Il suit de là que l'on a $q = d'q'$, q' étant un nombre entier, ce qui donne $n = dd'q'$; le nombre n est donc divisible par dd'. En continuant ces raisonnements, on prouvera que n est divisible par $dd'd''$.

218 Théorème ii. *Un nombre* N *ne peut être décomposé en facteurs premiers que d'une seule manière.*

Soit $N = abcd\ldots$, les lettres a, b, c, d, etc. désignant des facteurs premiers égaux ou inégaux. Si l'on avait aussi $N = \alpha\beta\gamma\delta\ldots$, en désignant par α, β, γ, δ, etc. d'autres facteurs premiers, il en résulterait $abcd\ldots = \alpha\beta\gamma\delta\ldots$. D'après cette égalité, α doit diviser le produit $abcd$, donc il doit diviser un des facteurs ; or, tous ces facteurs sont premiers ; par conséquent, il faut que l'un d'eux soit égal à α. Supposons $a = \alpha$; en supprimant ces facteurs égaux, on obtiendra une nouvelle égalité au moyen de laquelle on prouvera que β doit être égal à l'un des facteurs b, c, d, etc. ; ainsi de suite. Les facteurs des deux produits sont donc égaux chacun à chacun.

Corollaire i^er. Supposons que l'on ait $N = a^n b^p c^q$, les facteurs a, b, c, étant premiers, et les exposants n, p, q étant des nombres entiers positifs, il est évident que le nombre N aura pour diviseurs tous les produits qu'on pourra former avec les puissances des facteurs premiers a, b, c, marquées par les exposants depuis o jusqu'à n pour le premier facteur, depuis o jusqu'à p pour le second, depuis o jusqu'à q pour le troisième; de plus, le nombre N n'aura pas d'autres diviseurs que ces produits, autrement ce nombre se décomposerait de plusieurs manières en facteurs premiers. On conclut facilement de là que l'on aura tous les diviseurs de N, en calculant tous les termes du produit ci-dessous :

$$(1+a+a^2+\ldots+a^n)(1+b+b^2+\ldots+b^p)(1+c+c^2+\ldots+c^q).$$

Ces termes seront tous différents; car il ne s'en trouvera pas deux qui soient composés des mêmes facteurs premiers affectés des mêmes exposants. Par conséquent, le nombre des diviseurs de N, en y comprenant l'unité et le nombre N, est

$$(n+1)(p+1)(q+1).$$

Corollaire ii. On voit, en se reportant au n° 81, que $1+a+a^2+\ldots+a^n$ est le quotient de $a^{n+1}-1$ par $a-1$; par conséquent la somme des diviseurs du nombre N est exprimée par

$$\frac{a^{n+1}-1}{a-1}\times\frac{b^{p+1}-1}{b-1}\times\frac{c^{q+1}-1}{c-1}.$$

Corollaire iii. Il résulte de ce qui a été dit dans le corollaire 1er, que les diviseurs communs à plusieurs nombres ne peuvent contenir que des facteurs premiers communs à ces nombres. Par conséquent le plus grand commun diviseur de plusieurs nombres est le produit de tous les facteurs premiers, égaux ou inégaux, communs à ces nombres.

Corollaire iv. Il résulte aussi de ce qui a été dit dans le corollaire 1er, que, pour qu'un nombre soit divisible par plusieurs nombres donnés, il faut qu'il renferme tous les facteurs premiers égaux ou inégaux contenus dans ces nombres. Par conséquent, le plus petit nombre exactement divisible par plusieurs nombres donnés est le produit de tous les facteurs premiers différents qui entrent dans ces nombres, chaque facteur étant affecté de l'exposant qu'il a dans le nombre où son exposant est le plus fort.

On peut aussi former le plus petit nombre entier divisible par plusieurs nombres donnés, en n'employant que le procédé du plus grand commun diviseur. Soient a et b deux nombres, et d leur plus grand commun diviseur; on aura $a = a'd$, $b = b'd$, les quotients a' et b' étant des nombres entiers premiers entre eux. Soit A un nombre divisible par a; on aura $A = a'dq$, d'où $\frac{A}{b} = \frac{a'q}{b'}$. On voit par la seconde égalité que, pour que A soit aussi divisible par b, il faudra que b' divise $a'q$, et puisque les nombres b' et a' sont premiers entre eux, b' devra diviser q. Il suit de là que A sera le plus petit nombre divisible par a et par b, si l'on pose $q = b'$, ce qui donne $A = a'b'd$.

Pour trouver le plus petit nombre divisible par trois nombres a, b, c, on cherchera d'abord le plus petit nombre A divisible par a et b, et ensuite le plus petit nombre divisible par A et c. S'il y avait plus de trois nombres, on agirait de la même manière.

219. Théorème III. *Lorsque les deux termes d'une fraction sont premiers entre eux, la fraction est irréductible.*

Soit $\frac{A}{B}$ une fraction dont les deux termes sont premiers entre eux. Pour que cette fraction ne fût pas irréductible, il faudrait qu'elle fût égale à une fraction $\frac{a}{b}$ exprimée en termes moindres. Or, si l'on avait $\frac{A}{B} = \frac{a}{b}$, il en résulterait $\frac{Ab}{B} = a$, donc B devrait diviser Ab; et comme B est premier avec A, il devrait diviser b, ce qui est impossible, puisque, par hypothèse, b est moindre que B.

220. Théorème IV. *Pour qu'une fraction soit égale à une fraction irréductible, il faut que les deux termes de la pre-*

mière fraction soient respectivement égaux aux deux termes de la seconde multipliés par un même nombre entier.

Soit $\frac{a}{b}$ une fraction irréductible. Si l'on a $\frac{A}{B}=\frac{a}{b}$, il en résultera $A=\frac{aB}{b}$; or, d'après la seconde égalité, b qui est premier avec a doit diviser B; et si l'on pose $B=bm$, en désignant par m un nombre entier, on conclut de la même égalité $A=am$.

Corollaire. Pour que deux fractions irréductibles soient égales, il faut que les numérateurs soient égaux, ainsi que les dénominateurs.

Sur les caractères de divisibilité des nombres par certains diviseurs.

221. Les caractères de divisibilité des nombres par les diviseurs 2, 3, 5, 9, 11, que l'on explique dans les Traités d'Arithmétique, sont renfermés dans une proposition générale qui s'applique à tous les systèmes de numération.

Soit N un nombre entier, écrit dans le système de numération dont la base est b. Concevons qu'on ait partagé ce nombre, en allant de droite à gauche, en tranches de m chiffres chacune, sauf la dernière qui pourra en avoir moins; et soient, en allant aussi de droite à gauche, A, B, C, D... ces tranches considérées comme autant de nombres isolés. On aura

$$N=A+Bb^m+Cb^{2m}+Db^{3m}+\ldots;$$

or, on peut mettre cette expression du nombre N sous les trois formes qui suivent:

$$N=b^m(B+Cb^m+Db^{2m}+\ldots)+A,$$
$$N=[B(b^m-1)+C(b^{2m}-1)+D(b^{3m}-1)+\ldots]$$
$$+(A+B+C+D+\ldots),$$
$$N=[B(b^m+1)+C(b^{2m}-1)+D(b^{3m}+1)+\ldots]$$
$$+(A+C+\ldots)-(B+D+\ldots).$$

Les premières parties de ces trois expressions de N sont respectivement divisibles par b^m, $b^m - 1$, $b^m + 1$ (*voyez* le n° 81) ; et de là résultent les conséquences ci-après.

1°. *Dans tout système de numération, le reste de la division d'un nombre par un diviseur quelconque de la* m^{ième} *puissance de la base du système, est le même que celui qu'on obtient en divisant sa première tranche de* m *chiffres à droite par ce diviseur.*

2°. *Dans tout système de numération, le reste de la division d'un nombre par un diviseur quelconque de la* m^{ième} *puissance de la base, diminuée d'une unité, est le même que celui qu'on obtient en divisant la somme des tranches de* m *chiffres par ce diviseur.*

3°. *Dans tout système de numération, le reste de la division d'un nombre par un diviseur quelconque de la* m^{ieme} *puissance de la base, augmentée d'une unité, est le même que celui qu'on obtient en divisant par le même diviseur la somme des tranches de* m *chiffres de rangs impairs, moins la somme des tranches de* m *chiffres de rangs pairs.*

Par conséquent, pour que la première division soit possible, il suffira, dans chaque cas, que la seconde, plus simple, se fasse exactement.

Pour appliquer les deux derniers caractères de divisibilité à un diviseur donné, il faudra d'abord chercher la plus faible puissance de la base du système de numération, qui, divisée par le diviseur proposé, donnera pour reste $+1$ ou -1.

Supposons, par exemple, que l'on veuille connaître les caractères de divisibilité des nombres écrits dans le système décimal, par chacun des nombres 37 et 7. On divisera les puissances successives de 10 par 37, et par 7 ; on trouvera que 1000 divisé par 37 donne pour reste $+1$, et que 1000 divisé par 7 donne pour reste -1. On en conclura que la divisibilité d'un nombre par 37 dépend de la divisibilité par 37 de la somme des tranches de trois chiffres ; et que la divisibilité d'un nombre par 7 dépend de la divisibilité par 7 de la somme des tranches de trois chiffres de rangs impairs, moins la somme des tranches de trois chiffres de rangs pairs.

En supposant $m=1$, on retombe sur les caractères connus de divisibilité par 2, 3, 5, 9 et 11.

Nous avons extrait cet article des *Annales de Mathématiques*, rédigées par M. Gergonne.

Ce serait ici le lieu de donner diverses propositions intéressantes sur les diviseurs des nombres et les nombres premiers; mais le lecteur pourra consulter à ce sujet les *Leçons d'Algèbre* de M. Lefébure de Fourcy. Ceux qui voudront connaître les travaux des géomètres sur les propriétés des nombres devront recourir à la *Théorie des nombres* de Legendre, et à l'ouvrage intitulé, *Disquisitiones arithmeticæ* de Gauss, qui a été traduit par M. Poullet-Delisle.

Propositions sur les racines. — Méthode abrégée pour extraire la racine carrée d'un nombre.

222. Théorème v. *La racine d'un degré quelconque d'un nombre entier ne peut être qu'un nombre entier ou un nombre incommensurable.*

Pour démontrer ce théorème, il s'agit de faire voir qu'une racine d'un nombre entier ne peut jamais être une fraction. Or, si la racine du degré m d'un nombre entier a était une fraction $\frac{b}{c}$, qu'on pourrait toujours supposer irréductible, on aurait $\frac{b^m}{c^m}=a$: il faudrait donc que b^m fût divisible par c^m. Mais b et c étant premiers entre eux, b^m et c^m sont aussi premiers entre eux; car si un facteur premier divisait à la fois b^m et c^m, ce facteur premier devrait diviser b et c. La fraction $\frac{b^m}{c^m}$ ne peut donc pas être égale à un nombre entier. L'hypothèse que l'on a établie ne peut donc pas être admise.

223. Théorème vi. *Pour que la racine du degré* m *d'une* *fraction irréductible soit commensurable, il faut que les deux termes de la fraction soient des puissances exactes du degré* m.

Soit $\frac{a}{b}$ une fraction irréductible. Si la racine du degré m de cette fraction est exprimée par une fraction $\frac{c}{d}$, qu'on pourra toujours supposer irréductible, on aura $\frac{a}{b}=\frac{c^m}{d^m}$. Or, la fraction $\frac{c}{d}$ étant irréductible, il en est de même de la fraction $\frac{c^m}{d^m}$; et puisque $\frac{a}{b}$ est pareillement une fraction irréductible, l'égalité ci-dessus ne peut exister qu'autant que l'on a $a=c^m$ et $b=d^m$ (n° **220**).

224. Lemme i. *Les puissances successives d'un nombre* A *plus grand que l'unité sont de plus en plus grandes, et elles croissent au-delà de toute limite.*

De ce que l'on a $A>1$, on conclut immédiatement $A^2>A, A^3>A^2, \ldots A^{m+1}>A^m$.

En outre, si l'on pose $A-1=B$, on aura $A^2-A>B$ et *à fortiori* $A^3-A^2>B \ldots A^m-A^{m-1}>B$. En ajoutant toutes ces relations membre à membre (n° **165**), on trouve $A^m-1>mB$, ou $A^m>1+mB$. Or, on peut toujours prendre m assez grand pour que $1+mB$ surpasse toute quantité donnée; car l'inégalité $1+mB>H$ est vérifiée quand on pose $m>\frac{H-1}{B}$. On peut donc toujours trouver une valeur de m telle que A^m soit plus grand qu'une quantité donnée.

225. Lemme ii. *Les puissances successives d'un nombre* a *plus petit que l'unité sont de plus en plus petites, et elles s'approchent indéfiniment de zéro.*

De ce que l'on a $a<1$, on conclut immédiatement $a^2<a, a^3<a^2, \ldots a^{m+1}<a^m$.

En outre, si l'on pose $A = \frac{1}{a}$, A sera plus grand que l'unité, et on aura $a = \frac{1}{A}$, d'où $a^m = \frac{1}{A^m}$. Il suit de là que h étant une quantité donnée aussi petite que l'on voudra, la relation $a^m < h$ sera vérifiée si l'on a $\frac{1}{A^m} < h$, ou $A^m > \frac{1}{h}$. Or, d'après le théorème précédent, on peut toujours assigner une valeur de m qui satisfasse à cette dernière condition.

226. Théorème vii. *La racine du degré* m *d'un nombre diffère d'autant moins de l'unité que le degré* m *est plus grand, et l'on peut prendre* m *assez grand pour que cette racine diffère de l'unité d'une quantité aussi petite qu'on le veut.*

Considérons d'abord un nombre A plus grand que l'unité. Soient α la racine du degré m de A, et β la racine du degré $m+n$ du même nombre; les nombres α et β seront nécessairement plus grands que 1, et l'on aura $\alpha^m = \beta^{m+n} = \beta^m \times \beta^n$; donc $\alpha^m > \beta^m$, et par conséquent $\alpha > \beta$.

Soit ε une quantité donnée aussi petite qu'on le voudra; si l'on prend pour m une valeur telle qu'on ait $(1+\varepsilon)^m > A$ (nº **224**), la racine du degré m de A sera moindre que $1+\varepsilon$.

Considérons maintenant un nombre a, moindre que l'unité. Soient α la racine du degré m de a, et β la racine du degré $m+n$ du même nombre; les nombres α et β seront nécessairement plus petits que 1, et l'on aura $\alpha^m = \beta^{m+n} = \beta^m \times \beta^n$; donc $\alpha^m < \beta^m$, et par conséquent $\alpha < \beta$.

Soit encore ε une quantité donnée aussi petite qu'on le voudra; si l'on prend pour m une valeur telle qu'on ait $(1-\varepsilon)^m < a$ (nº **223**), la racine du degré m de a sera plus grande que $1-\varepsilon$.

Le théorème est donc démontré.

227. Théorème viii. *Lorsqu'on a trouvé une partie* a *de la racine carrée d'un nombre entier* n, *composée de plus de la moitié des chiffres de la racine, à partir du chiffre des plus hautes unités, la quantité qu'il faut ajouter à* a *pour avoir la racine* *à moins d'une unité, est égale à la partie entière du quotient que l'on trouve en divisant le reste* $n - a^2$ *par* $2a$.

Supposons par exemple que le nombre n dont on demande la racine carrée soit 2354973285267, la racine doit être composée de 7 chiffres, et l'on trouve 1534 pour le nombre formé des quatre premiers chiffres; en sorte que $a = 1534000$. Le reste $n - a^2$ est 1817285267, et la division de ce reste par 2×1534000 donne pour quotient 592; il en résulte que la racine est 1534592 à moins d'une unité.

Pour démontrer l'exactitude de cette règle, représentons par $a+b$ la valeur de la racine du nombre n, on aura

$$n = a^2 + 2ab + b^2, \quad \text{d'où} \quad \frac{n - a^2}{2a} = b + \frac{b^2}{2a};$$

si l'on désigne par q le quotient de la division de $n - a^2$ par $2a$, et par r le reste, il viendra

$$b = q + \frac{r}{2a} - \frac{b^2}{2a}.$$

La partie a qui est formée des plus hautes unités de la racine, contient autant de chiffres qu'il doit s'en trouver dans la racine, et, par hypothèse, le nombre des chiffres de la partie entière de b est moindre que la moitié du nombre des chiffres de la racine. Il suit de là que la partie entière de b^2 a moins de chiffres que a; donc $\frac{b^2}{2a}$ est une quantité moindre que l'unité. D'ailleurs $\frac{r}{2a}$ est aussi moindre que l'unité. Donc le nombre entier q est la valeur de b à moins d'une unité.

Scolie. Lorsque le nombre n est un carré, la quantité b est un nombre entier; or, la différence de deux nombres entiers ne peut pas être une fraction; par conséquent, il faut que l'on ait $r = b^2$: dans ce cas, l'égalité ci-dessus donne $b = q$, et par suite on a aussi $r = q^2$.

Quand le nombre n n'est pas un carré, la valeur approchée q peut être plus petite ou plus grande que b. Supposons

$q < b$: il faudra que l'on ait $r > b^2$, et *à fortiori*, $r > q^2$. Soit au contraire $q > b$, il faudra que l'on ait $r < b^2$, et *à fortiori* $r < q^2$.

Il résulte de ces observations que, réciproquement, si l'on a $r = q^2$, $a + q$ est la valeur exacte de la racine ; si l'on a $r > q^2$, cette valeur est approchée par défaut ; et si l'on a $r < q^2$, cette valeur est approchée par excès.

Dans l'exemple ci-dessus, le reste de la division de 1817285267 par 2×1534000 est 1029267 : ce nombre est plus grand que le carré de 592 ; par conséquent, 1534592 est le nombre entier immédiatement inférieur à la racine du nombre proposé.

Des Proportions.

228. Quoique les propriétés des proportions soient démontrées dans les traités d'Arithmétique, nous allons les reproduire rapidement, afin qu'on puisse juger combien l'exposition de ces propriétés se simplifie au moyen des notations algébriques.

229. Considérons d'abord la proportion arithmétique ou par différence, qu'on exprime ainsi :

$$a \,.\, b : c \,.\, d.$$

Cette proportion n'est autre chose que l'égalité

$$a - b = c - d;$$

or on conclut de cette égalité

$$a + d = b + c, \quad d = b + c - a, \quad c = a + d - b.$$

Par conséquent, *dans une équidifférence, la somme des extrêmes est égale à celle des moyens ; un extrême est égal à la somme des moyens diminuée de l'autre extrême, et un moyen est égal à la somme des extrêmes diminuée de l'autre moyen.*

L'égalité $a + d = b + c$ donne $a - b = c - d$. Donc, *lorsque la somme de deux nombres est égale à celle de deux autres nombres, ces quatre nombres forment une équidifférence, les deux parties de l'une des sommes étant les extrêmes, et les deux parties de l'autre somme étant les moyens.*

La proportion continue par différence $a \,.\, x : x \,.\, b$ donne $2x = a + b$, d'où $x = \frac{1}{2}(a + b)$; donc *la moyenne arithmétique entre deux nombres est égale à la moitié de leur somme.*

230. Considérons maintenant la proportion géométrique ou par quotient, qu'on exprime ainsi :

$$a : b :: c : d.$$

Cette proportion n'est autre chose que l'égalité

$$\frac{a}{b} = \frac{c}{d};$$

or on conclut de cette égalité

$$ad = bc, \quad d = \frac{cb}{a}, \quad c = \frac{ad}{b}.$$

Par conséquent, *dans une proportion par quotient, le produit des extrêmes est égal au produit des moyens ; le quatrième terme est égal au produit des moyens divisé par le premier terme ; et chaque moyen s'obtient en divisant le produit des extrêmes par l'autre moyen.*

L'égalité $ad = bc$ donne $\frac{a}{b} = \frac{c}{d}$; par conséquent, *lorsque le produit de deux nombres est égal au produit de deux autres nombres, ces quatre nombres forment une proportion dans laquelle les deux facteurs de l'un des produits sont les extrêmes, et les deux facteurs de l'autre produit sont les moyens.*

L'égalité $ad = bc$ donne indifféremment les huit proportions

$$a : b :: c : d, \quad a : c :: b : d, \quad d : b :: c : a, \quad d : c :: b : a,$$
$$b : a :: d : c, \quad b : d :: a : c, \quad c : d :: a : b, \quad c : a :: d : b.$$

Les quatre proportions de la première ligne montrent que, *si quatre nombres sont en proportion, ils le seront encore lorsqu'on transposera les moyens ou les extrêmes.*

Les quatre proportions de la seconde ligne montrent qu'*une proportion n'est pas altérée, quand on met les extrêmes à la place des moyens, et les moyens à la place des extrêmes.*

La proportion continue $a : x :: x : b$ donne $x^2 = ab$, d'où $x = \sqrt{ab}$; par conséquent, *la moyenne géométrique ou proportionnelle entre deux nombres est égale à la racine carrée du produit de ces nombres.*

De l'égalité $\frac{a}{b} = \frac{c}{d}$ on conclut $\frac{a}{b} = \frac{cm}{dm}$, et aussi $\frac{a}{c} = \frac{b}{d}$, d'où $\frac{a}{c} = \frac{bm}{dm}$; ce qui donne les deux proportions

$$a : b :: cm : dm, \quad a : c :: bm : dm \text{ ou } a : bm :: c : dm.$$

On voit par là que l'*on peut multiplier ou diviser un extrême et un moyen par un même nombre, sans que la proportion soit troublée.*

Si l'on a les deux proportions

$$a : b :: c : d, \quad a : b :: c' : d',$$

on pourra les écrire ainsi :

$$\frac{a}{b} = \frac{c}{d}, \quad \frac{a}{b} = \frac{c'}{d'} ;$$

or on conclut de ces égalités

$$\frac{c}{d} = \frac{c'}{d'}, \quad \text{ou} \quad c : d :: c' : d'.$$

Donc, lorsque *deux proportions ont un rapport commun, les deux autres rapports sont en proportion.*

Si l'on a les proportions

$$a : b :: c : d, \quad a : e :: c : f,$$

ou bien celles-ci, qui leur sont équivalentes,

$$b : a :: d : c, \quad e : a :: f : c,$$

on en conclura, suivant ce qui a été dit plus haut,

$$a : c :: b : d, \quad a : c :: e : f ;$$

donc

$$b : d :: e : f \quad \text{ou} \quad b : e :: d : f.$$

On voit par là que, *lorsque deux proportions ont les mêmes antécédents ou les mêmes conséquents, les conséquents ou les antécédents sont en proportion.*

En écrivant, au lieu de la proportion $a : b :: c : d$, l'égalité équivalente $\frac{a}{b} = \frac{c}{d}$, on conclut de cette égalité

$$\frac{a}{b} \pm 1 = \frac{c}{d} \pm 1, \quad \text{ou bien} \quad \frac{a \pm b}{b} = \frac{c \pm d}{d},$$

ce qui donne les deux proportions

$$a + b : b :: c + d : d, \quad a - b : b :: c - d : d.$$

Ces deux proportions et la proportion $a : b :: c : d$, donnent, en vertu des propriétés qui ont déjà été établies,

$$a+b:a::c+d:c, \quad a-b:a::c-d:c, \quad a+b:a-b::c+d:c-d.$$

Il résulte de là que, *dans toute proportion, le 1er antécédent plus ou moins son conséquent est à ce conséquent comme le 2e antécédent plus ou moins son conséquent est à ce conséquent; le 1er antécédent plus ou moins son conséquent est au 1er antécédent comme le 2e antécédent plus ou moins son conséquent est au 2e antécédent; la somme des deux premiers termes est à leur différence comme la somme des deux derniers termes est à leur différence.*

En remplaçant la proportion $a : b :: c : d$ par celle-ci, qui lui est équivalente, $a:c::b:d$, et en appliquant à cette seconde proportion les propriétés qui viennent d'être énoncées, on trouve

$$a \pm c : b \pm d :: c : d :: a : b,$$
$$a + c : b + d :: a - c : b - d;$$

ce qui montre que *la somme ou la différence des antécédents est à la somme ou à la différence des conséquents comme un antécédent est à son conséquent; et la somme des antécédents est à celle des conséquents comme la différence des antécédents est à celle des conséquents.*

Si l'on a la suite de rapports égaux

$$a : b :: c : d :: e : f :: g : h :: \text{etc.},$$

on aura, en désignant par q la raison du premier rapport

$$\frac{a}{b} = q, \quad \frac{c}{d} = q, \quad \frac{e}{f} = q, \text{ etc. };$$

d'où

$$a = bq, \quad c = dq, \quad e = fq, \quad \text{etc.},$$

$$a + c + e + \text{etc.} = (b + d + f + \text{etc.})q,$$

$$\frac{a + c + e + \text{etc.}}{b + d + f + \text{etc.}} = q = \frac{a}{b} = \frac{c}{d} = \text{etc.},$$

$$a + c + e + \text{etc.} : b + d + f + \text{etc.} :: a : b :: c : d :: \text{etc.}$$

Par conséquent, *dans une suite de rapports égaux, la somme des antécédents est à la somme des conséquents comme un antécédent est à son conséquent.*

En écrivant, au lieu des proportions

$$a : b :: c : d, \quad a' : b' :: c' : d', \quad a'' : b'' :: c'' : d'',$$

les égalités équivalentes

$$\frac{a}{b} = \frac{c}{d}, \quad \frac{a'}{b'} = \frac{c'}{d'}, \quad \frac{a''}{b''} = \frac{c''}{d''},$$

on conclut de ces égalités

$$\frac{aa'a''}{bb'b''} = \frac{cc'c''}{dd'd''}, \quad \text{ou} \quad aa'a'' : bb'b'' :: cc'c'' : dd'd''.$$

Par conséquent, *lorsqu'on multiplie plusieurs proportions par ordre, les produits forment une proportion.*

On conclut aussi de l'égalité $\frac{a}{b} = \frac{c}{d}$

$$\frac{a^m}{b^m} = \frac{c^m}{d^m}, \quad \text{et} \quad \frac{\sqrt[m]{a}}{\sqrt[m]{b}} = \frac{\sqrt[m]{c}}{\sqrt[m]{d}};$$

par conséquent,

$$a^m : b^m :: c^m : d^m, \quad \sqrt[m]{a} : \sqrt[m]{b} :: \sqrt[m]{c} : \sqrt[m]{d};$$

ce qui montre que *les puissances ou les racines du même degré de quatre nombres en proportion sont aussi en proportion.*

Des progressions arithmétiques ou par différence.

231. On donne le nom de *progression arithmétique ou par différence*, à une suite de termes tels que chaque terme est égal au précédent augmenté d'une quantité constante. Cette quantité constante se nomme la *raison* de la progression.

Suivant que la raison est positive ou négative, la progression est *croissante* ou *décroissante*.

Pour marquer que les nombres a, b, c, etc. forment une progression par différence, on les écrit quelquefois de cette manière :

$$\div a \,.\, b \,.\, c \,.\, d \,.\, \text{etc.}$$

Cette notation est imitée de celle qu'on emploie pour les proportions par différence, parce que trois termes consécutifs quelconques de la progression forment une proportion continue par différence.

Si l'on représente par r la raison de la progression ci-dessus, et par l le $n^{ième}$ terme, c'est-à-dire le terme qui en a $n-1$ avant lui, on aura

$$b = a + r, \quad c = a + 2r, \quad d = a + 3r,$$

et en général,

$$(1) \qquad l = a + (n-1)r.$$

La dernière relation fait connaître l'une des quatre quantités a, r, n, l, lorsque les trois autres sont connues.

Si l'on veut *insérer entre deux nombres donnés* a *et* l *un nombre* m *de moyens différentiels ou arithmétiques*, on aura, d'après la relation (1),

$$r = \frac{l-a}{m+1};$$

donc, *pour obtenir la raison, il faut diviser la différence des deux nombres donnés par le nombre des moyens augmenté de* 1.

Nommons S la somme des termes de la progression ; on aura

$$S = a + (a + r) + (a + 2r) \ldots + (l - 2r) + (l - r) + l,$$

et en considérant les termes dans l'ordre inverse,

$$S = l + (l - r) + (l - 2r) \ldots + (a + 2r) + (a + r) + a.$$

En ajoutant ces deux égalités membre à membre et terme à terme, et désignant toujours par n le nombre des termes de la progression, on trouve

$$2S = (a + l)n; \quad \text{d'où} \quad (2) \ldots S = \frac{(a + l)n}{2}.$$

Par conséquent, *la somme des termes d'une progression par différence est égale à la demi-somme des termes extrêmes répétée autant de fois qu'il y a de termes dans la progression.*

En remplaçant l, dans la formule (2), par la valeur que fournit l'équation (1), on trouve

$$(3) \qquad S = \frac{[2a + (n - 1)r]n}{2}.$$

232. Lorsque l'on connaîtra trois des cinq quantités a, r, n, l, S, on pourra déterminer les deux autres, au moyen des équations (1) et (2) ou (1) et (3).

En choisissant de toutes les manières deux inconnues, parmi les cinq quantités a, r, n, l, S, on aura à résoudre dix problèmes qui offriront au lecteur un exercice utile. On vérifiera aisément l'exactitude des résultats que l'on obtiendra dans chacun de ces problèmes, en attribuant aux quantités connues des valeurs déduites d'une progression numérique choisie à volonté.

Lorsque le nombre n des termes est inconnu, la question n'est possible qu'autant qu'on trouve pour n une valeur entière et positive.

Les équations (1) et (2) expriment toutes les relations que la progression peut fournir entre les cinq quantités a, r, n, l, S; car, si l'on obtenait une troisième équation entre ces quantités, il s'ensuivrait que, deux de ces quantités étant données, on pourrait trouver les trois autres; or on voit immédiatement que, lorsqu'on ne donne que deux des quantités ci-dessus, la progression est toujours indéterminée.

Des progressions géométriques ou par quotient.

233. On donne le nom de *progression géométrique ou par quotient*, à une suite de termes tels que chaque terme est égal au précédent multiplié par une quantité constante. Cette quantité constante se nomme la *raison* de la progression.

Suivant que la raison est plus grande ou plus petite que l'unité, la progression est *croissante* ou *décroissante*.

Pour marquer que les nombres a, b, c, etc., forment une progression par quotient, on les écrit de cette manière :

$$\div\!\div\; a : b : c : d : \text{etc.}$$

Cette notation est imitée de celle qu'on emploie pour les proportions par quotient, parce que trois termes consécutifs quelconques de la progression forment une proportion continue par quotient.

En représentant par r la raison de la progression ci-dessus, et par l le $n^{ième}$ terme, c'est-à-dire le terme qui en a $n-1$ avant lui, on a

$$b = ar, \quad c = ar^2, \quad d = ar^3;$$

et en général,

$$(1) \qquad l = ar^{n-1}.$$

La dernière relation fait connaître l'une des quatre quantités a, r, n, l, lorsque les trois autres sont connues.

Si l'on veut *insérer* m *moyens géométriques entre deux*

nombres donnés a *et* l, on aura, d'après la relation (1),

$$r = \sqrt[m+1]{\frac{l}{a}};$$

donc, *pour obtenir la raison, il faut diviser les deux nombres donnés l'un par l'autre, et extraire du quotient la racine dont le degré est marqué par le nombre des moyens augmenté de* 1.

Nommons S la somme des termes de la progression; on aura

$$(2) \qquad S = a + ar + ar^2 \ldots + ar^{n-1},$$

et en multipliant les deux membres par r, il viendra

$$rS = ar + ar^2 + ar^3 \ldots + ar^{n-1} + ar^n.$$

En retranchant ces deux égalités l'une de l'autre, on trouve

$$(r-1)S = ar^n - a, \quad \text{d'où} \quad (3) \qquad S = \frac{a(r^n-1)}{r-1};$$

et en remplaçant, dans la dernière équation ar^{n-1} par l, on a cette autre formule

$$(4) \qquad S = \frac{lr-a}{r-1}.$$

Il est facile de reconnaître *à posteriori* que la fraction $\frac{a(r^n-1)}{r-1}$ exprime la somme des n premiers termes de la progression dont le premier terme est a, et dont la raison est r; car, en effectuant la division de $r^n - 1$ par $r-1$, et multipliant le quotient par a, on retrouve le second membre de l'équation (2).

234. Lorsque l'on connaîtra trois des cinq quantités a, r, n, l, S, on pourra trouver les deux autres au moyen de l'équation (1) jointe à l'une des équations (2), (3) et (4).

En choisissant les deux inconnues de toutes les manières possibles, on aura à résoudre dix problèmes différents. Mais la plupart de ces problèmes exigent la connaissance des méthodes que nous exposerons dans la suite ; car, lorsque l'une des inconnues est le nombre des termes, il faut résoudre une équation dans laquelle cette inconnue est en exposant ; et lorsque les inconnues sont a et r, ou l et r, on a à résoudre une équation qui est du degré n, quand on prend les équations (1) et (3) ou (1) et (4), et du degré $n-1$ quand, au lieu de l'équation (3) ou (4), on prend l'équation (2).

On voit aussi, comme dans le n° 232, que les équations (1) et (3) expriment toutes les relations que la progression peut fournir entre les cinq quantités a, r, n, l, S.

235. Lorsqu'on fait $r=1$ dans la formule (3), il vient $S=\frac{0}{0}$. Mais si l'on effectue d'abord la division de r^n-1 par $r-1$, on est ramené à l'équation (2), et en supposant $r=1$, on obtient pour S la valeur déterminée $S=na$.

Quand la raison étant inconnue, on se sert, pour la déterminer, de l'équation (3), on trouve que cette équation est vérifiée par $r=1$; car, en chassant le dénominateur, l'hypothèse $r=1$ réduit les deux membres à zéro. On évite la solution $r=1$, qui est généralement étrangère à la question, en faisant usage de l'équation (2) au lieu de l'équation (3).

236. Occupons-nous actuellement du cas où la progression est décroissante et se prolonge indéfiniment.

La formule (3) donne

$$S=\frac{a(1-r^n)}{1-r}=\frac{a}{1-r}-\frac{ar^n}{1-r}.$$

Or, à mesure que le nombre n augmente, comme on a $r<1$, la quantité $\frac{ar^n}{1-r}$ devient de plus en plus petite ; et l'on peut prendre n assez grand pour que $\frac{ar^n}{1-r}$ ait une valeur moindre que toute quantité donnée (n° 225). Par conséquent, à mesure que l'on prend plus de termes consécutifs de la progression, à partir de premier terme, la somme S approche de plus en plus de $\frac{a}{1-r}$; et l'on peut prendre assez de termes pour que la somme de ces termes diffère aussi peu qu'on le veut de $\frac{a}{1-r}$. On dit, par cette raison, que la somme d'un nombre quelconque de termes de la progression, à partir du premier terme, a pour *limite* la fraction $\frac{a}{1-r}$; et si l'on a à considérer la somme de tous les termes de la progression en nombre infini, cette somme doit être regardée comme *rigoureusement égale* à $\frac{a}{1-r}$.

Soit, par exemple, la progression

$$\div 1 : \tfrac{1}{2} : \tfrac{1}{4} : \tfrac{1}{8} : \text{etc.}$$

On a $a=1$, $r=\frac{1}{2}$, $\frac{a}{1-r}=2$; ainsi, la somme d'un nombre quelconque de termes consécutifs de la progression proposée, à partir du premier terme, est toujours inférieure à 2; elle approche d'autant plus de 2 que l'on prend plus de termes; et la somme de tous les termes de cette progression prolongée indéfiniment est égale à 2.

On peut parvenir aux mêmes conclusions par la seule inspection de la progression; car on voit immédiatement que la somme des deux premiers termes ne diffère de 2 que de $\frac{1}{2}$ ou $\frac{2}{4}$; on en conclut que la somme des trois premiers termes ne diffère du même nombre 2 que de $\frac{1}{4}$ ou $\frac{2}{8}$; que celle des quatre premiers termes ne diffère de 2 que de $\frac{1}{8}$; ainsi de suite. Donc, en général, la somme des n premiers termes ne diffère de 2 que d'une quantité égale à $\frac{1}{2^{n-1}}$. On peut donc prendre le nombre n assez grand pour que cette différence soit aussi petite qu'on le veut; et lorsque n est infini, cette différence doit être regardée comme nulle.

La formule qui donne la somme des termes d'une progression décroissante et indéfinie peut s'appliquer à la recherche de la valeur d'une fraction décimale périodique. Soit, par exemple, la fraction décimale

$$0,324\ 324\ 324 \text{ etc.}$$

Les différentes périodes forment une progression géométrique décroissante, dont la raison est $\frac{1}{1000}$; par conséquent la valeur de la fraction prolongée indéfiniment est égale au quotient de $\frac{324}{1000}$ par $1-\frac{1}{1000}$, ou $\frac{324}{999}$.

On retrouve ainsi la règle que l'on donne dans les Traités d'Arithmétique; et au moyen de cette règle, on découvre aisément celle qu'il faut suivre pour évaluer les fractions décimales périodiques, dans lesquelles la période ne commence pas immédiatement après la virgule.

Notions élémentaires sur la convergence et la divergence des séries.

237. On donne le nom de *série* à une suite de termes, en nombre infini qui dérivent les uns des autres suivant une loi déterminée. Quand une série est telle que la somme d'un nombre limité de termes, à partir du premier, s'approche de plus en plus d'une certaine limite fixe à mesure que le nombre de ces termes devient plus grand, de manière à pouvoir différer aussi peu qu'on le veut de cette limite, on dit que la série est *convergente*. Quand la somme d'un nombre limité de termes de la série, à partir du premier terme, ne converge vers aucune limite fixe, on dit que la série est *divergente*.

Il résulte de ce qui a été dit sur les progressions géométriques décroissantes prolongées indéfiniment qu'une semblable progression est une série convergente; par conséquent, toute série dont les termes décroissent plus rapidement que ceux d'une progression géométrique est aussi convergente.

Considérons, par exemple, la série ci-dessous

$$1,\quad \frac{1}{1},\quad \frac{1}{1.2},\quad \frac{1}{1.2.3},\ \ldots\ \frac{1}{1.2.3\ldots n},\ \text{etc.},$$

dans laquelle chaque terme se forme du terme précédent, en divisant celui-ci par le nombre qui en marque le rang.

Les termes de cette série qui occupent un rang supérieur à n sont

$$\frac{1}{1.2.3\ldots n},\quad \frac{1}{1.2\ldots n(n+1)},\quad \frac{1}{1.2\ldots n(n+1)(n+2)},\ \text{etc.};$$

ces termes sont donc respectivement inférieurs, à partir du second, aux termes correspondants de la progression géométrique

$$\frac{1}{1.2.3\ldots n},\quad \frac{1}{1.2.3\ldots n}\times\frac{1}{n},\quad \frac{1}{1.2.3\ldots n}\times\frac{1}{n^2},\ \text{etc.};$$

la somme de ces termes, pris en tel nombre que l'on voudra, sera donc toujours inférieure à la somme des termes correspondants de la progression géométrique; cette somme sera donc, à plus forte raison, moindre que la limite de la progression, qui est

$$\frac{1}{1.2.3\ldots n}\times\frac{1}{1-\frac{1}{n}}=\frac{1}{1.2.3\ldots(n-1)}\times\frac{1}{n-1}.$$

Or, cette dernière quantité décroît indéfiniment à mesure que n augmente. Par conséquent, l'erreur que l'on commet en prenant la somme d'un nombre limité de termes de la série proposée au lieu de la somme totale, est d'autant plus petite que le nombre de ces termes est plus grand, et cette erreur peut devenir moindre que toute quantité donnée; d'où il suit que la série est convergente.

La somme de tous les termes de cette série est souvent employée dans les parties élevées des Mathématiques; on la désigne par la lettre e. En ajoutant les n premiers termes, on obtient une valeur approchée du nombre e; et, d'après ce qui précède, l'erreur est moindre que

$$\frac{1}{1.2.3\ldots(n-1)}\times\frac{1}{n-1}.$$

Si l'on prend, par exemple, $n = 11$, on trouve approximativement

$$e = 2,7182818;$$

dans ce cas l'erreur est moindre que

$$\frac{1}{1.2.3.4.5.6.7.8.9.10} \times \frac{1}{10} \text{ ou } \frac{1}{36288000},$$

par conséquent elle n'influe pas sur les sept premières décimales.

238. Il est essentiel de remarquer que les termes d'une série peuvent décroître indéfiniment sans que la série soit convergente. Prenons, par exemple, la série

$$1, \frac{1}{2}, \frac{1}{3}, \frac{1}{4} \ldots \frac{1}{n}, \frac{1}{n+1}, \text{ etc.},$$

Les termes de cette série décroissent indéfiniment; mais en considérant la somme des termes à partir de $\frac{1}{n+1}$ jusqu'au terme $\frac{1}{2n}$, savoir,

$$\frac{1}{n+1} + \frac{1}{n+2} \ldots + \frac{1}{2n-1} + \frac{1}{2n},$$

on voit que, cette somme étant formée de n parties dont la dernière est moindre que chacune des précédentes, elle sera toujours supérieure, quel que soit n, au produit $n \times \frac{1}{2n} = \frac{1}{2}$. Il résulte de là que la somme de tous les termes qui suivent $\frac{1}{n}$ est formée d'un nombre infini de parties plus grandes que $\frac{1}{2}$, de sorte que cette somme a une valeur infinie. Par conséquent, la série est divergente.

Si, dans la série ci-dessus, on donne le signe — aux termes de rang pair, on obtiendra la suivante :

$$1, -\frac{1}{2}, +\frac{1}{3}, -\frac{1}{4}, \ldots \pm \frac{1}{n+1}, \text{ etc.}$$

Désignons la somme des termes de cette nouvelle série, à

partir du terme $\pm \frac{1}{n+1}$, par $\pm r_n$, savoir, par $+r_n$, si la fraction $\frac{1}{n+1}$ est affectée du signe $+$, et par $-r_n$, si cette fraction est affectée du signe $-$; on aura

$$r_n = \frac{1}{n+1} - \frac{1}{n+2} + \left(\frac{1}{n+3} - \frac{1}{n+4}\right) + \left(\frac{1}{n+5} - \frac{1}{n+6}\right) + \text{etc.},$$

ou, ce qui revient au même,

$$r_n = \frac{1}{n+1} - \left(\frac{1}{n+2} - \frac{1}{n+3}\right) - \left(\frac{1}{n+4} - \frac{1}{n+5}\right) - \text{etc.}$$

Cela posé, les différences $\frac{1}{n+3} - \frac{1}{n+4}$, $\frac{1}{n+5} - \frac{1}{n+6}$, etc., $\frac{1}{n+2} - \frac{1}{n+3}$, $\frac{1}{n+4} - \frac{1}{n+5}$, etc., étant toutes positives, la valeur absolue de la somme $\pm r_n$ sera comprise entre

$$\frac{1}{n+1} - \frac{1}{n+2} \quad \text{et} \quad \frac{1}{n+1};$$

d'ailleurs, ces deux dernières quantités décroissent indéfiniment à mesure que n augmente ; par conséquent la valeur numérique de la somme $\pm r_n$ décroît indéfiniment. La série est donc convergente.

On reconnaît, par des raisonnements semblables à ceux que nous venons d'employer, que toutes les fois que les termes d'une série sont alternativement positifs et négatifs, il suffit, pour que la série soit convergente, que les valeurs numériques des termes décroissent constamment et indéfiniment.

Des fractions continues.

239. On appelle en général *fraction continue* toute expression de cette forme :

$$a + \cfrac{\beta}{b + \cfrac{\gamma}{c + \cfrac{\delta}{d + \text{etc.}}}},$$

les quantités a, b, c, d, etc. et β, γ, δ, etc. étant des nombres entiers positifs ou négatifs.

En effectuant les calculs indiqués dans une semblable expression, on obtient pour résultat une fraction ordinaire qui est la valeur de la fraction continue.

Soit, par exemple, la fraction continue

$$3+\cfrac{2}{5+\cfrac{1}{1+\cfrac{3}{4}}};$$

on trouve successivement

$$1+\frac{3}{4}=\frac{7}{4},\quad \cfrac{1}{1+\cfrac{3}{4}}=\frac{4}{7},\quad 5+\cfrac{1}{1+\cfrac{3}{4}}=5+\frac{4}{7}=\frac{39}{7},$$

$$\cfrac{2}{5+\cfrac{1}{1+\cfrac{3}{4}}}=\frac{14}{39},\quad 3+\cfrac{2}{5+\cfrac{1}{1+\cfrac{3}{4}}}=3+\frac{14}{39}=\frac{131}{39}.$$

Nous ne considérerons que les fractions continues dans lesquelles les numérateurs β, γ, δ, etc. sont égaux à l'unité, et qui sont par conséquent de cette forme :

$$a+\cfrac{1}{b+\cfrac{1}{c+\cfrac{1}{d+\text{etc.}}}};$$

nous supposerons, de plus, que a, b, c, d, etc. sont des quantités positives.

240. Les fractions continues de cette dernière forme se présentent toutes les fois qu'il s'agit d'exprimer en nombres des quantités fractionnaires, ou des quantités irrationnelles dont on peut avoir la valeur approchée à moins d'une unité. En effet, supposons qu'on ait à évaluer une quantité quelconque x, qui ne soit pas exprimable par un nombre entier.

Si l'on cherche d'abord le nombre entier a qui approche le plus de la valeur de x, la différence $x - a$ sera une fraction plus petite que l'unité, qu'on pourra représenter par $\frac{1}{y}$, y étant un nombre plus grand que l'unité; si l'on cherche, de même, le nombre entier b, qui approche le plus de la valeur de y, la différence $y - b$ pourra être représentée par $\frac{1}{z}$, z étant un nombre plus grand que l'unité. En continuant ainsi, on aura

$$x = a + \frac{1}{y},\quad y = b + \frac{1}{z},\quad z = c + \frac{1}{u},\quad u = d + \frac{1}{v}, \text{ etc.};$$

d'où l'on conclut

$$x = a + \cfrac{1}{b + \cfrac{1}{c + \cfrac{1}{d + \text{etc.}}}}$$

Si, parmi les quantités y, z, u, v, etc., il s'en trouve une qui soit exprimée exactement par un nombre entier, la fraction continue se terminera. Dans le cas contraire, la fraction continue pourra être prolongée indéfiniment.

241. Supposons que la quantité x qu'on veut mettre en fraction continue soit un nombre fractionnaire donné $\frac{A}{B}$, A et B étant des nombres entiers.

Le nombre entier qui approche le plus de cette quantité est le quotient de la division de A par B. Nommant a ce quotient et C le reste, on a

$$\frac{A}{B} = a + \frac{C}{B} = a + \frac{1}{\left(\frac{B}{C}\right)}.$$

Soient b le quotient de la division de B par C, et D le

reste, on a

$$\frac{B}{C} = b + \frac{D}{C} = b + \frac{1}{\left(\frac{C}{D}\right)}$$

Sans pousser plus loin cette explication, on voit que, *pour réduire une fraction ordinaire en fraction continue, il faut opérer sur les deux termes de cette fraction comme si l'on voulait trouver leur plus grand commun diviseur, en ayant soin de diviser d'abord le numérateur par le dénominateur. Si les quotients successifs qu'on obtient par cette opération sont* a, b, c, d, *etc.*, *la fraction continue est*

$$a + \cfrac{1}{b + \cfrac{1}{c + \cfrac{1}{d + \text{etc.}}}}$$

On trouve de cette manière

$$\frac{1103}{887} = 1 + \cfrac{1}{4 + \cfrac{1}{9 + \cfrac{1}{2 + \cfrac{1}{1 + \cfrac{1}{1 + \frac{1}{4}}}}}}.$$

Comme la recherche du plus grand commun diviseur de deux nombres conduit toujours à un reste nul, et par conséquent à un quotient qui est exprimé exactement par un nombre entier, il résulte de la règle ci-dessus que *toute quantité commensurable peut être exprimée par une fraction continue qui se termine.*

Réciproquement, *toute fraction continue qui se termine est l'expression d'une quantité commensurable.* Car, d'après ce qu'on a vu dans le n° **239**, quand une fraction continue est terminée, on peut toujours obtenir une fraction ordinaire qui en exprime exactement la valeur.

Il suit de là que, *lorsqu'on veut exprimer en fraction*

continue une quantité incommensurable, on doit obtenir une fraction continue qui se prolonge indéfiniment.

242. Pour donner un exemple de la réduction d'une quantité irrationnelle en fraction continue, prenons l'expression

$$\frac{3+\sqrt{7}}{2}.$$

La racine carrée de 7 étant comprise entre 2 et 3, la quantité proposée est comprise entre $\frac{5}{2}$ et $\frac{6}{2}$; ainsi, la partie entière de cette quantité est 2; on posera donc

$$\frac{3+\sqrt{7}}{2}=2+\frac{1}{y}.$$

On conclut de là

$$\frac{1}{y}=\frac{\sqrt{7}-1}{2},\quad y=\frac{2}{\sqrt{7}-1}=\frac{2(\sqrt{7}+1)}{6}=\frac{\sqrt{7}+1}{3}.$$

Puisque la racine carrée de 7 est comprise entre 2 et 3, la valeur de y est comprise entre $\frac{3}{3}$ et $\frac{4}{3}$; on posera donc

$$y=\frac{\sqrt{7}+1}{3}=1+\frac{1}{z}.$$

Cette relation donne

$$\frac{1}{z}=\frac{\sqrt{7}-2}{3},\quad z=\frac{3}{\sqrt{7}-2}=\sqrt{7}+2.$$

En continuant de la même manière, on trouve

$$z=\sqrt{7}+2=4+\frac{1}{u},$$

$$\frac{1}{u}=\sqrt{7}-2,\ u=\frac{1}{\sqrt{7}-2}=\frac{\sqrt{7}+2}{3}=1+\frac{1}{v},$$

$$\frac{1}{v}=\frac{\sqrt{7}-1}{3},\ v=\frac{3}{\sqrt{7}-1}=\frac{\sqrt{7}+1}{2}=1+\frac{1}{t},$$

$$\frac{1}{t}=\frac{\sqrt{7}-1}{2},\ t=\frac{2}{\sqrt{7}-1}=\frac{\sqrt{7}+1}{3},\ \text{ou } t=y.$$

D'après ces calculs, le développement de $\frac{3+\sqrt{7}}{2}$, en fraction continue est

$$2+\cfrac{1}{1+\cfrac{1}{4+\cfrac{1}{1+\cfrac{1}{1+\cfrac{1}{1+\cfrac{1}{4+\text{etc.}}}}}}},$$

cette fraction continue est périodique, car les quatre dénominateurs 1, 4, 1, 1, se reproduisent indéfiniment.

243. Considérons la fraction continue littérale

$$a+\cfrac{1}{b+\cfrac{1}{c+\cfrac{1}{d+\text{etc.}}}}$$

On trouve, au moyen des règles relatives aux fractions,

$$a=\frac{a}{1},\quad a+\frac{1}{b}=\frac{ab+1}{b},\quad a+\cfrac{1}{b+\cfrac{1}{c}}=\frac{(ab+1)c+a}{bc+1},$$

$$a+\cfrac{1}{b+\cfrac{1}{c+\cfrac{1}{d}}}=\frac{(abc+c+a)d+ab+1}{(bc+1)d+b},\quad \text{etc.}$$

Les fractions

$$\frac{a}{1},\quad \frac{ab+1}{b},\quad \frac{(ab+1)c+a}{bc+1},\quad \frac{(abc+c+a)d+ab+1}{(bc+1)d+b},\ \text{etc.},$$

sont désignées sous le nom de *fractions convergentes* ou de *réduites*. Les fractions $\frac{a}{1}$, $\frac{1}{b}$, $\frac{1}{c}$, etc., sont nommées *fractions intégrantes*, et les quantités a, b, c, etc., sont appelées quelquefois *quotients incomplets*. On verra bientôt la raison de ces différentes dénominations.

En examinant attentivement les réduites ci-dessus, on voit que, dans la troisième réduite, *le numérateur est le produit du numérateur de la réduite précédente par le dénominateur de la dernière fraction intégrante, augmenté du numérateur de la réduite qui précède de deux rangs; le dénominateur est pareillement le produit du dénominateur de la réduite précédente par le dénominateur de la dernière fraction intégrante, augmenté du dénominateur de la réduite qui précède de deux rangs.* On observe la même règle à l'égard de la quatrième réduite.

Pour démontrer que *cette règle s'applique généralement à toutes les réduites,* il suffit de faire voir que, si elle convient à trois réduites consécutives de rang quelconque, elle doit aussi convenir à la réduite suivante. A cet effet, considérons quatre réduites consécutives, que nous désignerons par

$$\frac{P}{P'},\quad \frac{Q}{Q'},\quad \frac{R}{R'},\quad \frac{S}{S'}.$$

Nommons r le dénominateur de la dernière fraction intégrante comprise dans $\frac{R}{R'}$, s le dénominateur de la dernière fraction intégrante comprise dans $\frac{S}{S'}$, et supposons que l'on ait $R = Qr + P$, $R' = Q'r + P'$. La réduite $\frac{S}{S'}$ peut se déduire de $\frac{R}{R'}$ en y remplaçant r par $r + \frac{1}{s}$. On aura donc

$$\frac{S}{S'} = \frac{Q\left(r+\frac{1}{s}\right)+P}{Q'\left(r+\frac{1}{s}\right)+P'} = \frac{s(Qr+P)+Q}{s(Q'r+P')+Q'} = \frac{Rs+Q}{R's+Q'}.$$

On voit par là que la réduite $\frac{S}{S'}$ se forme au moyen des réduites précédentes, suivant la règle énoncée ci-dessus.

Calculons, d'après cette règle, les réduites de la fraction continue

$$1+\cfrac{1}{4+\cfrac{1}{9+\cfrac{1}{2+\cfrac{1}{1+\cfrac{1}{1+\cfrac{1}{4}}}}}}.$$

On forme d'abord les deux premières réduites, et les autres s'obtiennent ensuite comme on le voit ci-dessous :

$$\begin{array}{ccccccc} & & 9 & 2 & 1 & 1 & 4 \\ \frac{1}{1}, & \frac{5}{4}, & \frac{46}{37}, & \frac{97}{78}, & \frac{143}{115}, & \frac{240}{193}, & \frac{1103}{887}. \end{array}$$

On écrit sur une même ligne les quotients incomplets successifs 9, 2, 1, 1, 4. On multiplie les deux termes 5 et 4 de la seconde réduite par 9, et l'on ajoute respectivement aux produits les termes 1 et 1 de la première réduite ; on a ainsi les deux termes 46 et 37 de la troisième réduite. On multiplie ces deux termes par 2, et l'on ajoute respectivement aux produits les deux termes 5 et 4 de la seconde réduite ; ce qui donne les deux termes 97 et 78 de la quatrième réduite. Ainsi de suite. La dernière réduite est toujours la valeur exacte de la fraction continue.

Lorsque la fraction continue n'a pas de partie entière, on prend $\frac{0}{1}$ pour la première réduite.

244. *La valeur de la fraction continue est comprise entre deux réduites consécutives quelconques.*

Reportons-nous à la fraction continue littérale que nous avons considérée dans le n° **243**, et désignons par x la valeur exacte de cette fraction continue. On voit immédiatement que la première réduite $\frac{a}{1}$ est plus petite que la quantité x, puisqu'on néglige la quantité $\frac{1}{b+\text{etc.}}$. La seconde réduite

$a+\frac{1}{b}$ est plus grande que x, puisqu'on néglige une partie du dénominateur $b+\frac{1}{c+\text{etc.}}$. On pourrait raisonner de la même manière pour les réduites suivantes; mais on peut aussi démontrer généralement la propriété énoncée, comme il suit.

En conservant les mêmes désignations que dans le n° 243, on a

$$\frac{R}{R'}=\frac{Qr+P}{Q'r+P'}.$$

Pour déduire la valeur de x de celle de $\frac{R}{R'}$, il suffirait de remplacer, dans l'expression de cette réduite, r par $r+\frac{1}{s+\text{etc.}}$. Nommons y cette dernière quantité, qui est toujours positive et plus grande que l'unité; on aura

$$x=\frac{Qy+P}{Q'y+P'},$$

d'où l'on conclut

$$x-\frac{P}{P'}=\frac{(QP'-Q'P)y}{(Q'y+P')P'},\quad x-\frac{Q}{Q'}=\frac{PQ'-QP'}{(Q'y+P')Q'}.$$

On voit par les deux dernières égalités que les deux différences $x-\frac{P}{P'}$, $x-\frac{Q}{Q'}$, sont des quantités de signes contraires; donc, si x est plus grand que $\frac{P}{P'}$, il sera moindre que $\frac{Q}{Q'}$; si, au contraire, x est plus petit que $\frac{P}{P'}$, il sera plus grand que $\frac{Q}{Q'}$. D'ailleurs, la première réduite $\frac{a}{1}$ est plus petite que x. Par conséquent, *toutes les réduites de rang impair sont moindres que la valeur de la fraction continue, et toutes les réduites de rang pair sont plus grandes que cette valeur.*

245. La valeur absolue de la différence $x - \frac{Q}{Q'}$ est moindre que celle de la différence $x - \frac{P}{P'}$; car y est plus grand que 1, et, d'après la règle du n° **243**, il est évident que Q' est plus grand que P'; par conséquent, *chaque réduite approche plus de la valeur de la fraction continue que la réduite précédente.* C'est cette propriété qui a fait donner aux réduites le nom de *fractions convergentes.*

Il résulte des deux théorèmes ci-dessus, que les réduites de rang impair forment une suite croissante, et que les réduites de rang pair forment une suite décroissante.

246. *La différence de deux réduites consécutives est égale à l'unité divisée par le produit des dénominateurs de ces deux réduites.*

On vérifie immédiatement l'exactitude de cette proposition à l'égard des deux premières réduites; car la différence de ces réduites est $\frac{ab+1}{b} - \frac{a}{1} = \frac{1}{b}$. D'après cela, pour démontrer que cette proposition s'applique à toutes les réduites, il suffit de prouver que, si elle est vraie pour deux réduites consécutives de rang quelconque, $\frac{P}{P'}$, $\frac{Q}{Q'}$, elle sera également vraie pour la réduite $\frac{Q}{Q'}$ et la réduite suivante $\frac{R}{R'}$. Or, on a

$$\frac{R}{R'} = \frac{Qr+P}{Q'r+P'}; \text{ donc } \frac{R}{R'} - \frac{Q}{Q'} = \frac{Qr+P}{Q'r+P'} - \frac{Q}{Q'} = \frac{PQ'-P'Q}{Q'(Q'r+P')};$$

par hypothèse, $\frac{Q}{Q'} - \frac{P}{P'} = \pm\frac{1}{P'Q'}$, d'où $P'Q - PQ' = \pm 1$;

donc $\frac{R}{R'} - \frac{Q}{Q'} = \mp\frac{1}{Q'R'}$, ou $RQ' - QR' = \mp 1$.

247. *Les réduites formées d'après la règle du n° **243** sont des fractions irréductibles.* Car si les deux termes de la réduite $\frac{P}{P'}$ avaient un facteur commun, il résulterait de l'égalité $P'Q - PQ' = \pm 1$, que ce facteur commun diviserait l'unité.

248. La valeur de la fraction continue étant comprise entre deux réduites consécutives quelconques $\frac{Q}{Q'}$, $\frac{R}{R'}$, la différence qui existe entre cette valeur et la réduite $\frac{Q}{Q'}$ est nécessairement moindre que la différence des fractions $\frac{R}{R'}$, $\frac{Q}{Q'}$; or on vient de voir que la valeur absolue de cette différence est $\frac{1}{R'Q'}$; par conséquent, *l'erreur que l'on commet en prenant une réduite pour la valeur approchée de la fraction continue, est moindre que l'unité divisée par le produit des dénominateurs de cette réduite et de la réduite suivante.*

On peut obtenir une limite de l'erreur qui ne dépende pas du dénominateur de la réduite qui suit celle que l'on considère; car on a $R'=Q'r+P'$, et le quotient incomplet r n'est jamais moindre que l'unité, par conséquent la fraction $\frac{1}{R'Q'}$ est au plus égale à $\frac{1}{Q'(Q'+P')}$; l'erreur est donc toujours moindre que cette dernière fraction.

Comme on a $\frac{1}{Q'(Q'+P')}<\frac{1}{Q'^2}$, on peut encore prendre pour limite de l'erreur $\frac{1}{Q'^2}$. Cette dernière limite est souvent préférée, à cause de sa simplicité.

Il suit de là qu'en représentant par $\frac{\alpha}{\beta}$ une fraction donnée, la réduite $\frac{Q}{Q'}$ exprimera la valeur de la fraction continue, à moins de cette fraction, si l'on a $\frac{1}{Q'^2}<\frac{\alpha}{\beta}$ ou bien $Q'>\sqrt{\frac{\beta}{\alpha}}$, le signe $>$ n'excluant pas l'égalité.

On peut toujours obtenir exactement, ou avec autant d'approximation qu'on le veut, la valeur d'une quantité exprimée en fraction continue. Car, lorsque la fraction continue se termine, on peut en exprimer la valeur par une fraction ordinaire ; et quand la fraction continue ne se termine pas, on peut toujours parvenir à une réduite dont le dénominateur soit assez grand pour que l'on obtienne l'approximation demandée, puisque les dénominateurs sont des nombres entiers, et qu'ils vont toujours en augmentant.

Pour obtenir une limite moindre que l'erreur, il suffit de remarquer que, la valeur totale x de la fraction continue étant comprise entre les réduites $\frac{Q}{Q'}$ et $\frac{R}{R'}$, et différant moins de $\frac{R}{R'}$ que de $\frac{Q}{Q'}$ (nos **244** et **245**), la différence entre x et $\frac{Q}{Q'}$ est plus grande que la moitié de la différence des deux réduites. Il suit de là que l'erreur que l'on commet en prenant la fraction $\frac{Q}{Q'}$ au lieu de x, est plus grande que $\frac{1}{2Q'R'}$.

249. Les limites de la différence entre la valeur de la fraction continue et une réduite $\frac{Q}{Q'}$, peuvent aussi se déduire de l'expression qu'on a formée dans le n° **244**, pour représenter la valeur de la fraction continue.

En effet, puisque l'on a $x = \frac{Qy + P}{Q'y + P'}$, il en résulte

$$x - \frac{Q}{Q'} = \frac{PQ' - QP'}{Q'(Q'y + P')}.$$

Or $PQ' - QP' = \pm 1$; et en désignant par r le dénominateur de la dernière fraction intégrante comprise dans la réduite qui suit $\frac{Q}{Q'}$, on a $y > r$ et $y < r + 1$. Il suit de là que l'on a

$$x - \frac{Q}{Q'} < \frac{1}{Q'(Q'r + P')} \quad \text{ou} \quad x - \frac{Q}{Q'} < \frac{1}{Q'R'},$$

$$x - \frac{Q}{Q'} > \frac{1}{Q'(Q'r + Q' + P')} \quad \text{ou} \quad x - \frac{Q}{Q'} > \frac{1}{Q'(R' + Q')}.$$

250. *Une réduite quelconque exprime la valeur de la fraction continue plus exactement que toute fraction dont le dénominateur est moindre que celui de cette réduite.*

Nommons toujours x la valeur exacte de la fraction continue ; et supposons qu'une fraction $\frac{m}{m'}$ approche plus de x qu'une des réduites $\frac{Q}{Q'}$. Il est clair que la proposition énoncée sera démontrée, si nous prouvons qu'on devra avoir $m' > Q'$.

Or, puisque la fraction $\frac{m}{m'}$ approche plus de x que $\frac{Q}{Q'}$, elle approchera aussi plus de x que la réduite qui précède $\frac{Q}{Q'}$, et que nous représenterons par $\frac{P}{P'}$; et puisque la valeur totale de la fraction continue est comprise entre $\frac{P}{P'}$ et $\frac{Q}{Q'}$, il faudra *à fortiori* que la fraction $\frac{m}{m'}$ soit comprise entre ces réduites.

Il suit de là que la valeur absolue de la différence des fractions $\frac{P}{P'}$ et $\frac{m}{m'}$ sera moindre que la valeur absolue de la différence des deux réduites ; de sorte que l'on aura

$$\frac{P}{P'} - \frac{m}{m'} < \frac{1}{P'Q'}, \quad \text{ou bien} \quad \frac{Pm' - P'm}{P'm'} < \frac{1}{P'Q'};$$

donc
$$Pm' - P'm < \frac{m'}{Q'}.$$

Mais, P, P', m et m' étant des nombres entiers, $Pm' - P'm$ est au moins égal à 1. On doit donc avoir $m' > Q'$.

On peut voir de la même manière que si la fraction $\frac{m}{m'}$, approche de x plus que $\frac{Q}{Q'}$, il faut que l'on ait $m > Q$. A cet effet on remarque d'abord que la fraction $\frac{m}{m'}$ devant être com prise entre $\frac{P}{P'}$ et $\frac{Q}{Q'}$, il s'ensuit que la fraction $\frac{m'}{m}$ devra être comprise entre $\frac{P'}{P}$ et $\frac{Q'}{Q}$. La démonstration s'achève ensuite comme ci-dessus.

281. *Toute fraction continue périodique exprime l'une des racines d'une équation du second degré, dont les coefficients sont commensurables.*

Pour démontrer cette proposition d'une manière générale, supposons une fraction continue formée d'une partie non périodique qui comprend les fractions intégrantes $\frac{a}{1}, \frac{1}{b}, \ldots, \frac{1}{k}, \frac{1}{l}$, et d'une partie périodique composée des fractions intégrantes $\frac{1}{m}, \frac{1}{n}, \ldots, \frac{1}{r}, \frac{1}{s}$, qui se reproduisent indéfiniment.

En représentant par y la valeur de la partie périodique, on aura

$$y = m + \cfrac{1}{n + \cdots + \cfrac{1}{r + \cfrac{1}{s + \cfrac{1}{y}}}}, \qquad x = a + \cfrac{1}{b + \cdots + \cfrac{1}{k + \cfrac{1}{l + \cfrac{1}{y}}}}.$$

Soient $\frac{R}{R'}$ et $\frac{S}{S'}$ les deux réduites de la valeur de y qui correspondent aux deux fractions intégrantes $\frac{1}{r}, \frac{1}{s}$, et soient $\frac{K}{K'}$ et $\frac{L}{L'}$ les deux réduites de la valeur de x qui correspondent aux deux fractions intégrantes $\frac{1}{k}, \frac{1}{l}$. On aura

$$y = \frac{Sy + R}{S'y + R'}, \quad x = \frac{Ly + K}{L'y + K'}.$$

Or, en éliminant y entre ces deux équations, on parvient à une équation du second degré en x.

Au lieu de résoudre l'équation du second degré qui résulte de l'élimination de x, et qui donne pour x deux valeurs, il est plus simple de résoudre l'équation

$$y = \frac{Sy + R}{S'y + R'} \quad \text{ou} \quad S'y^2 + (R' - S)y - R = 0.$$

Comme le dernier terme de cette équation est négatif, une des racines est négative ; on ne devra prendre que la racine positive, et au moyen de cette valeur de y, on obtiendra la valeur convenable de x.

On peut trouver, d'après les règles ordinaires, la signification de la valeur négative de y donnée par l'équation $S'y^2 + (R' - S)y - R = 0$.

Supposons pour plus de simplicité, que la fraction continue proposée soit celle-ci :

$$y = m + \cfrac{1}{n + \cfrac{1}{p + \cfrac{1}{m + \text{etc.}}}} \qquad \text{d'où} \qquad y = m + \cfrac{1}{n + \cfrac{1}{p + \cfrac{1}{y}}}.$$

Si l'on représente la valeur négative de y par $-y'$, on aura

$$-y' = m + \cfrac{1}{n + \cfrac{1}{p - \cfrac{1}{y'}}}.$$

Or, on déduit de là

$$y' + m = -\cfrac{1}{n + \cfrac{1}{p - \cfrac{1}{y'}}}, \qquad \frac{1}{y' + m} = -n - \cfrac{1}{p - \cfrac{1}{y'}}, \qquad n + \frac{1}{y' + m} = -\cfrac{1}{p - \cfrac{1}{y'}}$$

$$\cfrac{1}{n + \cfrac{1}{y' + m}} = -p + \frac{1}{y'}, \qquad p + \cfrac{1}{n + \cfrac{1}{y' + m}} = \frac{1}{y'},$$

$$y' = \cfrac{1}{p + \cfrac{1}{n + \cfrac{1}{m + y}}}, \qquad \text{ou bien} \qquad y' = \cfrac{1}{p + \cfrac{1}{n + \cfrac{1}{m + \cfrac{1}{p + \cfrac{1}{n + \text{etc.}}}}}}$$

Soit maintenant la fraction continue périodique mixte

$$x = a + \cfrac{1}{b + \cfrac{1}{m + \cfrac{1}{n + \cfrac{1}{p + \cfrac{1}{m + \text{etc.}}}}}}$$

En désignant par x' la valeur de x correspondante à la valeur négative de y, on aura

$$x' = a + \cfrac{1}{b - p - \cfrac{1}{n + \cfrac{1}{m + \cfrac{1}{p + \text{etc.}}}}}$$

Supposons $b > p$, et posons $b - p = k$ et $z = n + \cfrac{1}{m + \cfrac{1}{p + \text{etc.}}}$;

on aura

$$k - \frac{1}{z} = k - 1 + \frac{z - 1}{z} = k - 1 + \cfrac{1}{1 + \cfrac{1}{z - 1}};$$

par conséquent

$$x' = a + \cfrac{1}{k - 1 + \cfrac{1}{1 + \cfrac{1}{n - 1 + \cfrac{1}{m + \cfrac{1}{p + \text{etc.}}}}}}$$

Si l'on a $b < p$, on trouvera, en posant $p - b = k$,

$$x' = a - \cfrac{1}{k + \cfrac{1}{n + \cfrac{1}{m + \cfrac{1}{p + \text{etc.}}}}}$$

En opérant alors comme précédemment, on pourra ramener la valeur de x' à une fraction continue dont tous les termes seront positifs.

Lagrange a prouvé que *toute racine irrationnelle d'une équation du second degré dont les coefficients sont rationnels peut être représentée par une fraction continue périodique.* Mais la démonstration de cette proposition n'est pas de nature à être rapportée dans les Éléments. On pourra consulter à ce sujet le *Traité de la résolution des équations numériques.*

252. On a quelquefois besoin de réduire en fraction continue une quantité irrationnelle qui est déjà exprimée en décimales. Dans ce cas, comme la valeur en décimales ne peut être qu'approchée, on doit augmenter d'une unité le dernier caractère, afin d'obtenir deux limites entre lesquelles se trouve la vraie valeur de la quantité proposée : on fait à la fois le même calcul sur chacune de ces limites, et l'on n'admet dans la fraction continue que les quotients qui sont les mêmes dans les deux opérations.

Soit proposé, par exemple, d'exprimer par une fraction continue le rapport π de la circonférence au diamètre. En mettant en fraction continue les valeurs approchées de ce rapport exprimées avec cinq décimales, l'une en plus, l'autre en moins, et qui sont 3,14159 et 3,14160, on trouve, pour la première valeur, les quotients incomplets 3, 7, 15; et pour la seconde, les quotients incomplets 3, 7, 16. On en conclut aisément que les deux premiers quotients incomplets de la valeur de π en fraction continue, sont 3 et 7. Mais on ignore si le troisième quotient incomplet est 15 ou 16; de sorte que, pour prolonger la fraction continue au-delà de la seconde fraction intégrante, il faut prendre les valeurs de π avec un plus grand nombre de décimales.

CHAPITRE NEUVIÈME.

ANALYSE INDÉTERMINÉE DU PREMIER DEGRÉ.

Résolution en nombres entiers de l'équation $ax + by = c$.

253. L'analyse indéterminée du premier degré a pour objet la recherche des solutions d'un problème du premier degré qui ne fournit pas autant d'équations qu'il y a d'inconnues, lorsque l'on ne doit admettre pour les inconnues que des nombres entiers positifs ou négatifs, ou seulement des nombres entiers positifs.

Pour abréger, on appelle simplement *solutions entières*, celles dans lesquelles les valeurs des inconnues sont des nombres entiers.

254. Considérons l'équation générale du premier degré à deux inconnues

$$ax + by = c,$$

a, b, c étant des nombres entiers positifs ou négatifs.

On peut toujours supposer que les nombres a, b, c n'ont aucun facteur commun ; car s'ils en avaient un, on pourrait supprimer ce facteur, et l'équation serait ainsi ramenée à une autre plus simple, de la même forme. Cela posé, on voit immédiatement que, si les coefficients a et b ne sont pas premiers entre eux, l'équation n'admettra aucune solution entière. En effet, si a et b ont un facteur commun m, on aura $a = a'm$, $b = b'm$, a' et b' étant des nombres entiers, et en divisant les deux membres de l'équation par m, on obtiendra la suivante :

$$a'x + b'y = \frac{c}{m};$$

or, pour toutes les valeurs entières de x et de y, le premier membre de la dernière équation sera un nombre entier, et puisque $\frac{c}{m}$ est une quantité fractionnaire, l'équation ne sera pas satisfaite.

255. *Lorsque les coefficients* a *et* b *sont premiers entre eux, l'équation* $ax + by = c$ *a toujours des solutions entières.*

Pour le démontrer, supposons a, b et c positifs. En résolvant l'équation par rapport à x, on trouve

$$x = \frac{c - by}{a}.$$

Désignons par p un nombre assez grand pour qu'on ait $c = ap - c'$, c' devant être un nombre positif; la substitution de cette valeur de c donnera

$$x = p - \frac{c' + by}{a}.$$

Si l'on remplace successivement y par les nombres 0, 1, 2, 3,.... $a - 1$, la division de $c' + by$ par a fournira a restes tous plus petits que a; tous ces restes seront différents, car si l'on admettait que deux valeurs différentes m et n de y, plus petites que a, pussent conduire à des restes égaux, on aurait

$$c' + bm = aq + r, \quad c' + bn = aq' + r,$$

et il en résulterait

$$b(m - n) = a(q - q'), \quad \text{d'où} \quad \frac{b(m-n)}{a} = q - q';$$

il faudrait donc que $b(m - n)$ fût divisible par a, ce qui est impossible, puisque m et n sont moindres que a.

Il suit de là qu'un des restes de la division de $c' + by$ par a sera nul. Donc, il existe, à partir de zéro jusqu'à $a - 1$, une valeur entière de y qui donne pour x une valeur entière.

S'il s'agissait de l'équation $ax - by = c$, d'où $x = \frac{c+by}{a}$, on appliquerait immédiatement à la fraction $\frac{c+by}{a}$ les raisonnements qui viennent d'être faits sur la fraction $\frac{c'+by}{a}$.

On peut aussi remarquer que les solutions de l'équation $ax - by = c$ se déduisent des solutions de l'équation $ax + by = c$, en changeant les signes des valeurs de y : il suit de cette observation que, lorsqu'on a prouvé que la dernière équation admet une solution entière, on est en droit de conclure qu'il en est de même de la première.

256. La proposition qui vient d'être établie peut aussi être démontrée au moyen des propriétés des fractions continues.

Soit toujours l'équation

$$ax + by = c.$$

Supposons qu'on réduise $\frac{b}{a}$ en fraction continue, et représentons par $\frac{p}{q}$ l'avant-dernière réduite. Si cette réduite est de rang pair, on aura

$$ap - bq = +1, \quad \text{d'où} \quad apc - bqc = +c.$$

La dernière égalité prouve qu'on satisfera à l'équation donnée en posant $x = pc, y = -qc$.

Si la réduite $\frac{p}{q}$ est de rang impair, on aura

$$ap - bq = -1, \quad \text{d'où} \quad -apc + bqc = +c.$$

Par conséquent, on vérifiera l'équation donnée en posant $x = -pc$, $y = qc$.

237. *Quand on connaît une solution entière de l'équation* $ax + by = c$, *on peut en obtenir une infinité d'autres.*

Soit $x = \alpha$, $y = \beta$, la solution connue, on devra avoir $a\alpha + b\beta = c$; et en retranchant cette égalité de l'équation $ax + by = c$, il viendra

$$a(x - \alpha) = b(\beta - y).$$

Pour que cette dernière équation soit vérifiée par des valeurs entières de x et de y, il faut que b divise le produit $a(x - \alpha)$; et comme b est premier avec a, il doit diviser $x - \alpha$. Il faut donc qu'on ait $x - \alpha = bt$, t désignant un nombre entier positif ou négatif. En remplaçant, dans l'équation ci-dessus, $x - \alpha$ par bt, on obtient $\beta - y = at$. On doit donc avoir

$$x = \alpha + bt, \quad y = \beta - at.$$

L'indéterminée t pourra recevoir toutes les valeurs que l'on voudra en nombres entiers positifs ou négatifs; et, pour chacune de ces valeurs, les valeurs de x et de y formeront une solution entière de l'équation proposée.

On voit par les formules ci-dessus, qu'en donnant successivement à t les valeurs 0, 1, 2, etc., -1, -2, -3, etc., on obtiendra pour x les différents termes d'une progression arithmétique dont la raison sera le coefficient de y; et les valeurs de y formeront une progression arithmétique dont la raison sera le coefficient de x.

238. Au moyen de ce qui précède, on peut trouver toutes les solutions entières d'une équation du premier degré à deux inconnues. Soit, par exemple, l'équation

$$24x + 65y = 243.$$

En réduisant $\frac{65}{24}$ en fraction continue, et formant les réduites successives, on trouve que l'avant-dernière est $\frac{19}{7}$; et comme cette réduite est de rang pair, on a

$$24 \times 19 - 65 \times 7 = +1.$$

Cette relation donne

$$24 \times 19 \cdot 243 - 65 \times 7 \cdot 243 = 243,$$

ce qui montre que l'on satisfait à l'équation donnée en posant $x = 19 \times 243 = 4617$, $y = -7 \times 243 = -1701$; et il en résulte, d'après le n° **257**, que toutes les solutions entières de cette équation seront données par les formules

$$x = 4617 + 65t, \quad y = -1701 - 24t,$$

ou bien,

$$x = 4617 - 65t, \quad y = -1701 + 24t.$$

259. Il existe une méthode indépendante des propositions que nous venons d'établir, par laquelle on parvient directement aux formules qui donnent toutes les solutions entières d'une équation à deux inconnues.

Reprenons l'équation que nous venons de considérer

$$(1) \qquad 24x + 65y = 243.$$

En résolvant cette équation par rapport à l'inconnue x, qui est affectée du plus petit coefficient, et en extrayant les entiers contenus dans la valeur de x, on trouve

$$x = \frac{243 - 65y}{24} = 10 - 2y + \frac{3 - 17y}{24}.$$

Pour qu'une valeur entière de y détermine une valeur entière de x, il faut et il suffit que $\frac{3 - 17y}{24}$ soit un nombre entier. Désignons par t ce nombre entier indéterminé, on aura

$$(2) \quad \frac{3 - 17y}{24} = t, \quad \text{et} \quad (3) \quad x = 10 - 2y + t.$$

La recherche des solutions entières de l'équation (1) est alors ramenée à celle des solutions entières de l'équation (2), dans laquelle les coefficients des inconnues sont plus simples. On voit d'ailleurs qu'on ne peut obtenir une semblable réduction qu'en résolvant l'équation par rapport à l'inconnue affectée du plus petit coefficient.

En opérant sur l'équation (2) comme on a opéré sur la proposée, on trouve

$$y = \frac{3 - 24t}{17} = -t + \frac{3 - 7t}{17}.$$

Il faut donc que $\frac{3-7t}{17}$ soit un nombre entier. En désignant ce nombre entier par t', il vient

$$(4) \qquad \frac{3 - 7t}{17} = t', \quad (5) \qquad y = -t + t'.$$

La recherche des solutions entières de l'équation (2) est ainsi ramenée à celle des solutions entières de l'équation (4).

En continuant les calculs de la même manière, il vient d'abord

$$t = \frac{3 - 17t'}{7} = -2t' + \frac{3 - 3t'}{7},$$

$$(6) \qquad \frac{3 - 3t'}{7} = t'', \quad (7) \qquad t = -2t' + t''.$$

Il vient ensuite

$$t' = \frac{3 - 7t''}{3} = 1 - 2t'' - \frac{t''}{3},$$

$$(8) \qquad \frac{t''}{3} = t''', \quad (9) \qquad t' = 1 - 2t'' - t'''.$$

L'équation (8) donne

$$(10) \qquad t'' = 3t'''.$$

Comme le coefficient de t'' dans l'équation (10) est l'unité, on pourra attribuer à t''' une valeur entière quelconque, positive ou négative; on en déduira une valeur entière de t'', et l'on trouvera ensuite, au moyen des équations (9), (7), (5) et (3), les valeurs de t', t, y et x, qui seront toutes des nombres entiers. La question est donc résolue.

On peut obtenir les valeurs de y et de x exprimées au moyen de la dernière indéterminée t'''. En substituant la valeur $3t'''$ de t'' dans l'équation (9), on trouve $t' = 1 - 7t'''$. Substituant cette valeur de t' et la valeur de t'' dans l'équation (7), on trouve $t = -2 + 17t'''$. Substituant de même la valeur de t et celle de t' dans l'équation (5), on trouve $y = 3 - 24t'''$. Enfin on obtient de la même manière $x = 2 + 65t'''$. Les différents couples de valeurs de x et y se déduiront immédiatement des deux dernières formules, en attribuant à l'indéterminée t''' des valeurs entières quelconques, positives ou négatives.

Le procédé que nous venons d'employer suffit pour faire reconnaître que, toutes les fois que les coefficients des inconnues dans l'équation proposée sont premiers entre eux, l'équation admet des solutions entières. Car ce procédé conduit à opérer sur les coefficients des inconnues comme si l'on voulait trouver leur plus grand commun diviseur, et les coefficients des indéterminées dans les équations successives auxquelles on est conduit sont les restes successifs que fournit cette opération ; or un de ces restes est nécessairement égal à l'unité ; par conséquent, on fait toujours dépendre la recherche des solutions demandées de celle des solutions entières d'une dernière équation dans laquelle la pénultième indéterminée a pour coefficient l'unité, de sorte que, pour obtenir une valeur entière de cette pénultième indéterminée, il suffit d'attribuer une valeur entière à la dernière.

260. Les calculs auxquels donne lieu la méthode qu'on vient de développer sont susceptibles de plusieurs abréviations. Reprenons l'équation $24x + 65y = 243$, d'où l'on a tiré

$$x = \frac{243 - 65y}{24}.$$

Au lieu de prendre 2 pour le quotient en nombre entier de 65 par 24, ce qui donne le reste 17, on peut prendre 3 pour quotient ; le reste est alors -7, et il vient

$$x = 10 - 3y + \frac{3 + 7y}{24}.$$

En posant $\frac{3+7y}{24}=t$, on trouve

$$y=\frac{24t-3}{7}=3t+\frac{3t-3}{7}.$$

L'expression $\frac{3t-3}{7}$ doit être un nombre entier ; or cette expression revient à $\frac{3(t-1)}{7}$, et puisque les nombres 3 et 7 sont premiers entre eux, il faut que $t-1$ soit divisible par 7. Il suffit donc de poser $\frac{t-1}{7}=t'$, d'où l'on conclut

$$t=7t'+1.$$

En calculant les valeurs de x et de y, exprimées en fonction de t', d'après les relations $x=10-3y+t$, $y=3t+3t'$, $t=7t'+1$, on trouve $y=3+24t'$, $x=2-65t'$. Les deux dernières formules s'accordent avec celles que nous avons obtenues dans le numéro précédent, puisque les indéterminées t' et t''' peuvent recevoir indifféremment des valeurs positives et des valeurs négatives.

On peut encore rendre les calculs plus simples ; car, lorsqu'on a obtenu $x=10-3y+\frac{3+7y}{24}$, on voit que si l'on augmente de 1 le quotient de la division de 243 par 24, le reste sera -21 ; la partie fractionnaire de la valeur de y sera donc $\frac{7y-21}{24}$, ou $\frac{7(y-3)}{24}$; et comme 24 est premier avec 7, il faudra que $y-3$ soit divisible par 24. De cette manière, on trouve immédiatement $y-3=24t$, d'où $y=3+24t$, et $x=11-3y+7t=2-65t$.

261. Lorsque, dans l'équation $ax+by=c$, la quantité connue c et l'un des coefficients des inconnues ont un facteur commun, on peut immédiatement ramener l'équation à une autre plus simple. En effet, soit $a=a'm$, $c=c'm$, a' et c'

étant des nombres entiers ; l'équation proposée se réduit à

$$a'x + \frac{by}{m} = c'.$$

Pour que cette équation puisse être résolue en nombres entiers, il faut que by soit divisible par m; et comme b est nécessairement premier avec m, il faut que y soit divisible par m. D'après cela on pose $y = mz$, z étant une nouvelle inconnue, et l'on n'a plus à considérer que l'équation

$$a'x + bz = c'.$$

Cette simplification s'applique à l'exemple ci-dessus; car le coefficient de x et la quantité connue sont divisibles par 3. Si l'on pose en conséquence $y = 3z$, l'équation devient

$$8x + 65z = 81 ;$$

celle-ci donne

$$x = \frac{81 - 65z}{8} = 10 - 8z + \frac{1 - z}{8}.$$

On pose $\frac{1 - z}{8} = t$, d'où $z = 1 - 8t$; et en substituant la valeur de z dans l'équation précédente, et dans $y = 3z$, on parvient à $x = 2 + 65t$, $y = 3 - 24t$.

262. Les formules que nous avons obtenues en appliquant à l'équation $24x + 65y = 243$ les principes des n^{os} **256** et **257**, diffèrent des formules que nous avons tirées de la même équation dans les n^{os} **259** et **260**. Cependant il est facile de voir que ces diverses formules sont équivalentes; car si l'on reprend celles du n° **258**, savoir, $x = 4617 - 65t$, $y = -1701 + 24t$, en divisant 4617 par 65, et 1701 par 24, on trouve $4617 = 71 \times 65 + 2$, $1701 = 71 \times 24 - 3$; les deux formules ci-dessus peuvent donc s'écrire comme il suit :

$$x = 2 + 65(71 - t), \quad y = 3 - 24(71 - t);$$

et si l'on pose $71 - t = t'$, il vient

$$x = 2 + 65t', \quad y = 3 - 24t'.$$

263. La méthode que nous avons appliquée dans le n° 259 à une équation numérique, peut être développée sur l'équation générale

$$ax + by = c.$$

Supposons $a < b$. En résolvant l'équation par rapport à x, on trouve

$$x = \frac{c - by}{a};$$

Représentons par q le quotient de la division de b par a, et par r le reste ; on aura

$$b = aq + r, \quad x = -qy + \frac{c - ry}{a}.$$

Pour qu'une valeur entière de y donne pour x un nombre entier, il faut et il suffit que $\frac{c - ry}{a}$ soit un nombre entier, et en nommant t ce nombre entier indéterminé, on a

$$\frac{c - ry}{a} = t, \quad x = -qy + t.$$

En tirant la valeur de y de l'équation $c - ry = at$, en nommant q' le quotient de la division de a par r, et r' le reste, on a

$$a = rq' + r', \quad y = \frac{c - at}{r} = -q't + \frac{c - r't}{r}.$$

En raisonnant comme précédemment, on obtient ces nouvelles équations

$$\frac{c - r't}{r} = t', \quad y = -q't + t'.$$

Il est facile de voir que les opérations que l'on fait sur les nombres a et b sont celles qu'il faudrait faire pour trouver leur plus grand commun diviseur ; or ces nombres sont premiers entre eux ; on doit donc parvenir à un reste égal à l'unité. Supposons que ce reste soit fourni par la division de r

par r' ; on aura

$$r = r'q'' + 1, \quad t = \frac{c - rt'}{r'} = -q''t' + \frac{c - t'}{r'},$$

$$\frac{c - t'}{r'} = t'', \qquad t = -q''t' + t'', \quad t' = c - r't''.$$

Pour obtenir les valeurs de x et de y exprimées au moyen de la dernière indéterminée t'', on porte la valeur $c - r't''$ de t' dans l'équation $t = -q''t' + t''$, ce qui donne

$$t = -q''c + (q''r' + 1)t'' = -q''c + rt'';$$

on substitue de même les valeurs de t et de t' dans $y = -q't + t'$, ce qui conduit à

$$y = q'q''c + c - (rq' + r')t'' = c(q'q'' + 1) - at'';$$

enfin on porte les valeurs de y et de t dans $x = -qy + t$, et l'on obtient

$$x = -c(qq'q'' + q + q'') + (aq + r)t'' = -c(qq'q'' + q + q'') + bt''.$$

Ces résultats s'accordent avec le principe du n° 257. On voit en outre que les coefficients de c dans les valeurs de x et de y, sont les deux termes de la pénultième réduite de la fraction continue qui serait fournie par la fraction $\frac{b}{a}$.

264. Nous avons supposé jusqu'à présent qu'on voulait obtenir toutes les solutions en nombres entiers, positifs ou négatifs ; il faut aussi examiner le cas où l'on ne doit admettre que des solutions positives.

On peut toujours supposer que, dans l'équation générale à deux inconnues, la quantité toute connue est positive ; car si elle était négative, on la rendrait positive en changeant les signes des deux membres. D'après cette observation, toutes les équations du premier degré à deux inconnues sont renfermées dans les quatre équations ci-après :

$$\begin{aligned} ax + by &= c, \\ ax - by &= c, \\ -ax + by &= c, \\ -ax - by &= c, \end{aligned}$$

a, b, c, étant positifs

La seconde équation et la troisième présentent le même cas ; la quatrième équation ne peut pas avoir de solution positive ; il suffit donc de considérer les deux premières.

On a vu que, si l'on représente par α et β deux nombres entiers tels que l'équation $ax + by = c$ soit vérifiée quand on pose $x = \alpha$, $y = \beta$, toutes les solutions entières de cette équation sont données par les formules

$$x = \alpha + bt, \quad y = \beta - at, \qquad (\text{n}^\circ\ 257).$$

Pour que les valeurs de x et de y soient positives, il faut qu'on ait

$$\alpha + bt > 0, \quad \beta - at > 0, \quad \text{d'où} \quad t > -\frac{\alpha}{b}, \quad t < \frac{\beta}{a}.$$

On devra donc ne donner à t que les valeurs entières positives ou négatives qui seront comprises entre les limites $-\frac{\alpha}{b}$ et $\frac{\beta}{a}$. Il suit de là que le nombre des solutions entières positives sera limité ; cette conclusion était d'ailleurs facile à prévoir à l'inspection de l'équation. Quand il n'y aura aucun nombre entier compris entre les deux nombres $-\frac{\alpha}{b}$ et $\frac{\beta}{a}$, l'équation ne pourra être vérifiée par aucun couple de valeurs entières positives. On peut d'ailleurs remarquer que les inégalités $t > -\frac{\alpha}{b}$ et $t < \frac{\beta}{a}$ n'offrent par elles-mêmes rien de contradictoire ; car on a, par hypothèse, $a\alpha + b\beta = c$, et comme c est positif, il en résulte $a\alpha + b\beta > 0$, d'où $b\beta > -a\alpha$, et $\frac{\beta}{a} > -\frac{\alpha}{b}$.

Si l'on désigne par A le nombre entier positif ou négatif immédiatement inférieur à $-\frac{\alpha}{b}$, et par B le nombre entier immédiatement inférieur à $\frac{\beta}{a}$, les valeurs de t comprises entre $-\frac{\alpha}{b}$ et $\frac{\beta}{a}$ seront $A+1$, $A+2$, ... B; par conséquent le nombre de ces valeurs sera $B-A$. D'un autre côté, la différence des fractions $\frac{\beta}{a}$ et $-\frac{\alpha}{b}$ étant $\frac{b\beta+a\alpha}{ab}$ ou $\frac{c}{ab}$, le nombre entier $B-A$ pourra être plus grand ou plus petit que $\frac{c}{ab}$, mais il en différera d'une quantité plus petite que l'unité ; donc, si l'on désigne par q la partie entière du quotient de c par ab, la différence $B-A$ sera égale à q, ou à $q+1$. Le nombre des solutions entières positives de l'équation sera donc q ou $q+1$.

Considérons maintenant l'équation $ax-by=c$. Comme cette équation se déduit de la précédente en changeant y en $-y$, il suffira d'effectuer le même changement dans les formules ci-dessus, de sorte que l'on aura

$$x=\alpha+bt,\quad y=-\beta+at.$$

Pour que les valeurs de x et de y soient positives, il faut qu'on ait $t>-\frac{\alpha}{b}$ et $t>\frac{\beta}{a}$. Or il existe toujours un nombre infini de valeurs de t qui satisfont à ces deux inégalités ; car il suffit pour qu'elles soient vérifiées l'une et l'autre que t soit plus grand que la plus grande des deux quantités $-\frac{\alpha}{b}$ et $\frac{\beta}{a}$. On pourra donc obtenir un nombre infini de solutions entières positives.

Résolution en nombres entiers d'un système quelconque d'équations du premier degré, dans lequel le nombre des inconnues surpasse celui des équations.

265. Soient les deux équations générales

$$(1) \qquad ax + by + cz = d,$$
$$(2) \qquad a'x + b'y + c'z = d'.$$

En éliminant une des inconnues, z par exemple, on obtient l'équation

$$(3) \quad (ac' - ca')x + (bc' - cb')y = dc' - cd';$$

le système des équations (1) et (2) se trouve alors remplacé par celui des équations (1) et (3).

Si l'équation (3) admet des solutions entières, on déduira de cette équation les valeurs de x et de y exprimées en fonctions entières d'une indéterminée t; et la question sera réduite à trouver les valeurs entières de t, pour lesquelles les valeurs de x et de y sont telles qu'en les substituant dans l'équation (1) on obtienne une valeur entière de z. A cet effet on substituera dans l'équation (1) les valeurs de x et y en fonctions de t, ce qui conduira à une équation de la forme $mt + cz = k$. Si cette équation admet des solutions entières, elles seront données par des formules dans lesquelles z et t seront exprimées au moyen d'une indéterminée t'; et en substituant la valeur de t en fonction de t' dans les valeurs de x et de y déduites de l'équation (3), on aura les trois inconnues x, y, z, exprimées en fonctions entières de l'indéterminée t'.

Lorsque les coefficients c et c' sont premiers entre eux, il suffit que l'équation (3) admette des solutions entières pour que le système des équations (1) et (2) en admette aussi ; et, dans ce cas, chaque couple de valeurs entières de x et de y qui vérifient l'équation (3) donne, dans l'équation (1), une valeur entière de z. En effet, soit $x = p$, $y = q$, une solution entière de l'équation (3), on aura l'égalité

$$(ac' - ca')p + (bc' - cb')q = dc' - cd';$$

on tire de là

$$c'(d - ap - bq) = c(d' - a'p - b'q);$$

par hypothèse, c et c' sont premiers entre eux; donc c doit diviser $d - ap - bq$. Soit r le quotient de cette division, on aura $ap + bq + cr = d$, ce qui montre que l'équation (1) sera vérifiée par $x = p$, $y = q$, $z = r$.

Il suit de là que, dans le cas où c et c' sont premiers entre eux, lorsque l'on aura obtenu, au moyen de l'équation (3), les valeurs de x et de y exprimées en fonctions entières de t, la substitution de ces valeurs dans l'équation (1) conduira à une équation qui donnera immédiatement la valeur de z en fonction entière de t.

266. Prenons actuellement les trois équations numériques

$$\begin{aligned} 13x + 5y - 2z + 4u &= 2559, \\ 8x + 7y + 3z - 5u &= 1595, \\ 11x - 3y + 5z - 7u &= 2157. \end{aligned}$$

En éliminant u entre la première équation et chacune des deux autres, on obtient les deux équations

$$97x + 53y + 2z = 19175, \quad 135x + 23y + 6z = 26541.$$

L'observation qui vient d'être faite pourrait faire croire qu'on doit éliminer de préférence, entre ces deux équations, l'inconnue x ou y, dont les coefficients sont premiers entre eux; mais les calculs sont plus simples en éliminant z, ce qui conduit à l'équation

$$39x + 34y = 7746.$$

Le système proposé se trouve ainsi remplacé par le système des trois équations

$$\begin{aligned} 13x + 5y - 2z + 4u &= 2559, \\ 97x + 53y + 2z &= 19175, \\ 39x + 34y &= 7746. \end{aligned}$$

On cherche les formules qui donnent les solutions entières de l'équation à deux inconnues $39x + 34y = 7746$. Le coefficient de x admettant le facteur 3 qui divise 7746, et le coefficient de y admettant le facteur 2 qui divise aussi 7746, on peut abréger les calculs en posant $x = 2x'$, $y = 3y'$; l'équation devient ainsi

$$13x' + 17y' = 1291.$$

Cette équation conduit à $y' = 1 + 13t$, $x' = 98 - 17t$;
par suite on a $y = 3 + 39t$, $x = 196 - 34t$.

On substitue dans l'équation $97x + 53y + 2z = 19175$, les valeurs de x et de y exprimées en fonction de l'indéterminée t, ce qui donne $1231t - 2z = -4$. On déduit de cette équation, en exprimant z et t au moyen d'une seconde indéterminée, $t = 2t'$, $z = 1231t' + 2$; et en remplaçant t par $2t'$ dans les valeurs précédentes de x et de y, on a $y = 3 + 78t'$, $x = 196 - 68t'$.

On substitue dans l'équation $13x + 5y - 2z + 4u = 2559$, les valeurs de x, y, z, exprimées en fonctions de l'indéterminée t', ce qui donne $739t' - u = 0$, d'où $u = 739t'$. La valeur de u en fonction de t' étant entière, les calculs sont terminés, et les formules qui déterminent les solutions entières du système proposé sont celles-ci :

$$x = 196 - 68t', \quad y = 3 + 78t', \quad z = 2 + 1231t', \quad u = 739t'.$$

Si l'on ne veut admettre que des solutions positives, il faudra que t' soit positif et moindre que $\frac{196}{68}$ ou $2\frac{15}{17}$. On obtiendra ainsi trois solutions, savoir :

pour $t' = 0$, $x = 196$, $y = 3$, $z = 2$, $u = 0$;
pour $t' = 1$, $x = 128$, $y = 81$, $z = 1233$, $u = 739$;
pour $t' = 2$, $x = 60$, $y = 159$, $z = 2464$, $u = 1478$.

267. Considérons maintenant le cas où l'on demande les solutions entières d'une équation qui renferme plus de deux inconnues. Soit l'équation

$$ax + by + cz = d.$$

On voit, comme dans le nº 254, que, si les coefficients a, b, c, ont un commun diviseur qui ne divise pas la quantité connue d, l'équation ne pourra pas être vérifiée par des valeurs entières de x, y, z. Il faudra donc, si l'équation a été simplifiée autant que possible, que les coefficients a, b, c, n'aient aucun facteur commun.

Si les deux coefficients a et b sont premiers entre eux, on pourra donner à z une valeur entière quelconque; et, l'on obtiendra un nombre infini de valeurs entières correspondantes de x et de y. Pour trouver les formules qui donnent immédiatement les valeurs de x et de y correspondantes à chaque valeur de z, on pourra mettre l'équation sous cette forme :

$$ax + by = d - cz.$$

En posant pour abréger $d - cz = m$, on aura simplement l'équation

$$ax + by = m.$$

On déduira de cette équation les valeurs de x et de y exprimées en fonctions entières de m et d'un nombre indéterminé t; et en remplaçant m par $d - cz$, on aura x et y exprimées au moyen de z et de l'indéterminée t.

Cette marche doit être modifiée, lorsque, parmi les trois coefficients a, b, c, il ne s'en trouve pas deux qui soient premiers entre eux. Supposons $a = a'h$, $b = b'h$; l'équation pourra s'écrire comme il suit :

$$a'x + b'y = \frac{d - cz}{h}.$$

Pour que x et y puissent être des nombres entiers, il faudra que $d - cz$ soit divisible par h; si l'on pose, en conséquence,

$$\frac{d - cz}{h} = t, \quad \text{d'où} \quad cz + ht = d,$$

on aura l'équation

$$a'x + b'y = t.$$

Celle-ci conduira à des valeurs de x et y exprimées en fonctions entières de t et d'une indéterminée s ; comme h doit être premier avec c, puisque autrement les coefficients a, b, c, ne seraient pas premiers entre eux, l'équation $cz+ht=d$ conduira à des valeurs de z et t exprimées en fonctions entières d'une indéterminée t' ; et en substituant la valeur de t dans les valeurs précédemment obtenues pour x et pour y, on aura ces deux inconnues exprimées au moyen des deux indéterminées t' et s.

On a un exemple de ce dernier cas en prenant l'équation ci-après :

$$15x + 6y + 20z = 171.$$

Cette équation peut s'écrire ainsi :

$$5x + 2y = \frac{171 - 20z}{3}.$$

Posant $\frac{171 - 20z}{3} = t$, on a l'équation

$$5x + 2y = t.$$

On déduit de celle-ci

$$x = t - 2s, \quad y = 5s - 2t ;$$

et l'équation $\frac{171 - 20z}{3} = t$ conduit à

$$t = 57 - 20t', \quad z = 3t'.$$

En remplaçant t par $57 - 20t'$ dans les valeurs précédentes de x et de y, on obtient

$$x = 57 - 20t' - 2s, \quad y = 5s + 40t' - 114.$$

Les formules qui déterminent toutes les solutions entières de l'équation proposée sont donc celles-ci :

$$x = 57 - 20t' - 2s, \quad y = 5s + 40t' - 114, \quad z = 3t' ;$$

t' et s sont des indéterminées pour lesquelles on peut prendre tous les nombres entiers.

Pour que la valeur de z soit positive, il faut ne donner

à t' que des valeurs positives; et pour que les valeurs de y et de x soient aussi positives, il faut que l'on ait

$$s < \frac{57-20t'}{2}, \quad s > \frac{114-40t'}{5};$$

on conclut des deux dernières conditions

$$\frac{57-20t'}{2} > \frac{114-40t'}{5}, \quad \text{d'où} \quad t' < \frac{57}{20} \text{ ou } < 2\frac{17}{20};$$

on ne peut donc attribuer à t' que les valeurs 0, 1, 2.

Pour $t'=0$, on doit avoir $s<\frac{57}{2}$, $s>\frac{114}{5}$, ce qui permet de supposer $s=23, =24, =25, =26, =27, =28$.

Pour $t'=1$, on doit avoir $s<\frac{37}{2}$, $s>\frac{74}{5}$, ce qui donne $s=15, =16, =17, =18$.

Pour $t'=2$, on doit avoir $s<\frac{17}{2}$, $s>\frac{34}{5}$, ce qui donne $s=7, =8$. On obtiendra donc douze solutions.

On peut aussi employer, pour trouver les solutions entières d'une équation à trois inconnues, une marche semblable à celle qui s'applique à une équation à deux inconnues. Supposons que dans l'équation $ax+by+cz=d$, l'inconnue affectée du plus petit coefficient soit x; en résolvant l'équation par rapport à cette inconnue, on aura... $x=\frac{d-by-cz}{a}$. Si l'on effectue autant que possible la division de b et de c par a, on trouvera que la valeur de x est composée d'une partie entière, et d'une expression fractionnaire en y et z, laquelle étant égalée à une indéterminée donnera une nouvelle équation à trois inconnues dont les coefficients seront respectivement moindres que ceux de la proposée. En continuant de la même manière, on parviendra à une dernière équation à trois indéterminées, dans laquelle le coefficient de l'une des indéterminées sera l'unité.

Nous laissons au lecteur le soin de prouver qu'une équation du premier degré qui renferme un nombre quelconque d'inconnues admet toujours des solutions entières, lorsque les coefficients de toutes les inconnues n'ont aucun facteur commun.

268. Nous proposerons pour exercices les problèmes suivans :

1er Problème. *Partager* 100 *en deux parties telles que l'une soit divisible par* 7 *et l'autre par* 11. (La première partie est 56, la seconde est 44.)

2e Problème. *Une troupe d'hommes et de femmes a dépensé* 50 *francs dans une auberge ; les hommes ont payé* 19 *sous chacun, et les femmes* 13 *sous. Combien y avait-il d'hommes et de femmes ?* (Si l'on appelle x le nombre des hommes, y celui des femmes, on aura ces quatre solutions : $x = 2$, $y = 74$; $x = 15$, $y = 55$; $x = 28$, $y = 36$; $x = 41$, $y = 17$.)

3e Problème. *Trouver un nombre* N *qui, étant divisé par* 39, *donne le reste* 16, *et tel aussi que si on le divise par* 56, *on trouve le reste* 27. (Le plus petit nombre qui satisfait à l'énoncé est 1147, et la formule générale des nombres qui y satisfont est $N = 1147 + 2184t$.)

4e Problème. *Quelqu'un achète pour* 100 *écus* 100 *pièces de bétail, des porcs, des chèvres et des moutons ; les porcs coûtent* 3 *écus* $\frac{1}{2}$, *les chèvres* 1 *écu* $\frac{1}{3}$, *les moutons* $\frac{1}{2}$ *écu. Combien y avait-il d'animaux de chaque espèce ?* (En nommant x le nombre de porcs, y celui des chèvres et z celui des moutons, on a ces trois solutions : $x = 5$, $y = 42$, $z = 53$; $x = 10$, $y = 24$, $z = 66$; $x = 15$, $y = 6$, $z = 79$.)

5e Problème. *Trouver trois nombres entiers* x, y, z, *tels que si l'on multiplie le premier par* 3, *le second par* 5 *et le troisième par* 7, *la somme des produits soit* 560, *et tels aussi que si l'on multiplie le premier par* 9, *le second par* 25, *et le troisième par* 49, *la somme des produits soit* 2920. (Solutions : $x = 15$, $y = 82$, $z = 15$; $x = 50$, $y = 40$, $z = 30$.)

Résolution en nombres entiers d'une équation du second degré à deux inconnues qui ne contient que la première puissance d'une des inconnues.

269. Les questions d'analyse indéterminée qui dépendent des équations d'un degré supérieur au premier sortent des limites que nous devons nous imposer dans ce traité; mais lorsqu'une équation du second degré à deux inconnues ne renferme pas la seconde puissance d'une de ces inconnues, la recherche des solutions entières de cette équation peut être regardée comme une question d'analyse indéterminée du premier degré, et c'est à ce titre que nous nous en occuperons.

Les équations du second degré à deux inconnues qui ne contiennent pas la seconde puissance d'une de ces inconnues peuvent être généralement représentées par l'équation ci-après :

$$(1) \qquad mxy + nx^2 + px + qy = r.$$

En résolvant cette équation par rapport à y, on trouve

$$(2) \qquad y = \frac{-nx^2 - px + r}{mx + q}.$$

On en déduit, par le procédé de la division,

$$y = -\frac{n}{m}x + \frac{nq - mp}{m^2} + \frac{m^2r + mpq - nq^2}{m^2(mx + q)},$$

ce qui donne

$$(3) \quad m^2y = -mnx + nq - mp + \frac{N}{mx + q},$$

en posant pour abréger $m^2r + mpq - nq^2 = N$.

Pour que x et y soient des nombres entiers, il est nécessaire que $\frac{N}{mx + q}$ soit un nombre entier; d'après cela, on calcule tous les diviseurs du nombre N, et l'on égale successivement

$mx+q$ à chacun de ces diviseurs pris avec le signe $+$ et avec le signe $-$. Si les équations qu'on obtient ainsi fournissent pour x un certain nombre de valeurs entières, on substitue ces valeurs dans l'équation (3); et il faut encore, pour que y puisse être un nombre entier, que le second membre qui devient une quantité connue soit divisible par m^2.

Il est évident que le nombre des solutions entières est toujours limité, et qu'il peut n'en exister aucune.

On pourra appliquer cette méthode à chacune des équations ci-dessous :

$$2xy - 3x^2 + y = 1,$$
$$5xy = 2x + 3y + 18,$$
$$xy + x^2 = 2x + 3y + 29.$$

En ne considérant que les solutions positives, on trouvera

Pour la 1re équation........ $\begin{cases} x = 0, & y = 1; \\ x = 3, & y = 4. \end{cases}$

Pour la 2e équation........ $\begin{cases} x = 1, & y = 10; \\ x = 3, & y = 2; \\ x = 7, & y = 1. \end{cases}$

Pour la 3e équation........ $\begin{cases} x = 4, & y = 21; \\ x = 5, & y = 7. \end{cases}$

Si le reste de la division de $-nx^2-px+r$ par $mx+q$ était zéro, l'équation (1) serait de la forme $(mx+q)(ax+by+c)=0$, et l'on aurait toutes les solutions de cette équation en résolvant séparément les deux équations $mx+q=0$, $ax+by+c=0$.

La méthode qui vient d'être exposée n'est applicable que dans le cas où m n'est pas nul. Si l'on a $m=0$ l'équation (1) donne

$$(4) \qquad y = -\frac{nx^2 + px - r}{q}.$$

Supposons qu'une valeur $x = \alpha$ (α étant un nombre entier) donne une valeur entière pour y. Si l'on pose $x=\alpha+qt$, t étant un nombre entier quelconque, on trouvera

$$y = -\frac{n\alpha^2 + p\alpha - r}{q} - (2n\alpha t + nqt^2 + pt);$$

or, par hypothèse, $n\alpha^2 + p\alpha - r$ est divisible par q; la valeur de y correspondante à $x = \alpha + qt$ sera donc un nombre entier.

Comme cette conclusion a lieu quel que soit le signe de t, il en résulte que, s'il y a des solutions entières, il en existera pour lesquelles la valeur de x sera comprise entre zéro et q. Par conséquent, pour déterminer les solutions entières de l'équation proposée, il suffira de substituer pour x les nombres 0, 1, 2, 3,..... $q - 1$; et de chaque solution entière correspondante à un de ces nombres, on déduira une infinité d'autres solutions entières.

L'équation (4) dans laquelle il s'agit de trouver des valeurs de x qui rendent le polynome $nx^2 + px - r$ multiple du nombre donné q, est ce que M. *Gauss* a nommé *congruence* du second degré; de même que l'équation.... $ax + by = c$, dans laquelle on cherche à rendre $ax - c$ multiple de b, est une congruence du premier degré.

CHAPITRE DIXIÈME.

PUISSANCES ET RACINES DES MONOMES. RADICAUX. EXPOSANTS FRACTIONNAIRES. ÉQUATIONS EXPONENTIELLES. LOGARITHMES.

Puissances et racines des monomes. — Calcul des radicaux arithmétiques.

270. La puissance du degré m d'une quantité étant le produit de m facteurs égaux à cette quantité, on conclut de la règle de la multiplication des monomes que, *pour former la puissance* m^{eme} *d'un monome, il faut élever le coefficient numérique à la* m^{eme} *puissance, et multiplier l'exposant de chaque lettre par* m.

Il résulte de cette règle que, *pour extraire la racine* m^{eme} *d'un monome, on doit extraire la racine* m^{eme} *du coefficient, et diviser l'exposant de chaque lettre par* m. Ainsi, pour avoir la racine cubique de $64a^3b^6$, on prend la racine cubique de 64 qui est 4, et l'on divise les exposants des lettres a et b par 3; la racine demandée est donc $4ab^2$. Pareillement pour extraire la racine 5e de $32a^5b^{15}c^{10}$, on prend la racine 5e de 32, qui est 2, et l'on divise les exposants des lettres a, b, c, par 5; on trouve ainsi que la racine demandée est $5ab^3c^2$.

Pour que l'on puisse obtenir, d'après cette règle, la *racine* $m^{ème}$ d'un monome, il faut que le coefficient numérique soit une puissance $m^{ème}$ exacte, et que les exposants de toutes les lettres soient divisibles par m. Quand ces conditions n'ont pas lieu, l'expression de la racine se forme au moyen du signe radical.

Il résulte de la règle relative à la multiplication des fractions que, *pour former la puissance* m^{eme} *d'une fraction, on doit élever chacun des deux termes à la puissance* m^{eme}. Par conséquent, *on extraira la racine* m^{eme} *d'une fraction en extrayant la racine* m^{eme} *de chacun des deux termes.*

271. Parmi les différentes déterminations que comporte la racine d'un degré quelconque d'une quantité réelle et positive, il en existe toujours une réelle et positive; et il n'en existe qu'une seule de cette espèce, car deux nombres différents, élevés à une même puissance, ne peuvent pas reproduire le même nombre. Cette détermination de la racine est appelée la *racine arithmétique*, ou *la valeur arithmétique de la racine*, parce qu'elle peut être obtenue par les procédés de l'arithmétique. Quand les racines sont exprimées par des radicaux, la racine arithmétique est aussi appelée *la valeur arithmétique du radical*. Nous supposerons dans ce qui va suivre que l'on ne considère que les valeurs arithmétiques des radicaux.

272. Les observations que nous avons faites au sujet de l'addition et de la soustraction pour les quantités radicales du second degré, s'appliquent aux expressions qui contiennent des radicaux de degré quelconque. Ainsi on a, par la réduction des quantités semblables

$$5\sqrt[3]{3ab^2} + 3\sqrt[3]{3ab^2} = 8\sqrt[3]{3ab^2},$$

$$5\sqrt[3]{3ab^2} - 3\sqrt[3]{3ab^2} = 2\sqrt[3]{3ab^2},$$

$$3a\sqrt[5]{c} \pm 2b\sqrt[5]{c} = (3a \pm 2b)\sqrt[5]{c}.$$

Lorsque les indices des radicaux sont différents, ou lorsque les indices étant les mêmes, les quantités qui se trouvent sous les radicaux sont différents, on dit que les radicaux sont dissemblables. Dans ce cas, on ne peut qu'indiquer l'addition et la soustraction par les signes + et —.

273. *Pour multiplier ou pour diviser l'un par l'autre deux radicaux de même indice, il faut effectuer la multiplication ou la division des quantités placées sous le signe radical, et affecter le résultat du radical commun.* Ainsi

$$\sqrt[m]{a} \times \sqrt[m]{b} = \sqrt[m]{ab}, \quad \frac{\sqrt[m]{a}}{\sqrt[m]{b}} = \sqrt[m]{\frac{a}{b}}.$$

En effet, si l'on formait la $m^{ième}$ puissance du produit $\sqrt[m]{a} \times \sqrt[m]{b}$, on aurait, d'après les principes relatifs à la multiplication, $\left(\sqrt[m]{a}\right)^m \times \left(\sqrt[m]{b}\right)^m$ ou $a \times b$; donc le produit $\sqrt[m]{a} \times \sqrt[m]{b}$ est la racine $m^{ième}$ de $a \times b$. On démontrerait de même la seconde égalité.

274. La règle qui vient d'être établie pour la multiplication des radicaux conduit à l'égalité

$$\sqrt[m]{a^m b} = a\sqrt[m]{b};$$

par conséquent, *lorsque la quantité placée sous un radical du degré* m *a des facteurs qui sont des puissances exactes du même degré, on peut prendre séparément les racines de ces facteurs, et multiplier leur produit par la racine indiquée du produit des autres facteurs.* C'est ce qu'on appelle *faire sortir des facteurs du radical.*

Il résulte aussi de l'égalité ci-dessus que, *lorsqu'un radical est multiplié par des facteurs rationnels, on peut mettre ces facteurs sous le radical, en les élevant à la puissance du même degré que le radical.* C'est ce qu'on appelle *faire entrer des facteurs sous le radical.*

Quand on doit ajouter ou soustraire des quantités radicales dissemblables, il faut d'abord examiner si ces quantités ne peuvent pas être rendues semblables en simplifiant les radicaux. Soient, par exemple, les deux expressions $\sqrt[3]{16a^3b}$

et $\frac{5c}{ad}\sqrt[3]{2a^6b^4}$; on trouvera qu'elles se réduisent à $2a\sqrt[3]{2b}$ et $\frac{5abc}{d}\sqrt[3]{2b}$; en conséquence on aura

$$\sqrt[3]{16a^3b} \pm \frac{5c}{ad}\sqrt[3]{2a^6b^4} = \left(2a \pm \frac{5abc}{d}\right)\sqrt[3]{2b}.$$

275. *La valeur arithmétique d'un radical n'est pas changée quand on multiplie l'indice par un nombre entier quelconque, pourvu qu'on élève en même temps la quantité placée sous le signe radical à la puissance du degré marqué par ce nombre.* C'est-à-dire que l'on a

$$\sqrt[m]{a} = \sqrt[mn]{a^n}.$$

En effet, d'après la définition des racines, on a $\left(\sqrt[m]{a}\right)^m = a$; or, en élevant les deux membres de cette égalité à la $n^{ième}$ puissance, on obtient $\left(\sqrt[m]{a}\right)^{mn} = a^n$; par conséquent $\sqrt[m]{a}$ est la racine du degré mn de a^n.

Au moyen de ce principe, on peut toujours ramener des radicaux à un indice commun. Il suffit de *multiplier l'indice de chaque radical par le produit de tous les autres indices, en élevant la quantité qui est sous le radical à la puissance marquée par ce produit. On peut aussi prendre pour l'indice commun le plus petit multiple des indices de tous les radicaux.*

L'égalité $\sqrt[m]{a} = \sqrt[mn]{a^n}$ prouve aussi que, *lorsque l'indice d'un radical et l'exposant de la quantité qui est sous le radical ont un facteur commun, on peut les diviser l'un et l'autre par ce facteur.*

276. *Pour faire le produit de plusieurs radicaux de degrés différents, ou pour diviser l'un par l'autre deux radicaux de degrés différents, on réduit les radicaux au même indice, et l'on applique la règle du n° 273.*

On trouve de cette manière

$$\sqrt[3]{a^2b}\times\sqrt[4]{ab^3}\times\sqrt[6]{a^5b}=\sqrt[12]{a^8b^4}\times\sqrt[12]{a^3b^9}\times\sqrt[12]{a^{10}b^2}=\sqrt[12]{a^{21}b^{15}}$$

$$=ab\sqrt[12]{a^9b^3}=ab\sqrt[4]{a^3b},$$

$$\frac{\sqrt[5]{a^3b^2}}{\sqrt[7]{a^4b^3}}=\frac{\sqrt[35]{a^{21}b^{14}}}{\sqrt[35]{a^{20}b^{15}}}=\sqrt[35]{\frac{a}{b}}.$$

277. *On élève un radical à une puissance, en élevant à cette puissance la quantité soumise au radical.*

En effet,

$$\left(\sqrt[m]{a}\right)^n=\sqrt[m]{a}\times\sqrt[m]{a}\times\sqrt[m]{a}\ldots=\sqrt[m]{a\times a\times a\ldots}=\sqrt[m]{a^n}.$$

Lorsque l'indice du radical est divisible par l'exposant de la puissance à laquelle on doit élever la quantité proposée, on peut effectuer l'opération en divisant le premier de ces deux nombres par le second. Car au moyen de la règle ci-dessus et du principe que nous avons établi dans le nº **275**, on a

$$\left(\sqrt[mn]{a}\right)^n=\sqrt[mn]{a^n}=\sqrt[m]{a}.$$

278. *On extrait la racine du degré* m *d'une quantité radicale en multipliant l'indice du radical par le degré* m *de la racine qu'on veut extraire; ou en extrayant, si cela est possible, la racine du degré* m *de la quantité soumise au radical.* Ainsi

$$\sqrt[m]{\sqrt[n]{a}}=\sqrt[mn]{a},\text{ et }\sqrt[m]{\sqrt[n]{a^{mp}}}=\sqrt[n]{a^p}.$$

En effet, d'après les règles du numéro précédent, la puissance du degré m de $\sqrt[mn]{a}$ est $\sqrt[n]{a}$; par conséquent $\sqrt[mn]{a}$ est la racine du degré m de $\sqrt[n]{a}$. Pareillement, la puissance $m^{ième}$ de $\sqrt[n]{a^p}$ est $\sqrt[n]{a^{mp}}$; donc $\sqrt[n]{a^p}$ est la racine du degré m de $\sqrt[n]{a^{mp}}$.

Observations sur les radicaux considérés algébriquement.

279. Les règles que nous venons d'établir peuvent conduire à des résultats inexacts, quand on ne se borne plus à considérer les radicaux comme représentant seulement des quantités réelles et positives.

Soient, par exemple, les deux radicaux $\sqrt{-a}$ et $\sqrt[3]{-a}$, en supposant a positif. Si l'on applique à ces radicaux le principe du n° **275**, en élevant la quantité sous le radical au carré, et en multipliant l'indice par 2, on trouve

$$\sqrt{-a} = \sqrt[4]{(-a)^2} = \sqrt[4]{a^2}, \quad \sqrt[3]{-a} = \sqrt[6]{(-a)^2} = \sqrt[6]{a^2}.$$

Or, chacune de ces égalités est inexacte; car dans la première égalité $\sqrt{-a} = \sqrt[4]{a^2}$, le premier membre est imaginaire, tandis que le second membre est réel. Dans la seconde égalité $\sqrt[3]{-a} = \sqrt[6]{a^2}$, le premier membre n'a qu'une seule valeur réelle qui est négative, tandis que le second membre a deux valeurs réelles, dont l'une est positive.

A la vérité, en se reportant à ce qui a été dit dans le chapitre VII sur les racines quatrièmes et les racines sixièmes d'une quantité, on voit que, lorsque l'on considère les radicaux dans toute leur généralité, les quatre valeurs de $\sqrt[4]{a^2}$ comprennent les deux valeurs de $\sqrt{-a}$, et les six valeurs de $\sqrt[6]{a^2}$ comprennent les trois valeurs de $\sqrt[3]{-a}$. Mais les égalités ci-dessus restent toujours inexactes, puisque dans chacune d'elles l'expression qui forme le second membre admet plus de valeurs que le premier membre.

280. En appliquant au produit de $\sqrt{-a}$ par $\sqrt{-a}$ la règle du n° **273**, on trouve

$$\sqrt{-a} \times \sqrt{-a} = \sqrt{(-a)\times(-a)} = \sqrt{a^2}.$$

Or, $\sqrt{a^2}$ admet les deux déterminations $+a$ et $-a$; cependant il semble que le produit $\sqrt{-a}\times\sqrt{-a}$ étant le carré de $\sqrt{-a}$, on ne peut admettre sans se contredire que ce produit soit autre chose que $-a$.

Cette contradiction tient à ce que l'on attribue au produit $\sqrt{-a}\times\sqrt{-a}$ une signification trop restreinte, en le confondant mal à propos avec le carré de $\sqrt{-a}$. En effet, lorsque l'on prend les radicaux dans toute leur généralité, $\sqrt{-a}$ admet deux déterminations égales et de signes contraires, et si l'on représente ces deux déterminations par $+\alpha$ et $-\alpha$, le produit $\sqrt{-a}\times\sqrt{-a}$ admet les quatre déterminations $+\alpha\times+\alpha$, $+\alpha\times-\alpha$, $-\alpha\times+\alpha$, $-\alpha\times-\alpha$; les deux dernières déterminations ne diffèrent pas des deux premières, et celles-ci qui sont $+\alpha^2$ et $-\alpha^2$, donnent précisément les deux valeurs de $\sqrt{a^2}$, puisque α désignant une valeur de $\sqrt{-a}$, on a $\alpha^2=-a$ et $-\alpha^2=+a$. Mais lorsqu'il s'agit du carré de $\sqrt{-a}$, chacune des déterminations $+\alpha$ et $-\alpha$ ne devant être multipliée que par elle-même, on n'obtient qu'un résultat unique, $+\alpha^2$.

Au reste, les observations que nous venons de faire sur le produit $\sqrt{-a}\times\sqrt{-a}$ s'appliquent également au produit $\sqrt{a}\times\sqrt{a}$: d'après la règle du n° **273**, ce produit s'exprime par $\sqrt{a^2}$; or $\sqrt{a^2}$ admet les deux valeurs $+a$ et $-a$, et lorsque l'on envisage chacun des facteurs du produit $\sqrt{a}\times\sqrt{a}$ dans toute sa généralité, ce produit comporte en effet les deux déterminations $+a$ et $-a$; mais si l'on doit multiplier seulement chacune des déterminations de $\sqrt{a}$ par elle-même, le produit ne peut être que $+a$.

281. Les difficultés que l'on rencontre quand on considère des radicaux imaginaires, ou lorsque, les radicaux admettant des valeurs réelles, il faut avoir égard à leurs valeurs imaginaires, tiennent à ce que les déterminations imaginaires sont toutes confondues dans l'expression radicale, sans qu'on puisse établir entre elles aucune distinction. Ces difficultés n'existent plus dès que l'on considère séparément les déterminations imaginaires des radicaux exprimées par des radicaux réels et positifs combinés avec le symbole $\sqrt{-1}$.

Supposons, par exemple, que l'on veuille connaître le produit de $\sqrt{-a}$ par $\sqrt{-b}$. Si l'on représente par α et 6 les racines carrées positives des nombres a et b, les deux déterminations de $\sqrt{-a}$ seront $+\alpha\sqrt{-1}$ et $-\alpha\sqrt{-1}$, et celles de $\sqrt{-b}$ seront $+6\sqrt{-1}$ et $-6\sqrt{-1}$. En multipliant chacune des déterminations du premier radical par chacune de celles du second, on obtient deux produits différents, $+\alpha 6$ et $-\alpha 6$, qui sont précisément les deux valeurs du radical $\sqrt{ab}$. Mais si l'on doit multiplier seulement $+\alpha\sqrt{-1}$ par $+6\sqrt{-1}$, ou $-\alpha\sqrt{-1}$ par $-6\sqrt{-1}$, en d'autres termes, s'il faut ne multiplier entre elles que les déterminations des radicaux proposés formées avec une même détermination de $\sqrt{-1}$, il n'en résulte qu'un produit unique qui est $-\alpha 6$.

Examinons encore le cas où l'on aurait à multiplier $\sqrt[4]{a}$ par $\sqrt{-1}$. Désignons par $+6$ et -6 les deux déterminations de $\sqrt{-1}$, et par α la valeur arithmétique de $\sqrt[4]{a}$. Les quatre déterminations de $\sqrt[4]{a}$ seront (n° **212**)

$$+\alpha,\quad -\alpha,\quad +\alpha\times 6,\quad -\alpha\times 6.$$

En multipliant ces quatre déterminations par les deux déterminations de $\sqrt{-1}$, $+6$ et -6, on obtient quatre produits différents, savoir :

$$+\alpha\times 6,\quad -\alpha\times 6,\quad +\alpha\times 6^2,\quad -\alpha\times 6^2.$$

Or, puisque 6 est une détermination de $\sqrt{-1}$, on a $6^2=-1$ et par suite $+\alpha\times 6^2=-\alpha$, $-\alpha\times 6^2=+\alpha$. Les quatre expressions résultantes de la multiplication de $\sqrt[4]{a}$ par $\sqrt{-1}$ ne sont donc autre chose que les quatre déterminations de $\sqrt[4]{a}$; de sorte que l'on a $\sqrt[4]{a}\times\sqrt{-1}=\sqrt[4]{a}$. Mais il est essentiel de remarquer que cette égalité n'est exacte qu'autant que l'on attribue aux radicaux toute leur généralité : elle offrirait un sens absurde si l'on ne considérait que la valeur arithmétique de $\sqrt[4]{a}$, puisque le premier membre serait imaginaire, tandis que le second membre serait réel.

282. Dans chacun des trois derniers exemples, l'expression du produit des deux radicaux pris dans toute leur généralité s'accorde avec les règles des n^{os} **273** et **276** ; il faut seulement observer, au sujet du produit de $\sqrt[4]{a}$ par $\sqrt{-1}$, que si l'on réduisait les radicaux au même indice en multipliant entre eux les deux indices 4 et 2, on obtiendrait une expression fautive; car cette expression qui serait $\sqrt[8]{a^2}\times\sqrt[8]{1}$ ou $\sqrt[8]{a^2}$, comprendrait, outre les valeurs du produit proposé, les quatre valeurs de $\sqrt[4]{-a}$. En général, pour la multiplication et la division des radicaux considérés algébriquement, si les radicaux ont le même indice, on peut suivre la règle du n° **273**. Quand les indices sont différents, on peut appliquer la règle du n° **276**, pourvu que l'on ait soin de ramener les radicaux au *plus petit indice commun*. Pour former la $n^{ième}$ puissance d'un radical du degré m, il faut chercher le plus grand commun diviseur d des nombres n et m, diviser l'indice m du radical par d, et élever la quantité qui est sous le radical à la puissance marquée par le quotient de n par d. Pour extraire la racine $n^{ième}$. d'un radical du degré m, il faut dans tous les cas multiplier l'indice m par n. Les lecteurs qui voudront connaître la démonstration de ces différentes règles devront consulter les *Leçons d'Algèbre* de M. Lefebure de Fourcy.

Des exposants fractionnaires.

283. On a vu que, pour extraire la racine du degré n de a^m, quand l'exposant m est divisible par n, il suffit d'effectuer la division; de sorte qu'en représentant le quotient par p, la racine est a^p. Par analogie, lorsque la division ne peut pas se faire exactement, on exprime la racine en indiquant cette division; de cette manière le radical $\sqrt[n]{a^m}$ se trouve remplacé par l'expression $a^{\frac{m}{n}}$.

284. Les règles qu'il faut appliquer aux exposants fractionnaires se déduisent de celles qui viennent d'être établies pour les radicaux. En considérant successivement la multiplication, la division, la formation des puissances et l'extraction des racines, on trouve

$$a^{\frac{m}{n}} \times a^{\frac{p}{q}} = \sqrt[n]{a^m} \times \sqrt[q]{a^p} = \sqrt[nq]{a^{mq}} \times \sqrt[nq]{a^{np}} = \sqrt[nq]{a^{mq+np}}$$

$$= a^{\frac{mq+np}{nq}} = a^{\frac{m}{n}+\frac{p}{q}};$$

$$a^{\frac{m}{n}} : a^{\frac{p}{q}} = \sqrt[n]{a^m} : \sqrt[q]{a^p} = \sqrt[nq]{a^{mq}} : \sqrt[nq]{a^{np}} = \sqrt[nq]{a^{mq-np}}$$

$$= a^{\frac{mq-np}{nq}} = a^{\frac{m}{n}-\frac{p}{q}};$$

$$\left(a^{\frac{m}{n}}\right)^p = \left(\sqrt[n]{a^m}\right)^p = \sqrt[n]{a^{mp}} = a^{\frac{mp}{n}};$$

$$\sqrt[p]{a^{\frac{m}{n}}} = \sqrt[p]{\sqrt[n]{a^m}} = \sqrt[pn]{a^m} = a^{\frac{m}{np}};$$

$$\left(a^{\frac{m}{n}}\right)^{\frac{p}{q}} = \sqrt[q]{\left(\sqrt[n]{a^m}\right)^p} = \sqrt[q]{\sqrt[n]{a^{mp}}} = \sqrt[nq]{a^{mp}} = a^{\frac{mp}{nq}}.$$

On voit par les résultats qu'on obtient dans ces différentes opérations, que les règles relatives aux exposants fractionnaires ne diffèrent point de celles qui concernent les exposants entiers.

285. On peut appliquer aux exposants négatifs fractionnaires les explications que nous avons données dans les nos **90** et **91**, au sujet des exposants négatifs entiers. Il en résulte que lorsque p est fractionnaire, l'expression a^{-p} doit toujours être regardée comme équivalente à $\frac{1}{a^p}$, et que l'on doit suivre pour les exposants fractionnaires négatifs, les mêmes règles que pour les exposants positifs.

286. Le calcul des exposants fractionnaires, dit M. Lacroix, « est un des exemples les plus remarquables de l'utilité des » signes lorsqu'ils sont bien choisis. L'analogie qui règne » entre les exposants fractionnaires et ceux qui sont entiers, » rend les règles qu'il faut suivre dans le calcul de ceux-ci » applicables à celui des autres, tandis qu'il faut des règles » particulières pour le calcul des radicaux, parce que le » signe $\sqrt{\ }$ qui les exprime n'a aucune liaison avec l'opération » qui les engendre. Plus on avance dans l'Algèbre, et plus on » reconnaît les nombreux avantages qu'a produits dans cette » science la notation des exposants imaginée par Descartes. »

287. Les observations que nous avons présentées sur les différentes significations des radicaux s'étendent aussi aux exposants fractionnaires : ainsi, puisque l'expression $a^{\frac{m}{n}}$ est équivalente à $\sqrt[n]{a^m}$, elle admet, comme cette dernière expression, n valeurs. Mais on ne considère habituellement que celle de ces valeurs que nous avons désignée sous le nom de valeur arithmétique, ce qui exige que la quantité a soit positive; et ce que nous venons de dire au sujet des règles relatives aux exposants fractionnaires ne doit être entendu que dans ce sens. On a ainsi $a^{\frac{m}{n}} = a^{\frac{mp}{np}}$, puisque les radicaux $\sqrt[n]{a^m}$ et $\sqrt[np]{a^{mp}}$ ont la même valeur arithmétique; mais, lorsqu'on doit avoir égard à toutes les déterminations des expressions irrationnelles, l'égalité ci-dessus cesse d'être exacte.

Des équations exponentielles.

288. Les propriétés des exposants conduisent à une théorie dont la connaissance indispensable pour la résolution de diverses questions, est en outre d'une grande utilité dans les calculs d'arithmétique.

Pour développer cette théorie, il faut commencer par prouver que les puissances d'un nombre constant, positif et différent de l'unité, peuvent reproduire tous les nombres. A cet effet, désignons par a un nombre positif que nous supposerons d'abord plus grand que 1.

Si l'on forme les puissances successives a^0 ou $1, a^1, a^2, a^3$, etc., on obtiendra une suite de nombres qui croîtront de manière à pouvoir s'élever au-delà de toute limite (n° **224**).

Représentons par $\frac{m}{n}$ une fraction quelconque, m et n désignant des nombres entiers positifs. La valeur de l'expression $a^{\frac{m}{n}}$ sera plus grande que 1 ; car cette expression est équivalente à $\sqrt[n]{a^m}$, or a étant un nombre plus grand que 1, a^m sera aussi un nombre plus grand que 1, par conséquent $\sqrt[n]{a^m}$ ne pourra être qu'un nombre plus grand que 1. De plus, la valeur de l'expression de $a^{\frac{m}{n}}$ sera d'autant plus grande que l'exposant sera plus grand ; car en désignant par α et $\mathcal{C}$ deux exposants positifs quelconques, on aura $a^{\alpha+\mathcal{C}} = a^{\alpha} \times a^{\mathcal{C}}$, or $a^{\mathcal{C}}$ étant plus grand que 1, le produit $a^{\alpha} \times a^{\mathcal{C}}$ sera plus grand que a^{α}.

Posons maintenant $\mathcal{C} = \frac{1}{n}$, n étant un nombre entier, il viendra $a^{\alpha+\mathcal{C}} - a^{\alpha} = a^{\alpha}(a^{\mathcal{C}} - 1) = a^{\alpha}(\sqrt[n]{a} - 1)$; or on a vu que l'on peut toujours donner au nombre n une valeur assez grande pour que $\sqrt[n]{a}$ diffère aussi peu qu'on le veut de 1 (n° **226**) ; on pourra donc faire prendre au nombre $\mathcal{C}$ une valeur assez petite pour que la différence $a^{\alpha+\beta} - a^{\alpha}$ soit aussi petite qu'on le voudra.

Il suit de ces explications que si l'on désigne par x et y deux quantités variables, et si l'on pose l'équation

$$y = a^x,$$

en donnant à x une suite de valeurs très rapprochées les unes des autres, depuis o jusqu'à $+\infty$, on obtiendra pour y une suite de valeurs très rapprochées les unes des autres; de sorte que, si x prenait successivement et d'une manière continue toutes les valeurs depuis o jusqu'à $+\infty$, y passerait par tous les états de grandeur depuis 1 jusqu'à $+\infty$.

Concevons que l'on donne à x des valeurs négatives; à cet effet, posons $x = -x'$. L'équation ci-dessus deviendra

$$y = a^{-x'}, \quad \text{ou} \quad y = \frac{1}{a^{x'}};$$

et puisqu'en faisant passer x' par tous les états de grandeur depuis zéro jusqu'à $+\infty$, on pourra obtenir pour $a^{x'}$ tous les nombres depuis 1 jusqu'à l'infini, on trouvera pour $\frac{1}{a^{x'}}$, ou y, tous les nombres depuis 1 jusqu'à $\frac{1}{\infty}$ ou zéro.

Supposons actuellement que a soit un nombre plus petit que 1. Représentons ce nombre par $\frac{1}{b}$, b sera un nombre plus grand que 1, et l'équation $y=a^x$ se changera dans la suivante :

$$y = \left(\frac{1}{b}\right)^x, \quad \text{ou} \quad y = \frac{1}{b^x}.$$

En faisant passer x par tous les états de grandeur, depuis zéro jusqu'à $+\infty$, on obtiendra pour b^x tous les nombres depuis 1 jusqu'à $+\infty$, par conséquent on aura pour y tous les nombres depuis 1 jusqu'à zéro; et si l'on fait passer x par tous les états de grandeur depuis zéro jusqu'à $-\infty$, il en résultera pour b^x toutes les valeurs depuis 1 jusqu'à zéro, par conséquent, on trouvera pour y tous les nombres depuis 1 jusqu'à l'infini.

On conclut de tout ce qui précède *qu'en formant les différentes puissances d'un nombre quelconque positif, plus grand ou plus petit que* 1, *on peut reproduire tous les nombres*.

289. Supposons que dans l'équation $a^x=y$ la valeur de y soit donnée, et désignons-la par b, de sorte qu'on devra avoir $a^x=b$.

Pour montrer comment on pourra calculer la valeur de x, considérons d'abord le cas où l'on a $a>1$ et $b>1$. Si l'on met à la place de x les nombres entiers 0, 1, 2, 3, etc., on parviendra à deux nombres consécutifs n, $n+1$ (n pouvant être zéro) qui seront tels que l'on aura $a^n<b$ et $a^{n+1}>b$. On devra en conclure que la valeur de x est comprise entre n et $n+1$; de sorte que, si l'on pose $x=n+\frac{1}{y}$, y sera un nombre plus grand que 1.

L'équation proposée se changera alors dans celle-ci :

$$a^{n+\frac{1}{y}}=b\text{, ou } a^n\times a^{\frac{1}{y}}=b\text{; d'où } a^{\frac{1}{y}}=\frac{b}{a^n},\quad a=\left(\frac{b}{a^n}\right)^y.$$

Le quotient de b par a^n étant compris entre 1 et a, on pourra déterminer la valeur entière approchée de y en remplaçant successivement y par les nombres 1, 2, 3, etc. En continuant de la même manière, on obtiendra la valeur de x exprimée en fraction continue.

Soit, par exemple, l'équation

$$10^x=2.$$

Comme on voit immédiatement que la valeur de x est comprise entre 0 et 1, on pose $x=\frac{1}{y}$; l'équation ci-dessus devient alors $10^{\frac{1}{y}}=2$, d'où $10=2^y$. Les puissances successives de 2 étant 2, 4, 8, 16, la valeur de y est comprise entre 3 et 4, de sorte qu'on a $y=3+\frac{1}{z}$. En substituant cette valeur de y dans l'équation $10 = 2^y$, on trouve

$$2^{3+\frac{1}{z}} = 10, \text{ ou } 2^3 \times 2^{\frac{1}{z}} = 10;$$

d'où l'on conclut

$$2^{\frac{1}{z}} = \frac{10}{8} = 1{,}25, \text{ et } (1{,}25)^z = 2.$$

En formant les puissances successives de 1,25 on voit que le nombre 2 est compris entre $(1{,}25)^3$ et $(1{,}25)^4$, de sorte que l'on a $z = 3 + \frac{1}{u}$; et en substituant cette valeur de z dans la dernière équation ci-dessus, on trouve

$$(1{,}25)^{3+\frac{1}{u}} = 2,$$

d'où l'on conclut

$$(1{,}25)^{\frac{1}{u}} = \frac{2}{(1{,}25)^3} = 1{,}024, \text{ et } (1{,}024)^u = 1{,}25.$$

On reconnaît par la dernière équation, que la valeur de u est comprise entre 9 et 10, de sorte que $u = 9 + \frac{1}{v}$; etc.

Il résulte de ces calculs, que l'on a

$$x = \cfrac{1}{3 + \cfrac{1}{3 + \cfrac{1}{9 + \text{etc.}}}}$$

En calculant la quatrième réduite de cette fraction continue, on obtient pour la valeur approchée de x la fraction $\frac{28}{93}$. Cette valeur est trop forte; mais l'erreur est moindre que $\frac{1}{93 \times 103}$ ou $\frac{1}{9579}$ (n° 248).

Supposons maintenant que, dans l'équation $a^x = b$, on ait $a > 1$ et $b < 1$. La valeur de x devra être négative (n° 288), et si l'on pose $x = -y$, l'équation deviendra

$$a^{-y} = b, \quad \text{ou} \quad \frac{1}{a^y} = b, \quad \text{d'où} \quad a^y = \frac{1}{b}.$$

b étant moindre que l'unité, $\frac{1}{b}$ sera un nombre plus grand que 1 ; de sorte que l'on sera ramené au cas précédent.

Si l'on a $a < 1$ et $b > 1$, la valeur de x devra encore être négative ; et en posant $x = -y$, on aura l'équation

$$a^{-y} = b, \quad \text{ou} \quad \frac{1}{a^y} = b, \quad \text{d'où} \quad \left(\frac{1}{a}\right)^y = b.$$

Comme $\frac{1}{a}$ sera plus grand que 1, on sera encore ramené au premier cas.

Enfin, si l'on a $a < 1$ et $b < 1$, on pourra écrire l'équation de cette manière :

$$\left(\frac{1}{a}\right)^x = \frac{1}{b}.$$

Comme $\frac{1}{a}$ et $\frac{1}{b}$ seront des nombres plus grands que 1, on sera encore ramené au premier cas.

On donne aux équations que nous venons de considérer, et en général à toutes celles où les inconnues entrent dans les exposants, le nom d'équations *exponentielles*.

290. Cherchons dans quel cas la valeur de x propre à vérifier l'équation $a^x = b$, est une quantité commensurable.

Supposons que a soit un nombre entier, et b une quantité commensurable plus grande que 1. La valeur de x devra être positive, et si elle est commensurable, elle pourra être exprimée par $\frac{m}{n}$, m et n étant des nombres entiers. En remplaçant x dans l'équation par $\frac{m}{n}$, on a

$$a^{\frac{m}{n}} = b, \quad \text{d'où} \quad a^m = b^n.$$

On voit, par la seconde égalité, que b doit être un nombre entier; car autrement b^n serait fractionnaire, et l'égalité n'aurait pas lieu, puisque a^m est un nombre entier. On voit de plus que a et b doivent être composés des mêmes facteurs premiers; car tout facteur premier qui divise a divise aussi a^m, par conséquent il doit diviser b^n, ce qui exige qu'il divise b (nº **217**) : par la même raison, tout facteur premier de b doit diviser a.

Supposons $a=\alpha^p\beta^q$, et $b=\alpha^r\beta^s$, α et β désignant les facteurs premiers de a et b; l'égalité $a^m=b^n$ deviendra

$$\alpha^{mp}\beta^{mq}=\alpha^{nr}\beta^{ns};$$

or, pour que cette dernière égalité existe, il faut que l'on ait

$$mp=nr,\quad mq=ns,\ \text{d'où}\ \frac{m}{n}=\frac{r}{p}=\frac{s}{q}.$$

Ainsi, *pour que la valeur de* x *soit commensurable, il faut que* b *soit un nombre entier, que les facteurs premiers de* b *soient les mêmes que ceux de* a, *et que les exposants de ces facteurs dans* b *soient proportionnels aux exposants des mêmes facteurs dans* a.

Ces conditions sont suffisantes; car, en supposant $a=\alpha^p\beta^q$, $b=\alpha^r\beta^s$, $\frac{r}{p}=\frac{s}{q}$, on trouve

$$a^{\frac{r}{p}}=\alpha^r\times\beta^{\frac{qr}{p}}=\alpha^r\beta^s=b.$$

Si b était une quantité plus petite que 1, la valeur de x serait négative; en la supposant commensurable, on pourrait la représenter par $-\frac{m}{n}$, et l'on aurait

$$a^{-\frac{m}{n}}=b,\qquad \text{d'ou}\qquad b^n=\frac{1}{a^m}.$$

D'après la dernière égalité, il faut que b soit une fraction telle que, si on la réduit à ses moindres termes, elle ait pour numérateur l'unité et pour dénominateur un nombre dont la puissance $n^{ième}$ soit égale à a^m. Par conséquent si l'on suppose, comme précédemment, $a=\alpha^p\beta^q$, il faut que l'on ait

$$b=\frac{1}{\alpha^r\beta^s}\ \text{et}\ \frac{r}{p}=\frac{s}{q}.$$

Lorsque l'on a $a=10$, et $b>1$, les conditions précédentes deviennent $b=2^r5^s$, et $r=s$, d'où $b=10^r$; quand b est plus petit que l'unité, on doit avoir $b=\frac{1}{2^r\cdot5^s}$ et $r=s$, d'où $b=\frac{1}{10^r}$.

Il suit de là que, dans le cas de $a=10$, la valeur de x n'est commensurable qu'autant qu'elle est un nombre entier.

On pourrait aussi chercher les conditions nécessaires pour que la valeur de x fût commensurable, en supposant a un nombre fractionnaire, et b étant toujours une quantité commensurable; mais cette recherche est sans intérêt, et elle n'offre d'ailleurs aucune difficulté.

Propriétés générales des logarithmes.

291. Lorsque l'on considère tous les nombres comme étant produits par les diverses puissances d'un nombre constant, les exposants de ces puissances prennent le nom de *logarithmes*. Ainsi, dans l'équation $y=a^x$ (a étant un nombre positif quelconque), chaque valeur de x est le logarithme de la valeur correspondante de y, ce qu'on exprime ainsi $x=\log y$.

Le nombre constant au moyen duquel on calcule un *système de logarithmes*, est la *base* de ce système.

292. Soient y, y', y'', etc., des nombres quelconques, et x, x', x'', etc., les logarithmes de ces nombres dans le système dont la base est a; on aura

$$y=a^x,\quad y'=a^{x'},\quad y''=a^{x''},\ \text{etc.}$$

On conclut de là, d'après les règles relatives aux exposants,

$$yy'y''=a^{x+x'+x''},\quad \frac{y}{y'}=a^{x-x'},\quad y^m=a^{mx},\quad \sqrt[m]{y}=a^{\frac{x}{m}}.$$

donc

$$\log yy'y''=x+x'+x'',\quad \log\frac{y}{y'}=x-x',$$

$$\log y^m=mx,\qquad \log\sqrt[m]{y}=\frac{x}{m};$$

par conséquent

$$\log yy'y'' = \log y + \log y' + \log y'',$$

$$\log \frac{y}{y'} = \log y - \log y',$$

$$\log y^m = m \times \log y, \quad \log \sqrt[m]{y} = \frac{\log y}{m}.$$

Les quatre dernières égalités fournissent les règles ci-après :

1°. *Le logarithme d'un produit est égal à la somme des logarithmes des facteurs.*

2°. *Le logarithme du quotient de deux nombres est égal au logarithme du dividende diminué de celui du diviseur.*

3°. *Le logarithme d'une puissance d'un nombre est égal au logarithme de ce nombre multiplié par le degré de la puissance.*

4°. *Le logarithme d'une racine d'un nombre est égal au logarithme de ce nombre divisé par le degré de la racine.*

Il résulte de la seconde règle que *le logarithme d'une fraction est égal au logarithme du numérateur diminué de celui du dénominateur.*

Et, d'après les deux premières règles, *le logarithme du quatrième terme d'une proportion est égal à la somme des logarithmes des deux moyens diminuée du logarithme du premier terme.*

293. Quand on a formé un système de logarithmes, il est facile de passer de ce système à un autre. En effet, désignons par a la base du premier système, par b celle du second système, et par x le logarithme d'un nombre n dans le système dont la base est b ; on devra avoir

$$b^x = n.$$

En prenant les logarithmes des deux membres de cette équation, par rapport à la base a, on trouve

$$x \times \log b = \log n, \quad \text{d'où} \quad x = \frac{\log n}{\log b} = \frac{1}{\log b} \times \log n.$$

Donc, *pour obtenir les logarithmes de tous les nombres par rapport à la nouvelle base* b, *il suffit de multiplier les logarithmes des mêmes nombres dans le système dont la base est* a, *par la quantité constante* $\frac{1}{\log b}$, *le logarithme désigné par* $\log b$ *étant pris dans la base* a.

Le quotient de 1 par $\log b$ est ce qu'on nomme le *module* de la nouvelle base b par rapport à la première base a.

294. On déduit de la définition des logarithmes, et de ce qui a été dit dans le n° **288**, que, 1° *dans tout système, le logarithme de la base est l'unité, et le logarithme de l'unité est zéro ;* 2° *lorsque la base est un nombre plus grand que l'unité, les logarithmes des nombres plus grands que l'unité sont positifs, les logarithmes des nombres plus petits que l'unité sont négatifs, et le logarithme de zéro est* $-\infty$; 3° *lorsque la base est moindre que l'unité, les logarithmes des nombres plus grands que l'unité sont négatifs, ceux des nombres plus petits que l'unité sont positifs, et le logarithme de zéro est* $+\infty$.

295. Comme les logarithmes ne sont habituellement employés que pour abréger les calculs numériques, on ne considère que les logarithmes des nombres positifs, et l'on suppose toujours que la base est un nombre positif. Les nombres négatifs n'ont donc pas de logarithmes (*).

296. On peut faire usage des logarithmes toutes les fois qu'il s'agit de résoudre une équation dans laquelle l'inconnue est en exposant. Ainsi, de l'équation $a^x = b$, on tire, comme on l'a vu dans le n° **293**, $x = \frac{\log b}{\log a}$.

Si l'on a à résoudre l'équation $a^{b^x} = c$, on posera $b^x = y$; il viendra $a^y = c$, d'où $y = \frac{\log c}{\log a}$; et en mettant la valeur

(*) Plusieurs géomètres ont pensé qu'en raison des valeurs algébriques des radicaux, on devrait admettre que les nombres négatifs peuvent avoir des logarithmes ; mais l'examen de ces difficultés serait tout-à-fait déplacé dans un traité élémentaire.

de y dans l'équation $b^x = y$, on en conclura

$$x = \frac{\log(\log c) - \log(\log a)}{\log b}.$$

Soit encore l'équation

$$a^{x+2} - \frac{b}{a^{x-1}} = c.$$

En posant $a^x = z$, il vient

$$a^2 z - \frac{ab}{z} = c, \quad \text{ou} \quad a^2 z^2 - cz = ab.$$

La dernière équation fait connaître la valeur de z; et si cette inconnue admet une valeur positive, on obtient la valeur correspondante de x en appliquant à l'équation $a^x = z$ ce qui a été dit ci-dessus.

297. On expose habituellement la théorie des logarithmes en la déduisant de celle des progressions. A cet effet, on conçoit une progression par quotient dont le premier terme est 1, et dont la raison est une quantité très peu différente de l'unité, afin que les termes croissent par des degrés presque insensibles; de sorte que la progression peut être regardée comme renfermant tous les nombres. On prend en même temps une progression par différence ayant pour premier terme zéro, et dont la raison est une quantité très petite. En supposant ces deux progressions écrites de manière que les termes de la seconde soient placés respectivement au-dessous de ceux de la première, le terme zéro de la progression par différence étant au-dessous du terme un de la progression par quotient, chaque terme de la progression par différence est ce qu'on appelle le logarithme du terme correspondant de l'autre progression.

Les logarithmes formés de cette manière sont toujours les exposants des puissances auxquelles il faut élever un nombre constant, pour reproduire les nombres auxquels les logarithmes appartiennent.

Pour le démontrer, désignons par q une quantité qui pourra être supposée aussi voisine de l'unité qu'on le voudra, par d

une quantité fort petite, et considérons les deux progressions

$$\div\!\div \ldots q^{-3} : q^{-2} : q^{-1} : 1 : q : q^2 : q^3 \ldots$$
$$\div \ldots -3d \,.\, -2d \,.\, -d \,.\, 0 \,.\, d \,.\, 2d \,.\, 3d \ldots$$

Si l'on pose $md = 1$ et $q^m = a$, d'où $q = a^{\frac{1}{m}} = a^d$, la progression par quotient pourra s'écrire comme il suit :

$$\div\!\div \ldots a^{-3d} : a^{-2d} : a^{-d} : 1 : a^d : a^{2d} : a^{3d} \ldots$$

On voit donc que les termes de cette progression expriment les valeurs qu'on obtiendra pour y, en posant l'équation $y = a^x$, et remplaçant successivement x par les différents termes de la progression par différence.

Des logarithmes dont la base est 10. *Usage des Tables.*

298. Les logarithmes dont on se sert habituellement ont pour base le nombre 10 (*).

Les nombres 10, 100, 1000, 10000, etc., ont alors pour logarithmes les nombres naturels 1, 2, 3, 4, etc.

Les logarithmes des nombres qui ne sont pas des puissances exactes de 10, ne peuvent être obtenus que par approximation (nº **290**). On exprime les valeurs approchées de ces logarithmes en décimales.

La partie entière du logarithme d'un nombre plus grand que l'unité contient autant d'unités moins une qu'il y a de

(*) La découverte des logarithmes est due à Néper, savant écossais. Les logarithmes auxquels il s'est trouvé conduit ont pour base le nombre que nous avons désigné par e (nº 237) ; ils sont appelés *logarithmes népériens* ; on les nomme aussi *logarithmes hyperboliques*, parce qu'ils mesurent les parties de l'aire comprise entre une hyperbole équilatère et ses asymptotes. Les logarithmes qui ont pour base 10, sont appelés *logarithmes vulgaires* ; on les nomme aussi *logarithmes de* Briggs, parce que ce fut Briggs qui publia les premières tables de logarithmes calculées pour cette base.

chiffres dans la partie entière de ce nombre. Car un nombre dont la partie entière a n chiffres, est compris entre 10^{n-1} et 10^n; par conséquent son logarithme est compris entre $n-1$ et n; il est donc composé de $n-1$ unités et d'une partie décimale moindre que l'unité.

Cette propriété a fait donner à la partie entière d'un logarithme le nom de *caractéristique.*

299. On ne trouve dans les tables que les logarithmes des nombres entiers : pour obtenir celui d'une fraction, il faut appliquer la règle qui a été énoncée dans le n° **292**. Lorsque la fraction proposée est plus petite que l'unité, on peut exprimer son logarithme, qui est négatif, de manière que la partie décimale reste positive. Pour cela, on ajoute, par la pensée, au logarithme du numérateur, assez d'unités pour qu'on puisse en retrancher le logarithme du dénominateur, et l'on diminue la partie entière du reste du même nombre d'unités. Par exemple, si le logarithme du numérateur est 1,3495862, et celui du dénominateur 3,5842761, on retranche le second logarithme du premier, comme si celui-ci avait pour caractéristique 4, ce qui donne 0,7653101; et comme ce reste doit être diminué de 3, on écrit

$$\bar{3},7653101.$$

Le signe — se place au-dessus de la caractéristique, pour montrer qu'il n'affecte que cette caractéristique.

Si l'on voulait changer l'expression $\bar{3},7653101$ en une autre équivalente entièrement négative, on remarquerait que

$$\begin{aligned}\bar{3},7653101 &= -3 + 0,7653101 = -2 - (1 - 0,7653101)\\ &= -2,2346899.\end{aligned}$$

Cette transformation se réduit à diminuer de 1 la valeur absolue de la caractéristique, et à retrancher le premier chiffre significatif à droite de la partie décimale de 10 et les autres chiffres décimaux de 9.

Pour ramener un logarithme qui est entièrement négatif à une expression dont la partie décimale soit positive, il faut opérer sur la partie décimale du logarithme négatif comme dans le cas précédent, et augmenter la caractéristique de 1; car

$$-2,2346899 = -2 - 0,2346899 = -3 + (1 - 0,2346899)$$
$$= \bar{3},7653101.$$

Si le logarithme $\bar{3},7653101$ devait être multiplié par un nombre entier, par exemple par 4, le produit serait

$$-3 \times 4 + 0,7653101 \times 4 \quad \text{ou} \quad \bar{9},0612404.$$

Lorsqu'un logarithme formé d'une caractéristique négative et d'une partie décimale positive, doit être divisé par un nombre entier, il faut prendre le quotient de la division de la caractéristique de manière que le reste soit positif. Par exemple, soit $\bar{7},3295642$ à diviser par 3 : le quotient de -7 par 3 est -2 avec le reste -1, ou -3 avec le reste $+2$; on prend -3, et en continuant l'opération, on trouve pour résultat $\bar{3},7765214$.

300. D'après les principes qui ont été établis dans le n° **292**, on a

$$\log (A \times 10^n) = \log A + \log 10^n = \log A + n,$$
$$\log \left(\frac{A}{10^n}\right) = \log A - \log 10^n = \log A - n.$$

Ainsi, *le logarithme du produit ou du quotient d'un nombre par une puissance entière de* 10, *est égal au logarithme de ce nombre augmenté ou diminué d'autant d'unités qu'il y en a dans l'exposant de la puissance de* 10.

Il suit de là que *le logarithme d'un nombre décimal plus grand que l'unité, et le logarithme d'un nombre décimal plus petit que l'unité, quand la caractéristique seule est négative, ont la même partie décimale que le logarithme du nombre entier qui résulte de la suppression de la virgule.*

On peut facilement connaître à l'inspection d'un nombre décimal plus petit que l'unité quelle est la caractéristique de son logarithme.

Quand on exprime le logarithme de manière que la partie décimale soit positive, la caractéristique est égale au nombre qui marque le rang du premier chiffre significatif à droite de la virgule dans le nombre proposé.

Pour le démontrer, désignons par p le nombre des chiffres du nombre proposé, à partir du premier chiffre significatif à droite de la virgule, et par p' le nombre des zéro qui se trouvent entre la virgule et le premier chiffre significatif; le logarithme du nombre proposé, abstraction faite de la virgule, aura pour caractéristique $p-1$; et comme on devra retrancher de cette caractéristique $p+p'$, qui est le nombre des chiffres décimaux, la caractéristique du logarithme du nombre décimal sera $-(p'+1)$.

Quand le logarithme est entièrement négatif, la caractéristique est inférieure d'une unité au rang du premier chiffre significatif à droite de la virgule.

La caractéristique, positive ou négative, d'un logarithme, fait donc toujours connaître l'ordre des plus hautes unités du nombre auquel appartient ce logarithme.

301. Pour appliquer les logarithmes aux calculs numériques, il faut savoir résoudre au moyen des tables ces deux questions : 1°. *Un nombre quelconque étant donné, trouver son logarithme;* 2°. *Un logarithme étant donné, trouver le nombre auquel il appartient.*

1re. Question. *Trouver le logarithme d'un nombre.*

Les tables de *Lalande*, et celles qui ont été publiées par MM. *Reynaud* et *Marie*, contiennent les logarithmes des nombres entiers depuis 1 jusqu'à 10000 : celles de *Callet* s'étendent jusqu'à 108000. Dans les tables de *Callet*, les caractéristiques sont omises; mais il est facile de les rétablir, puisqu'elles sont immédiatement connues par la règle du n° 298.

Pour trouver le logarithme d'un nombre entier qui surpasse les plus grands nombres contenus dans les tables, on sépare à la gauche du nombre donné, par une virgule, autant de chiffres qu'il en faut pour former un nombre renfermé dans les limites des tables, et qui soit le plus grand possible. Le nombre proposé prend ainsi la forme d'un nombre décimal.

Soient n la partie entière, d la partie décimale ; soient l la partie décimale du logarithme de n, et δ la différence des logarithmes des nombres n et $n+1$, différence qui se trouve toute calculée dans les tables. On pose la proportion $1:d::\delta:x$, d'où $x=d\times\delta$. La valeur de x est ce qu'il faut ajouter à l, pour avoir la partie décimale du logarithme de $n+d$, qui est aussi celle du logarithme du nombre entier donné. Quant à la caractéristique, on la détermine comme nous l'avons dit plus haut.

Quand le nombre proposé est un nombre décimal plus grand ou plus petit que l'unité, la caractéristique du logarithme est toujours connue, et la partie décimale ne changeant pas par la suppression de la virgule dans le nombre proposé, on la détermine de la même manière que dans le cas précédent.

Quand le nombre donné contient des entiers et des fractions, on le réduit à une seule fraction, et le logarithme de cette fraction s'obtient par la règle qui a été établie dans le n° **292**.

2ᵉ Question. *Un logarithme étant donné, trouver le nombre correspondant.*

La caractéristique du logarithme faisant toujours connaître l'ordre des plus hautes unités du nombre cherché (n° **300**), on peut considérer la partie décimale du logarithme indépendamment de la caractéristique ; quand on a trouvé un nombre qui correspond à cette partie décimale, il reste seulement à multiplier ou à diviser ce nombre par une puissance convenable de 10.

Lorsque la partie décimale du logarithme donné se trouve dans les tables, on connaît immédiatement le nombre correspondant.

Lorsque cette partie décimale ne se trouve pas exactement dans les tables, on cherche celle qui en approche le plus sans la surpasser. Représentons par l cette partie décimale la plus approchée, par n le nombre entier correspondant, par l' la partie décimale du logarithme donné, par δ la différence des logarithmes de n et de $n+1$, enfin par δ' la différence $l'-l$.

On pose la proportion $\delta : \delta' :: 1 : x$, d'où $x = \frac{\delta'}{\delta}$. La valeur de x réduite en décimales est ce qu'il faut ajouter au nombre n, pour obtenir un nombre dont le logarithme ait la même partie décimale que le logarithme donné.

Si le logarithme donné était entièrement négatif, il faudrait rendre la partie décimale positive ; on opérerait ensuite comme nous venons de l'expliquer.

302. Dans les tables de *Callet*, on trouve d'abord, sous le titre de Chiliade I, une partie qui donne les logarithmes des nombres entiers depuis 1 jusqu'à 1200 exprimés avec huit décimales, et placés respectivement en regard des nombres auxquels ils correspondent.

La partie des tables qui suit immédiatement renferme les logarithmes de tous les nombres entiers depuis 1020 jusqu'à 108000. La colonne intitulée N contient les nombres depuis 1020 jusqu'à 10800, et la colonne suivante, marquée 0, renferme les logarithmes de ces nombres. Les nombres isolés qu'on remarque sur la gauche de cette colonne sont censés écrits au-dessous d'eux-mêmes, de manière que chaque ligne soit remplie.

Les logarithmes des nombres depuis 1020 jusqu'à 10800, sont aussi (sauf la caractéristique qui ne se trouve pas dans la table) les logarithmes des nombres de 10 en 10, depuis 10200 jusqu'à 108000. On obtient les logarithmes des nombres intermédiaires, au moyen des colonnes suivantes qui sont marquées 1, 2, 3... 9. Ainsi, pour avoir le logarithme de 27796, on cherche dans la colonne N le nombre 2779; on s'avance dans la ligne horizontale qui contient ce nombre, jusqu'à la colonne marquée 6 ; on y trouve les derniers chiffres du logarithme cherché, et l'on prend pour les premiers chiffres le nombre isolé le plus voisin, en remontant dans la colonne marquée 0. On obtient ainsi, en rétablissant la caractéristique,

$$\log 27796 = 4,4439823.$$

En agissant de la même manière pour le nombre 27798, on ne trouve rien à la colonne marquée 8 dans la ligne qui répond à 2779; on descend alors à la ligne inférieure qui donne les derniers chiffres du logarithme, et l'on prend pour les premiers chiffres ceux qui se trouvent sur la même ligne horizontale dans la colonne marquée 0; on trouve ainsi

$$\log 27798 = 4{,}4440136.$$

La différence des logarithmes de deux nombres entiers consécutifs se trouve dans la dernière colonne à droite, intitulée *dif.*, en tête de la petite table la plus voisine de ces nombres. Il faut observer que cette différence exprime des unités décimales du dernier ordre. De plus, la table proportionnelle qui se trouve au-dessous donne les produits de cette différence par les nombres 0,1, 0,2, 0,3...... 0,9; on en déduit aisément le produit de la même différence par une fraction décimale quelconque; de sorte qu'on peut, au moyen de cette table, se dispenser de faire les opérations qui résultent des proportions dont nous avons parlé ci-dessus.

Soit le nombre 14518469 dont on demande le logarithme. On sépare les cinq premiers chiffres à gauche, ce qui donne 14518,469. On trouve que la partie décimale du logarithme de 14518 est 0,1619068. La table des différences la plus voisine est celle qui répond à 299; et, dans cette table, les nombres qui correspondent à 4, 6, 9, considérés comme des dixièmes, sont 120, 179, 269. On en conclut que $299 \times 0{,}4 = 120$, $299 \times 0{,}06 = 17{,}9$, $299 \times 0{,}009 = 2{,}69$. On obtient le logarithme cherché en ajoutant aux dernières unités du logarithme de 14518 les nombres 120, 18, 3.

Voici le type du calcul :

log 14518	....	0,1619068
Pour	0,4	120
Pour	0,06	18
Pour	0,009	3
log 14518469	....	7,1619209.

Supposons maintenant qu'on veuille trouver le nombre qui

correspond à un logarithme donné. Soit, par exemple, 1619209 la partie décimale de ce logarithme. On cherche parmi les logarithmes des nombres de quatre chiffres contenus dans la colonne marquée o celui qui approche le plus du logarithme donné, sans le surpasser, et l'on prend le nombre correspondant qui est 1451. On avance dans la même ligne horizontale, jusqu'à ce qu'on rencontre le nombre qui approche le plus du nombre 9209, formé par les quatre dernières figures du logarithme. Ce nombre le plus approché est 9068, qui se trouve dans la colonne 8. La différence entre 9068 et 9209 est 141. On cherche dans la table de différences la plus voisine le nombre qui approche le plus de 141 sans le surpasser. Ce nombre est 120 ; il répond à 4, c'est-à-dire 0,4. La différence entre 120 et 141 est 21. On multiplie 21 par 10 ; on cherche le nombre le plus approché du produit 210 ; ce nombre est 209, qui répond à 0,7. On conclut de cette opération que le nombre demandé est 14158,47, sauf l'ordre des plus hautes unités.

On peut disposer le calcul comme on le voit ci-dessous :

$\log x = 0{,}1619209$

Pour	1619068..........	14518
1er reste	141..........	0 4
2e reste	21..........	0 07
		$x = 14518{,}47$

303. La proportion dont on fait usage pour résoudre les deux questions dont nous venons de nous occuper, ne donne qu'une approximation ; mais celle qu'on obtient est presque toujours suffisante. Pour évaluer les limites de cette approximation, il faut recourir à l'emploi des séries (*voyez* une note de M. VINCENT, insérée dans l'*Algèbre* de M. REYNAUD et dans celle de M. BOURDON) ; cependant on peut parvenir à s'en rendre compte par des considérations déduites uniquement de l'inspection des tables. Il est clair, en effet, que, si à des différences égales entre les nombres répondaient des différences égales entre les logarithmes, la proportion dont il s'agit serait rigoureuse. Or, en examinant les différences des logarithmes des nombres entiers qui se trouvent écrites dans les tables, savoir, dans les tables de *Lalande* et dans celles de MM. *Reynaud* et *Marie*, les différences des logarithmes des nombres entiers consécutifs au-dessus de 1000, et dans les tables de *Callet*, les différences des logarithmes des nombres entiers consécutifs au-dessus de 10000, on voit que ces différences ne varient que d'une manière peu sensible, et qu'elles approchent d'autant plus d'être égales que les nombres sont plus grands. Il suit de là que la proportion entre les différences des nombres et celles des logarithmes s'écarte peu de l'exactitude, quand les nombres sont suffisamment grands, et qu'elle s'en écarte d'autant moins que les nombres sont plus grands.

Mais indépendamment de l'inexactitude de cette proportion, il y a une autre cause d'erreur qui consiste en ce que les tables ne donnent, pour les logarithmes et leurs différences, que des valeurs approchées qui peuvent être fautives en plus ou en moins d'une demi-unité décimale du 7e ordre.

Dans la deuxième question du n° **301**, pour laquelle on calcule le quotient de deux différences de logarithmes que nous avons désignées par δ et δ', une unité d'erreur sur le logarithme donné suffit pour altérer ce quotient d'une quantité exprimée par $\frac{1}{\delta}$. Or, quand on a fait usage des tables de Callet, la différence δ varie depuis 425, jusqu'à 44. Il en résulte que, dans le cas où l'on veut trouver le nombre auquel appartient un logarithme qui n'est connu qu'à moins d'une unité du dernier chiffre à droite, la proportion à laquelle on a recours, lors même qu'elle serait rigoureuse, ne donnerait la valeur du nombre demandé qu'à moins d'une quantité qui pourrait varier entre $\frac{1}{425}$ et $\frac{1}{44}$ de l'unité du cinquième chiffre à partir de la gauche. Par conséquent on ne doit pas espérer que cette proportion fournisse jamais plus de deux chiffres exacts, et elle peut même n'en donner qu'un seul.

Quand il faut ajouter plusieurs logarithmes afin d'obtenir

le logarithme du nombre cherché, ou quand il faut multiplier un logarithme donné par un nombre entier, le logarithme que l'on obtient peut être fautif de plusieurs unités du dernier chiffre à droite, et l'erreur que l'on commet dans l'évaluation du nombre demandé devient plus considérable.

304. On appelle *complément arithmétique* d'un logarithme ce qu'il faut ajouter à ce logarithme pour obtenir une somme égale à 10. Il suit de cette définition que le complément arithmétique d'un logarithme s'obtient en retranchant de 10 le premier chiffre significatif, à partir de la droite, et en retranchant les autres chiffres de 9.

On se sert des compléments arithmétiques afin d'éviter les logarithmes négatifs, ou pour effectuer, au moyen d'une seule addition, un calcul qui exige que l'on ajoute plusieurs logarithmes, et que de la somme on retranche d'autres logarithmes. A cet effet, on prend les compléments des logarithmes qui doivent être soustraits, et l'on fait la somme de ces compléments et de tous les autres logarithmes. Il est facile de voir que le résultat de cette addition surpasse celui qu'on devait obtenir d'autant de dixaines que l'on a pris de compléments; de sorte que, pour avoir le véritable résultat, il faut diminuer la somme qu'on a trouvée de ce nombre de dixaines. On peut exécuter cette correction sur la partie entière seulement de la somme; de cette manière la partie décimale reste positive.

Si l'on avait à soustraire un logarithme plus grand que 10, il faudrait former le complément de ce logarithme en le retranchant du nombre de dixaines immédiatement supérieur à la caractéristique; mais ce cas ne se rencontre que fort rarement, et c'est par cette raison qu'on définit habituellement les compléments arithmétiques comme nous l'avons fait ci-dessus.

Exemples de calculs effectués par les logarithmes.

1er EXEMPLE. Soit $x = \frac{239 \times 827 \times 543}{76 \times 17}$; on demande la valeur de x.

$$\begin{aligned}
\log 239 &= 2,3783979 \\
\log 827 &= 2,9175055 \\
\log 543 &= 2,7347998 \\
\text{Compl. } \log 76 &= 8,1191864 \\
\text{Compl. } \log 17 &= 8,7695511 \\
\hline
\log x &= 4,9194407
\end{aligned}$$

Pour	9194390...	83069
1er reste	17...	03
2e reste	1...	002
	$x =$	83069,32

En faisant le calcul directement, on trouve $x = 83069,333$; de sorte que l'emploi des logarithmes ne donne exactement que les six premiers chiffres.

Si l'on ne faisait pas usage des compléments, il faudrait faire deux additions et une soustraction au lieu d'une seule addition.

2e EXEMPLE. Calculer la 64e puissance de 2.

$$\begin{aligned}
\log 2 &= 0,3010300. \\
64 \times \log 2 &= 19,2659200 \\
2^{64} &= 18\,446\,750\,000\,000\,000\,000.
\end{aligned}$$

Le produit du logarithme de 2 par 64 pouvant être fautif de près de 32 unités du septième ordre, et la différence entre les logarithmes de 18446 et de 18447 étant de 236 unités du même ordre, l'erreur que l'on commet dans l'évaluation du nombre demandé peut s'élever à près de $\frac{32}{236}$ de l'unité du cinquième chiffre en partant de la gauche (n° 303); on n'est donc certain que de l'exactitude des cinq premiers chiffres. Mais on peut prendre le logarithme de 2 avec deux ou trois décimales de plus ; car les tables de Callet contiennent, à la suite des deux parties dont nous avons parlé dans le n° **302**, les logarithmes des nombres depuis 1 jusqu'à 1200, calculés avec 20 décimales. On aura ainsi le logarithme de $(2)^{64}$ à moins d'une unité du septième ordre, et l'on en déduira une valeur plus exacte du nombre demandé. On trouve de cette manière

$$\log 2 = 0,3010299995$$
$$64 \log 2 = 19,2659197$$
$$2^{64} = 18\,446\,740\,000\,000\,000\,000.$$

Ce résultat est exact dans les sept premiers chiffres.

3e Exemple. Calculer $\sqrt[5]{\left(\frac{23}{417}\right)^3}$.

$$\log 23 = 1,3617278$$
$$\text{Comp. } \log 417 = 7,3798639$$
$$\log \frac{23}{417} = \bar{2},7415917$$
$$3 \text{ fois } \log \frac{23}{417} = \bar{4},2247751$$

$$\frac{3}{5} \times \log \frac{23}{417} = \bar{1},2449550, \text{ d'où } \sqrt[5]{\left(\frac{23}{417}\right)^3} = 0,17577.$$

La caractéristique -1 du logarithme de $\sqrt[5]{\left(\frac{23}{417}\right)^3}$ indique que les plus hautes unités du nombre cherché sont des dixièmes ; par conséquent, si l'on veut seulement avoir ce nombre à moins de 0,00001, il suffit d'obtenir les cinq premières figures, de sorte qu'il n'est pas nécessaire de faire usage des parties proportionnelles.

On peut éviter l'emploi des caractéristiques négatives ; car, en ajoutant au logarithme de 23 le complément arithmétique de celui de 417, on obtient une somme 8,7415917, qui est le logarithme de $\frac{23}{417}$ augmenté de 10 unités ; le produit de cette somme par 3, savoir 26,2247751, est le logarithme du cube de la même fraction, augmenté de 30 unités; et la division de ce produit par 5 donne le quotient 5,2449550 qui est le logarithme du nombre cherché, augmenté de 6 unités. On obtiendra donc ce nombre en cherchant le nombre qui a pour logarithme 5,2449550, et le divisant par 10^6.

Si l'on veut calculer la racine septième de $\left(\frac{23}{417}\right)^3$, la division de 26,2247751 par 7 donnera un quotient qui surpassera le logarithme de la racine demandée d'un nombre fractionnaire; de sorte que, si l'on cherche le nombre qui correspond à ce logarithme trop fort, il faudra le diviser par une puissance de 10 marquée par un exposant fractionnaire, et ce diviseur sera un nombre incommensurable. Mais on évite cet inconvénient en augmentant ou en diminuant le logarithme 26,2247751 d'un nombre d'unités tel que l'excès de ce logarithme sur celui de $\left(\frac{23}{417}\right)^3$ soit un multiple de 7. Si l'on diminue, par exemple, ce logarithme de 2, la division par 7 donne un quotient qui est le logarithme de la racine demandée, augmenté de 4. On en déduit la valeur approchée de cette racine, comme dans l'exemple précédent.

4e EXEMPLE. Résoudre l'équation $(1,00125)^x = 0,89625$.

$$x = \frac{\log(0,89625)}{\log(1,00125)}$$

$$\log(0,89625) = \bar{1},9524292,\ \log(1,00125) = 0,0005425$$

$$x = -\frac{475708}{5425}.$$

Si l'on veut avoir la valeur de x exprimée en décimales, on pourra calculer par logarithmes le quotient de 475708 par 5425; on trouvera ainsi, $x = -87,6881$.

Des intérêts simples et composés.

308. Les logarithmes trouvent leur application dans les questions relatives à l'intérêt de l'argent.

Soit r l'intérêt de 1 franc pour un an ; l'intérêt de 100 francs pour le même temps, qu'on nomme le taux de l'intérêt, sera $100r$. L'intérêt d'une somme a, pour un an, sera ar ; et l'intérêt de la même somme pour un nombre d'années, entier ou fractionnaire, marqué par k, sera $k \times ar$; de sorte que, si l'on représente par A ce que le débiteur devra rendre au bout du temps exprimé par k, on aura

$$A = a(1 + kr).$$

On conclut de là

$$r = \frac{A - a}{ak}, \quad k = \frac{A - a}{ar}, \quad a = \frac{A}{1 + kr}.$$

Ces quatre formules donnent la solution de toutes les questions relatives aux *intérêts simples*.

La dernière formule fait connaître la valeur actuelle d'une somme A qui ne doit être payée que dans un nombre k d'années ; car a est la somme qu'il faut placer actuellement pour recevoir, au bout de ce temps, la somme A. La valeur de a donnée par cette formule est aussi la somme qu'on peut recevoir d'un banquier pour un effet de commerce dont le montant est A, et qui n'est payable que dans k années. La différence $A - a$, qui est la retenue que fait le banquier, se nomme l'*escompte en dedans* de la somme A ; cet escompte est égal à l'intérêt de la valeur actuelle a, pour le temps qui doit s'écouler jusqu'au paiement du billet. L'*escompte en dehors* de la somme A serait l'intérêt de A pour le même temps, c'est-à-dire $k \times Ar$; de sorte qu'un billet dont le montant est A, escompté en dehors, ne produit que $A(1 - kr)$.

306. On dit que l'intérêt est composé, lorsque le prêteur, au lieu de retirer chaque année l'intérêt du capital qu'il a avancé, le laisse entre les mains de l'emprunteur, pour le faire valoir conjointement avec la somme primitive pendant l'année suivante.

Le capital a devient, après un an,

$$a' = a(1 + r).$$

Le nouveau capital a', placé pendant la seconde année, devient pareillement, à la fin de cette année,

$$a'' = a'(1 + r) = a(1 + r)^2.$$

Si le capital a'' reste placé pendant une troisième année, il devient, à la fin de cette année,

$$a''' = a''(1 + r) = a(1 + r)^3,$$

et ainsi de suite; de sorte que, après n années (n étant un nombre entier), le capital primitif a devient

$$A = a(1 + r)^n.$$

En appliquant les logarithmes à cette formule, on trouve

$$\log A = \log a + n \log(1 + r).$$

Au moyen de cette relation, on obtient aisément la valeur de l'une des quatre quantités A, a, r, n, lorsque les trois autres quantités sont connues.

307. Supposons que le prêteur joigne chaque année au capital une nouvelle somme qui doit aussi produire des intérêts composés jusqu'au moment du remboursement. Désignons par $a, b, c, d, \ldots l$, les sommes qu'il place au commencement de la première année, de la seconde, de la troisième, de la quatrième, etc., et par A la somme qu'il doit recevoir au bout de n années.

La somme a, demeurant entre les mains de l'emprunteur pendant n années, deviendra $a(1 + r)^n$.

La somme b, qui ne sera placée que pendant $n - 1$ années, deviendra $b(1 + r)^{n-1}$.

La somme c, qui sera placée pendant $n - 2$ années, deviendra $c(1 + r)^{n-2}$; ainsi de suite.

Enfin la dernière somme ne sera placée que pendant une année, et donnera $l(1 + r)$.

On aura donc

$$A = a(1 + r)^n + b(1 + r)^{n-1} + c(1 + r)^{n-2} \ldots + l(1 + r).$$

Dans le cas particulier où l'on a $a = b = c = d \ldots = l$, le second membre de l'équation précédente devient une progression par quotient dont le premier terme est $a(1+r)$, et la raison $(1+r)$. On a donc (nº 233)

$$A = \frac{a(1+r)[(1+r)^n - 1]}{r}.$$

On peut calculer par les logarithmes la valeur du terme $(1+r)^n$; on achève ensuite aisément les calculs.

308. Une *annuité* est un paiement qu'un débiteur effectue chaque année, pour rembourser en un certain temps un capital avec ses intérêts. Nommons A le capital qu'il s'agit de rembourser, et a la somme qu'on doit payer annuellement pendant n années. Les paiements effectués par le débiteur avant la fin du remboursement peuvent être considérés comme des avances faites au prêteur sur ce remboursement, et dont la valeur dépend du temps qui s'écoule entre l'une de ces époques et l'autre. Ainsi le premier paiement qui a lieu $n-1$ années avant l'expiration du dernier terme, étant rapporté à cette époque, vaut $a(1+r)^{n-1}$; le second paiement, rapporté à la même époque, vaut $a(1+r)^{n-2}$, et ainsi des autres jusqu'au dernier, qui vaut seulement a; mais la somme prêtée A vaut entre les mains de l'emprunteur, après n années, $A(1+r)^n$. On doit donc avoir

$$A(1+r)^n = a(1+r)^{n-1} + a(1+r)^{n-2} \ldots + a;$$

d'où l'on conclut

$$A(1+r)^n = \frac{a[(1+r)^n - 1]}{r}.$$

Dans cette équation, A est le *prix* de l'annuité, parce que c'est la somme qu'elle représente; a est la *quotité* de l'annuité; r est le *taux* de l'intérêt; enfin n exprime la *durée* de l'annuité. On peut déterminer l'une de ces quatre quantités quand on connaît les trois autres. La détermination de r dépendrait d'une équation du degré n. Pour trouver la valeur de n, on a

$$(a - Ar)(1+r)^n = a, \quad \text{d'où} \quad (1+r)^n = \frac{a}{a - Ar},$$

et l'on en déduit

$$n = \frac{\log a - \log(a - Ar)}{\log(1 + r)}.$$

309. Lorsqu'on veut comparer les valeurs de plusieurs sommes payables à différentes époques, il faut rapporter toutes ces sommes à une même époque, comme on l'a fait dans la question précédente. Ainsi, supposons qu'un banquier qui doit une somme a payable dans n années donne, pour s'acquitter, un effet dont la valeur est représentée par b, et qui est payable dans p années. En rapportant les deux sommes a et b au moment où s'effectue cette transaction, elles ne valent que $\frac{a}{(1+r)^n}$ et $\frac{b}{(1+r)^p}$; car la première somme, par exemple, doit être considérée comme la valeur primitive d'un capital qui devient a, après n années. Il suit de là que si l'on prend la différence des deux fractions ci-dessus, cette différence marquera, suivant qu'elle sera positive ou négative, ce que le banquier devra donner ou recevoir en retour de son échange ; et si ce retour ne peut se payer que dans un nombre q d'années, en désignant par c sa valeur au moment de l'opération, il deviendra $c(1+r)^q$, en sorte qu'il sera équivalent à

$$\left[\frac{a}{(1+r)^n} - \frac{b}{(1+r)^p}\right](1+r)^q = a(1+r)^{q-n} - b(1+r)^{q-p}.$$

Ce dernier exemple est emprunté à M. Lacroix.

CHAPITRE ONZIÈME.

COMBINAISONS, ARRANGEMENTS ET PERMUTATIONS. BINOME DE NEWTON. RACINES DES POLYNOMES. NOMBRES FIGURÉS ET SOMMATION DES PILES DE BOULETS.

Des combinaisons, des arrangements et des permutations.

310. On désigne sous le nom de *combinaisons* ou *produits différents* de m lettres n à n, les différents résultats qu'on peut obtenir en écrivant les unes à la suite des autres n de ces m lettres, sous la condition qu'il n'y ait pas deux de ces résultats qui soient formés des mêmes lettres. Par exemple, les combinaisons ou les produits deux à deux des quatre lettres a, b, c, d, sont

$$ab,\ ac,\ ad,\ bc,\ bd,\ cd.$$

Les combinaisons ou les produits trois à trois de ces quatre lettres sont

$$abc,\ abd,\ acd,\ bcd.$$

Les *permutations* de n lettres sont les résultats que l'on obtient en écrivant ces n lettres les unes à la suite des autres, de toutes les manières possibles. Par exemple, les permutations des deux lettres a et b sont ab, ba; les permutations des trois lettres a, b, c, sont

$$abc,\ acb,\ cab,\ bac,\ bca,\ cba,$$

Les *arrangements* de m lettres n à n sont tous les résultats que l'on peut obtenir en écrivant n de ces m lettres les unes à la suite des autres de toutes les manières possibles. Ainsi, les arrangements deux à deux des quatre lettres a, b, c, d, sont

$$ab,\ ba,\ ac,\ ca,\ ad,\ da,\ bc,\ cb,\ bd,\ db,\ cd,\ dc.$$

Nous allons faire voir comment on peut trouver le nombre des arrangements de m lettres n à n, le nombre des permutations de n lettres, et celui des produits de m lettres n à n.

311. Si l'on avait à former les arrangements de m lettres prises *deux à deux*, il suffirait évidemment d'écrire successivement à la suite de chaque lettre, chacune des $m - 1$ autres lettres. Donc le nombre des arrangements de m lettres prises deux à deux est $m(m - 1)$.

Si l'on avait à former les arrangements de m lettres prises *trois à trois*, il suffirait d'écrire à la suite de chacun des arrangements deux à deux, chacune des $m - 2$ autres lettres. Le nombre des arrangements de m lettres prises trois à trois est donc $m(m - 1)(m - 2)$.

On voit par un raisonnement semblable que le nombre des arrangements de m lettres prises *quatre à quatre* est $m(m - 1)(m - 2)(m - 3)$.

On conclut de là, par analogie, que le nombre des arrangements de m lettres prises n à n est

$$m(m - 1)(m - 2) \dots (m - n + 1).$$

On peut aussi parvenir à cette formule sans induction, au moyen du raisonnement suivant.

Si l'on avait formé tous les arrangements de m lettres prises $n - 1$ à $n - 1$, on obtiendrait les arrangements de m lettres prises n à n en écrivant successivement à la suite de chaque arrangement de $n - 1$ lettres, les $m - (n - 1)$ autres lettres. Par conséquent, *le nombre des arrangements de* m *lettres* n *à* n *est égal à celui des arrangements de* m *lettres* n — 1 *à* n — 1, *multiplié par* m — (n — 1) *ou* m — n + 1. Cela posé, comme le nombre des arrangements de m lettres prises une à une est évidemment égal à m, le nombre des arrangements de m lettres deux à deux est $m(m - 1)$; donc le nombre des arrangements trois à trois est $m(m - 1)(m - 2)$, ainsi de suite; donc le nombre des arrangements n à n est $m(m - 1)(m - 2) \dots (m - n + 1)$.

312. Pour obtenir le nombre des permutations de n lettres, il suffit de faire dans la formule précédente $m=n$, ce qui donne $n(n-1)(n-2)\ldots 2\times 1$, ou, en renversant l'ordre des facteurs,

$$1.2.3\ldots(n-1)n.$$

On peut aussi parvenir à cette dernière formule sans la faire dépendre de celle qui exprime le nombre des arrangements. En effet, deux lettres a, b, ne donnent évidemment que deux permutations ab, ba. Pour former les permutations de trois lettres, il suffit d'écrire à la suite de chacune de ces trois lettres les deux permutations des deux autres, ce qui donne 2×3 permutations. Pour former les permutations de quatre lettres, il suffit d'écrire à la suite de chacune de ces lettres les 2×3 permutations des trois autres lettres, ce qui donne $2\times 3\times 4$ permutations. Comme on peut continuer ce raisonnement aussi loin qu'on le veut, il en résulte évidemment que le nombre des permutations de n lettres est, comme on l'a trouvé ci-dessus, $1.2.3\ldots n$.

313. Cherchons enfin le nombre des combinaisons ou des produits différents de m lettres prises n à n. Désignons ce nombre par C, représentons par A le nombre des arrangements des m lettres n à n, et par P le nombre des permutations de n lettres. Il est clair que, si l'on avait formé les combinaisons ou les produits différents de m lettres n à n, on obtiendrait les arrangements de ces m lettres n à n en faisant, dans chacun des produits différents, toutes les permutations des n lettres. Il suit de là que le nombre des arrangements est égal au produit du nombre des combinaisons par celui des permutations, de sorte qu'on a $C\times P=A$, d'où $C=\frac{A}{P}$; et en remplaçant dans la dernière relation A et P par les valeurs qu'on a obtenues précédemment, on trouve

$$C=\frac{m(m-1)(m-2)\ldots(m-n+1)}{1\;.\;2\;.\;3\;\ldots\;n}.$$

On peut aussi parvenir à cette dernière formule sans la faire dépendre de celles qui donnent le nombre des arrangements et le nombre des permutations. A cet effet, désignons, avec M. *Cauchy*, par $(m)_n$, le nombre des combinaisons de m lettres a, b, c, d, etc., prises n à n. Parmi ces combinaisons, celles qui renferment la lettre a sont évidemment en nombre égal au nombre des combinaisons des $m-1$ autres lettres prises $n-1$ à $n-1$, ou $(m-1)_{n-1}$. Le nombre des combinaisons qui renferment la lettre b est pareillement $(m-1)_{n-1}$; et de même pour chacune des autres lettres. Mais en formant toutes les combinaisons qui renferment la lettre a, puis celles qui renferment la lettre b, etc., on obtient n fois chaque combinaison; car si $n=3$, par exemple, la combinaison abc se trouve parmi celles qui renferment a, parmi celles qui renferment b, et parmi celles qui renferment c. Il suit de là que l'on a

$$(m)_n = \frac{m}{n}(m-1)_{n-1}.$$

En remplaçant successivement dans cette formule m et n par $m-1$ et par $n-1$, puis par $m-2$ et $n-2$, etc., on trouve

$$(m-1)_{n-1} = \frac{m-1}{n-1}(m-2)_{n-2},$$

$$(m-2)_{n-2} = \frac{m-2}{n-2}(m-3)_{n-3},$$

. . . .

$$(m-n+2)_2 = \frac{m-n+2}{2}(m-n+1)_1.$$

La valeur de $(m)_n$ se déduit de ces diverses relations en remarquant que $(m-n+1)_1$ est égal à $m-n+1$.

Développement des puissances entières et positives d'un binome, ou binome de NEWTON.

314. Le développement d'une puissance quelconque du binome $x+a$, quand l'exposant est un nombre entier positif, peut toujours s'obtenir par une suite de multiplications. Mais en cherchant à découvrir la loi que suivent ces puissances, on parvient à une formule au moyen de laquelle on obtient une puissance quelconque sans qu'il soit nécessaire de passer par les précédentes, et qui est connue sous le nom de *formule du binome de* NEWTON, parce qu'elle a été découverte par cet illustre géomètre.

En calculant d'abord par la multiplication les puissances de $x+a$, à partir de la seconde, on trouve

$$\begin{aligned}
(x+a)^2 &= x^2 + 2ax + a^2,\\
(x+a)^3 &= x^3 + 3ax^2 + 3a^2x + a^3,\\
(x+a)^4 &= x^4 + 4ax^3 + 6a^2x^2 + 4a^3x + a^4.
\end{aligned}$$

Dans ces diverses puissances, la loi des exposants de x et de a s'aperçoit immédiatement; mais on ne peut pas reconnaître immédiatement celle que suivent les coefficients numériques.

Pour rendre la composition des produits plus manifeste, en évitant les réductions qui donnent naissance aux coefficients, il suffit de multiplier entre eux des binomes dont les seconds termes soient différents, comme on le voit dans le tableau ci-dessous :

$$(x+a)(x+b) = x^2 \begin{array}{l|l} +a & x+ab \\ +b & \end{array}$$

$$(x+a)(x+b)(x+c) = x^3 \begin{array}{l|l|l} +a & x^2+ab & x+abc \\ +b & \quad +ac & \\ +c & \quad +bc & \end{array}$$

$$(x+a)(x+b)(x+c)(x+d) = x^4 \begin{array}{l|l|l|l} +a & x^3+ab & x^2+abc & x+abcd \\ +b & \quad +ac & \quad +abd & \\ +c & \quad +bc & \quad +acd & \\ +d & \quad +ad & \quad +bcd & \\ & \quad +bd & & \\ & \quad +cd & & \end{array}$$

Dans chacun de ces produits, l'exposant de x va en diminuant d'une unité depuis le premier terme, où il est égal au nombre des facteurs binomes, jusqu'au dernier terme, où il est nul. Le coefficient du premier terme est l'unité, le coefficient du second terme est la somme des seconds termes des binomes ; celui du troisième terme est la somme des produits de ces mêmes seconds termes pris deux à deux ; ainsi de suite. Le dernier terme est le produit des seconds termes des binomes.

On peut démontrer que cette loi est générale, en faisant voir que si elle est vraie pour le produit de m binomes, m désignant un nombre entier positif, elle sera vraie aussi pour le produit de $m+1$ binomes.

Supposons donc qu'on ait formé le produit de m binomes $x+a,\ x+b,\ldots x+k$. Désignons par S_1 la somme des seconds termes des binomes, par S_2 la somme des produits différents de ces seconds termes pris deux à deux, par S_3 la somme de leurs produits trois à trois, ainsi de suite, enfin par S_m le produit de tous ces seconds termes (*), et admettons que le produit des binomes proposés soit

$$x^m + S_1 x^{m-1} + S_2 x^{m-2} + S_3 x^{m-3} \ldots + S_m.$$

En multipliant ce polynome par un nouveau binome $x+l$, on obtient le produit ci-dessous :

$$\begin{array}{rl|rl|rl|rl|l} x^{m+1} & + S_1 & x^m & + S_2 & x^{m-1} & + S_3 & x^{m-2} \ldots & + S_m & x \\ & + l & & + lS_1 & & + lS_2 & & + \ldots & + lS_m. \end{array}$$

La loi des exposants de x n'a pas changé. Quant aux coefficients, celui du premier terme est toujours égal à l'unité, et celui du second terme est évidemment formé de la somme des seconds termes des $m+1$ binomes. Le coefficient du troisième terme se compose de la somme des produits deux à deux des seconds termes des m facteurs binomes du premier produit, augmentée de la somme de ces mêmes seconds termes multipliée par l; ce qui forme évidemment la somme des produits différents des seconds termes des $m+1$ binomes pris deux à deux. Le coefficient du quatrième terme se compose de la somme des produits trois à trois des seconds termes des m facteurs du premier produit, augmentée de la somme des

---

(*) Les chiffres qu'on place à droite et en bas d'une lettre se nomment *indices* ; on les emploie pour remplacer les accents, et il ne faut pas les confondre avec les exposants.

produits deux à deux de ces seconds termes multipliés par l; ce qui forme évidemment la somme des produits différents des seconds termes des $m+1$ binomes pris trois à trois. Ainsi de suite. Enfin le dernier terme est égal au produit des seconds termes des m premiers facteurs binomes multiplié par l; par conséquent il est le produit des seconds termes des $m+1$ binomes.

Il suit de là que, si la loi qu'on a énoncée précédemment est vraie pour le produit de m facteurs, elle sera encore vraie pour le produit de $m+1$ facteurs; or elle est vérifiée pour le produit de deux facteurs; donc elle est générale.

315. Supposons actuellement que les seconds termes des m facteurs binomes $x+a$, $x+b$, $x+k$, deviennent tous égaux à a. Le produit de ces binomes deviendra la $m^{ième}$ puissance de $x+a$. Le coefficient S_1 du second terme de ce produit développé, sera égal à a multiplié par le nombre m des facteurs, c'est-à-dire à ma. Le coefficient S_2 du troisième terme, sera égal à a^2 pris autant de fois qu'on peut former de produits différents deux à deux avec m lettres, c'est-à-dire à $\frac{m(m-1)}{1.2}a^3$. Le coefficient S_3 du quatrième terme, sera égal à a^3 pris autant de fois qu'on peut former de produits différents avec m lettres prises trois à trois, c'est-à-dire à $\frac{m(m-1)(m-2)}{1\,.\,2\,.\,3}a^3$; ainsi de suite. Enfin le dernier terme sera égal à a^m. On a donc

$$(x+a)^m=x^m+max^{m-1}+\frac{m(m-1)}{1\,.\,2}a^2x^{m-2}+\frac{m(m-1)(m-2)}{1\,.\,2\,.\,3}a^3x^{m-3}\ldots+a^m.$$

316. Si l'on désigne par T_{n+1} le terme qui occupe le rang $n+1$ dans le second membre de la formule qu'on vient d'écrire, c'est-à-dire le terme qui en a n avant lui, on aura

$$T_{n+1}=\frac{m(m-1)(m-2)(m-3)\ldots.(m-n+1)}{1\,.\,2\,.\,3\,.\,4\,\ldots.\,n}a^nx^{m-n}.$$

Cette expression de T_{n+1} est appelée le *terme général* du développement de $(x+a)^m$, parce qu'on peut en déduire tous les termes de ce développement, en faisant successivement $n=1$, $n=2$, $n=3$, etc.

Supposons, par exemple, qu'on demande le 5ᵉ terme de la 12ᵉ puissance de $x+a$, on aura $m=12$, $n=4$, d'où $m-n+1=9$, et la formule précédente donnera pour le terme cherché $\frac{12.11.10.9}{1.2.3.4}a^4x^8$, ou $495a^4x^8$.

Il faut toutefois observer que l'expression ci-dessus du terme général ne peut pas donner le premier terme x^m ; car il faudrait supposer $n=0$, et l'on n'aperçoit pas ce que devient dans cette supposition le coefficient $\frac{m(m-1)\ldots(m-n+1)}{1\;.\;2\;\ldots\ldots\ldots\;n}$, puisqu'on devrait entendre qu'il ne faut plus prendre au numérateur et au dénominateur aucun facteur.

317. On voit à l'inspection du développement de $(x+a)^m$, que *le coefficient d'un terme quelconque s'obtient en multipliant celui du terme précédent par l'exposant de* x *dans ce terme précédent, et divisant le produit par l'exposant de* a *dans le même terme, augmenté d'une unité, ou par le nombre de termes qui précèdent celui qu'on veut obtenir. Quant aux exposants, celui de* x *diminue d'une unité d'un terme au suivant, et celui de* a *augmente d'une unité.*

Pour démontrer cette règle d'une manière générale, il suffit de former le terme qui en a $n+1$ avant lui ; à cet effet on change n en $n+1$ dans l'expression de T_{n+1}, ce qui donne

$$T_{n+2}=\frac{m(m-1)(m-2)..(m-n+1)(m-n)}{1\;.\;2\;.\;3\;\ldots\;n\;.\;(n+1)}a^{n+1}x^{m-n-1}.$$

On voit par cette expression que le terme T_{n+2} se déduit de T_{n+1} suivant la règle qu'il s'agissait de démontrer.

Au moyen de cette règle, on peut former successivement tous les termes du développement de $(x+a)^m$, en partant du premier terme x^m ; et on reconnaît que le développement est terminé quand on est parvenu au terme a^m, car l'exposant de x par lequel il faudrait multiplier a^m, pour avoir le terme suivant, est zéro.

On trouve de cette manière que la septième puissance de $x+a$ est

$$x^7+7ax^6+21a^2x^5+35a^3x^4+35a^4x^3+21a^5x^2+7a^6x+a^7.$$

318. *Les termes du développement de* $(x+a)^m$ *également éloignés des extrêmes ont les mêmes coefficients.*

1re *Démonstration.* Le terme qui en a n avant lui est, d'après ce qui précède,

$$T_{n+1}=\frac{m(m-1)(m-2)\ldots(m-n+1)}{1\ .\ 2\ .\ 3\ \ldots\ n}a^nx^{m-n}.$$

Le développement de $(x+a)^m$ étant formé de $m+1$ termes, le terme qui en a n après lui est précédé de $m-n$ termes; de sorte qu'on obtiendra l'expression de ce terme en remplaçant dans l'expression ci-dessus n par $m-n$. En effectuant ce changement, il vient

$$T_{m-n+1}=\frac{m(m-1)(m-2)\ldots(n+1)}{1\ .\ 2\ .\ 3\ \ldots(m-n)}a^{m-n}x^n.$$

Il est permis de supposer que le terme T_{n+1} est moins éloigné du premier terme que T_{m-n+1}, c'est-à-dire que n est moindre que $m-n$; et au moyen de cette supposition, on peut écrire le coefficient de T_{m-n+1} comme il suit :

$$\frac{m(m-1)(m-2)\ldots(m-n+1)(m-n)\ldots(n+1)}{1\ .\ 2\ .\ 3\ \ldots\ n\ \ (n+1)\ldots(m-n)}.$$

On voit que les deux termes de cette fraction contiennent l'un et l'autre, comme facteurs, tous les nombres entiers depuis $n+1$ jusqu'à $m-n$, et en supprimant ces facteurs communs, on obtient pour le coefficient du terme T_{m-n+1} la même expression que pour le coefficient de T_{n+1}.

2e *Démonstration.* Le coefficient du terme qui en a n avant lui est le nombre des produits différens de m lettres prises n à n, et le coefficient du terme qui en a $m-n$ avant lui est le nombre des produits de m lettres prises $m-n$ à $m-n$. Or, si l'on avait formé les produits n à n de m lettres, on obtiendrait les produits $m-n$ à $m-n$ de ces m lettres en divisant successivement le produit de toutes les lettres par chacun des produits n à n. Le nombre des produits $m-n$ à $m-n$ est donc égal au nombre des produits n à n.

3e *Démonstration*. Si l'on désigne par K le coefficient du terme qui en a n avant lui, ce terme sera $Ka^n x^{m-n}$. Or le binome $x+a$ ne changeant pas quand on échange entre elles les lettres x et a, il faut qu'il en soit de même du développement de $(x+a)^m$; ce développement doit donc contenir, avec le terme $Ka^n x^{m-n}$, un autre terme qui ne diffère de celui-là qu'en ce que a y est remplacé par x, et x par a, et qui est en conséquence $Kx^n a^{m-n}$. D'ailleurs il est évident, d'après la loi des exposants de x dans le développement de $(x+a)^m$, que le terme $Kx^n a^{m-n}$ a n termes après lui. Le coefficient du terme qui en a n après lui est donc le même que celui du terme qui en a n avant lui.

319. Pour obtenir le développement de $(x-a)^m$, il suffit de changer a en $-a$, dans le développement de $(x+a)^m$; or par ce changement, les termes de rang pair qui sont affectés des puissances impaires de a prennent le signe $-$, et les termes de rang impair ne changent pas de signe ; on a donc

$$(x-a)^m = x^m - max^{m-1} + \frac{m(m-1)}{1.2}a^2x^{m-2} - \frac{m(m-1)(m-2)}{1\,.\,2\,.\,3}a^3x^{m-3} + \text{etc.}$$

320. En faisant $x=1$ et $a=1$, dans les développements de $(x+a)^m$ et de $(x-a)^m$, on parvient aux deux propositions suivantes :

1°. *La somme des coefficients du développement de* $(x+a)^m$, *en y comprenant les coefficients des deux termes extrêmes, est égale à* 2^m.

2°. *La somme des coefficients des termes de rang impair est égale à la somme des coefficients des termes de rang pair.*

321. Pour développer une puissance d'un binome quelconque, on peut développer d'abord la puissance de même degré de $x+a$ ou de $x-a$, on remplace ensuite les lettres x et a par les termes du binome proposé. Ainsi, pour obtenir le développement de $(2x^3-3a^2y)^5$, on fera d'abord celui de $(x-a)^5$ qui est

$$x^5 - 5ax^4 + 10a^2x^3 - 10a^3x^2 + 5a^4x - a^5;$$

on remplacera ensuite x par $2x^3$, et a par $3a^2y$, ce qui donnera

$$(2x^3-3a^2y)^5=32x^{15}-240a^2yx^{12}+720a^4y^2x^9-1080a^6y^3x^6+810a^8y^4x^3-243a^{10}y^5.$$

On peut aussi disposer le calcul comme on le voit ci-dessous :

	$\frac{5}{1}$	$\frac{4}{2}$	$\frac{3}{3}$	$\frac{2}{4}$	$\frac{1}{5}$
1	5	10	10	5	1
$32x^{15}$	$16x^{12}$	$8x^9$	$4x^6$	$2x^3$	1
1	$3a^2y$	$9a^4y^2$	$27a^6y^3$	$81a^8y^4$	$243a^{10}y^5$

$$32x^{15}-240a^2yx^{12}+720a^4y^2x^9-1080a^6y^3x^6+810a^8y^4x^3-243a^{10}y^5.$$

La première ligne se forme en écrivant une suite de fractions dont les numérateurs sont les nombres naturels décroissants, depuis l'exposant 5 de la puissance que l'on veut former jusqu'à l'unité, et dont les dénominateurs sont les nombres naturels croissants à partir de 1.

La seconde ligne contient les coefficients numériques du développement de $(x+a)^5$. Pour former ces coefficients, on écrit d'abord le premier d'entre eux qui est 1 ; on multiplie ensuite 1 par la première fraction $\frac{5}{1}$ de la première ligne ; puis on multiplie 5 par la seconde fraction $\frac{4}{2}$ de la première ligne ; ainsi de suite.

La troisième ligne se forme en écrivant de droite à gauche les diverses puissances de $2x^3$, depuis la puissance dont l'exposant est zéro et qui est égale à 1, jusqu'à la cinquième puissance.

La quatrième ligne se forme en écrivant de gauche à droite les puissances de $3a^2y$, depuis la puissance dont l'exposant est zéro, jusqu'à la cinquième.

On obtient la cinquième ligne qui est le développement de $(2x^3-3a^2y)^5$, en multipliant entre eux les termes placés les uns au-dessous des autres dans les trois lignes précédentes. On donne alternativement aux produits les signes $+$ et $-$, parce que le second terme du binome proposé a le signe $-$.

322. En appliquant la formule du binome au développement de la puissance $m^{ième}$ de chacune des expressions imaginaires $\alpha+\beta\sqrt{-1}$, $\alpha-\beta\sqrt{-1}$, et en ayant égard à ce qui a été dit sur les puissances de $\sqrt{-1}$ (nº **209**), on trouve les deux formules ci-après :

$$(\alpha+\beta\sqrt{-1})^m=\left\{\begin{array}{l}\alpha^m-\frac{m(m-1)}{1\,.\,2}\alpha^{m-2}\beta^2+\frac{m(m-1)(m-2)(m-3)}{1\,.\,2\,.\,3\,.\,4}\alpha^{m-4}\beta^4+\text{etc.}\\ \quad+\left[m\alpha^{m-1}-\frac{m(m-1)(m-2)}{1\,.\,2\,.\,3}\alpha^{m-3}\beta^2+\text{etc.}\right]\beta\sqrt{-1}.\end{array}\right.$$

$$(\alpha-\beta\sqrt{-1})^m=\left\{\begin{array}{l}\alpha^m-\frac{m(m-1)}{1\,.\,2}\alpha^{m-2}\beta^2+\frac{m(m-1)(m-2)(m-3)}{1\,.\,2\,.\,3\,.\,4}\alpha^{m-4}\beta^4-\text{etc.}\\ \quad-\left[m\alpha^{m-1}-\frac{m(m-1)(m-2)}{1\,.\,2\,.\,3}\alpha^{m-3}\beta^2+\text{etc.}\right]\beta\sqrt{-1}.\end{array}\right.$$

Extraction des racines des polynomes.

323. On a vu, en Arithmétique, comment la composition du carré et du cube de la somme de deux nombres, conduit aux règles relatives à l'extraction de la racine carrée et de la racine cubique des nombres. La connaissance des deux premiers termes x^m+max^{m-1} du développement de $(x+a)^m$, peut également servir à établir les procédés qu'il faut suivre pour extraire les racines de degré quelconque des nombres, et l'on est conduit à des règles analogues à celles que l'on suit pour extraire la racine carrée et la racine cubique; mais comme ces règles trouvent peu d'applications, nous passerons immédiatement à l'extraction des racines des quantités littérales.

324. Pour mieux faire concevoir le procédé par lequel on obtient une racine quelconque d'un polynome, nous prendrons d'abord un exemple particulier.

Supposons que l'on demande la racine cubique du polynome

$$8x^6 - 36ax^5 + 66a^2x^4 - 63a^3x^3 + 33a^4x^2 - 9a^5x + a^6.$$

Ce polynome, qui est ordonné par rapport aux puissances décroissantes de la lettre x, devant être le produit de trois facteurs égaux à la racine cubique cherchée, il s'ensuit que si l'on suppose la racine ordonnée par rapport aux puissances décroissantes de x, le premier terme du polynome devra être le cube du premier terme de la racine. Par conséquent, pour obtenir le premier terme de la racine, il faut prendre la racine cubique de $8x^6$, laquelle est $2x^2$.

Représentons par r la somme des termes de la racine, à l'exception du premier, et nommons P le polynome proposé; on aura

$$P = (2x^2 + r)^3 = 8x^6 + 3 \times 4x^4r + 3 \times 2x^2r^2 + r^3;$$

d'où

$$P - 8x^6 = -36ax^5 + 66a^2x^4 + \text{etc.} = r \times (3.4x^4 + 3.2x^2r + r^2).$$

On voit par cette égalité, que le second terme $-36ax^5$ du polynome, est le produit du premier terme de r, qui est le second terme de la racine, par $3 \times 4x^4$; car, les exposants de x dans r devant être moindres que 2, les exposants de x dans $x^2 \times r$ et dans r^2 sont tous moindres que 4. Il suit de là que, si l'on divise $-36ax^5$ par $3 \times 4x^4$, c'est-à-dire par 3 fois le carré du premier terme de la racine, le quotient $-3ax$ sera le second terme de la racine.

Représentons par r' l'ensemble des termes de la racine, à l'exception des deux premiers; on aura

$$P = (2x^2 - 3ax + r')^3 = (2x^2 - 3ax)^3 + 3(2x^2 - 3ax)^2 \times r' + 3(2x^2 - 3ax) \times r'^2 + r'^3,$$

d'où

$$P - (2x^2 - 3ax)^3 = r' \times [3(2x^2 - 3ax)^2 + 3(2x^2 - 3ax) \times r' + r'^2].$$

On conclut de cette égalité que si l'on retranche du polynome P le cube de la partie $2x^2 - 3ax$ de la racine, le premier terme du reste sera le produit du premier terme de r' par $3\times 4x^4$; car les exposants de x dans $(2x^2-3ax)\times r'$ et dans r'^2 sont nécessairement moindres que 4 puisque r' ne peut plus contenir x. Il suit de là que si l'on divise le premier terme du reste par $3\times 4x^4$, on aura le troisième terme de la racine.

Pour obtenir le reste $P-(2x^2-3ax)^3$, il suffit de retrancher du premier reste, trois fois le carré de $2x^2$ multiplié par $-3ax$, plus trois fois le produit de $2x^2$ par le carré de $-3ax$, plus le cube de $-3ax$. A cet effet, on ajoute à 3 fois le carré de $2x^2$ le produit de $3\times 2x^2$ par $-3ax$, et le carré de $-3ax$, puis on multiplie la somme par $-3ax$. En retranchant le produit ainsi obtenu du premier reste, on a le deuxième reste, qui est

$$+12a^2x^4-36a^3x^3+33a^4x^2-9a^5x+a^6.$$

On divise le premier terme de ce reste, $+12a^2x^4$, par $3\times 4x^4$; le quotient $+a^2$ est le troisième terme de la racine.

Pour continuer l'opération, on doit former le cube de $2x^2-3ax+a^2$. Or ce cube se compose du cube de $2x^2-3ax$, plus trois fois le carré de $2x^2-3ax$ multiplié par $+a^2$, plus trois fois le produit de $2x^2-3ax$ par le carré de $+a^2$, plus le cube de $+a^2$. Pour calculer les trois dernières parties, on ajoute à 3 fois le carré de $2x^2-3ax$ le produit de 3 fois $2x^2-3ax$ par $+a^2$, et le carré de $+a^2$, et l'on multiplie la somme par $+a^2$. En retranchant du deuxième reste le produit ainsi obtenu, on a zéro pour reste. Il en résulte que le polynome proposé a pour racine cubique exacte $2x^2-3ax+a^2$.

Voici le tableau des calculs :

	$8x^6-36ax^5+66a^2x^4-63a^3x^3+33a^4x^2-9a^5x+a^6$	$2x^2-3ax+a^2$
	$+36ax^5-54a^2x^4+27a^3x^3$	$3\times(2x^2)^2=12x^4$
2e reste.	$+12a^2x^4-36a^3x^3+33a^4x^2-9a^5x+a^6$	$3\times(2x^2)^2+3\times(2x^2)\times(-3ax)+(-3ax)^2=12x^4-18ax^3+9a^2x^2$
	$-12a^2x^4+36a^3x^3-33a^4x^2+9a^5x-a^6$	à multiplier par $-3ax$
3e reste.	0	produit $-36ax^5+54a^2x^4-27a^3x^3$

$$3\times(2x^2-3ax)^2 = 12x^4-36ax^3+27a^2x^2$$
$$3\times(2x^2-3ax)\times+a^2 = +6a^2x^2-9a^3x$$
$$(+a^2)^2 = +a^4$$

somme $12x^4-36ax^3+33a^2x^2-9a^3x+a^4$

à multiplier par $+a^2$

produit $12a^2x^4-36a^3x^3+33a^4x^2-9a^5x+a^6$

325. Nous allons maintenant expliquer comment on peut obtenir la racine $m^{ième}$ d'un polynome quelconque P.

Le polynome P étant le produit de m facteurs égaux à la racine cherchée, si l'on conçoit que ce polynome et la racine soient ordonnés par rapport aux puissances décroissantes d'une lettre x, le premier terme du polynome P sera le produit de m facteurs égaux au premier terme de la racine ; par conséquent, le premier terme de la racine sera la racine $m^{ième}$ du premier terme de P.

Pour éviter des répétitions, supposons que l'on ait obtenu un nombre quelconque de termes de la racine, et cherchons comment on devra opérer pour obtenir le terme suivant.

Soit A la somme des termes qu'on a obtenus, et B la somme des autres termes de la racine; on aura $P=(A+B)^m$, d'où, en désignant par R le reste $P-A^m$,

$$P-A^m=R=mA^{m-1}B+\frac{m(m-1)}{1.2}A^{m-2}B^2+\text{etc.}$$

Désignons par α le premier terme de la racine, et par λ le terme de B qui contient le plus fort exposant de x, c'est-à-dire le terme qu'on doit actuellement chercher. Le terme affecté du plus haut exposant de x dans le produit $mA^{m-1}B$, sera $m\alpha^{m-1}\lambda$, et les termes affectés des plus forts exposants de x dans les produits $A^{m-2}B^2$, $A^{m-3}B^3$, etc., seront $\alpha^{m-2}\lambda^2$, $\alpha^{m-3}\lambda^3$, etc. Or l'exposant de x dans $\alpha^{m-1}\lambda$ surpasse celui de cette lettre dans $\alpha^{m-2}\lambda^2$, puisque l'un des facteurs α du premier produit est remplacé dans le second par λ qui contient x à une moindre puissance que α. Par une raison semblable, l'exposant de x dans $\alpha^{m-3}\lambda^3$ est moindre que dans $\alpha^{m-2}\lambda^2$; ainsi de suite.

Il suit de là que le terme de R affecté du plus fort exposant de x, doit être égal à $m\alpha^{m-1}\lambda$. Par conséquent, pour obtenir le terme λ, il faut diviser le premier terme de R par $m\alpha^{m-1}$.

D'après ces explications, et en observant qu'elles ne changeraient pas si le polynome P et sa racine étaient ordonnés par rapport aux puissances croissantes de x', on est conduit à la règle suivante :

Pour extraire la racine m^{ième} *d'un polynome* P, *ordonnez-le par rapport aux puissances décroissantes ou croissantes d'une lettre. Prenez la racine* m^{ième} *du premier terme, vous aurez le premier terme de la racine. Divisez le* 2e *terme de* P *par* m *fois la* (m — 1)^{ième} *puissance du premier terme de la racine, vous aurez le* 2e *terme de cette racine. Retranchez de* P *la* m^{ième} *puissance de la somme des deux termes trouvés, et divisez le premier terme du reste par* m *fois la* (m — 1)^{ième} *puissance du premier terme de la racine, vous aurez le* 3e *terme. Ainsi de suite.*

On voit sans peine que, lorsque le polynome proposé est une puissance $m^{ième}$ exacte, ces opérations conduisent à un reste nul. Réciproquement, lorsque ces opérations conduisent à un reste nul, le polynome proposé est une puissance $m^{ième}$ exacte, et l'ensemble des termes qu'on a obtenus est la racine de ce polynome.

On voit aussi par des raisonnements semblables à ceux que nous avons faits au sujet de la racine carrée (n° **179**), que, lorsque le polynome proposé est ordonné par rapport aux puissances décroissantes de la lettre principale, on est certain que l'opération ne se terminera jamais, quand on est conduit à mettre à la racine un terme dans lequel l'exposant de cette lettre multiplié par m donne un produit moindre que l'exposant de la même lettre dans le dernier terme du polynome.

Quand le polynome proposé est ordonné par rapport aux puissances croissantes de la lettre principale, on est certain que l'opération ne se terminera pas, lorsqu'on est conduit à mettre à la racine un terme dans lequel l'exposant de cette lettre multiplié par m donne un produit plus grand que l'exposant de la même lettre dans le dernier terme du polynome.

Dans le cas où le polynome proposé ne contient aucun dénominateur littéral ou numérique, on est encore assuré que l'opération ne se terminera pas lorsqu'on parvient à un reste dont le premier terme n'est pas divisible par m fois la $(m-1)^{ième}$ puissance du premier terme de la racine.

Quand le premier terme du polynome proposé n'est pas une puissance exacte du degré m, la racine $m^{ième}$ de ce polynome ne peut pas être exprimée par une quantité rationnelle; mais on peut encore appliquer la règle ci-dessus en exprimant la racine $m^{ième}$ du premier terme, soit au moyen du signe $\sqrt{\ }$, soit au moyen des exposants fractionnaires. On peut aussi multiplier le polynome par un facteur a tel que le premier terme devienne une puissance $m^{ième}$; si le polynome qui en résulte a une racine $m^{ième}$ exacte P, la racine $m^{ième}$ du polynome donné est $\frac{P}{\sqrt[m]{a}}$.

Des nombres figurés, — Sommation des piles de boulets.

326. Il existe entre les coefficients de deux puissances consécutives de $x+a$, des relations dont on déduit plusieurs conséquences qu'il n'est pas inutile de faire connaître.

Supposons que la $m^{ième}$ puissance de $x+a$ soit

$$x^m + Aax^{m-1} + Ba^2x^{m-2} + Ca^3x^{m-3} + \text{etc.}$$

En multipliant ce polynome par $x+a$, on a pour le produit

$$\begin{aligned} x^{m+1} &+ Aax^m + Ba^2x^{m-1} + Ca^3x^{m-2} + \ldots \\ &+ \ \ ax^m + Aa^2x^{m-1} + Ba^3x^{m-2} + \ldots \end{aligned}$$

On conclut de là que, *pour obtenir le coefficient d'un terme quelconque de la* $(m+1)^{ième}$ *puissance de* $x+a$, *il suffit d'ajouter au coefficient du terme de même rang, dans la puissance* $m^{ième}$, *celui du terme précédent.*

327. D'après cette règle, on peut former les coefficients des puissances successives de $x+a$, comme on le voit dans le tableau ci-après :

1,	1,	1,	1,	1,	1,	1,	1,	1,....
	1,	2,	3,	4,	5,	6,	7,	8,....
		1,	3,	6,	10,	15,	21,	28,....
			1,	4,	10,	20,	35,	56,....
				1,	5,	15,	35,	70,....
					1,	6,	21,	56,....
						1,	7,	28,....
							1,	8,....
								1,....

La première colonne de ce tableau est formée d'un seul terme qui est 1. La seconde colonne est formée du nombre 1 écrit deux fois. On forme la troisième colonne en plaçant, à côté de chaque terme de la seconde colonne, le nombre qu'on obtient en ajoutant à ce terme celui qui est au-dessus : on trouve ainsi pour le premier terme de la troisième colonne $1+0$ ou 1 ; le second terme est $1+1$ ou 2 ; et le troisième terme est $0+1$ ou 1. La quatrième colonne se déduit de la troisième comme celle-ci de la seconde. Ainsi de suite. Les deux termes de la seconde colonne pouvant être considérés comme les coefficients de la première puissance de $x+a$, il résulte de la règle ci-dessus que les termes de la troisième colonne sont les coefficients du développement de $(x+a)^2$, que ceux de la quatrième colonne sont les coefficients du développement de $(x+a)^3$, etc.

Ce tableau qu'on peut prolonger indéfiniment se nomme le *triangle arithmétique de Pascal*.

328. Il est facile de voir, d'après la composition du triangle arithmétique, que le $p^{ième}$ terme d'une ligne horizontale quelconque est la somme des p premiers termes de la ligne horizontale précédente. Car si l'on considère, par exemple, le terme 56, qui est le sixième terme de la quatrième ligne, ce terme a été formé en ajoutant les deux nombres 21 et 35, qui sont placés à sa gauche dans la troisième ligne et dans la quatrième ; mais le second de ces deux nombres 35 est la somme de 15 et 20; le dernier nombre 20 est la somme de 10 et 10; le dernier nombre 10 est la somme de 6 et 4; enfin 4 est la somme des deux nombres 3 et 1; on a donc $56 = 21 + 15 + 10 + 6 + 3 + 1$.

329. Le principe qui sert de base à la formation du triangle arithmétique, et la propriété que nous venons de faire remarquer dans le numéro précédent, peuvent aisément se déduire de la théorie des combinaisons. En effet, on a vu que le coefficient du $(n+1)^{ième}$ terme de la $(m+1)^{ième}$ puissance de $x+a$ est égal au nombre des combinaisons de $m+1$ lettres prises n à n. Or ces combinaisons peuvent être considérées comme composées de deux parties, savoir : des combinaisons qui ne renferment pas une des lettres, a par exemple, et dont le nombre est celui des combinaisons de m lettres n à n ; et des combinaisons qui renferment la lettre a, et dont le nombre est celui des combinaisons de m lettres $n-1$ à $n-1$. D'après cela, en faisant usage de la même notation que dans le n° **313**, on a

$$(1) \qquad (m+1)_n = (m)_n + (m)_{n-1} ;$$

cette égalité démontre la règle qui a été établie dans le n° **326**.

Pour démontrer par la théorie des combinaisons, que le $p^{ième}$ terme d'une ligne horizontale du triangle arithmétique est la somme des p premiers termes de la ligne horizontale précédente, il faut remarquer que le premier terme de la $(n+1)^{ième}$ ligne horizontale du triangle arithmétique appartenant à la $(n+1)^{ième}$ colonne verticale, le $p^{ième}$ terme de la $(n+1)^{ième}$ ligne horizontale est placé dans la $(n+p)^{ième}$ colonne verticale, de sorte qu'il est l'un des coefficients du développement de $(x+a)^{n+p-1}$; et il est le coefficient du $(n+1)^{ième}$ terme de ce développement, puisqu'il occupe évidemment dans la colonne verticale le $(n+1)^{ième}$ rang. Ce terme est donc le nombre des combinaisons de $n+p-1$ lettres prises n à n, ou $(n+p-1)_n$.

Cela posé, si dans la formule (1) on remplace m par

$n+p-2$, on obtient la suivante :

$$(n+p-1)_n = (n+p-2)_n + (n+p-2)_{n-1};$$

et en remplaçant successivement dans celle-ci p par $p-1$, par $p-2, \ldots$ par $p-(p-2)$ ou 2, on forme une suite d'égalités desquelles on conclut, en observant que $(n)_n = 1$,

$$(n+p-1)_n = (n+p-2)_{n-1} + (n+p-3)_{n-1} + \ldots + (n)_{n-1} + 1.$$

Cette égalité démontre le principe qu'il s'agissait d'établir; car le $p^{ième}$ terme de la $(n+1)^{ième}$ ligne étant $(n+p-1)_n$, les p premiers termes de la $n^{ième}$ ligne sont, dans l'ordre décroissant, $(n+p-2)_{n-1}$, $(n+p-3)_{n-1}$, $\ldots\ 1$.

330. Les nombres qui composent les différentes lignes du triangle arithmétique à partir de la 2e ligne, ont reçu le nom de nombres *figurés*. Les nombres de la 2e ligne, ou les nombres naturels, sont les nombres figurés du 1er ordre; les nombres de la 3e ligne sont les nombres figurés du 2e ordre; les nombres de la 4e ligne sont les nombres figurés du 3e ordre; ainsi de suite. Les nombres figurés du 2e ordre sont aussi appelés nombres *triangulaires ;* et les nombres figurés du 3e ordre sont appelés nombres *pyramidaux triangulaires*. On appréciera bientôt la raison de ces dénominations.

D'après ce qui a été dit ci-dessus, la somme des p premiers nombres figurés de l'ordre n est égale au $p^{ième}$ nombre figuré de l'ordre $n+1$, et l'expression de cette somme se déduira de la formule que nous avons obtenue au n° **315** pour le nombre des combinaisons n à n de m lettres, en remplaçant m par $n+p$ et n par $n+1$. Ce qui donne

$$(2) \qquad \frac{p(p+1)(p+2)\ldots\ldots(p+n)}{1 \,.\, 2 \,.\, 3 \,.\, \ldots \,.\, (n+1)}.$$

Pour obtenir la somme des p premiers nombres naturels $1, 2, 3 \ldots\ldots p$, on fera dans la formule (2) $n=1$; on trouvera ainsi pour la somme demandée $\frac{p(p+1)}{2}$, ce qui s'accorde avec ce que nous avons vu en nous occupant des progressions par différence.

331. Les piles de boulets sont composées d'une suite de tranches horizontales telles que les boulets de chaque tranche se trouvent placés au-dessus des vides des boulets de la tranche immédiatement inférieure; tous les boulets se touchent et sont de même calibre.

Dans la *pile triangulaire*, qui a la forme d'une pyramide triangulaire dont la base est un triangle équilatéral, chaque tranche est formée d'une suite de files de boulets telles que, à partir de l'un des sommets de la tranche, la première file qui est le sommet lui-même, ne contient qu'un seul boulet; la seconde file en contient 2; la troisième file en contient 3, etc. Il résulte de cette disposition des files et de la disposition des tranches horizontales les unes à l'égard des autres, que les nombres de boulets des différentes tranches, à partir du sommet, sont

$$1, \quad 1+2, \quad 1+2+3, \quad 1+2+3+4, \quad \text{etc.}$$

Ces nombres sont précisément ceux qui composent la 3e ligne du triangle arithmétique, ou les nombres *triangulaires*. Par conséquent, si le nombre des boulets d'un des côtés de la base est représenté par p, on obtiendra le nombre des boulets de la pile en faisant dans la formule (2) $n=2$, ce qui donne

$$(3) \qquad \frac{p(p+1)(p+2)}{1 \cdot 2 \cdot 3}.$$

La pile *quadrangulaire* a la forme d'une pyramide quadrangulaire dont la base est un carré. Cette pile est composée, à partir du sommet, d'une suite de tranches dont la première contient un seul boulet, la seconde en contient 2^2, la troisième en contient 3^2, ainsi de suite; de sorte que, si le nombre des boulets d'un des côtés de la base est p, le nombre des boulets de la pile est

$$1 + 2^2 + 3^2 + 4^2 + \ldots + p^2.$$

Pour obtenir une formule qui donne la valeur de la somme ci-dessus, nous remarquerons d'abord que, d'après la disposition des boulets contenus dans les tranches carrées et triangulaires, on voit immédiatement qu'une tranche carrée dont le côté contient n boulets se compose d'autant de boulets qu'il s'en trouve dans deux tranches triangulaires dont l'une contient n boulets sur chaque côté, et l'autre en contient $n-1$. C'est d'ailleurs ce qu'on peut vérifier *à posteriori ;* car le nombre des boulets d'une tranche triangulaire dont le côté contient n boulets, ou le $n^{ième}$ nombre triangulaire, est $\frac{n(n+1)}{2}$, et en changeant dans cette expression n en $n-1$, on obtient celle-ci, $\frac{(n-1)n}{2}$; or la somme de ces deux expressions est égale à n^2.

On conclut de cette observation que la somme...... $1+2^2+3^2+\ldots+p^2$ est égale à la somme des p premiers termes de la suite des nombres triangulaires, augmentée de la somme des $p-1$ premiers termes de la même suite. Or on vient de voir que la somme des p premiers nombres triangulaires est $\frac{p(p+1)(p+2)}{1\,.\,2\,.\,3}$, et en changeant dans cette expression p en $p-1$, on trouve celle-ci : .. $\frac{(p-1)p(p+1)}{1\,.\,2\,.\,3}$. On obtiendra donc le nombre des boulets de la pile quadrangulaire, en ajoutant ces deux expressions, ce qui donne

$$(4)\qquad \frac{p(p+1)(2p+1)}{1\,.\,2\,.\,3}.$$

La pile qu'on nomme *rectangulaire* a pour base un rectangle et se termine par une file de boulets. Soit $p+1$ le nombre des boulets de la file supérieure. La tranche située immédiatement au-dessous sera formée de deux files contenant chacune $p+2$ boulets, de sorte que le nombre des boulets de cette tranche sera $2(p+2)$, le nombre des boulets de la tranche suivante sera $3(p+3)$, ainsi de suite. Enfin si le nombre des boulets du petit côté de la base est n, le nombre des boulets de la base sera $n(p+n)$. Le nombre des boulets de la pile sera donc

$$p+1+2(p+2)+3(p+3)+\ldots\ldots+n(p+n).$$

Cette somme se compose de deux parties dont l'une est... $p(1+2+3+\ldots\ldots+n)$, et l'autre est $1+2^2+3^2+\ldots\ldots+n^2$. La première partie a pour expression $\frac{p\times n\times(n+1)}{2}$; et d'après la formule (4) la seconde partie est exprimée par $\frac{n(n+1)(2n+1)}{2\,.\,3}$. On obtiendra donc le nombre des boulets de la pile rectangulaire en faisant la somme de ces deux fractions, ce qui donne

$$(5)\qquad \frac{n(n+1)(3p+2n+1)}{1\,.\,2\,.\,3}.$$

Pour évaluer le nombre des boulets contenus dans une pile tronquée, il faudra prendre la différence de deux piles complètes.

332. La dénomination de nombres figurés ne s'applique pas seulement aux nombres qui composent le triangle arithmétique de Pascal ; elle a été étendue à beaucoup d'autres suites de nombres parmi lesquelles sont comprises la suite des carrés des nombres naturels, qu'on nomme *les nombres carrés*, et la suite des nombres qui se forment par l'addition de plusieurs termes consécutifs de la suite des carrés des nombres naturels à partir de 1. Mais la théorie de ces diverses suites de nombres figurés n'est qu'un simple objet de curiosité, auquel nous ne devons pas nous arrêter.

CHAPITRE DOUZIÈME.

THÉORIE DU PLUS GRAND COMMUN DIVISEUR ALGÉBRIQUE.

De la décomposition des quantités algébriques en facteurs premiers.

333. On nomme *quantités entières* toutes les quantités algébriques rationnelles qui ne contiennent aucun dénominateur numérique ou littéral, et l'on dit qu'une quantité entière est ou n'est pas divisible par une autre, suivant que le quotient de la première quantité par la seconde est ou n'est pas une quantité entière.

Lorsqu'une quantité entière n'est divisible par aucune quantité entière autre qu'elle-même et l'unité, on dit qu'elle est *première*. Ainsi, $a - b^2$ est une quantité première ; il en est de même du trinome $x^2 - x + 1$, car ce trinome étant équivalent à $(x - \frac{1}{2})^2 + \frac{3}{4}$, n'admet pour diviseur aucune quantité entière autre que lui-même. On dit que deux quantités entières sont *premières entre elles*, lorsqu'il n'existe aucune quantité entière autre que l'unité qui les divise exactement l'une et l'autre. Ainsi les quantités $a^2 - b^2$ et $a^2 + b^2$ sont premières entre elles, car $a^2 - b^2$ n'admet pour diviseurs que $a - b$ et $a + b$, et aucun de ces deux facteurs ne divise $a^2 + b^2$.

Les quantités premières algébriques donnent lieu à des théorèmes analogues à ceux que nous avons exposés dans le chapitre VIII sur les nombres premiers (nos **217** et **218**). Les démonstrations de ces théorèmes qui servent de base à la théorie du plus grand commun diviseur algébrique, sont dues à M. LEFÉBURE DE FOURCY, et il les a publiées pour la première fois en 1827, dans un ouvrage intitulé : *Traité sur le plus grand commun diviseur et la théorie de l'élimination.*

334. THÉORÈME 1er. *Toute quantité première* P *qui divise le produit de deux quantités entières* A *et* B, *doit diviser l'une d'elles.*

Nous avons déjà démontré ce théorème pour le cas où A, B, P, sont des nombres (n° 217). Supposons que ces quantités ne contiennent pas plus d'une lettre; il y aura quatre cas à examiner.

PREMIER CAS. A *contient la lettre* x, B *et* P *sont numériques.* Soit

$$A = ax^\alpha + bx^\beta + \text{etc.};$$

a, b, etc., étant des nombres entiers, ainsi que α, β, etc. En multipliant A par B, on a

$$AB = Bax^\alpha + Bbx^\beta + \text{etc.}$$

Puisque le produit AB est divisible par le nombre P, il faut que P divise chacun des coefficients Ba, Bb, etc.; par conséquent si P, qui est un nombre premier, ne divise pas B, il devra diviser chacun des nombres a, b, etc. Or, s'il divise tous ces nombres, il divise le polynome A. Donc P doit diviser A ou B.

SECOND CAS. A *et* B *contiennent* x, P *est numérique.*

Supposons que P ne divise ni A ni B. Nommons A' l'ensemble de tous les termes de A, dont les coefficients sont des multiples de P, et A'' l'ensemble de tous les autres termes : on aura $A = A' + A''$. Décomposons B de la même manière, et soit $B = B' + B''$, on aura

$$AB = (A' + A'')(B' + B'') = A'B' + A'B'' + A''B' + A''B''.$$

Les trois premières parties de ce produit sont divisibles par P; et puisque, suivant l'énoncé du théorème, P divise AB, il faut que P divise A″B″, ce qui exige qu'il divise tous les termes de A″B″. Soient ax^{α} et bx^{β} les termes de A″ et de B″ dans lesquels la lettre x a le plus haut exposant, le terme $abx^{\alpha+\beta}$ fera partie du produit A″B″, et il ne pourra se réduire avec aucun autre terme de ce produit; or le terme $abx^{\alpha+\beta}$ n'est pas divisible par P, puisque, d'après les suppositions, P ne divise ni a ni b. Il est donc impossible d'admettre que P divise AB et ne divise ni A ni B.

TROISIÈME CAS. A *contient* x, B *est numérique*, *et* P *contient* x.

Représentons par Q le quotient de AB par P, qui, par hypothèse, est une quantité entière, et nommons F, F′, F″.... les facteurs premiers du nombre B; on aura

$$AFF'F''\ldots = PQ.$$

Le premier membre de cette égalité étant divisible par F, le produit PQ doit l'être aussi; mais P est une quantité première qui contient x; donc elle n'est divisible par aucun nombre; donc Q est divisible par F, sans quoi le produit PQ ne pourrait pas être divisible par F (2ᵉ CAS). Soit Q′ le quotient de Q par F, on aura

$$AF'F''\ldots = PQ'.$$

On prouvera de la même manière que Q′ doit être divisible par F′; et, en nommant Q″ le quotient, on aura

$$AF''\ldots = PQ''.$$

En continuant ainsi jusqu'à ce que le premier membre ne renferme plus que A, on arrivera à une égalité telle que

$$A = PQ_{,};$$

et comme $Q_{,}$ sera encore une quantité entière, on conclut de cette dernière égalité que P divise A.

QUATRIÈME CAS. A, B *et* P *contiennent* x.

Supposons que P ne divise pas A. Si le degré de P ne surpasse pas celui de A, effectuons la division de A par P, afin de parvenir à un reste de degré moindre que P. Le quotient pourra contenir des coefficients fractionnaires, mais il sera entier par rapport à x. Représentons par M le nombre par lequel il faudra multiplier ce quotient pour que tous les dénominateurs disparaissent, par Q le polynome entier qui résultera de cette multiplication, et par A′ le polynome qu'on obtiendra en multipliant aussi par M le reste de la division ; il est clair que Q et A′ seront le quotient et le reste qu'on trouverait si l'on divisait M par P, de sorte que l'on aura

$$MA = PQ + A'.$$

A′ ne sera pas nul; autrement le produit MA serait divisible par le polynome premier P, ce qui est impossible (3ᵉ CAS) ; de plus A′ sera une quantité entière, puisque MA et PQ sont des quantités entières.

En multipliant les deux membres de l'égalité ci-dessus par B, et les divisant ensuite par P, il vient

$$M\frac{AB}{P} = BQ + \frac{A'B}{P}.$$

On conclut de cette dernière égalité que P, qui divise AB, doit diviser aussi A′B.

Supposons que A′ soit algébrique; en divisant P par A′, on parviendra à un reste de degré moindre que A′, et en représentant par M′ le nombre par lequel il faudra multiplier le quotient pour que les dénominateurs disparaissent, par Q′ le polynome entier qui résultera de cette multiplication, et par A″ le produit qu'on obtiendra en multipliant aussi par M′ le reste de la division, on aura

$$M'P = A'Q' + A''.$$

A″ ne sera pas nul ; car si cela était, il faudrait que M′P fût divisible par chaque facteur premier algébrique de A′, ce qui est impossible ; de plus, A″ sera une quantité entière, puisque M′P et A′Q′ seront des quantités entières.

En multipliant les deux membres de la dernière égalité par

B, et les divisant ensuite par P, on aura

$$M'B = \frac{A'B}{P}Q' + \frac{A''B}{P}.$$

On conclut de celle-ci que P, qui divise A'B, doit diviser aussi A''B.

Si A'' est encore algébrique, on divisera P par A''; il en résultera une nouvelle égalité semblable aux précédentes, savoir :

$$M''P = A''Q'' + A'''; \quad \text{d'où} \quad M''B = \frac{A''B}{P}Q'' + \frac{A'''B}{P}.$$

La dernière égalité montre que P, qui divise A''B, doit diviser aussi A'''B.

En continuant ainsi, on parviendra nécessairement à un reste numérique A_{ι}, puisque l'on ne saurait avoir un reste nul immédiatement après un reste fonction de x ; et comme on voit par les raisonnements ci-dessus que le produit $A_{\iota}B$ devra encore être divisible par P, il s'ensuit que P doit diviser B (3e CAS).

Si le degré de P surpassait celui de A, la démonstration se ferait de la même manière; seulement on diviserait d'abord P par A, au lieu de diviser A par P.

Si, au lieu de supposer que les quantités A, B et P ne contiennent pas plus d'une lettre, on suppose qu'il peut y avoir, dans ces quantités, deux lettres x et y, on aura encore quatre cas à examiner, savoir :

Lorsqu'un seul des facteurs A *et* B *contient la lettre* x, *et que* P *ne la contient point.*

Lorsque les deux facteurs A *et* B *contiennent la lettre* x, *et que* P *ne la contient point.*

Lorsqu'un seul des facteurs A *et* B *contient la lettre* x, *et que* P *la contient aussi.*

Enfin, lorsque les deux facteurs A *et* B *contiennent la lettre* x, *et que* P *la contient aussi.*

Les démonstrations sont semblables à celles qui viennent d'être exposées; la seule différence consiste en ce que les quantités qui précédemment étaient supposées numériques, peuvent être ici des quantités algébriques dépendantes de la lettre y.

De même que les cas où les quantités A, B, P, ne renferment pas plus d'une seule lettre, servent à démontrer la proposition pour les cas où ces quantités peuvent contenir deux lettres; de même ceux-ci serviront à s'élever aux cas où ces quantités pourraient contenir trois lettres; et ainsi de suite, quel que soit le nombre des lettres. Le théorème général doit donc être regardé comme démontré.

335. Théorème ii. *Une quantité littérale ne peut pas être décomposée en facteurs premiers de plusieurs manières.*

Soit ABCD... un produit de facteurs premiers, et supposons qu'il soit égal à un autre produit *abcd*..., les facteurs a, b, c, d... étant aussi premiers. Le facteur a divisant *abcd*..., il faudra qu'il divise aussi ABCD... Or, si la quantité première a est différente de chacune des quantités premières A, B, C, D, etc., elle ne pourra diviser aucune d'elles; ne divisant ni A ni B, d'après le théorème précédent elle ne divisera pas le produit AB; ne divisant ni AB ni C, elle ne divisera pas ABC; ainsi de suite. Il faut donc que le facteur a soit égal à l'un des facteurs A, B, C, D, etc. Supposons $a = A$. En divisant les deux produits par A, les produits restants BCD... et *bcd*... seront encore égaux, et en leur appliquant le raisonnement précédent on conclura que b doit être égal à l'un des facteurs du produit BCD.... Ainsi de suite. Il faut donc que les deux produits ABCD... et *abcd*..., soient composés des mêmes facteurs premiers; ce qui démontre le théorème énoncé.

On doit remarquer que cette démonstration ne diffère pas de celle que nous avons donnée pour les nombres (nº **218**).

Corollaire. Au moyen du théorème ci-dessus, il est facile de prouver la proposition que nous avons admise dans les nºs **180** et **325** : que *la racine d'un degré quelconque d'une quantité entière ne peut être une quantité fractionnaire.* La démonstration est tout-à-fait semblable à celle qui a été donnée pour les nombres (n° 222).

Du plus grand commun diviseur des quantités algébriques entières.

336. On désigne par le nom de *plus grand commun diviseur* de plusieurs quantités entières algébriques, le produit de tous les facteurs premiers, numériques ou littéraux, communs à ces quantités.

337. Il résulte de cette définition que l'on obtiendra le plus grand commun diviseur de plusieurs monomes, en cherchant le plus grand commun diviseur des coefficients numériques, et en écrivant à la suite de ce nombre chaque lettre commune à tous les monomes avec le plus petit exposant dont elle est affectée. Ainsi, pour trouver le plus grand commun diviseur des monomes $432a^4b^2x^2$, $270a^2b^3x^2$, $90a^3bx^3$, on cherche d'abord celui des nombres 432, 270 et 90; comme ce plus grand commun diviseur est 18, celui des monomes proposés est $18a^2bx^2$.

338. Pour obtenir le plus grand commun diviseur de deux polynomes entiers M et N, on détermine d'abord les facteurs monomes de chaque polynome, en cherchant, comme il vient d'être dit, le plus grand commun diviseur des termes de chacun d'eux. Soit a le plus grand commun diviseur des termes de M, et b le plus grand commun diviseur des termes de N. En divisant M par a et N par b, on aura des quotients entiers A et B. Il est évident, par la définition du plus grand commun diviseur, que le plus grand commun diviseur des polynomes M et N sera le produit du plus grand commun diviseur des monomes a et b, par celui des polynomes A et B.

Soient, par exemple,

$$M = -4a^3yx^6 + 14a^2yx^5 - 12ayx^4 - 7a^2y^2x^3 + 14ay^2x^2,$$
$$N = -a^4x^6 + a^3x^5 + 2a^2x^4 + a^5x^3 - 2a^4x^2.$$

Le plus grand commun diviseur des termes de M est ayx^2, le plus grand commun diviseur des termes de N est a^2x^2, et le plus grand commun diviseur de ces deux quantités est ax^2. En divisant A par ayx^2, et B par a^2x^2, on trouve les quotiens

$$A = -4a^2x^4 + 14ax^3 - 12x^2 - 7ayx + 14y,$$
$$B = -a^2x^4 + ax^3 + 2x^2 + a^3x - 2a^2.$$

Le plus grand commun diviseur des polynomes M et N sera donc égal à celui des polynomes A et B multiplié par ax^2.

339. Cherchons actuellement comment il faut opérer, pour obtenir le plus grand commun diviseur de deux polynomes entiers A et B qui ne contiennent plus de facteurs monomes.

Supposons que l'on ait ordonné ces polynomes par rapport à une lettre x, et que le degré de B ne surpasse pas celui de A. Il est clair que si B divisait exactement A, le polynome B serait lui-même le plus grand commun diviseur; on est donc conduit à diviser A par B. Supposons que la division ne se fasse pas exactement, et que l'on obtienne un quotient entier Q, et un reste R d'un degré moindre que B par rapport à x; on aura

$$A = BQ + R.$$

Cette égalité montre que tous les facteurs communs à A et B doivent se trouver dans R, et tous les facteurs communs à B et R doivent se trouver dans A ; le plus grand commun diviseur de A et B sera donc le même que celui de B et R.

Pour que cette conclusion soit rigoureuse, il est nécessaire que le quotient Q soit entier. Or, dans le plus grand nombre de cas, on ne pourra pas effectuer la division de A par B de manière à parvenir à un reste de degré moindre que A, sans que les multiplicateurs des puissances de x dans le quotient soient fractionnaires; et l'on se trouvera arrêté dès la première division partielle, si le multiplicateur de la plus haute puissance de x dans A n'est pas exactement divisible par celui de la plus haute puissance de x dans B.

On leverait cette difficulté en multipliant le dividende

A par le multiplicateur de la plus haute puissance de x dans B, ou par les facteurs premiers de ce multiplicateur étrangers à celui de la plus haute puissance de x dans A; mais, pour que cette préparation puisse être employée sans altérer le plus grand commun diviseur des polynomes A et B, il faudra que l'on soit assuré que la quantité par laquelle on multipliera le dividende n'est point un diviseur exact de B.

Quand les polynomes A et B ne contiennent qu'une seule lettre x, les coefficients des puissances de cette lettre dans chaque polynome sont premiers entre eux, puisque, par hypothèse, on a supprimé, dans chacun des polynomes, tous les facteurs monomes. Il en résulte que le plus grand commun diviseur des polynomes A et B, qui est le produit des facteurs premiers communs à ces polynomes, ne changera pas, si l'on multiplie le dividende A par le coefficient du premier terme de B ou par un facteur quelconque de ce coefficient. De cette manière, la première division partielle s'effectuera sans fraction; et en recourant à une préparation semblable, chaque fois que, dans le cours de la division de A par B, on parviendra à un dividende partiel dans lequel le coefficient du premier terme ne sera pas exactement divisible par le coefficient du premier terme du diviseur, on pourra pousser les calculs jusqu'à ce qu'on soit parvenu à un reste R de degré moindre que B. Il ne s'agira plus alors que de trouver le plus grand commun diviseur des polynomes B et R. A cet effet, on divisera B par R, en observant d'abord que s'il y a dans R des facteurs monomes, on pourra les supprimer puisqu'il n'en existe plus de tels dans B. En continuant ces opérations, comme les degrés des restes iront toujours en diminuant, on parviendra nécessairement à un reste indépendant de x. Quand ce reste sera zéro, le reste précédent sera le plus grand commun diviseur des polynomes A et B. Quand le dernier reste ne sera pas nul, les polynomes A et B n'auront aucun diviseur commun; car tout diviseur commun à ces polynomes devrait diviser le dernier reste, par conséquent il ne pourrait être qu'une quantité indépendante de x, c'est-à-dire un nombre, et par hypothèse A et B n'ont plus de facteurs numériques.

Voici un exemple de ces opérations :

$$\begin{aligned} A &= 3x^5 - 10x^3 + 15x + 8, \\ B &= x^5 - 2x^4 - 6x^3 + 4x^2 + 13x + 6. \end{aligned}$$

Première Division.

$$\begin{array}{r|l} 3x^5 \quad -10x^3 \quad +15x+8 & x^5-2x^4-6x^3+4x^2+13x+6 \\ \hline -3x^5+6x^4+18x^3-12x^2-39x-18 & 3 \\ \hline +6x^4+8x^3-12x^2-24x-10 & \\ 3x^4+4x^3-6x^2-12x-5. & \end{array}$$

Avant de passer à la seconde division, on supprime, dans le reste de la première, le facteur 2, et l'on multiplie le polynome B par 3.

Deuxième Division.

$$\begin{array}{r|l} 3x^5-6x^4-18x^3+12x^2+39x+18 & 3x^4+4x^3-6x^2-12x-5 \\ \hline -3x^5-4x^4+6x^3+12x^2+5x & x-5 \\ \hline -10x^4-12x^3+24x^2+44x+18 & \\ -5x^4-6x^3+12x^2+22x+9 & \\ -15x^4-18x^3+36x^2+66x+27 & \\ +15x^4+20x^3-30x^2-60x-25 & \\ \hline +2x^3+6x^2+6x+2 & \\ x^3+3x^2+3x+1. & \end{array}$$

On a divisé le premier reste de cette deuxième division par 2 ; on a multiplié le résultat par 3, afin d'obtenir un quotient entier ; et l'on a supprimé, dans le second reste, le facteur 2.

Troisième Division.

$$\begin{array}{r|l} 3x^4+4x^3-6x^2-12x-5 & x^3+3x^2+3x+1 \\ \hline -3x^4-9x^3-9x^2-3x & 3x-5 \\ \hline -5x^3-15x^2-15x-5 & \\ +5x^3+15x^2+15x+5 & \\ \hline 0. & \end{array}$$

Le plus grand commun diviseur est $x^3 + 3x^2 + 3x + 1$.

340. Avant de passer aux cas où les polynomes contiennent plusieurs lettres, il faut montrer comment on peut trouver le plus grand commun diviseur de plusieurs quantités, quand on sait trouver celui de deux quantités.

Supposons que l'on demande le plus grand commun diviseur de quatre quantités A, B, C, D. Soit d le plus grand commun diviseur de A et B, d' celui de d et C, et d'' celui de d' et D. Le plus grand commun diviseur des quatre quantités A, B, C, D, sera d''; car d contenant tous les facteurs premiers communs à A et B, et d' contenant tous les facteurs communs à d et C, d' est le produit des facteurs premiers communs à A, B et C; et puisque d'' contient tous les facteurs premiers communs à d' et D, il est le produit de tous les facteurs premiers communs aux quatre quantités A, B, C, D.

341. Considérons actuellement le cas où l'on veut trouver le plus grand commun diviseur de deux polynomes M et N qui contiennent deux lettres x et y; et supposons, conformément à ce qui a été dit dans le n° 338, que ces polynomes aient été d'abord débarrassés de leurs facteurs monomes. Si l'on ordonne les deux polynomes par rapport aux puissances décroissantes d'une des deux lettres, x par exemple, les coefficients de cette lettre pourront être des polynomes, mais ils ne contiendront que la seule lettre y; et tout diviseur indépendant de x de l'un des polynomes M et N devra nécessairement diviser les coefficients de toutes les puissances de x dans ce polynome (n° 80).

Nommons a le plus grand commun diviseur des coefficients des diverses puissances de x dans M, et b celui des coefficients des puissances de x dans N. En divisant M par a, et N par b, on obtiendra des quotients entiers A et B, et le plus grand commun diviseur demandé sera égal au plus grand commun diviseur des quantités a et b multiplié par celui des polynomes A et B. Or on pourra appliquer aux polynomes A et B tout ce que nous avons dit relativement à deux polynomes qui ne contiennent qu'une seule lettre;

seulement les observations qui se rapportaient aux coefficients numériques, et aux facteurs numériques que l'on devait introduire dans les dividendes, ou supprimer dans les restes successifs, s'appliqueront à des facteurs algébriques qui pourront être des polynomes en y.

EXEMPLE.

$$M=2(y^3-2y^2-y+2)x^3+3(y^2-1)x^2-(2y^3-y^2-2y+1),$$
$$N=3(y^3-4y^2+5y-2)x^2+7(y^2-2y+1)x-(3y^3-5y^2+y+1).$$

Le plus grand commun diviseur des coefficients des puissances de x dans M est $a=y^2-1$; le plus grand commun diviseur des coefficients des puissances de x dans N est $b=y^2-2y+1=(y-1)^2$; et le plus grand commun diviseur de a et de b est $y-1$.

On divise M par y^2-1, et N par y^2-2y+1, ce qui donne les quotients

$$A = 2(y-2)x^3 + 3x^2 - (2y-1),$$
$$B = 3(y-2)x^2 + 7x - (3y+1).$$

On divise A par B; et, afin de n'avoir que des quantités entières au quotient, on multiplie d'abord A par 3. On obtient de cette manière le reste

$$-5x^2 + 2(3y+1)x - 3(2y-1).$$

Pour continuer la division, il faut multiplier ce second dividende partiel par $3(y-2)$; on parvient alors à un reste du premier degré par rapport à x, qui est

$$(18y^2 - 30y + 23)x - (18y^2 - 30y + 23).$$

Supprimant dans ce reste le facteur $18y^2-30y+23$, il se réduit à

$$R = x - 1.$$

On divise B par R; le reste de cette opération est zéro. Il en résulte que le plus grand commun diviseur des polynomes A et B est $x-1$; par conséquent celui des polynomes proposés M et N est

$$(y-1)(x-1) = yx - x - y + 1.$$

342. De même qu'on passe du cas où les polynomes ne contiennent qu'une lettre, à celui où ils en contiennent deux, de même on s'élèvera, de ce second cas, à celui des polynomes qui renferment trois lettres; et ainsi de suite. Par conséquent, on pourra toujours déterminer le plus grand commun diviseur de plusieurs polynomes renfermant un nombre quelconque de lettres.

343. Nous prendrons pour dernier exemple les polynomes A et B que nous avons obtenus dans le n° 338, savoir :

$$A = -4a^2x^4 + 14ax^3 - 12x^2 - 7ayx + 14y,$$
$$B = -a^2x^4 + ax^3 + 2x^2 + a^3x - 2a^2.$$

Comme B ne contient pas y, le plus grand commun diviseur des deux polynomes doit être indépendant de cette lettre ; par conséquent il doit diviser les coefficients de A ordonné par rapport à y, savoir :

$$-4a^2x^4 + 14ax^3 - 12x^2 \text{ et } -7ax + 14.$$

On cherche donc le plus grand commun diviseur de ces deux derniers polynomes, ou, ce qui revient au même, celui de

$$-2a^2x^2 + 7ax - 6 \text{ et } -ax + 2.$$

Ce plus grand commun diviseur est $-ax + 2$; et comme il divise exactement B, il s'ensuit que $-ax + 2$ est le plus grand commun diviseur des polynomes A et B.

Nous proposerons pour exercices les deux exemples suivants :

1°. $A = 6x^3 - 6yx^2 + 2y^2x - 2y^3,$
$B = 12x^2 - 15yx + 3y^2$

Le plus grand commun diviseur est $x - y$.

2°. $A = (b - c)x^2 + (2ab - 2ac)x + a^2b - a^2c,$
$B = (ab - ac + b^2 - bc)x + a^2c + ab^2 - a^2b - abc.$

Le plus grand commun diviseur est $b - c$.

CHAPITRE TREIZIÈME.

PROPOSITIONS GÉNÉRALES SUR LES ÉQUATIONS D'UN DEGRÉ QUELCONQUE A UNE SEULE INCONNUE.

Explications préliminaires.

344. Une équation numérique du degré m, à une seule inconnue, peut toujours être ramenée à la forme

$$x^m + Ax^{m-1} + Bx^{m-2} + Cx^{m-3} \ldots + K = 0,$$

A, B, C,...K, représentant des quantités numériques quelconques, positives ou négatives, et m étant un nombre entier positif.

On peut supposer que la plus haute puissance de l'inconnue a pour coefficient l'unité ; car, si elle était affectée d'un autre coefficient, on n'altérerait pas l'équation en divisant tous les termes par ce coefficient.

345. Les expressions dans lesquelles il entre des quantités qui peuvent prendre diverses valeurs sont appelées des *fonctions de ces quantités*. Ainsi un polynome qui contient des inconnues x, y, etc., est une fonction de ces inconnues. On dit que ce polynome est une *fonction entière*, lorsque les inconnues x, y, etc., n'entrent ni sous des radicaux ni dans des dénominateurs, et ne sont affectées que d'exposants entiers positifs, toutes les autres quantités pouvant être fractionnaires et irrationnelles.

Pour désigner généralement les fonctions d'une quantité x, on emploie des notations telles que celles-ci : $f(x)$, $F(x)$, $\varphi(x)$, etc. On représente de même les fonctions de deux quantités x et y par $f(x, y)$, $F(x, y)$, etc. La lettre que l'on place devant les parenthèses comme signe de fonction doit être différente pour des fonctions différentes ; mais lorsque la même lettre, employée de cette manière, se reproduit plusieurs fois dans le cours d'un calcul ou d'une explication, elle indique des fonctions composées absolument de la même manière : c'est-à-dire que, si une fonction a été représentée par $f(x)$, la notation $f(a)$ représente ce que devient cette fonction lorsqu'on y remplace x par a ; $f(y-2)$ exprime ce que devient la même fonction quand on remplace x par $y-2$; $f(3)$, ce qu'elle devient quand on fait $x=3$. Pareillement, $f(x, 3)$ représente ce que devient la fonction $f(x,y)$ quand on fait $y=3$, sans attribuer aucune valeur à x.

346. Il ne sera pas inutile de montrer, par un exemple, comment on peut obtenir d'une manière fort simple la valeur que prend un polynome entier fonction de x, lorsque l'on donne à x une valeur numérique. Soit le polynome

$$4x^5 - 13x^4 + 5x^3 - 4x^2 - 8,$$

et supposons qu'on veuille obtenir la valeur de ce polynome, quand on fait $x=3$; on opère comme on le voit ci-dessous :

$$4\times3-13=-1,\quad -1\times3+5=+2,\quad +2\times3-4=+2.$$
$$+2\times3=+6,\quad +6\times3-8=+10.$$

Le nombre 10 est le résultat cherché ; car d'après les opérations qui y ont conduit, il est évident que ce nombre est égal à

$$4\times3^5-13\times3^4+5\times3^3-4\times3^2-8.$$

347. On appelle *racine* d'une équation toute quantité ou toute expression imaginaire qui, mise à la place de l'inconnue, change cette équation en une égalité.

La résolution générale des équations consisterait à trouver, pour toutes les équations d'un même degré, les expressions des racines en fonction des coefficients. Mais quoique l'on obtienne aisément ces expressions pour les équations du deuxième, du troisième et du quatrième degré, on n'a pu jusqu'à présent parvenir à les trouver pour les équations du cinquième degré. On a vu d'ailleurs, dans le chapitre VII, que les formules qui se déduisent de l'équation générale du troisième degré $x^3+px+q=0$, sont telles qu'il est impossible d'en tirer les valeurs numériques des racines par la substitution de celles des coefficients, lorsque l'on a entre ces coefficients la relation $4p^3+27q^2<0$; ce qui est précisément, comme on le verra dans la suite, le cas où toutes les racines sont réelles. Cette difficulté, que les analystes ont désignée par le nom de *cas irréductible*, existe aussi pour les équations du quatrième degré; et elle aurait lieu à plus forte raison dans les degrés supérieurs. C'est pourquoi on a renoncé à s'occuper de la résolution générale des équations, pour ne s'appliquer qu'à perfectionner les méthodes par lesquelles on peut calculer les racines d'une équations dont les coefficients sont numériques. Nous allons exposer les propriétés sur lesquelles ces méthodes sont fondées.

Composition du développement qui résulte d'une fonction entière de x, *quand on remplace* x *par* x + y.

348. Soit la fonction entière

$$Ax^m + Bx^{m-1} + Cx^{m-2} + \text{etc.};$$

en écrivant $x+y$ au lieu de x, il vient

$$A(x+y)^m + B(x+y)^{m-1} + C(x+y)^{m-2} + \text{etc.}\ldots;$$

et si l'on développe les puissances du binome $x+y$, en ordonnant suivant les puissances décroissantes de x, on trouve

$$\begin{array}{ll|l|l} Ax^m & + mAx^{m-1} & y + m(m-1)Ax^{m-2} & \dfrac{y^2}{1.2} + \text{etc.} \\ +Bx^{m-1} & +(m-1)Bx^{m-2} & \quad +(m-1)(m-2)Bx^{m-3} & \\ +Cx^{m-2} & +(m-2)Cx^{m-3} & \quad +(m-2)(m-3)Cx^{m-4} & \\ +\text{etc.} & & & \end{array}$$

Posons, pour abréger,

$X = Ax^m + Bx^{m-1} + Cx^{m-2} + \text{etc.},$
$X' = mAx^{m-1} + (m-1)Bx^{m-2} + (m-2)Cx^{m-3} + \text{etc.},$
$X'' = m(m-1)Ax^{m-2} + (m-1)(m-2)Bx^{m-3} + (m-2)(m-3)Cx^{m-4} + \text{etc.},$
etc.

Alors le résultat précédent se trouvera exprimé comme il suit :

$$X + X'y + \frac{X''}{1.2}y^2 + \frac{X'''}{1.2.3}y^3 + \text{etc.}$$

X est le polynome donné lui-même ; X′ se déduit du polynome X en multipliant chaque terme par l'exposant de x dans ce terme, et diminuant l'exposant d'une unité ; et chacun des polynomes X″, X‴, etc., se déduit de celui qui le précède, comme X′ se déduit de X.

Le polynome X′ est appelé la *fonction dérivée*, ou simplement la dérivée de X. Le polynome X″ est pareillement la dérivée de X′ ; le polynome X‴, celle de X″, etc. On dit aussi que X″ est la dérivée du second ordre de X, que X‴ en est la dérivée du troisième ordre, etc.

Quand une fonction a été désignée par $f(x)$, on représente ses dérivées successives par $f'(x)$, $f''(x)$, $f'''(x)$, etc. Au moyen de cette notation, on a, suivant ce qui vient d'être dit,

$$f(x+y) = f(x) + f'(x)y + f''(x)\frac{y^2}{1.2} + f'''(x)\frac{y^3}{1.2.3} + \text{etc.}$$

349. Comme le plus haut exposant de x diminue d'une unité en passant du polynome donné à sa première dérivée, ou d'une dérivée à la suivante, un polynome du degré m fournit m dérivées successives, dont la dernière ne contient plus x. Il est facile de voir en outre que, si le premier terme du polynome est représenté comme ci-dessus par Ax^m, la dernière dérivée ou la dérivée de l'ordre m est

$$1 \times 2 \times 3 \ldots m \times A.$$

Par conséquent, la loi des termes qui composent le développement de $f(x+y)$ donne alors, pour le dernier terme, Ay^m. C'est, en effet, ce que l'on voit immédiatement, en écrivant $x+y$ au lieu de x dans le polynome $Ax^m+Bx^{m-1}+$ etc.; car la quantité Ax^m qui devient $A(x+y)^m$, donnera le terme Ay^m, et il n'y aura pas d'autre terme dans lequel y soit affecté de l'exposant m.

380. Pour appliquer à un exemple ce qui vient d'être dit sur l'emploi des dérivées, soit le polynome

$$f(x) = x^5 + 5x^4 + x^3 - 16x^2 - 20x - 16.$$

Si l'on veut trouver ce que devient ce polynome quand on remplace x par $y-1$, on calculera les dérivées successives. La première dérivée est

$$f'(x) = 5x^4 + 20x^3 + 3x^2 - 32x - 20;$$

la seconde dérivée divisée par 2 donne

$$\frac{f''(x)}{1.2} = 10x^3 + 30x^2 + 3x - 16;$$

la dérivée de cette dernière fonction, divisée par 3, donne

$$\frac{f'''(x)}{1.2.3} = 10x^2 + 20x + 1;$$

la dérivée de celle-ci, divisée par 4, donne

$$\frac{f^{\text{IV}}(x)}{1.2.3.4} = 5x + 5;$$

et l'on a enfin

$$\frac{f^{\text{V}}(x)}{1.2.3.4.5} = 1.$$

En remplaçant dans ces diverses fonctions x par -1, on trouve

$$f(-1) = -9,\ f'(-1) = 0,\ \frac{f''(-1)}{1.2} = 1,\ \frac{f'''(-1)}{1.2.3} = -9,$$
$$\frac{f^{\text{IV}}(-1)}{1.2.3.4} = 0,\ \frac{f^{\text{V}}(-1)}{1.2.3.4.5} = 1;$$

et l'on en conclut

$$f(y-1) = y^5 - 9y^3 + y^2 - 9.$$

En employant le même procédé pour trouver ce que devient le polynome $2x^4 - 5x^2 + 3x - 1$, quand on y remplace x par $y-2$, on parvient à $2y^4 - 16y^3 + 43y^2 - 41y + 5$.

Des valeurs que prend une fonction entière de x *quand on donne à* x *des valeurs très grandes, ou des valeurs très petites. — Changements qu'éprouve la fonction quand* x *varie d'une manière continue.*

351. *Si dans le polynome* $Ax^m + Bx^n + Cx^p + etc.$, *les exposants* m, n, p, etc., *étant des nombres entiers positifs qui vont en décroissant, on attribue à* x *des valeurs numériques suffisamment grandes, positives ou négatives, les valeurs du polynome auront le même signe que celles du premier terme* Ax^m, *et on pourra donner à* x *une valeur assez grande pour que la valeur du polynome soit aussi grande qu'on le voudra.*

On peut écrire le polynome donné comme il suit :

$$Ax^m\left(1 + \frac{B}{A}\cdot\frac{1}{x^{m-n}} + \frac{C}{A}\cdot\frac{1}{x^{m-p}} + \text{etc.}\right).$$

Or, pour une valeur très grande de x, les fractions $\frac{1}{x^{m-n}}$, $\frac{1}{x^{m-p}}$, etc., auront toutes des valeurs très petites. Par suite la somme des termes $\frac{B}{A}\cdot\frac{1}{x^{m-n}}$, $\frac{C}{A}\cdot\frac{1}{x^{m-p}}$, etc., dont le nombre est nécessairement limité, aura aussi une valeur très petite; de sorte que, si l'on fait croître suffisamment x, le polynome renfermé dans les parenthèses finira par prendre des valeurs très peu différentes de l'unité, et qui seront par conséquent positives. Le polynome donné prendra donc des valeurs de même signe que celles du terme Ax^m. On voit de plus que la valeur du polynome pourra devenir aussi grande qu'on le voudra, puisque le facteur Ax^m croît indéfiniment avec x.

352. *Si dans le polynome* $Ax^m + Bx^n + Cx^p +$ *etc.*, *les exposants* m, n, p, etc., *étant des nombres entiers positifs qui vont en croissant, sans pouvoir toutefois s'élever au-delà d'une certaine limite finie, on attribue à* x *une très petite valeur, positive ou négative, le polynome aura une valeur très petite de même signe que celle du premier terme* Ax^m.

On peut écrire le polynome donné comme il suit :

$$Ax^m\left(1 + \frac{B}{A}x^{n-m} + \frac{C}{A}x^{p-m} + \text{etc.}\right).$$

Or, pour une valeur très petite de x, les quantités x^{n-m}, x^{p-m}, etc., dont les exposants sont positifs et finis, auront toutes des valeurs très petites; de sorte que, si l'on fait converger x vers zéro, le polynome renfermé dans les parenthèses finira par prendre des valeurs très peu différentes de l'unité, et qui seront par conséquent positives. Le polynome donné prendra donc des valeurs de même signe que celles du terme Ax^m. On voit de plus que la valeur du polynome pourra devenir aussi petite qu'on le voudra, puisque le facteur Ax^m décroît indéfiniment avec x.

353. *Lorsque dans une fonction entière de* x, *on fait varier* x *par degrés insensibles, la fonction varie aussi par degrés insensibles.*

Désignons par X la fonction donnée. Lorsqu'on change x en $x + h$, cette fonction devient

$$X + X'h + \frac{X''}{1.2}h^2 + \frac{X'''}{1.2.3}h^3 + \text{etc.}$$

Or, si l'on donne à h une valeur très petite, chacun des termes qui suivent X aura une valeur très petite; et comme le nombre de ces termes est limité, on peut concevoir que h soit assez petit pour que la somme de ces termes devienne aussi petite qu'on le veut; ce qui démontre le théorème énoncé.

Sur les caractères auxquels on reconnaît qu'une équation a une racine réelle.

354. Théorème Ier. *Lorsque deux nombres α et β substitués dans le premier membre d'une équation* $X = o$ *donnent des résultats de signes contraires, l'équation a au moins une racine réelle comprise entre α et β.*

Concevons que l'on fasse varier x par degrés insensibles, depuis α jusqu'à β; le polynome X variera aussi par degrés insensibles, en conservant constamment une valeur finie; et comme il changera de signe, puisque, par hypothèse, $x = \alpha$ et $x = \beta$ donnent des résultats de signes contraires, il y aura au moins une valeur de x comprise entre α et β qui le réduira à zéro; ce qui démontre le théorème énoncé.

Scolie. Comme il est possible que le polynome X passe plusieurs fois du positif au négatif, ou du négatif au positif, pendant que x varie depuis α jusqu'à β, l'équation peut avoir plusieurs racines comprises entre α et β.

355. Théorème II. *Une équation de degré impair a au moins une racine réelle de signe contraire à son dernier terme.*

Soit l'équation

$$x^m + Ax^{m-1} + Bx^{m-2} \ldots \pm K = o,$$

et supposons que m soit un nombre impair.

Considérons d'abord le cas où le dernier terme est négatif. Si l'on fait $x = o$ dans le premier membre de l'équation, on aura un résultat négatif, puisque ce résultat ne sera autre que le dernier terme. Si l'on donne ensuite à x une valeur assez grande pour que le signe du premier membre soit le même que celui de son premier terme (n° 351), on aura un résultat positif. L'équation aura donc au moins une racine positive.

Supposons actuellement que le dernier terme soit positif. En faisant $x = o$, on aura un résultat positif; et si l'on donne ensuite à x une valeur négative suffisamment grande, on aura un résultat négatif, l'équation aura donc au moins une racine négative.

356. Théorème III. *Une équation de degré pair dont le dernier terme est négatif, a au moins une racine positive et une racine négative.*

Car en faisant $x = 0$, on aura un résultat négatif; et si l'on donne ensuite à x une valeur suffisamment grande, prise positivement ou négativement, on aura un résultat positif, puisque ce résultat aura le signe du premier terme, lequel, étant de degré pair, sera toujours positif.

357. Les raisonnements qui viennent d'être employés pour établir les théorèmes I et II, ne peuvent pas être appliqués à une équation de degré pair dont le dernier terme est positif; une semblable équation peut en effet n'avoir aucune racine réelle, et l'on en a eu la preuve dans les équations du second degré. Mais il existe au sujet des racines des équations, un théorème qui ne comporte aucune restriction, et que nous allons faire connaître.

358. Théorème IV. *Une équation a toujours une racine de la forme* $a + b\sqrt{-1}$, a *et* b *étant des quantités réelles.*

Comme le lecteur peut admettre ce principe sans en étudier la démonstration qui offre quelques difficultés, nous ferons de cette démonstration l'objet d'un article séparé.

Sur les racines imaginaires des équations.

359. Considérons d'abord les quatre équations

$$x^m = +1,\quad x^m = -1,\quad x^m = +\sqrt{-1},\quad x^m = -\sqrt{-1}.$$

L'équation $x^m = +1$ admet toujours une racine; car on la vérifie, quel que soit m, en posant $x = 1$. A l'égard des trois autres équations, on sait, par ce qui a été dit dans le chapitre VII, que l'équation $x^m = -1$ a toujours au moins une racine réelle ou imaginaire, et que chacune des deux dernières, $x^m = +\sqrt{-1}$, $x^m = -\sqrt{-1}$, a des racines imaginaires toutes les fois que m est un nombre de la forme 2^k. Il reste à examiner le cas où, dans les deux dernières équations, m est un nombre impair, ou le produit d'un nombre impair quelconque par une puissance de 2. A cet effet, soit $m = 2^k \times n$, n étant un nombre impair ; en posant $x^{2^k} = y$, on aura les deux équations

$$y^n = +\sqrt{-1}, \quad y^n = -\sqrt{-1}.$$

Or on a (n° **209**)

$$(+\sqrt{-1})^{4p+1} = +\sqrt{-1}, \quad (+\sqrt{-1})^{4p+3} = -\sqrt{-1}\,;$$

par suite

$$(-\sqrt{-1})^{4p+1} = -\sqrt{-1}, \quad (-\sqrt{-1})^{4p+3} = +\sqrt{-1}.$$

Ces égalités montrent que chacune des deux équations ci-dessus, dans lesquelles n est un nombre impair, admet toujours une racine égale à $+\sqrt{-1}$ ou à $-\sqrt{-1}$. D'ailleurs, si dans l'équation $x^{2^k} = y$ on fait $y = +\sqrt{-1}$ ou $y = -\sqrt{-1}$, cette équation donnera toujours pour x des valeurs de la forme $p + q\sqrt{-1}$. Il existe donc des valeurs imaginaires de x qui vérifient les équations $x^m = +\sqrt{-1}$ et $x^m = -\sqrt{-1}$.

360. Considérons actuellement l'équation

$$(1) \quad x^m + A_1 x^{m-1} + A_2 x^{m-2} \ldots + A_{m-1} x + A_m = 0\,;$$

les coefficients $A_1, A_2 \ldots A_{m-1}, A_m$, pouvant être des quantités réelles ou des expressions imaginaires.

Si l'on fait dans le premier membre de cette équation $x = p + q\sqrt{-1}$, p et q étant des quantités réelles, on aura pour résultat une expression imaginaire $P + Q\sqrt{-1}$, P et Q étant des fonctions réelles et entières de p et q. Pour que l'équation soit satisfaite, il faudra que l'on ait $P = 0$ et $Q = 0$, ou, ce qui revient au même, il faudra que l'on ait $P^2 + Q^2 = 0$. Nous allons démontrer qu'il existe toujours un couple de valeurs réelles de p et q qui satisfait à la condition $P^2+Q^2=0$. Pour cela, nous commencerons par prouver que la plus petite valeur que peut recevoir la quantité P^2+Q^2, lorsqu'on fait varier p et q, correspond à des valeurs finies de p et q ; nous ferons voir ensuite que cette plus petite valeur est zéro. Avant tout, nous rappellerons que la quantité $\sqrt{P^2+Q^2}$ est ce qu'on nomme le module de l'expression imaginaire $P+Q\sqrt{-1}$ (n° **207**).

Pour démontrer que la plus petite valeur du module $\sqrt{P^2+Q^2}$ correspond à des valeurs finies de p et q, nous prouverons que lorsqu'on fait croître indéfiniment les quantités p et q ou seulement l'une d'elles, le module $\sqrt{P^2+Q^2}$ croît indéfiniment. A cet effet, écrivons le premier membre de l'équation sous cette forme

$$x^m\left(1+\frac{A_1}{x}+\frac{A_2}{x^2}\dots\dots+\frac{A_m}{x^m}\right).$$

En posant $x=p+q\sqrt{-1}$, on aura

$$P+Q\sqrt{-1}=$$

$$(p+q\sqrt{-1})^m\left[1+\frac{A_1}{p+q\sqrt{-1}}+\frac{A_2}{(p+q\sqrt{-1})^2}\dots+\frac{A_m}{(p+q\sqrt{-1})^m}\right].$$

On a vu que le module du produit de plusieurs expressions imaginaires est le produit des modules des facteurs (n° **208**), et l'on conclut immédiatement de cette proposition que le module du quotient de deux expressions imaginaires est le quotient du module du dividende divisé par le module du diviseur.

Cela posé, comme les modules des coefficients A_1, A_2,...A_m, sont tous des quantités finies, si l'on fait croître indéfiniment les deux quantités p et q, ou seulement l'une d'elles, les modules des fractions $\frac{A_1}{p+q\sqrt{-1}}$, $\frac{A_2}{(p+q\sqrt{-1})^2}$, ...

$\frac{A_m}{(p+q\sqrt{-1})^m}$, décroîtront indéfiniment ; en d'autres termes, ces fractions se réduiront à des expressions imaginaires $\alpha_1+\mathrm{\beta}_1\sqrt{-1}$, $\alpha_2+\mathrm{\beta}_2\sqrt{-1}$, etc., dans lesquelles les quantités α_1, $\mathrm{\beta}_1$, α_2, $\mathrm{\beta}_2$, etc., pourront devenir toutes aussi petites qu'on le voudra. Il suit de là que la somme ....
$1+\frac{A_1}{p+q\sqrt{-1}}+\frac{A_2}{(p+q\sqrt{-1})^2}$ + etc., se réduira à une expression imaginaire $1+\gamma+\delta\sqrt{-1}$, dans laquelle les quantités γ et δ pourront être rendues aussi petites qu'on le voudra ; et par conséquent le module de cette somme, ou la quantité $\sqrt{(1+\gamma)^2+\delta^2}$, aura une valeur très peu différente de l'unité. Mais le module de $(p+q\sqrt{-1})^m$ croîtra indéfiniment. Par conséquent le module de $P+Q\sqrt{-1}$ croîtra lui-même indéfiniment ; ce qu'il fallait démontrer.

Il faut actuellement prouver que la plus petite valeur du module $\sqrt{P^2+Q^2}$ est zéro ; or cette proposition sera démontrée si l'on fait voir que, toutes les fois que le module $\sqrt{P^2+Q^2}$ aura une valeur différente de zéro, on pourra assigner une valeur imaginaire de x telle qu'en représentant le résultat de la substitution de cette valeur dans le premier membre de l'équation par $P'+Q'\sqrt{-1}$, on aura $P'^2+Q'^2<P^2+Q^2$.

Désignons la valeur de x qu'il s'agira de trouver par $p+q\sqrt{-1}+\varepsilon u$, ε représentant un nombre qu'on pourra supposer aussi petit qu'on le voudra, et u étant une indéterminée qui pourra recevoir des valeurs réelles ou imaginaires.

Pour obtenir le résultat de la substitution de $p+q\sqrt{-1}+\varepsilon u$ à la place de x dans le premier membre de l'équation (1), nous remplacerons d'abord x par $x+h$; nous ferons ensuite $x=p+q\sqrt{-1}$ et $h=\varepsilon u$.

Le résultat de la substitution de $x+h$ à la place de x dans le premier membre de l'équation, peut être exprimé par

$$(2)\quad X + X'h + \frac{X''}{1.2}h^2 + \frac{X'''}{1.2.3}h^3 \ldots + h^m;$$

X désigne alors le premier membre de l'équation, et X', X'', X''', etc., sont les dérivées successives de ce polynome.

Quand on fait $x = p + q\sqrt{-1}$, dans le polynome (2), le premier terme X devient $P + Q\sqrt{-1}$.

Quant aux coefficients des puissances de h dans les termes suivants, il peut arriver que quelques-uns deviennent nuls ; mais ils ne peuvent pas s'évanouir tous en même temps, puisque le coefficient de la plus haute puissance de h est l'unité.

Soit h^n la plus faible puissance de h dont le coefficient ne devient pas zéro quand on suppose $x = p + q\sqrt{-1}$. Ce coefficient sera de la forme $R + S\sqrt{-1}$, et l'on n'aura pas en même temps $R = 0$, $S = 0$.

D'après cela, si l'on représente par $P' + Q'\sqrt{-1}$ la valeur que prend le polynome (2), quand on y remplace x par $p + q\sqrt{-1}$, et h par εu, on aura

$$(3)\quad P' + Q'\sqrt{-1} = P + Q\sqrt{-1} + (R + S\sqrt{-1})\varepsilon^n u^n$$
$$+ (\textit{des termes en } \varepsilon^{n+1}, \varepsilon^{n+2} \ldots \varepsilon^m).$$

On peut attribuer à u une valeur telle que l'on ait $u^n = +1$, ou $u^n = -1$ (n° 359) ; alors il vient

$$P' + Q'\sqrt{-1} = P + Q\sqrt{-1} \pm (R + S\sqrt{-1})\varepsilon^n$$
$$+ (\textit{des termes en } \varepsilon^{n+1}, \varepsilon^{n+2} \ldots \varepsilon^m).$$

En séparant les parties réelles et les parties imaginaires, on trouve

$$P' = P \pm R\varepsilon^n + (\textit{des termes réels en } \varepsilon^{n+1}, \varepsilon^{n+2} \ldots \varepsilon^m),$$
$$Q' = Q \pm S\varepsilon^n + (\textit{des termes réels en } \varepsilon^{n+1}, \varepsilon^{n+2} \ldots \varepsilon^m);$$

d'où l'on conclut

$$P'^2 + Q'^2 = P^2 + Q^2 \pm 2(PR + QS)\varepsilon^n$$
$$+ (\textit{des termes réels en } \varepsilon^{n+1},\ \varepsilon^{n+2} \ldots \varepsilon^{2m}).$$

Or, on peut prendre le nombre ε assez petit pour que la somme des termes affectés des diverses puissances de ε dans la valeur de $P'^2 + Q'^2$ ait le même signe que le terme $\pm 2(PR + QS)\varepsilon^n$ (n° 352) ; de plus, on peut toujours faire en sorte que ce terme soit négatif, car il suffit de déterminer u de manière que u^n soit égal à $+1$ ou à -1, selon que la quantité $PR + QS$ est négative ou positive. Quand toutes ces conditions seront remplies, on aura

$$P'^2 + Q'^2 < P^2 + Q^2, \text{ d'où } \sqrt{P'^2 + Q'^2} < \sqrt{P^2 + Q^2}.$$

Nous avons supposé que la quantité $PR + QS$ n'était pas nulle ; il faut donc encore examiner le cas où l'on aurait $PR + QS = 0$. Alors, au lieu de faire $u^n = \pm 1$ dans l'équation (3), on donnera à u une valeur telle que l'on ait $u^n = \pm \sqrt{-1}$; il en résultera

$$P' + Q'\sqrt{-1} = P + Q\sqrt{-1} \pm (R + S\sqrt{-1})\varepsilon^n\sqrt{-1} + \text{etc.},$$

d'où

$$P' = P \mp S\varepsilon^n + \text{etc.}, \quad Q' = Q \pm R\varepsilon^n + \text{etc.} ;$$

et par suite

$$P'^2 + Q'^2 = P^2 + Q^2 \pm 2(QR - PS)\varepsilon^n + \text{etc.} :$$

les termes qui suivent le terme en ε^n sont réels, et ne contiennent que des puissances de ε dont l'exposant est supérieur à n.

Comme on a, par hypothèse, $PR + QS = 0$, on ne pourra pas avoir $QR - PS = 0$; car, si ces deux égalités subsistaient en même temps, on en conclurait

$$(PR + QS)^2 + (QR - PS)^2 = 0, \text{ ou } (P^2 + Q^2)(R^2 + S^2) = 0.$$

Par suite, on devrait avoir $P^2 + Q^2 = 0$, c'est-à-dire, $P = 0$, $Q = 0$, ou bien $R^2 + S^2 = 0$, c'est-à-dire $R = 0$, $S = 0$; ce qui est contraire aux hypothèses qui ont été précédemment établies.

La quantité QR — PS n'étant pas nulle, on pourra prendre le nombre ε assez petit pour que la somme des termes affectés des diverses puissances de ε dans la valeur ci-dessus de $P'^2+Q'^2$ ait le même signe que le premier terme $\pm 2(QR-PS)\varepsilon^n$. De plus, on pourra faire en sorte que ce terme soit négatif, car il suffira de déterminer u de manière que u^n soit égal à $+\sqrt{-1}$ ou à $-\sqrt{-1}$, selon que la quantité QR—PS sera négative ou positive. Quand ces deux conditions seront remplies, on aura $\sqrt{P'^2+Q'^2} < \sqrt{P^2+Q^2}$.

Des facteurs et des diviseurs des équations.

361. Théorème v. *Si* a *est une racine d'une équation* X$=$o, *le premier membre de l'équation est divisible par le binome* x — a.

Concevons que l'on divise le polynome X par $x-a$; le diviseur ne contenant x qu'au premier degré, l'opération conduira à un reste indépendant de x, et le quotient ne renfermera point x en dénominateur. Nommons Q le quotient et R le reste, on aura

$$X = (x-a) \times Q + R.$$

Si l'on fait dans cette égalité $x=a$, le premier membre deviendra nul, puisque par hypothèse a est racine de l'équation $X=0$; le produit $(x-a)\times Q$ deviendra aussi nul, car le facteur $x-a$ est réduit à zéro, et le facteur Q ne peut pas devenir infini; d'ailleurs le reste R ne changera pas, puisqu'il est indépendant de x. Il résulte de là que R est nul. Donc le polynome X est divisible par $x-a$.

Scolie 1er. Réciproquement, *lorsque le polynome* X *est divisible par le binome* x — a, *la quantité* a *est une racine de l'équation* X$=$o. Car on a, par hypothèse, $X=(x-a)\times Q$, le quotient Q étant entier par rapport à x; or, si l'on fait dans cette égalité $x=a$, le second membre devient nul ; le premier membre doit donc aussi être réduit à zéro.

Scolie II. Quelle que soit la quantité a, lorsqu'on fait $x=a$, dans les deux membres de l'égalité ci-dessus $X=(x-a)\times Q+R$, le produit $(x-a)\times Q$ est réduit à zéro, et le reste R ne change pas. Il en résulte que *le reste* R *est égal à la valeur que prend le polynome* X *lorsqu'on remplace* x *par* a. Cette dernière proposition renferme évidemment le théorème v ; car, lorsque a est racine de l'équation $X=0$, le résultat de la substitution de a à la place de x dans X étant zéro, le reste de la division de X par $x-a$ doit être aussi égal à zéro ; par conséquent le polynome X est divisible par $x-a$.

362. Dans le *Traité de la résolution des équations numériques*, Lagrange démontre le théorème v comme il suit :

Soit l'équation générale

$$(1)\quad x^m+A_1x^{m-1}+A_2x^{m-2}+\ldots+A_{m-1}x+A_m=0.$$

Si a est une racine de cette équation, on aura l'égalité

$$a^m+A_1a^{m-1}+A_2a^{m-2}+\ldots+A_{m-1}a+A_m=0.$$

En tirant de cette égalité la valeur de A_m et en la reportant dans le premier membre de l'équation (1), ce polynome devient

$$\begin{array}{l} x^m+A_1x^{m-1}+A_2x^{m-2}+\ldots+A_{m-1}x \\ -a^m-A_1a^{m-1}-A_2a^{m-2}\ \ldots-A_{m-1}a, \end{array}$$

ou bien

$$x^m-a^m+A_1\left(x^{m-1}-a^{m-1}\right)+A_2(x^{m-2}-a^{m-2})\ldots.+A_{m-1}(x-a).$$

Mais $x-a$ divise exactement chacun des binomes x^m-a^m, $x^{m-1}-a^{m-1}$, etc. (n° **81**). Le premier membre de l'équation (1) est donc aussi divisible par $x-a$.

363. Pour obtenir le quotient, il suffit d'effectuer la division de chacun des binomes x^m-a^m, $x^{m-1}-a^{m-1}$, etc., par $x-a$, et d'ajouter ensuite les quotients partiels en multipliant le second quotient partiel par A_1, le troisième par A_2, etc.

on trouve ainsi le résultat ci-dessous :

$$\begin{array}{r|r|r|l}
x^{m-1}+a & x^{m-2}+a^2 & x^{m-3}+a^3 & x^{m-4}\ldots+a^{m-1} \\
+A_1 & +A_1a & +A_1a^2 & \ldots+A_1a^{m-2} \\
 & +A_2 & +A_2a & \ldots+A_2a^{m-3} \\
 & & +A_3 & \ldots+A_3a^{m-4} \\
 & & & \ldots \\
 & & & \ldots \\
 & & & \quad +A_{m-1}
\end{array}$$

On voit que *l'on obtient le coefficient de chaque terme du quotient, à partir du second, en multipliant le coefficient du terme précédent par* a, *et en ajoutant au produit le coefficient du terme qui occupe dans le polynome* $x^m+A_1x^{m-1}+$ etc. *le même rang que le terme du quotient que l'on veut obtenir.* Le coefficient de x^{m-1} qui est celui de la plus haute puissance de x, est égal à l'unité, ou plutôt il est le même que celui du premier terme du polynome proposé.

364. On peut encore remarquer que, quelle que soit la quantité a, le premier membre de l'équation (1) est toujours équivalent à l'expression ci-après :

$$\begin{array}{l}
x^m-a^m+A_1(x^{m-1}-a^{m-1})+A_2(x^{m-2}-a^{m-2})\ldots+A_{m-1}(x-a) \\
\quad +a^m \qquad\quad +A_1a^{m-1} \qquad\qquad\quad +A_2a^{m-2}\ldots\ldots+A_{m-1}a+A_m.
\end{array}$$

Cette dernière expression est formée de deux parties, dont l'une est divisible par $x-a$, et l'autre est indépendante de x; celle-ci exprime donc le reste de la division du polynome proposé par $x-a$. On est ainsi ramené à la conséquence qui a été établie dans le scolie II ci-dessus.

Au reste, on pourrait encore établir les divers principes contenus dans les trois numéros précédents, en effectuant, par les règles ordinaires, la division du polynome.......... $x^m+A_1x^{m-1}+A_2x^{m-2}+$etc. par le binome $x-a$.

365. Théorème VI. *Une équation du degré* m *a toujours* m *racines réelles ou imaginaires, et elle ne peut en admettre davantage.*

Représentons l'équation proposée par $X = 0$. Cette équation a nécessairement une racine réelle ou imaginaire. Nommons a cette racine ; le premier membre sera divisible par $x-a$, et le quotient sera un polynome du degré $m-1$; on aura donc

$$X = (x-a)(x^{m-1} + \text{etc.}).$$

Maintenant, si l'on égale à zéro le polynome x^{m-1} + etc., on obtiendra une équation qui aura nécessairement une racine. Nommons b cette racine ; le polynome x^{m-1} + etc. sera divisible par $x-b$, et le quotient sera un polynome du degré $m-2$; de sorte que l'on aura, à cause de l'égalité ci-dessus,

$$X = (x-a)(x-b)(x^{m-2} + \text{etc.}).$$

Pareillement, si l'on égale à zéro le polynome x^{m-2} + etc., il en résultera une équation qui admettra une racine c ; le polynome x^{m-2} + etc. sera divisible par $x-c$, et le quotient sera un polynome du degré $m-3$; on aura donc

$$X = (x-a)(x-b)(x-c)(x^{m-3} + \text{etc.}).$$

On pourra continuer ainsi jusqu'à ce que le dernier quotient ne contienne x qu'au premier degré, et soit par conséquent un binome tel que $x-k$. Alors le polynome X sera décomposé en m facteurs du premier degré, de sorte que l'on aura

$$X = (x-a)(x-b)(x-c)\ldots(x-k).$$

Au moyen de cette décomposition, on voit que le polynome X sera réduit à zéro si l'on met à la place de x une des m valeurs $a, b, c, \ldots k$; donc l'équation $X = 0$ a m racines. De plus, si l'on donne à x une valeur différente des quantités $a, b, c, \ldots k$, le produit des facteurs $x-a$, $x-b$, $x-c$, etc., aura une valeur différente de zéro, puisqu'un produit de facteurs réels ou imaginaires ne peut être nul que dans le cas où l'un des facteurs est nul (nº **208**) ; le polynome X ne sera donc pas réduit à zéro ; l'équation $X = 0$ n'a donc pas plus de m racines.

SCOLIE. Il peut arriver que quelques uns des facteurs $x-a$,

$x-b$, $x-c$, etc., soient égaux ; dans ce cas on dit que l'équation $X=0$ a des racines égales. Par exemple, si le polynome X a trois facteurs égaux à $x-a$, on dit que l'équation a trois racines égales à a. C'est dans ce sens qu'on doit entendre qu'une équation du degré m a toujours m racines.

Scolie ii. Puisque l'équation $X=0$ ne peut avoir aucune racine différente des quantités $a, b, c, \ldots k$, le polynome X ne peut admettre aucun diviseur du premier degré en x autre que les binomes $x-a$, $x-b, \ldots x-k$; car si ce polynome admettait un diviseur $x-\alpha$ différent de ces binomes, α devrait être une racine de l'équation $X=0$. S'il y a des facteurs égaux, en sorte que l'on ait $X=(x-a)^n(x-b)^p$ etc., le polynome X ne pourra être égal à aucun autre produit formé des mêmes facteurs avec des exposants différents. En effet, soit, s'il est possible,

$$(x-a)^n(x-b)^p \text{ etc.} = (x-a)^{n'}(x-b)^{p'} \text{ etc.}$$

Si l'on suppose $n > n'$, on pourra diviser les deux membres par $(x-a)^{n'}$, et il viendra

$$(x-a)^{n-n'}(x-b)^p \text{ etc.} = (x-b)^{p'} \text{etc.}$$

Or, le facteur $x-a$ divise le 1er membre de cette égalité, et il ne divise pas le second membre; l'égalité est donc impossible. Il suit de ces explications que le polynome X ne peut être décomposé que d'une seule manière en facteurs du premier degré.

366. On pourrait croire qu'après avoir démontré qu'un polynome peut être décomposé en facteurs du premier degré, on est immédiatement en droit de conclure de la proposition du n° 335, que cette décomposition ne peut avoir lieu que d'une seule manière. Mais il faut remarquer que la proposition du n° 335 a seulement été établie pour le cas où l'on ne considère que des quantités algébriques entières par rapport aux lettres et par rapport aux coefficients numériques, en appelant quantités premières celles qui n'ont pour diviseurs entiers et rationnels qu'elles-mêmes et l'unité ; tandis que la décom-

position des polynomes en facteurs du premier degré, envisagée par rapport à la résolution des équations, offre un sens plus étendu, puisque les coefficients des polynomes et les racines auxquelles correspondent les facteurs, peuvent être des quantités fractionnaires ou irrationnelles, et même des expressions imaginaires. Au reste, on peut parvenir à la proposition qui fait l'objet du scolie ci-dessus par des explications qui se rapprochent de celles des n°s 354 et 355, et qui sont uniquement fondées sur le procédé de la division. C'est ce que l'on voit dans les deux numéros qui suivent.

367. Théorème vii. *Si le facteur binome* x — a *divise le produit de deux fonctions entières* A et B, *il divise nécessairement une de ces fonctions.*

Supposons que A ne soit pas divisible par $x-a$; la division donnera un quotient entier par rapport à x et un reste indépendant de x, et en nommant Q le quotient et R le reste, on aura

$$A = (x-a) \times Q + R.$$

On conclut de cette égalité, en multipliant les deux membres par B, et les divisant ensuite par $(x-a)$,

$$\frac{AB}{x-a} = B \times Q + \frac{BR}{x-a}.$$

Par hypothèse, $\frac{AB}{x-a}$ est un polynome entier par rapport à x; donc, puisque R est une quantité indépendante de x, il faut que $\frac{B}{x-a}$ soit un polynome entier par rapport à x; donc si A n'est pas divisible par $x-a$, il faut que $x-a$ divise B.

Corollaire. *Si le binome* x — a *divise le produit d'un nombre quelconque de fonctions entières* A, B, C, etc., *il divise nécessairement l'une d'elles.* La démonstration est entièrement semblable à celle qui a été donnée pour les nombres (n° **217**, coroll. 1er).

368. Théorème viii. *Une fonction entière de* x *ne peut être* *décomposée en facteurs du premier degré que d'une seule manière.*

Considérons un produit de m facteurs du premier degré par rapport à x,

$$(x-a)(x-b)(x-c)\ldots(x-k);$$

et soit un autre produit de m facteurs

$$(x-a')(x-b')(x-c')\ldots(x-k').$$

Si l'on suppose que le second produit soit égal au premier, il faudra que le facteur $x-a'$, qui divise le second, divise aussi le premier ; et pour cela il faudra, d'après le corollaire ci-dessus, que $x-a'$ soit égal à l'un des facteurs du premier produit. Supposons $a'=a$; en divisant les deux produits par $x-a$, on aura deux produits formés chacun de $m-1$ facteurs, et qui devront être égaux. On en conclura que le facteur $x-b'$ doit être égal à l'un des facteurs $x-b$, $x-c$, etc. ; et ainsi de suite. Les facteurs des deux produits devront donc être égaux chacun à chacun.

Il faut remarquer que la démonstration que nous venons de donner ne devrait recevoir aucune modification, si quelques-uns des facteurs du premier produit étaient égaux entre eux ; de sorte que, pour que les deux produits fussent égaux, il faudrait que le second produit fût composé des mêmes facteurs que le premier, affectés des mêmes exposants.

369. Au moyen des deux théorèmes qui viennent d'être démontrés, on peut parvenir à la proposition du n° **368**, en établissant, comme un *postulatum*, que *toute équation a une racine,* sans spécifier la forme de cette racine. La première partie de la proposition, dans laquelle on fait voir qu'une équation du degré m à m racines, se prouve toujours de la même manière que dans le n° **368**. La seconde partie, dans laquelle on fait voir que l'équation n'a pas plus de m racines, se déduit immédiatement du théorème VIII ; car, en supposant le premier membre de l'équation décomposé en m facteurs du premier degré, $x-a$, $x-b$, etc., si une quantité α différente de chacune des quantités a, b, etc., était racine de l'équation, le facteur $x-\alpha$ diviserait le premier membre, ce qui ne peut être admis.

Quand on adopte en entier les explications du n° 365, il est nécessaire d'admettre, conformément à l'énoncé du théorème IV, que toute équation a une racine *de la forme* $a+b\sqrt{-1}$; car on s'appuie alors, pour démontrer qu'une équation du degré m n'a que m racines, sur le principe qu'un produit de plusieurs facteurs ne peut être nul si l'un des facteurs n'est égal à zéro; or, pour justifier ce principe, quand les facteurs sont imaginaires, il faut une démonstration, et celle qu'on a donnée dans le n° 208 ne concerne que les expressions de la forme $a+b\sqrt{-1}$.

370. Lorsque l'on combine entre eux les facteurs du premier degré d'un polynome X, en les multipliant deux à deux, trois à trois, etc., les produits qu'on obtient sont évidemment des diviseurs de X. On voit d'ailleurs par le théorème VIII, que le polynome X n'admet pas d'autres diviseurs que ceux qui résultent de ces combinaisons. Par conséquent, si le degré du polynome est représenté par m, le nombre des diviseurs du second degré sera $\frac{m(m-1)}{1.2}$, celui des diviseurs du troisième degré sera $\frac{m(m-1)(m-2)}{1.2.3}$, etc.

371. Il arrive quelquefois que les conditions d'une question font connaître que les valeurs de l'inconnue doivent vérifier à la fois deux équations données $A=0$, $B=0$. Dans ce cas, il faut que les deux équations aient des racines communes, ce qui exige que les polynomes A et B aient des facteurs communs; et en nommant D le produit de ces facteurs, les racines communes sont données par l'équation $D=0$.

Il est facile de voir que, pour trouver le polynome D, les opérations seront les mêmes que celles qui ont été prescrites pour la recherche du plus grand commun diviseur de deux polynomes entiers. En effet, concevons que l'on divise d'abord A par B, en supposant que le degré de B ne surpasse pas celui de A ; soit Q le quotient et R le reste, R étant d'un degré moindre que B ; on aura l'égalité $A = BQ + R$. Or il résulte de cette égalité que les racines communes à $A = 0$ et $B = 0$ seront les mêmes que les racines communes à $B = 0$ et $R = 0$. On devra donc opérer sur B et R de la même manière que sur A et B, et ainsi de suite. Quand on sera parvenu à un reste qui divisera exactement le précédent, ce reste sera le polynome cherché.

On pourrait se dispenser dans ces opérations de faire subir aux dividendes les préparations nécessaires pour que les quotients ne contiennent point de coefficients fractionnaires ; mais ces préparations rendent les calculs plus simples, et d'ailleurs elles n'altèrent pas les racines de l'équation à laquelle on parvient, puisque les racines d'une équation $A = 0$ ne changent point quand le premier membre est multiplié ou divisé par une quantité indépendante de l'inconnue.

372. Théorème ix. *Lorsqu'une équation, dont les coefficients sont réels, admet une racine imaginaire $\alpha + \beta\sqrt{-1}$, elle a aussi pour racine l'expression conjuguée $\alpha - \beta\sqrt{-1}$.*

Concevons que l'on substitue $\alpha + \beta\sqrt{-1}$ à la place de x dans le premier membre de l'équation ; les termes dans lesquels $\beta\sqrt{-1}$ sera élevé à une puissance paire seront délivrés du symbole imaginaire $\sqrt{-1}$, tandis que ce symbole se conservera dans tous les termes où la même quantité $\beta\sqrt{-1}$ sera élevée à une puissance impaire ; de sorte que, si l'on représente le résultat de la substitution par $P + Q\sqrt{-1}$, P et Q seront des quantités réelles, P ne contiendra que des puissances paires de β, et Q ne contiendra que des puissances impaires de cette quantité.

Si l'on remplace dans la même équation x par $\alpha - \beta\sqrt{-1}$, le résultat ne différera du précédent qu'en ce que les puissances impaires de β auront des signes contraires ; par conséquent ce résultat sera $P - Q\sqrt{-1}$. Mais puisque, par hypothèse, $\alpha + \beta\sqrt{-1}$ est racine de l'équation, il faut que l'expression $P + Q\sqrt{-1}$ soit zéro, ce qui exige que l'on ait séparément $P = 0$, $Q = 0$. L'expression $P - Q\sqrt{-1}$ sera donc aussi zéro; $\alpha - \beta\sqrt{-1}$ sera donc une racine de l'équation.

COROLLAIRE Ier. Dans une équation dont les coefficients sont réels, les racines imaginaires sont toujours en nombre pair.

COROLLAIRE II. Les facteurs correspondants aux racines imaginaires conjuguées d'une équation dont les coefficients sont réels produisent des facteurs réels du second degré en x. Car les facteurs correspondants à deux racines imaginaires conjuguées étant $x - \alpha - \beta\sqrt{-1}$ et $x - \alpha + \beta\sqrt{-1}$, le produit de ces deux facteurs est

$$(x - \alpha)^2 + \beta^2 \quad \text{ou} \quad x^2 - 2\alpha x + \alpha^2 + \beta^2.$$

On conclut de là que *le premier membre d'une équation de degré pair dont les coefficients sont réels est toujours décomposable en facteurs réels du second degré.*

Si l'équation est de degré impair, elle a nécessairement un facteur réel du premier degré (n° 355), et en la divisant par ce facteur, on n'a plus à considérer qu'une équation de degré pair.

Relations entre les coefficients d'une équation et les racines.

373. THÉORÈME X. *Dans une équation ramenée à la forme* $x^m + Ax^{m-1} + Bx^{m-2} + Cx^{m-3} + \ldots + K = 0$ (*le coefficient de la plus haute puissance de l'inconnue étant l'unité*), *le coefficient du second terme pris avec un signe contraire est égal à la somme des racines. Le coefficient du troisième terme est égal à la somme des produits des racines prises deux à-deux. Le coefficient du quatrième terme pris avec un signe contraire est égal à la somme des produits des racines prises trois à trois; ainsi de suite. Le dernier terme pris avec son signe ou avec*

le signe contraire, suivant que le degré de l'équation est pair ou impair, est égal au produit de toutes les racines.

Soient $a, b, c, \ldots k$, les m racines de l'équation ; le premier membre devra être identique avec le produit

$$(x-a)(x-b)(x-c)\ldots(x-k).$$

Or on a vu (n° **314**) que, dans le produit de m facteurs $x+a$, $x+b$, $x+c$, etc., le coefficient de x^{m-1} est la somme des quantités a, b, c, etc. ; le coefficient de x^{m-2} est la somme des produits des mêmes quantités prises deux à deux ; celui de x^{m-3} est la somme des produits de ces quantités prises trois à trois, etc. ; et le dernier terme est le produit de toutes ces quantités. D'ailleurs, pour passer du produit des facteurs $x+a$, $x+b$, etc., à celui des facteurs $x-a$, $x-b$, etc., il suffit de changer les signes des quantités a, b, c, etc. ; et par là les produits dans lesquels ces quantités entrent en nombre impair changeront tous de signe, et ceux dans lesquels elles entrent en nombre pair ne changeront pas. On en conclut évidemment le théorème énoncé.

Scolie. La proposition qui vient d'être établie donnant m équations entre les m racines de la proposée et les coefficients, on pourrait penser qu'il y aura quelque avantage, pour déterminer les racines, à remplacer l'équation proposée par le système de ces m équations. Mais comme les racines entrent toutes de la même manière dans ces équations, en sorte que celle que l'on a représentée par a, par exemple, exprime indifféremment l'une quelconque d'entre elles, il faudra nécessairement que, si l'on parvient à déduire des relations dont il s'agit une équation qui ne contienne plus que a, cette équation donne indistinctement toutes les racines; par conséquent, elle sera exactement semblable à l'équation proposée.

Ce que nous disons ici peut être aisément vérifié sur une équation d'un degré particulier. Considérons à cet effet l'équation du troisième degré

$$x^3 + Ax^2 + Bx + C = 0.$$

Si l'on représente les trois racines par a, b, c, on aura, en vertu de la proposition ci-dessus, les trois équations

$$-a-b-c=\mathrm{A},\quad ab+ac+bc=\mathrm{B},\quad -abc=\mathrm{C}.$$

Le moyen le plus simple d'éliminer b et c entre ces équations consiste à les ajouter après avoir multiplié la première par a^2 et la seconde par a. On parvient ainsi à l'équation

$$a^3+\mathrm{A}a^2+\mathrm{B}a+\mathrm{C}=0.$$

Or celle-ci ne diffère de la proposée qu'en ce que x est remplacé par a. Il résulte d'ailleurs des explications qui viennent d'être données qu'on parviendra toujours à la même équation, quel que soit le mode d'élimination que l'on emploie.

Transformation des équations.

374. Il est souvent utile, pour faciliter la détermination des racines d'une équation, de faire subir à l'équation quelque transformation qui ait pour effet d'augmenter ou de diminuer les racines d'une certaine quantité, de les multiplier ou de les diviser par une certaine quantité, etc.

Soit l'équation

$$(1)\quad x^m+\mathrm{A}x^{m-1}+\mathrm{B}x^{m-2}+\ldots+\mathrm{K}=0.$$

Pour changer cette équation en une autre dont les racines soient égales à celles de la première augmentées d'un quantité h, on posera

$$y=x+h,\quad \text{d'où}\quad x=y-h;$$

la substitution de $y-h$ à la place de x dans l'équation (1) donnera l'équation cherchée.

En effectuant la substitution, il vient

$$(2)\quad (y-h)^m+\mathrm{A}(y-h)^{m-1}+\mathrm{B}(y-h)^{m-2}\ldots+\mathrm{K}=0.$$

Il est facile de s'assurer *à posteriori*, que cette équation satisfait à la condition proposée ; car le résultat de la substitution de a à la place de x dans l'équation (1), est le même que celui de la substitution de $a+h$ à la place de y dans l'équation (2) ; par conséquent si a est une racine de la première équation, $a+h$ sera une racine de la seconde.

On peut aussi parvenir à cette conséquence au moyen de la composition des équations ; car si a, b, c,... k sont les racines de l'équation (1), le premier membre devra être équivalent au produit

$$(x-a)(x-b)(x-c)\ldots(x-k).$$

Or, en mettant $y-h$ à la place de x, on change ce produit dans le suivant

$$[(y-(a+h)][y-(b+h)][y-(c+h)]\ldots[y-(k+h)];$$

les racines de l'équation en y formée par cette substitution seront donc $a+h$, $b+h$,... $k+h$.

378. Quand on veut diminuer toutes les racines de l'équation (1) d'une même quantité, la question ne diffère de celle que nous venons de résoudre qu'en ce que h doit être une quantité négative ; si l'on représente cette quantité par $-h$, l'équation transformée est

$$(3)\quad (y+h)^m + A(y+h)^{m-1} + B(y+h)^{m-2}\ldots + K = 0.$$

Au moyen de cette transformation, on peut ramener une équation à une autre qui ne contienne pas une puissance désignée de l'inconnue. A cet effet, on développe les diverses puissances du binome $y+h$, ce qui donne

$$(4)\quad \left.\begin{array}{l|l|l}
y^m + mh & y^{m-1} + \frac{1}{2}m(m-1)h^2 & y^{m-2}\ldots + h^m \\
\quad + A & \quad + (m-1)Ah & \quad\quad + Ah^{m-1} \\
 & \quad + B & \quad\quad + Bh^{m-2} \\
 & & \quad\quad \vdots \\
 & & \quad\quad + K
\end{array}\right\} = 0.$$

Si l'on veut que cette équation ne contienne pas la puissance $m-1$ de y, il faudra poser

$$mh + A = 0,\quad \text{d'où}\quad h = -\frac{A}{m}.$$

La relation $x = y + h$ deviendra par là

$$x = y - \frac{A}{m}.$$

Ainsi, pour transformer une équation en une autre qui manque du second terme, il faut remplacer l'inconnue x par une autre inconnue y augmentée du coefficient A du second terme dans l'équation proposée, pris en signe contraire et divisé par le degré de l'équation. Les racines de l'équation transformée sont alors égales à celles de la proposée augmentées de $\frac{A}{m}$.

Les propriétés qui ont été exposées, au sujet de la composition des coefficients avec les racines, expliquent d'une manière fort simple la règle qui vient d'être donnée. Car, lorsque les racines sont toutes augmentées de $\frac{A}{m}$, leur somme est augmentée de $m \times \frac{A}{m}$ ou de A; mais cette somme était d'abord égale à $-A$; la somme des racines de la nouvelle équation est donc égale à zéro. Le coefficient du second terme doit donc être nul.

Si l'on voulait faire disparaître le troisième terme de l'équation (4), on égalerait le coefficient de ce terme à zéro, ce qui fournirait une équation du second degré, d'où l'on tirerait deux valeurs de h. L'évanouissement du quatrième terme dépendrait d'une équation du troisième degré, etc.; et si l'on voulait faire évanouir le dernier terme, on aurait à résoudre une équation toute semblable à la proposée.

Il est facile de s'expliquer cette dernière particularité; car, lorsque le dernier terme de l'équation (4) sera nul, une des racines de cette équation sera égale à zéro; or ces racines sont celles de la proposée, diminuées de h; par conséquent, pour que l'une d'elles soit nulle, il faut et il suffit que h soit une des racines de l'équation proposée.

Pour donner un exemple de l'évanouissement du second

terme, prenons l'équation

$$(5) \qquad x^5 + 5x^4 + x^3 - 16x^2 - 20x - 16 = 0.$$

Il faudra remplacer x par $y - 1$, ce qui donnera l'équation transformée

$$y^5 - 9y^3 + y^2 - 9 = 0.$$

On peut écrire cette équation comme il suit :

$$(y^2 - 9)(y^3 + 1) = 0;$$

alors on voit qu'elle se partage en deux autres, savoir,

$$y^2 - 9 = 0, \quad y^3 + 1 = 0.$$

La première donne $y = +3$ et $y = -3$; quant à la seconde, elle donne (nº **214**)

$$y = -1, \quad y = \tfrac{1}{2}(1 + \sqrt{-3}), \quad y = \tfrac{1}{2}(1 - \sqrt{-3}).$$

Il suit de là que l'équation (5) a trois racines réelles et deux racines imaginaires ; et d'après la relation $x = y - 1$, ces racines sont

$$x = 2, \quad x = -4, \quad x = -2, \quad x = \tfrac{1}{2}(-1 + \sqrt{-3}), x = \tfrac{1}{2}(-1 - \sqrt{-3}).$$

Dans l'exemple que nous venons d'offrir, la transformée ne manque pas seulement du terme en y^4, elle manque aussi du terme en y. Mais on ne doit pas généralement compter sur la possibilité de faire évanouir à la fois plusieurs termes ; et même, quand il manque des termes, si l'on fait évanouir un de ceux que l'équation contient, il arrive le plus ordinairement que cette transformation fait reparaître les termes qui manquaient d'abord.

376. Pour transformer une équation en une autre dont les racines soient égales à celles de la proposée multipliées par une même quantité h, on posera $y = hx$, d'où $x = \frac{y}{h}$; la substitution de $\frac{y}{h}$ à la place de x donnera l'équation demandée.

Si les racines devaient être divisées par h, on poserait

$$y = \frac{x}{h}, \quad \text{d'où} \quad x = hy.$$

377. Pour transformer une équation donnée en une autre dont les racines soient égales à celles de la première prises avec des signes contraires, il faut remplacer x par $-y$.

Soit l'équation

$$x^m + Ax^{m-1} + Bx^{m-2} + Cx^{m-3} \ldots + K = 0.$$

Si m est un nombre pair, la substitution de $-y$ à la place de x changera les signes de tous les termes de rang pair, à partir du premier, et les termes de rang impair ne changeront pas. Si m est impair, les termes de rang impair changeront de signes, et les termes de rang pair ne changeront pas; mais alors il faudra changer les signes de tous les termes dans l'équation résultante, afin que le premier terme devienne positif. Ainsi, dans tous les cas, si l'équation est complète, c'est-à-dire si elle renferme tous les termes que son degré comporte, on changera les signes des racines en changeant seulement les signes des termes de rang pair.

378. Lorsqu'une équation ramenée à la forme ordinaire a tous ses termes de même signe, elle ne peut admettre aucune racine positive; car la substitution d'une valeur positive à la place de x, dans le premier membre, donne une somme de quantités positives qui ne peut être nulle.

Cette observation et la règle qui vient d'être établie pour changer les signes des racines font voir, qu'une équation complète dont les termes sont alternativement positifs et négatifs n'a aucune racine négative; car, après le changement des signes des termes de rang pair, tous les termes étant positifs, la transformée n'a pas de racines positives.

Quand une équation ne contient que des puissances paires de l'inconnue, les racines ne diffèrent deux à deux que par les signes; car la substitution de $-y$ à la place de x n'apporte aucun changement dans l'équation, il faut donc que les racines ne soient pas changées quand on les prend toutes avec des signes contraires, ce qui exige que, s'il y a une racine $+a$, il y ait aussi la racine $-a$. Au reste, cette conséquence s'aperçoit immédiatement en remarquant que, si l'on pose $x^2=y$, l'équation sera ramenée à une autre de degré sous-double, et pour chaque valeur de y on obtiendra deux valeurs de x qui différeront seulement par les signes.

La proposition réciproque est également vraie; c'est-à-dire que, lorsque les racines d'une équation ne diffèrent deux à deux que par les signes, l'équation ne contient que des puissances paires de l'inconnue. En effet, les racines peuvent être exprimées par

$$+a,\ -a,\ +b,\ -b,\ +c,\ -c, \text{ etc. };$$

par conséquent le premier membre de l'équation est le produit des facteurs

$$x-a,\ x+a,\ x-b,\ x+b,\ x-c,\ x+c, \text{ etc.}$$

Donc il est égal au produit des facteurs du second degré

$$x^2-a^2,\ x^2-b^2,\ x^2-c^2, \text{ etc.}$$

Mais comme ceux-ci ne contiennent que des puissances paires de x, il en est nécessairement de même de leur produit.

Règle des signes de Descartes.

379. Lorsqu'on considère une suite de termes affectés des signes $+$ et $-$, les changements de signes qui ont lieu d'un terme au suivant se nomment *variations*; et l'on dit qu'il y a *permanence* toutes les fois que les signes de deux termes consécutifs sont les mêmes. Ainsi, dans l'équation

$$x^5-3x^4-2x^3+x^2-x-1=0,$$

il y a une *variation* du premier terme au second, du troisième au quatrième, et du quatrième au cinquième. Il y a au contraire une *permanence* du second terme au troisième, et du cinquième au sixième.

Cela posé, la proposition connue sous le nom de *règle des signes de* DESCARTES consiste dans le théorème ci-après.

380. THÉORÈME XI. *Dans une équation complète ou incomplète, le nombre des racines positives ne peut pas surpasser le nombre des variations* (*).

Supposons qu'on ait d'abord formé le produit des facteurs correspondants aux racines imaginaires et aux racines négatives de l'équation; il ne s'agira plus, pour obtenir le premier membre, que de multiplier successivement ce produit par tous les facteurs correspondants aux racines positives. Le théorème énoncé sera donc démontré si l'on fait voir que, lorsqu'on multiplie un polynome par un facteur $x - a$ dans lequel a est positif, le produit contient au moins une variation de plus que le multiplicande. Représentons à cet effet le multiplicande comme on le voit ci-dessous :

$$x^m + \ldots - A_n x^{m-n} - \ldots + A_p x^{m-p} + \ldots \pm A_q x^{m-q} \ldots \pm A_m,$$

et supposons que dans l'intervalle des termes x^m et $-A_n x^{m-n}$ il ne se trouve que des termes positifs; qu'entre $A_n x^{m-n}$ et $+A_p x^{m-p}$ il ne se trouve que des termes négatifs; que dans l'intervalle des termes $+A_p x^{m-p}$ et $\pm A_q x^{m-q}$, les signes changent un nombre quelconque de fois; et que depuis le terme $\pm A_q x^{m-q}$ jusqu'au dernier terme $\pm A_m$, tous les termes ont le même signe.

Multiplions ce polynome par $x - a$, comme cela est indi-

(*) On énonçait habituellement la règle des signes comme il suit : *Dans toute équation, le nombre des racines positives ne peut pas surpasser le nombre des variations, et le nombre des racines négatives ne peut pas surpasser le nombre des permanences.* Mais la seconde partie de cet énoncé n'est pas exacte, si l'on n'ajoute pas que l'équation est complète, tandis que la première partie est indépendante d'une semblable restriction. C'est pourquoi il convient de considérer d'abord la première partie comme une proposition distincte.

qué dans le tableau qui suit :

$$\begin{array}{l}
x^m \ldots - A_n x^{m-n} \ldots + A_p x^{m-p} \ldots \pm A_q x^{m-q} \ldots \pm A_m \\
x - a \\
\hline
\end{array}$$

$$\begin{array}{llllll}
x^{m+1} \ldots -A_n & \Big| \, x^{m-n+1} \ldots +A_p & \Big| \, x^{m-p+1} \ldots \pm A_q & \Big| \, x^{m-q+1} \ldots \pm A_m x & \\
\quad -aA_{n-1} & \quad\quad +aA_{p-1} & \quad\quad \pm aA_{q-1} & & \mp aA_m
\end{array}$$

il est clair que d'après les suppositions ci-dessus, les termes qui sont écrits dans la seconde ligne des produits partiels auront tous, quand ils ne seront pas nuls, des signes semblables à ceux des termes de la première ligne qui renferment les mêmes exposants de x.

Cela posé, le multiplicande n'a qu'une seule variation depuis le premier terme x^m jusqu'au terme $-A_n x^{m-n}$, et dans le produit il y a au moins une variation depuis le premier terme x^{m+1} jusqu'au terme $-(A_n + aA_{n-1})x^{m-n+1}$. De même, le multiplicande n'a qu'une seule variation depuis le terme $-A_n x^{m-n}$ jusqu'au terme $+A^p x^{m-p}$, et il s'en trouve au moins une entre les termes correspondants du produit. On voit par là que le nombre des variations qui se trouvent dans le produit jusqu'au terme affecté de l'exposant $m-q+1$, n'est pas moindre que le nombre des variations qui se trouvent dans le multiplicande jusqu'au terme $\pm A_q x^{m-q}$. Mais à partir de ce terme, le multiplicande ne contient plus aucune variation, et il s'en trouve au moins une entre le terme du produit qui est affecté de l'exposant $m-q+1$ et le dernier terme $\mp aA_m$. Le second polynome contient donc au moins une variation de plus que le premier.

Il suit immédiatement du théorème qui vient d'être établi et de la règle que l'on a donnée pour changer les signes des racines (n°**377**), que *le nombre des racines négatives d'une équation ne peut surpasser le nombre des variations de l'équation transformée qui résulte du changement de* x *en* —x.

Corollaire 1er. Lorsque le nombre total des variations contenues dans l'équation proposée, et dans l'équation transformée qui résulte du changement de x en $-x$, est moindre que le degré de l'équation, il y a nécessairement des racines imaginaires. Soit, par exemple, l'équation $x^5 - 2x^2 + 1 = 0$. Comme elle a seulement deux variations, elle a au plus deux racines positives; si l'on change x en $-x$, on a l'équation $x^5 + 2x^2 - 1 = 0$; et comme celle-ci a seulement une variation, la première a au plus une racine négative; elle a donc au moins deux racines imaginaires.

Corollaire II. Quand il ne manque aucun terme dans une équation, le changement de x en $-x$ s'effectue en changeant les signes des termes de rang pair, ce qui transforme les variations en permanences, *et vice versâ*. Par conséquent *dans une équation complète, le nombre des racines négatives est au plus égal au nombre des permanences.*

Lorsqu'une équation complète a toutes ses racines réelles, le nombre des racines positives est égal au nombre des variations, et le nombre des racines négatives est égal au nombre des permanences. En effet, nommons v le nombre des variations, p celui des permanences, P le nombre des racines positives, N celui des racines négatives, et soit m le degré de l'équation. Puisque l'équation est complète on aura $v + p = m$, et puisque toutes les racines sont réelles, on aura aussi $N + P = m$; donc $v + p = N + P$. D'après cette égalité, si l'on avait $P < v$, il faudrait que l'on eût $N > p$, ce qui est impossible; on doit donc avoir $P = v$ et $N = p$.

Scolie Ier. Lorsqu'il manque des termes dans l'équation, le nombre des racines négatives peut surpasser celui des permanences; on en voit un exemple dans l'équation $x^5 - 2x^2 + 1 = 0$, car cette équation n'a pas de permanences, et elle a nécessairement une racine négative (n° 355); mais il n'en sera plus de même si l'on commence par rétablir les termes qui manquent en leur donnant pour coefficient zéro, et les affectant indifféremment du signe + ou du signe —. L'équation devient alors

$$x^5 \pm 0x^4 \pm 0x^3 - 2x^2 \pm 0x + 1 = 0;$$

de cette manière elle contient toujours une permanence, quels que soient les signes que l'on adopte.

II. Pour apprécier l'effet du rétablissement des termes, on

remarquera d'abord que, quels que soient les signes dont on affectera ces termes, le nombre des variations ne sera pas moindre qu'il n'était auparavant; et l'on pourra disposer de ces signes de manière que le nombre des variations ne soit pas augmenté, car il suffira pour cela de donner à tous les termes qu'on rétablira à la suite d'un terme quelconque le signe de ce terme.

On remarquera en outre qu'après le rétablissement des termes, quelques signes qu'on leur donne, le nombre des permanences ne sera pas moindre que celui des variations de la transformée produite par le changement de x en $-x$; et l'on pourra disposer des signes des termes dont les coefficients seront zéro, de manière que ces deux nombres soient égaux. En effet, nommons P le premier membre de l'équation incomplète, P′ le polynome qu'on obtient en rétablissant les termes qui manquent, Q ce que devient P quand on change x en $-x$, et Q′ ce que devient P′ par le même changement. Le nombre des variations de Q′ sera toujours au moins égal au nombre des variations de Q, et il ne le surpassera pas si l'on donne des signes convenables aux termes dont le coefficient est zéro; or, le nombre des variations de Q′ est celui des permanences de P′; par conséquent le nombre des permanences de P′ sera toujours au moins égal au nombre des variations de Q, et il ne le surpassera pas si l'on choisit convenablement les signes indéterminés.

Il suit immédiatement de ces deux observations que, lorsqu'on rétablit les termes qui manquent, on peut prendre, pour les limites du nombre des racines positives et du nombre des racines négatives, le nombre des variations et le nombre des permanences que l'on obtient quand on prend d'abord les signes qui donnent le moins de variations, et ensuite ceux qui donnent le moins de permanences.

III. Soient v et v' les nombres des variations que présente l'équation, lorsqu'on choisit les signes indéterminés de manière que le nombre des variations soit le plus grand possible, et ensuite de manière qu'il soit le plus petit possible, et soit m le degré de l'équation. Le plus petit nombre de permanences sera évidemment $m-v$, d'où il suit que l'équation aura au plus $m-v$ racines négatives, et comme elle aura au plus v' racines positives, la limite du nombre des racines réelles sera $m-v+v'$ ou $m-(v-v')$; il y aura donc au moins $v-v'$ racines imaginaires.

IV. La différence $v-v'$, qui ne peut jamais être négative, est toujours un nombre pair ; car on peut supposer qu'au lieu de faire à la fois tous les changements de signes nécessaires pour passer du cas où le nombre des variations est v à celui où il est v', on a changé les signes un à un et successivement. Or, quand on change un signe entre deux signes contraires, on a toujours le même nombre de variations ; et quand on change un signe entre deux signes semblables, il y a deux variations qui deviennent des permanences, ou deux permanences qui deviennent des variations.

V. Lorsqu'il manque plusieurs termes consécutifs, ou lorsqu'il manque seulement un terme entre deux termes de même signe, la différence $v-v'$ n'est pas nulle ; par conséquent l'équation a des racines imaginaires. Mais la même conclusion n'a plus lieu lorsqu'il manque seulement un terme entre deux termes de signes contraires.

VI. La différence entre le nombre des racines positives et le nombre des variations, est toujours un nombre pair ; car, d'après un principe qui sera démontré plus loin (nº 408), lorsque le dernier terme de l'équation est positif, le nombre des racines positives est pair, et lorsque le dernier terme est négatif, le nombre des racines positives est impair ; d'un autre côté, quand le dernier terme est positif, le nombre des variations est pair, et quand le dernier terme est négatif, le nombre des variations est impair.

VII. Tout ce qui vient d'être dit sur la règle des signes et ses diverses conséquences suppose que l'équation n'a pas de racines nulles.

CHAPITRE QUATORZIÈME.

RECHERCHE DES RACINES RÉELLES DES ÉQUATIONS NUMÉRIQUES A UNE INCONNUE.

Des limites des racines.

384. Les méthodes par lesquelles on détermine les racines réelles d'une équation ne sont à proprement parler qu'une suite de tâtonnements bien dirigés, et la première question qui se présente, pour restreindre ces tâtonnements, est de trouver des nombres entre lesquels on soit assuré que toutes les racines sont comprises ; ces nombres sont appelés *les limites* des racines. On a vu (n° 381) qu'il existe toujours un nombre tel que toutes les valeurs de l'inconnue plus grandes que ce nombre font prendre au premier membre de l'équation des valeurs de même signe que le premier terme ; il est clair que ce nombre est nécessairement une *limite supérieure* des racines de l'équation. Pour montrer comment on peut trouver cette limite, nous commencerons par prouver que lorsque le premier terme d'une équation, que nous supposons toujours positif, est plus grand que la somme des termes négatifs, pour une certaine valeur de x, la même chose a lieu encore pour une valeur plus grande de x. En effet, en laissant de côté tous les termes positifs de l'équation, à l'exception du premier terme, on a un polynome tel que le suivant :

$$x^m - Ax^{m-n} - Bx^{m-p} - Cx^{m-q} - \text{etc.}$$

Or, en posant l'inégalité

$$x^m > Ax^{m-n} + Bx^{m-p} + Cx^{m-q} + \text{etc.},$$

on voit que cette inégalité sera vérifiée si l'on a la suivante

$$1 > \frac{A}{x^n} + \frac{B}{x^p} + \frac{C}{x^q} + \text{etc.}$$

Mais, dans celle-ci, le second membre est d'autant plus petit que la valeur de x est plus grande, et le premier membre est constant; donc, si elle est vérifiée pour une valeur L de x, elle le sera encore à plus forte raison pour toute valeur plus grande.

On peut même s'assurer que, si l'on donnait à x des valeurs croissantes à partir de $x = L$, le premier membre de l'équation prendrait aussi des valeurs croissantes; car le polynome $x^m - Ax^{m-n} - Bx^{m-p} - Cx^{m-q} -$ etc., est la même chose que $x^m\left(1 - \frac{A}{x^n} - \frac{B}{x^p} - \frac{C}{x^q} - \text{etc.}\right)$; or, si l'on donne à x des valeurs de plus en plus grandes, à partir de $x = L$, le facteur x^m augmentera, la quantité qui est dans les parenthèses augmentera aussi, et s'il y a des termes positifs dans l'équation, chacun d'eux augmentera avec x; la valeur du premier membre ira donc en augmentant.

382. Dans un grand nombre d'occasions on découvre sans peine, par quelques essais, une valeur de x propre à rendre le premier terme d'une équation plus grand que la somme des termes négatifs; on a ainsi une limite supérieure des racines positives. Mais on peut aussi donner à ce sujet une règle d'après laquelle la limite s'aperçoit à la seule inspection de l'équation.

Pour établir cette règle, considérons l'équation

$$x^m \pm Ax^{m-1} \pm Bx^{m-2} \pm Cx^{m-3} \ldots \pm K = 0.$$

Nous mettons le double signe devant chacun des termes, à l'exception du premier, afin de mieux faire comprendre que ces termes peuvent être indifféremment positifs ou négatifs.

Désignons par N la valeur absolue du plus grand coefficient négatif, et posons l'inégalité

$$x^m > Nx^{m-1} + Nx^{m-2} + \ldots + Nx + N.$$

Il est clair qu'une valeur de x qui satisfera à cette inégalité rendra, à plus forte raison, le premier terme x^m supérieur à la somme de tous les termes négatifs de l'équation.

Pour trouver la valeur de x dont il s'agit, nous remarquerons que le polynome $Nx^{m-1}+Nx^{m-2}\ldots\ldots+Nx+N$ étant la même chose que $N(x^{m-1}+x^{m-2}\ldots+x+1)$, ou $\frac{N(x^m-1)}{x-1}$, l'inégalité ci-dessus peut s'écrire comme il suit :

$$x^m > \frac{N(x^m-1)}{x-1}.$$

Si l'on ne cherche la valeur de x que parmi les nombres plus grands que 1, ce qui est permis par la nature de la question, il suffira que l'on ait

$$x^m = \text{ou} > \frac{Nx^m}{x-1}\ ;$$

d'où l'on tire

$$x-1 = \text{ou} > N,\ \text{ et }\ x = \text{ou} > 1+N.$$

Il suit de là que, *dans toute équation, on a une limite supérieure des racines positives, en ajoutant l'unité à la valeur absolue du plus grand coefficient négatif.*

383. Quand les termes négatifs ne commencent pas immédiatement après le premier terme, on peut obtenir une limite moindre que la précédente.

Pour le montrer, prenons l'équation

$$x^m\ldots - Fx^{m-n} \pm Gx^{m-n-1}\ldots \pm K = 0,$$

le terme $-Fx^{m-n}$ étant le premier terme négatif, et les termes suivants pouvant être indifféremment positifs ou négatifs.

Désignons encore par N la valeur absolue du plus grand coefficient négatif, et posons l'inégalité

$$x^m > Nx^{m-n} + Nx^{m-n-1}\ldots + Nx + N.$$

Toute valeur de x qui vérifiera cette inégalité rendra à plus forte raison le premier terme x^m plus grand que la somme de tous les termes négatifs de l'équation. Or cette inégalité revient à la suivante

$$x^m > N\frac{x^{m-n+1}-1}{x-1};$$

et si l'on ne cherche la valeur de x que parmi les nombres plus grands que 1, il suffira que l'on ait

$$x^m > \frac{Nx^{m-n+1}}{x-1} \quad \text{ou} \quad x^{n-1}(x-1) > N.$$

D'ailleurs, la dernière condition sera évidemment remplie si l'on a

$$(x-1)^{n-1}(x-1) = \text{ou} > N \quad \text{ou bien} \quad (x-1)^n = \text{ou} > N;$$

d'où l'on tire enfin

$$x = \text{ou} > 1 + \sqrt[n]{N}.$$

Il suit de là que l'*on a encore une limite supérieure des racines positives en ajoutant l'unité à la racine de la valeur absolue du plus grand coefficient négatif, dont l'indice est la différence entre le degré de l'équation et l'exposant du premier terme négatif.*

On doit observer toutefois que, si le coefficient N était plus petit que l'unité, la limite $1 + N$ serait préférable à celle qui résulte de la règle ci-dessus.

384. On peut souvent obtenir des limites moindres, en faisant usage de quelques transformations qu'un peu d'habitude fait aisément découvrir. Par exemple, si l'on a l'équation

$$x^8 - 4x^7 + 13x^6 - x^5 - 18x^4 + 3x^2 - 100x + 1000 = 0,$$

on l'écrira comme il suit :

$$x^7(x-4) + 13x^4\left(x^2 - \tfrac{1}{13}x - \tfrac{18}{13}\right) + 3\left[\left(x - \tfrac{50}{3}\right)^2 + \tfrac{500}{9}\right] = 0.$$

De cette manière on voit que le premier membre aura nécessairement une valeur positive si l'on suppose $x = 4$ ou $x > 4$; car alors le binome $x - 4$ sera positif, d'ailleurs le trinome $x^2 - \frac{1}{13}x - \frac{18}{13}$ est positif pour toutes les valeurs de x qui surpassent $1 + \frac{18}{13}$, et la quantité $(x - \frac{50}{3})^2 + \frac{50}{9}$ est positive pour toutes les valeurs réelles de x. Par conséquent le nombre 4 est une limite supérieure des racines positives de l'équation. La règle du n° **382** donnerait pour limite 101.

On peut encore employer pour la détermination des limites un autre procédé qui a été indiqué par Newton, et qui est rapporté dans l'*Algèbre* de M. Bourdon et dans celle de M. Lefébure de Fourcy.

385. Quand on veut obtenir une limite inférieure des racines positives, on remplace dans l'équation x par $\frac{1}{y}$: si L est une limite supérieure des racines de l'équation en y, il est clair que $\frac{1}{L}$ est une limite inférieure des racines de l'équation en x.

En effectuant cette transformation sur une équation littérale, on reconnaît que l'on peut toujours prendre pour limite inférieure des racines positives, la valeur absolue du dernier terme divisée par la somme qu'on obtient en ajoutant à la valeur absolue du dernier terme celle du plus grand coefficient de signe contraire au signe du dernier terme.

Les limites des racines négatives s'obtiennent au moyen des mêmes règles, en transformant d'abord l'équation proposée en une autre par le changement de x en $-x$.

Méthode des racines commensurables.

386. Nous supposerons que l'équation proposée ne contient que des coefficients rationnels ; dans ce cas, si l'on fait disparaître les dénominateurs, les coefficients deviennent des nombres entiers, celui du premier terme pouvant être différent de l'unité.

387. Les racines commensurables peuvent être des nombres entiers ou des fractions. Nous allons d'abord nous occuper de la recherche des racines entières ; et pour rendre les explications plus faciles, nous considérerons seulement l'équation du 4e degré

$$Ax^4 + Bx^3 + Cx^2 + Dx + E = 0.$$

Soit a une racine entière de cette équation, on aura

$$Aa^4 + Ba^3 + Ca^2 + Da + E = 0.$$

On déduit de là

$$\frac{E}{a} = -Aa^3 - Ba^2 - Ca - D;$$

le second membre de cette égalité est un nombre entier ; il faut donc que a soit un diviseur exact de E.

Posons $\frac{E}{a} = E'$; on tirera de l'égalité précédente

$$\frac{E' + D}{a} = -Aa^2 - Ba - C,$$

ce qui montre que a devra être un diviseur exact de $E' + D$.

Soit $\frac{E' + D}{a} = D'$; on trouvera $\frac{D' + C}{a} = -Aa - B$,

ce qui montre que a devra être aussi un diviseur exact de $D' + C$.

Soit $\frac{D' + C}{a} = C'$; on trouvera $\frac{C' + B}{a} = -A$.

Lorsque toutes ces conditions sont remplies, le nombre a est racine de l'équation. Car en éliminant les quantités E', D' et C', entre les relations $\frac{E}{a} = E'$, $\frac{E'+D}{a} = D'$, $\frac{D'+C}{a} = C'$, $\frac{C'+B}{a} = -A$, on parvient à l'égalité

$$Aa^4 + B\,a^3 + Ca^2 + Da + E = 0.$$

Ainsi, pour qu'une quantité entière a soit racine d'une équation, il faut et il suffit

Que cette quantité soit un diviseur du dernier terme ;

Que, si au quotient du dernier terme par a *on ajoute le coefficient du terme en* x*, la somme divisée par* a *donne pour quotient un nombre entier ;*

Que, si l'on ajoute à ce second quotient le coefficient du terme en x^2*, la somme divisée par* a *donne pour quotient un nombre entier ;*

Ainsi de suite ;

Enfin que, lorsqu'on est ainsi parvenu à un quotient en nombre entier auquel on doit ajouter le coefficient de la puissance de x *immédiatement inférieure au degré de l'équation, la somme divisée par* a *donne un quotient égal au coefficient du premier terme pris en signe contraire.*

388. Pour appliquer commodément les caractères qui viennent d'être établis, on dispose les calculs comme on le voit dans l'exemple qui suit. Soit l'équation

$$x^5 + 5x^4 + x^3 - 16x^2 - 20x - 16 = 0.$$

Voici le tableau des opérations :

+16,	+ 8,	+ 4,	+ 2,	+ 1,	− 1,	− 2,	− 4,	− 8,	−16,
− 1,	− 2,	− 4,	− 8,	−16,	+16,	+ 8,	+ 4,	+ 2,	+ 1,
−21,	−22,	−24,	−28,	−36,	− 4,	−12,	−16,	−18,	−19,
»	»	− 6,	−14,	−36,	+ 4,	+ 6,	+ 4	»	»
		−22,	−30,	−52,	−12,	−10,	−12,		
		»	−15,	−52,	+12,	+ 5,	+ 3,		
			−14,	−51,	+13,	+ 6,	+ 4,		
			− 7,	−51,	−13,	− 3,	− 1,		
			− 2,	−46,	− 8,	+ 2,	+ 4,		
			− 1,	−46,	+ 8,	− 1,	− 1.		

On écrit d'abord sur une même ligne tous les diviseurs du dernier terme, tant avec le signe + qu'avec le signe −, et en les rangeant par ordre de grandeur.

On place au-dessous, dans une autre ligne, les quotients que l'on obtient en divisant le dernier terme −16 par chacun de ces diviseurs.

On forme la troisième ligne en ajoutant à chacun des quotients contenus dans la ligne précédente le coefficient du terme en x, qui est -20.

On obtient les termes de la quatrième ligne en divisant chaque terme de la ligne précédente par celui de la première ligne qui est au-dessus, quand la division peut être faite exactement.

Les autres lignes se forment de la même manière.

Les diviseurs $+2$, -2, -4, qui donnent dans la dernière ligne un quotient égal au coefficient du premier terme de l'équation pris en signe contraire, sont des racines de l'équation.

La division du premier membre par le produit des facteurs $x-2$, $x+2$ et $x-4$, donne le quotient x^2+x+1; ainsi l'on aura les deux autres racines en résolvant l'équation $x^2+x+1=0$. Ces deux racines sont imaginaires.

On omet ordinairement dans le tableau des opérations les diviseurs $+1$ et -1, parce qu'il est plus simple de les substituer immédiatement dans l'équation. Pour abréger les calculs, on détermine d'abord les limites des racines, et l'on n'essaie que les diviseurs compris entre ces limites. Dans l'exemple ci-dessus, la limite des racines positives, calculée par la règle du n° 383, est $1+\sqrt[3]{16}$, qui est un nombre moindre que 4. Pour obtenir une limite des racines négatives, on change x en $-x$, ce qui conduit à l'équation

$$x^5-5x^4+x^3+16x^2-20x+16=0.$$

Cette équation pouvant se mettre sous cette forme

$$x^4(x-5)+x^3+16x(x-\tfrac{5}{4})+16=0,$$

le premier membre aura une valeur positive pour $x=5$, et pour toute valeur de x plus grande que 5; par conséquent -5 est une limite des racines négatives de la proposée. Les deux limites $+4$ et -5 montrent qu'il était inutile d'essayer les diviseurs $+16$, $+8$, $+4$, -8 et -16.

389. Soit encore l'équation

$$2x^3 - 53x + 105 = 0.$$

On reconnaît aisément que $+1$ et -1 ne sont point racines. Les limites des racines étant $+\sqrt{\frac{53}{2}}$ et $-\left(1+\sqrt{\frac{105}{2}}\right)$, on a seulement à essayer les diviseurs de 105 compris entre $+6$ et -9, lesquels sont 3, 5, -3, -5 et -7. On forme alors le tableau ci-dessous :

+ 5,	+ 3,	− 3,	− 5,	− 7,
+21,	+35,	−35,	−21,	−15,
−32,	−18,	−88,	−74,	−68,
"	− 6	"	"	"
	− 2.			

Après avoir obtenu la troisième ligne, on voit qu'il n'y a plus lieu de continuer les opérations que pour le diviseur $+3$. On doit ajouter au quotient -6 le coefficient du terme en x^2 ; or ce terme manque, ainsi son coefficient est égal à zéro ; il faut donc diviser -6 par $+3$. Le quotient étant égal au coefficient du premier terme de l'équation, pris en signe contraire, -3 est une racine.

Le quotient de $2x^3-53x+105$ par $x-3$, étant $2x^2+6x-35$, on trouvera les deux autres racines en résolvant l'équation $2x^2+6x-35=0$. Ces racines sont incommensurables.

390. *Lorsque les coefficients d'une équation sont des nombres entiers, si celui du premier terme est l'unité, l'équation n'a pas de racines fractionnaires.*

Soit l'équation

$$x^m + Ax^{m-1} + Bx^{m-2} + \ldots + Hx + K = 0,$$

les coefficients A, B, etc., étant tous des nombres entiers. Si l'une des racines était une fraction, en supposant cette fraction réduite à ses moindres termes, et la représentant par $\frac{a}{b}$, on aurait

$$\frac{a^m}{b^m} + A\frac{a^{m-1}}{b^{m-1}} + B\frac{a^{m-2}}{b^{m-2}} \ldots + H\frac{a}{b} + K = 0.$$

On déduit de là

$$\frac{a^m}{b} = -Aa^{m-1} - Ba^{m-2}b \ldots - Hab^{m-2} - Kb^{m-1}.$$

Le second membre de cette égalité est un nombre entier, et comme b est premier avec a, a^m n'est pas divisible par b; l'égalité est donc impossible.

391. *On peut toujours transformer une équation donnée en une autre telle que le coefficient du premier terme soit l'unité, et les autres coefficients soient des nombres entiers.*

En effet, si l'on commence par faire disparaître les dénominateurs, l'équation se présentera sous la forme

$$Ax^m + Bx^{m-1} + Cx^{m-2} \ldots + Hx + K = 0.$$

Posons $x = \frac{y}{h}$, h désignant une quantité indéterminée, l'équation transformée en y sera

$$A\frac{y^m}{h^m} + B\frac{y^{m-1}}{h^{m-1}} + C\frac{y^{m-2}}{h^{m-2}} \ldots + H\frac{y}{h} + K = 0,$$

et en multipliant tous les termes par h^{m-1}, il viendra

$$\frac{A}{h}y^m + Bhy^{m-1} + Ch^2y^{m-2} \ldots + Hh^{m-2}y + Kh^{m-1} = 0.$$

Si, dans cette dernière équation, on pose $h = A$, le coefficient du premier terme se réduira à l'unité, et les autres coefficients seront des nombres entiers.

Cette transformation donne le moyen de déterminer les racines fractionnaires d'une équation ; car les racines commensurables de l'équation transformée ne pouvant être que des nombres entiers, on les obtient au moyen de ce qui a été dit dans les nos **387** et **388**, et en divisant ces racines par le nombre entier h, on obtient toutes les racines commensurables entières et fractionnaires de l'équation proposée.

392. Au lieu de faire disparaître les dénominateurs et de remplacer ensuite l'inconnue x par une nouvelle inconnue y divisée par le coefficient du premier terme, il est souvent préférable de remplacer x par $\frac{y}{h}$, après avoir divisé tous les termes de l'équation par le coefficient du premier terme ; on détermine ensuite aisément la plus petite valeur de h pour laquelle tous les coefficients deviennent des nombres entiers. Soit, par exemple, l'équation

$$x^4 - \tfrac{4}{3}x^3 + 2x^2 - \tfrac{7}{8}x - \tfrac{10}{27} = 0.$$

Si l'on faisait disparaître les dénominateurs, le coefficient du premier terme serait 216, et d'après ce qui a été dit dans le numéro précédent, il faudrait faire $x = \frac{y}{216}$. Mais en posant d'abord $x = \frac{y}{h}$, on obtient l'équation

$$\frac{y^4}{h^4} - \frac{4}{3}\frac{y^3}{h^3} + 2\frac{y^2}{h^2} - \frac{7}{8}\frac{y}{h} - \frac{10}{27} = 0\,;$$

en multipliant tous les termes par h^4, il vient

$$y^4 - \frac{4h}{3}y^3 + 2h^2y^2 - \frac{7h^3}{8}y - \frac{10h^4}{27} = 0\,;$$

de cette manière on voit que les dénominateurs disparaîtront si l'on pose $h = 6$.

Au moyen de cette valeur de h l'équation en y devient

$$y^4 - 8y^3 + 72y^2 - 189y - 480 = 0.$$

Cette équation n'ayant qu'une seule racine entière qui est 5, on en conclut que la proposée n'a qu'une seule racine commensurable qui est $\frac{5}{6}$.

393. Quand on a déterminé les racines entières d'une équation, comme il a été dit dans les n°s **387** et **388**, il faut examiner si quelques-unes de ces racines ne se trouvent pas répétées plusieurs fois. A cet effet, on divise l'équation par le produit des facteurs correspondants aux racines que l'on a

obtenues, et l'on opère sur l'équation qui en résulte comme on a opéré sur la première, en observant que les racines commensurables de cette équation ne peuvent être différentes de celles qu'on a supprimées. En continuant ainsi, on voit combien de fois chaque racine entière est répétée dans l'équation proposée; et on parvient à une dernière équation qui n'a plus aucune racine entière.

Voici deux exemples sur lesquels le lecteur pourra s'exercer.

$$x^6 - 11x^5 + 45x^4 - 80x^3 + 45x^2 + 27x - 27 = 0.$$
$$6x^6 - 19x^5 + 13x^4 - 20x^3 + 48x^2 - 16 = 0.$$

On devra trouver pour la première équation la racine 1, et la racine 3 répétée trois fois; les deux autres racines sont incommensurables.

La seconde équation a la racine 2 répétée deux fois, et les deux racines $\frac{2}{3}$ et $-\frac{1}{2}$; les deux autres racines sont imaginaires. Pour trouver à la fois les quatre racines commensurables, il faut faire disparaître le coefficient du premier terme, au moyen de la transformation qui a été expliquée dans les n^{os} **391** et **393**; mais on peut chercher d'abord les racines entières, afin de ne transformer l'équation qu'après l'avoir simplifiée par la suppression des facteurs correspondants à ces racines.

394. Quand le dernier terme de l'équation a un grand nombre de diviseurs, on peut diminuer le nombre des diviseurs à essayer, au moyen du principe qui suit.

Lorsqu'un nombre entier a *est racine d'une équation dont tous les coefficients sont des nombres entiers, si l'on désigne par* h *un nombre entier quelconque, positif ou négatif, le résultat de la substitution de* h *dans le premier membre de l'équation proposée est exactement divisible par* a — h.

Pour démontrer ce principe, représentons le premier membre de l'équation par $f(x)$. Le nombre a étant une racine de l'équation, $x - a$ divisera exactement $f(x)$, et les coefficients du quotient seront des nombres entiers, puisque les coefficients de $f(x)$ et la racine a sont des nombres entiers. Désignons le quotient par $\varphi(x)$, on aura $f(x) = (x-a)\,\varphi(x)$. En faisant dans cette égalité $x=h$, on trouve $f(h)=(h-a)\varphi(h)$, ou, ce qui revient au même, $f(h) = -(a-h)\,\varphi(h)$; or $\varphi(h)$ est nécessairement un nombre entier ; donc $f(h)$ est divisible par $a-h$.

Afin de rendre les calculs plus simples, on ne prend ordinairement pour h que les deux nombres $+1$ et -1. Soit, par exemple, l'équation

$$x^3 - 5x^2 - 18x + 72 = 0.$$

Les diviseurs de 72, en omettant les diviseurs $+1$ et -1, et ceux qui ne sont pas compris entre les limites des racines sont 2, 3, 4, 6, 8, 9, 12, 18, -2, -3, -4, -6, -8, -9.

L'hypothèse $x=-1$ réduit le premier membre de l'équation à 84, et l'hypothèse $x=1$ le réduit à 50. En conséquence, on cherche quels sont les diviseurs ci-dessus qui, augmentés de 1, divisent 84, et qui, diminués de 1, divisent 50. On reconnaît ainsi que les racines entières de l'équation ne peuvent se trouver que parmi les diviseurs 2, 3, 6 et -4. En appliquant alors à ces quatre nombres les mêmes opérations que dans le n° 388, on voit qu'il faut rejeter le nombre 2, et que les trois autres nombres sont racines de l'équation.

Méthode des racines égales.

395. Lorsque les racines réelles d'une équation sont incommensurables, on ne peut parvenir à les évaluer que dans le cas où elles sont différentes. Il est donc nécessaire d'examiner à quel caractère on connaît que cette condition est remplie, et comment on peut, quand elle ne l'est pas, ramener l'équation à d'autres équations dans lesquelles chaque racine n'entre qu'une seule fois.

396. Considérons l'équation générale

$$x^m + Ax^{m-1} + Bx^{m-2} + Cx^{m-3} \ldots + Hx + K = 0.$$

Si cette équation a plusieurs racines égales à a, il faudra que le quotient du premier membre par $x-a$ soit réduit à zéro par l'hypothèse $x=a$. On a vu (nº 363) que ce quotient est

$$\begin{array}{l|l|l|l}
x^{m-1}+a & x^{m-2}+\ a^2 & x^{m-3}+\ a^3 & x^{m-4}\ldots+\ a^{m-1} \\
\phantom{x^{m-1}}+A & \phantom{x^{m-2}}+Aa & \phantom{x^{m-3}}+Aa^2 & \phantom{x^{m-4}\ldots}+Aa^{m-2} \\
 & \phantom{x^{m-2}}+B & \phantom{x^{m-3}}+Ba & \phantom{x^{m-4}\ldots}+Ba^{m-3} \\
 & & \phantom{x^{m-3}}+C & \phantom{x^{m-4}\ldots}+Ca^{m-4} \\
 & & & \phantom{x^{m-4}\ldots}\ \vdots \\
 & & & \phantom{x^{m-4}\ldots}+H
\end{array}$$

Si l'on fait dans ce polynome $x=a$, il vient

$$ma^{m-1}+(m-1)Aa^{m-2}+(m-2)Ba^{m-3}\ldots+H.$$

Or, ce résultat est ce que devient la fonction dérivée du premier membre de l'équation, quand on y remplace x par a; et puisqu'il doit être nul, il s'ensuit que la fonction dérivée est divisible par $x-a$. Le facteur $x-a$ est donc un diviseur commun au premier membre de l'équation et à la fonction dérivée.

Réciproquement, si le premier membre de l'équation et sa fonction dérivée sont divisibles par $x-a$, l'équation a au moins deux racines égales à a; car la dérivée étant alors réduite à zéro par l'hypothèse $x=a$, le quotient du premier membre de l'équation par $x-a$ est aussi réduit à zéro par la même hypothèse.

Donc, *pour qu'une équation ait des racines égales, il faut et il suffit que le premier membre de l'équation et sa fonction dérivée aient un commun diviseur en* x.

397. Pour reconnaître de quelle manière le plus grand commun diviseur du premier membre de l'équation et de sa fonction dérivée est composé avec les facteurs correspondants aux racines égales, nous chercherons d'abord comment la fonction dérivée est formée avec les facteurs du premier degré de l'équation. On a vu que cette fonction est le coefficient de la première puissance de y dans le résultat que l'on obtient en remplaçant x par $x+y$ dans le premier membre de l'équation. Représentons le premier membre de l'équation par $f(x)$, la fonction dérivée par $f'(x)$, et soit

$$f(x)=(x-a)(x-b)(x-c)\ldots(x-k);$$

on aura

$$f(x+y)=(y+x-a)(y+x-b)(y+x-c)\ldots(y+x-k).$$

On peut regarder le second membre de la dernière égalité comme le produit de m facteurs binomes qui ont pour premier terme y, et dont les seconds termes sont $x-a$, $x-b$, etc. Il en résulte que le coefficient de la première puissance de y dans $f(x+y)$ est égal à la somme des produits des quantités $x-a$, $x-b$, etc., prises $m-1$ à $m-1$. D'ailleurs, pour former ces produits, il suffit de diviser successivement $f(x)$ par chacun des facteurs $x-a$, $x-b$, etc. On a donc

$$f'(x)=\frac{f(x)}{x-a}+\frac{f(x)}{x-b}+\frac{f(x)}{x-c}\ldots+\frac{f(x)}{x-k}.$$

Soit maintenant

$$f(x)=(x-a)^n(x-b)^p(x-c)^q \text{ etc.}$$

On pourra toujours calculer la fonction dérivée au moyen de ce qui vient d'être dit, mais il faudra remarquer que, dans la somme des quotients qu'on formera en divisant successivement $f(x)$ par chacun de ses facteurs, le quotient de $f(x)$ par $x-a$ sera répété n fois, celui de $f(x)$ par $x-b$ sera répété p fois, celui de $f(x)$ par $x-c$ sera répété q fois, etc. Il suit de là que l'on aura

$$\begin{aligned} f'(x) = {} & n(x-a)^{n-1}(x-b)^p(x-c)^q \text{ etc.} \\ & + p(x-a)^n(x-b)^{p-1}(x-c)^q \text{ etc.} \\ & + q(x-a)^n(x-a)^p(x-c)^{q-1} \text{ etc.} \\ & + \text{etc.} \end{aligned}$$

En comparant les expressions de $f(x)$ et de $f'(x)$, on reconnaît que ces quantités sont l'une et l'autre divisibles par le produit

$$(x-a)^{n-1}(x-b)^{p-1}(x-c)^{q-1} \text{etc.}$$

De plus, ce produit est le plus grand commun diviseur des polynomes $f(x)$ et $f'(x)$; autrement, il faudrait que l'un des facteurs de $f(x)$ pût diviser encore le quotient de $f(x)$ par le produit ci-dessus, savoir,

$$n(x-b)(x-c) \text{ etc.} + p(x-a)(x-c) \text{ etc.} + q(x-a)(x-b) \text{etc.} + \text{etc.};$$

or, chacun des facteurs $x-a$, $x-b$, etc., divise toutes les parties de cette somme, à l'exception d'une seule; la somme n'est donc divisible par aucun de ces facteurs.

Il est démontré par là que, *lorsqu'une équation a des racines égales, le premier membre de l'équation et sa fonction dérivée ont pour plus grand commun diviseur le produit de tous les facteurs correspondants aux racines égales de l'équation, élevés chacun à une puissance moindre d'une unité.*

On voit en même temps que, *lorsque l'équation n'a pas de racines égales, le premier membre et sa fonction dérivée n'ont aucun diviseur commun algébrique*; car les exposants n, p, q, étant alors égaux à l'unité, l'expression du plus grand commun diviseur de $f(x)$ et $f'(x)$ se réduit à un nombre.

398. Les deux propositions qui viennent d'être établies en dernier lieu renferment évidemment celle que l'on a conclue de la démonstration du n° **396**; ainsi cette démonstration ne doit pas être regardée comme essentielle. Si nous l'avons rapportée, c'est seulement parce qu'elle montre d'une manière simple comment on a pu découvrir que la détermination des racines égales dépendait des propriétés des fonctions dérivées.

399. Supposons actuellement que l'on veuille trouver les racines égales d'une équation $f(x) = 0$. On cherchera le plus grand commun diviseur du polynome $f(x)$ et de sa fonction dérivée $f'(x)$. Si le plus grand commun diviseur est un nombre, l'équation a toutes ses racines différentes. Si le plus grand commun diviseur contient x, et s'il est du premier degré, il fera connaître une racine double de l'équation; toutes les autres racines seront inégales. Si ce plus grand commun diviseur est du second degré, on l'égalera à zéro, et l'on aura ainsi une équation qui pourra avoir deux racines différentes, ou bien deux racines égales. Dans le premier cas, chacune des deux racines entrera deux fois dans l'équation $f(x) = 0$; dans le second cas, la valeur qu'on aura trouvée pour x sera une racine triple de la proposée.

400. Expliquons la marche qu'il faut suivre quand le plus grand commun diviseur de $f(x)$ et de $f'(x)$ est un polynome d'un degré supérieur au second.

Désignons par X_1 le produit des facteurs simples du polynome $f(x)$, par X_2 le produit des premières puissances des facteurs doubles, par X_3 le produit des premières puissances des facteurs triples, par X_4 le produit des premières puissances des facteurs quadruples; et supposons qu'il n'y ait point de facteurs à un degré de multiplicité plus élevé. On aura

$$f(x) = X_1 X_2^2 X_3^3 X_4^4.$$

Si l'on désigne par D_1 le plus grand commun diviseur de $f(x)$ et de $f'(x)$, on aura

$$D_1 = X_2 X_3^2 X_4^3.$$

En cherchant le plus grand commun diviseur D_2 de D_1 et de sa fonction dérivée, on aura

$$D_2 = X_3 X_4^2.$$

En cherchant pareillement le plus grand commun diviseur D_3 de D_2 et de sa fonction dérivée, on aura

$$D_3 = X_4.$$

Le polynome X_4 ne contenant que des facteurs inégaux, D_3 sera premier avec sa dérivée.

En divisant chacune des égalités ci-dessus par la suivante, et en nommant Q_1 le quotient de $f(x)$ par D_1, Q_2 celui de D_1 par D_2, Q_3 celui de D_2 par D_3, on trouve

$$Q_1 = X_1 X_2 X_3 X_4, \quad Q_2 = X_2 X_3 X_4, \quad Q_3 = X_3 X_4.$$

En divisant encore chaque égalité par la suivante, et la dernière par $D_3 = X_4$, on obtient

$$\frac{Q_1}{Q_2} = X_1, \quad \frac{Q_2}{Q_3} = X_2 \quad \frac{Q_3}{D_3} = X_3.$$

Après ces opérations qui déterminent les facteurs X_1, X_2, X_3, X_4, on trouvera toutes les racines de l'équation $f(x)=0$, en résolvant séparément les quatre équations

$$X_1 = 0, \quad X_2 = 0, \quad X_3 = 0, \quad X_4 = 0.$$

La première équation fera connaître les racines simples de l'équation proposée, la seconde donnera les racines doubles, la suivante donnera les racines triples; enfin la dernière donnera les racines quadruples.

Si l'un des polynomes X_1, X_2, X_3 est numérique, on en conclura qu'il n'y a pas de racines du degré de multiplicité correspondant au rang de ce polynome.

401. Pour appliquer cette méthode, prenons l'équation

$$x^8-7x^7-2x^6+118x^5-259x^4-83x^3+612x^2-108x-432=0.$$

Le plus grand commun diviseur du premier membre de l'équation et de sa fonction dérivée est

$$x^4 - 7x^3 + 13x^2 + 3x - 18.$$

Le plus grand commun diviseur de ce polynome et de sa fonction dérivée est $x-3$.

Comme cette dernière quantité ne contient x qu'au premier degré, elle ne peut avoir aucun facteur commun avec sa dérivée; et il en résulte que l'équation proposée ne contient pas de facteurs qui soient élevés à des puissances supérieures à la troisième.

En conservant aux lettres X_1, X_2, X_3, le même sens que précédemment, on a

$$X_1X_2^2X_3^3 = x^8 - 7x^7 - 2x^6 + 118x^5 \text{ etc.}$$
$$X_2X_3^2 = x^4 - 7x^3 + 13x^2 \text{ etc.}$$
$$X_3 = x - 3.$$

En divisant chacune de ces égalités par la suivante, on trouve

$$X_1X_2X_3 = x^4 - 15x^2 + 10x + 24,$$
$$X_2X_3 = x^3 - 4x^2 + x + 6.$$

En divisant de nouveau la première égalité par la seconde, et celle-ci par $X_3 = x - 3$, on obtient

$$X_1 = x + 4, \quad X_2 = x^2 - x - 2.$$

Les équations à résoudre sont donc

$$x + 4 = 0, \quad x^2 - x - 2 = 0, \quad x - 3 = 0.$$

Par la première on a la racine -4, qui n'entre qu'une fois dans l'équation proposée; par la seconde on a les racines -1 et $+2$, qui entrent chacune deux fois dans l'équation; et par la troisième on a la racine 3, qui est une racine triple.

Soit encore l'équation

$$x^9 + 2x^8 + x^7 + 6x^6 + 7x^5 - 2x^4 + 3x^3 + 2x^2 - 12x - 8 = 0.$$

En opérant comme pour l'exemple précédent, on obtiendra deux racines simples, deux racines doubles, et une racine triple. Les racines simples sont -2 et $+1$; les racines doubles sont $\frac{1+\sqrt{-7}}{2}$ et $\frac{1-\sqrt{-7}}{2}$; la racine triple est -1.

402. Si l'on voulait avoir une équation qui renfermât toutes les racines égales et inégales de l'équation donnée, prises seulement une fois chacune, on chercherait comme ci-dessus le plus grand commun diviseur D_1 du polynome $f(x)$ et de sa fonction dérivée, et l'on diviserait $f(x)$ par D_1; le quotient égalé à zero donnera l'équation cherchée, car ce quotient, que nous avons désigné par Q_1, est égal à $X_1X_2X_3X_4$.

On peut aussi parvenir à deux équations dont l'une ne renferme que les racines inégales et l'autre renferme toutes les racines égales prises seulement une fois chacune. A cet effet, après avoir obtenu le quotient Q_1, on cherche le plus grand commun diviseur d des polynomes D_1 et Q_1 ; on a $d = X_2X_3X_4$, et par suite $\frac{Q_1}{d} = X_1$; ainsi les équations cherchées sont $\frac{Q_1}{d} = 0$ et $d = 0$.

403. Lorsque la division du premier membre de l'équation proposée par sa fonction dérivée conduit à un reste nul, l'équation proposée n'a qu'une seule racine qui est répétée m fois (m désignant le degré de l'équation), et la valeur de cette racine est déterminée par l'équation du premier degré qu'on obtient en égalant à zéro le quotient du premier membre de l'équation proposée par sa fonction dérivée. Car le plus grand commun diviseur du premier membre de l'équation et de sa fonction dérivée étant alors égal à cette fonction, ou n'en différant que par un facteur numérique, il résulte de ce qui a été dit dans le numéro précédent, que le quotient de ces polynomes égalé à zéro, doit déterminer toutes les racines de l'équation.

Soit, par exemple, l'équation

$$x^4 - 8x^3 + 24x^2 - 32x + 16 = 0.$$

La fonction dérivée du premier membre est

$$4(x^3 - 6x^2 + 12x - 8).$$

Si l'on divise $x^4 - 8x^3 + 24x^2 - 32x + 16$ par $x^3 - 6x^2 + 12x - 8$, on trouve que la division se fait exactement, et le quotient est $x - 2$. On en conclut que l'équation n'a que la seule racine 2, qui est répétée quatre fois.

404. Lorsque tous les coefficients numériques d'une équation sont commensurables, les polynomes que nous avons désignés par X_1, X_2, X_3 etc., ne contiennent aussi que des coefficients commensurables ; car les opérations par lesquelles on les obtient ne peuvent pas introduire de quantités irrationnelles. Par conséquent, si l'une des racines de l'équation est répétée n fois, et si toutes les autres racines ont des degrés de multiplicité différents, cette racine sera nécessairement commensurable. On conclut de cette observation que les équations du troisième degré et du cinquième degré qui n'ont pas de racines commensurables, ne peuvent pas avoir de racines égales. Quant à l'équation du quatrième degré, si elle a des racines égales incommensurables, il faudra qu'elle ait deux racines doubles; et dans ce cas, son premier membre sera un carré. On peut donc éviter l'emploi de la méthode des racines égales pour toutes les équations qui ne surpassent pas le cinquième degré.

405. Quand on connaît une racine a d'une équation, on peut déterminer le degré de multiplicité de cette racine en la substituant dans les dérivées successives du premier membre de l'équation; car il résulte du principe qui a été établi dans le n° **397**, que, si le premier membre de l'équation est divisible par $(x-a)^n$, la dérivée du premier ordre sera divisible par $(x-a)^{n-1}$, celle du second ordre sera divisible par $(x-a)^{n-2}$, ainsi de suite, enfin la dérivée de l'ordre $n-1$ sera divisible par $x-a$, et la dérivée suivante ne contiendra pas le facteur $x-a$; la racine a devra donc réduire à zéro les dérivées successives du premier membre jusqu'à celle de l'ordre $n-1$, sans réduire à zéro la dérivée suivante.

Séparation des racines incommensurables.

406. La recherche des racines incommensurables offre deux parties distinctes : on s'occupe d'abord de déterminer deux limites de chaque racine, l'une plus petite, l'autre plus grande, et qui soient assez rapprochées pour ne comprendre qu'une seule racine; c'est ce qu'on appelle *séparer* les racines. On cherche ensuite séparément la valeur de chaque racine avec le degré d'approximation que la question exige.

407. On a déjà prouvé que lorsque deux quantités substituées dans le premier membre d'une équation donnent des résultats de signes contraires, l'équation a au moins une racine réelle comprise entre ces quantités. Voici maintenant une autre proposition qu'il est essentiel de connaître pour parvenir à la séparation des racines :

THÉORÈME. *Si l'on substitue successivement dans le premier membre d'une équation deux quantités qui comprennent une racine réelle, ou qui en comprennent un nombre impair, on obtiendra deux résultats de signes contraires; et si les quantités substituées ne comprennent aucune racine, ou si elles en comprennent un nombre pair, les deux résultats auront le même signe.*

Représentons l'équation proposée par $f(x)=0$, désignons par α et 6 deux quantités réelles quelconques, et supposons $\alpha < 6$.

S'il n'y a aucune racine de l'équation comprise entre α et 6, les résultats qu'on obtiendra en substituant successivement ces quantités à la place de x devront avoir le même signe; puisque s'ils avaient des signes contraires, on devrait en conclure que les quantités α et 6 comprennent une racine. (n° 354).

Examinons le cas où il y a des racines comprises entre α et 6. Soient $a, b, c, \ldots k$ ces racines. Le polynome $f(x)$ sera divisible par le produit des facteurs $x-a$, $x-b$, ... $x-k$, et si l'on représente le quotient par $\varphi(x)$, on aura

$$f(x)=(x-a)(x-b)(x-c)\ldots(x-k)\times\varphi(x).$$

En faisant successivement dans les deux membres de cette égalité $x=\alpha$ et $x=6$, on trouve

$$f(\alpha)=(\alpha-a)(\alpha-b)\ldots.(\alpha-k)\times\varphi(\alpha),$$
$$f(6)=(6-a)(6-b)\ldots.(6-k)\times\varphi(6).$$

Or, les racines $a, b, \ldots k$ étant comprises entre α et 6, les facteurs $\alpha-a$, $\alpha-b$, ... $\alpha-k$ sont tous négatifs, et les facteurs $6-a$, $6-b$, .. $6-k$ sont tous positifs. Il suit de là que le produit des facteurs $\alpha-a$, $\alpha-b$, etc., a le même signe que celui des facteurs $6-a$, $6-b$, etc., ou bien un signe contraire, suivant que les racines $a, b, \ldots k$ sont en nombre pair ou en nombre impair. D'ailleurs, $\varphi(\alpha)$ et $\varphi(6)$ ont le même signe; car si ces quantités avaient des signes contraires, l'équation $\varphi(x)=0$ aurait une racine entre α et 6; donc $a, b, \ldots k$ ne seraient pas les seules racines de $f(x)=0$ comprises entre α et 6, ce qui est contre l'hypothèse. Donc, si le nombre des racines $a, b, \ldots k$ est pair, les résultats $f(\alpha)$ et $f(6)$ ont le même signe; et si le nombre de ces racines est impair, les résultats $f(\alpha)$ et $f(6)$ ont des signes contraires.

On déduit immédiatement du théorème précédent la proposition réciproque, savoir :

Si deux quantités substituées dans le premier membre d'une équation donnent des résultats de signes contraires, elles ne comprennent qu'une racine, ou elles en comprennent un nombre impair ; et si deux quantités donnent des résultats de même signe, elles ne comprennent pas de racine ou elles en comprennent un nombre pair.

Remarque. La démonstration ci-dessus n'exige pas que les racines $a, b, \ldots k$ soient toutes différentes; de sorte que si les quantités α et 6 comprenaient une racine qui fût répétée un nombre pair de fois dans l'équation, sans en comprendre aucune autre, il faudrait considérer ces quantités comme comprenant un nombre pair de racines.

408. Lorsque le dernier terme d'une équation est positif, l'équation n'a pas de racines positives, ou elle en a un nombre pair; car en substituant successivement, à la place de x, zéro et la limite supérieure des racines positives, on a des résultats de même signe. Quand le dernier terme est négatif, le nombre des racines positives est impair; car en substituant zéro et la la limite supérieure des racines positives, on a des résultats de signes contraires.

409. Supposons actuellement que l'on veuille séparer les racines incommensurables d'une équation qui ne contient pas de racines égales.

On pourra substituer d'abord tous les nombres entiers compris entre la limite supérieure des racines négatives et la limite supérieure des racines positives. Si la suite des résultats présente autant de changements de signes qu'il y a d'unités dans le degré de l'équation, il ne se trouvera pas plus d'une racine entre deux nombres consécutifs qui auront donné des résultats de signes contraires, et il ne s'en trouvera aucune entre deux nombres consécutifs qui auront donné des résultats de même signe ; autrement, il faudrait que le nombre des racines surpassât le degré de l'équation. La séparation sera donc effectuée.

410. Quand on connaît exactement le nombre des racines réelles, on peut toujours parvenir à les séparer, en substituant des nombres de plus en plus rapprochés, jusqu'à ce que la suite des résultats présente autant de changements de signes qu'il y a de racines réelles. Mais lorsque le nombre des racines réelles n'est pas connu, il faut pouvoir assigner une quantité telle qu'en la prenant pour l'intervalle des substitutions, on soit assuré qu'il ne tombera pas plus d'une racine entre deux substitutions successives. A cet effet, on forme d'abord une équation dont les racines soient les différences des racines de l'équation donnée, prises deux à deux, et qu'on appelle *l'équation aux différences* (on verra plus loin comment on peut calculer cette équation). On détermine ensuite une limite inférieure des racines de l'équation aux différences ; cette limite est la quantité cherchée.

La limite inférieure des racines de l'équation aux différences étant ordinairement plus petite que l'unité, on est conduit à substituer dans l'équation proposée des nombres fractionnaires. Mais en désignant par a et b deux racines quelconques de l'équation, et par δ la limite inférieure des racines de l'équation aux différences, puisque $a-b>\delta$, on a $\frac{a}{\delta}-\frac{b}{\delta}>1$. On voit donc que, si l'on change l'équation proposée en une autre dont les racines soient $\frac{a}{\delta}$, $\frac{b}{\delta}$, etc., ce qui se fera en posant $x=\delta y$, les racines de la nouvelle équation différeront les unes des autres de plus d'une unité ; de sorte qu'on pourra les séparer en ne substituant que les nombres entiers consécutifs compris entre les limites.

La méthode que nous venons d'exposer avait été indiquée par *Waring* ; mais elle resta ignorée, jusqu'au moment où elle fut proposée par *Lagrange*, qui y parvint sans connaître cette partie des travaux de *Waring*. Cette méthode ne laisse rien à désirer sous le rapport de la rigueur ; mais elle devient en quelque sorte impraticable quand le degré de l'équation à résoudre est un peu élevé, à cause de la longueur des calculs qu'il faut effectuer pour obtenir l'équation aux différences. On peut actuellement éviter l'emploi de cette équation au moyen d'un théorème remarquable découvert par M. STURM, et qui n'avait point encore été introduit dans les Éléments d'Algèbre, au moment où il fut inséré dans la première édition de ce Traité.

Théorème de M. STURM. — *Usage de ce Théorème pour la recherche des racines réelles.*

411. Soit $V = 0$ une équation d'un degré quelconque dont toutes les racines sont inégales, et soit V_1 la fonction dérivée de V. On opérera comme s'il s'agissait de trouver le plus grand commun diviseur entre V et V_1, avec cette seule différence qu'il faudra changer les signes de tous les restes, à mesure qu'ils serviront de diviseurs. Ce changement de signes, qui serait indifférent si l'on n'avait pour but que de trouver le plus grand commun diviseur, est nécessaire dans la méthode que nous exposons. Désignons par Q_1 le quotient de la division de V par V_1, et par $-V_2$ le reste correspondant, on aura

$$V = V_1Q_1 - V_2.$$

Divisant V_1 par V_2, c'est-à-dire par le reste de la première opération pris en signe contraire, et désignant par Q_2 le quotient, par $-V_3$ le reste correspondant, on aura encore

$$V_1 = V_2Q_2 - V_3.$$

En continuant ainsi, et en observant qu'on arrivera nécessairement à un reste numérique $-V_r$, puisque nous avons supposé que l'équation $V=0$ n'a pas de racines égales (n° 397), on aura cette suite de relations :

$$(1) \dots\dots \begin{cases} V \;\; = V_1 \; Q_1 \; - V_2 \\ V_1 \; = V_2 \; Q_2 \; - V_3 \\ V_2 \; = V_3 \; Q_3 \; - V_4 \\ \quad \vdots \\ V_{n-1} = V_n \; Q_n \; - V_{n+1} \\ \quad \vdots \\ V_{r-2} = V_{r-1} Q_{r-1} - V_r \; (*). \end{cases}$$

Cela posé, la considération des fonctions V, V_1, V_2, etc., a conduit M. Sturm au théorème suivant :

412. Théorème. *Lorsqu'on substitue à la place de* x, *dans la suite des fonctions*

$$V, \quad V_1, \quad V_2, \dots V_{r-1}, \quad V_r,$$

deux nombres quelconques α *et* β *positifs ou négatifs, si* α *est plus petit que* β, *le nombre des racines réelles de l'équation* $V=0$ *comprises entre* α *et* β *est égal à l'excès du nombre des variations contenues dans la suite des signes des fonctions* V, V_1, $V_2 \dots V_r$ *pour* $x=\alpha$, *sur le nombre des variations de leurs signes pour* $x=\beta$.

Pour démontrer ce théorème, il faut examiner comment le nombre des variations formées par les signes des fonctions V, V_1, $V_2 \dots V_r$ disposées dans l'ordre indiqué, pour une valeur quelconque de x, peut s'altérer, quand x passe par différents états de grandeur. Or, il ne peut arriver de changement dans cette suite des signes, à mesure qu'on fait croître x, qu'autant qu'une des fonctions V, V_1, V_2, etc. change de signe, et par conséquent devient nulle.

(*) On peut éviter, dans les divisions successives, les coefficients fractionnaires, en multipliant chaque dividende par un facteur numérique convenable ; mais les facteurs qu'on introduit doivent être positifs, afin que les signes des restes ne soient pas altérés.

Il se présente donc deux cas à examiner, suivant que la fonction qui s'annulle est la première V, ou qu'elle est une des intermédiaires V_1, V_2, etc.; car ce n'est pas la dernière fonction V_r qui peut devenir nulle, puisque V_r est un nombre.

1er CAS. Nous allons examiner le changement qui a lieu dans la suite des signes, quand x, croissant par degrés insensibles, atteint et dépasse une valeur qui rend V égal à zéro. Si l'on substitue cette valeur de x, que nous désignerons par a, dans la fonction dérivée V_1, cette fonction deviendra un nombre positif ou négatif, puisque, par hypothèse, l'équation $V=0$ n'a pas de racines égales. Représentons par u une quantité positive aussi petite que l'on voudra, V_1 conservera le même signe quand on y fera $x=a-u$, $x=a$, $x=a+u$; car on peut prendre u assez petit pour que l'équation $V_1=0$ n'ait pas de racine comprise entre $a-u$ et $a+u$.

Cela posé, désignons pour un moment V par $f(x)$ et V_1 par $f'(x)$, on aura (n° 348), en observant que $f(a)=0$,

$$f(a-u)=-\frac{u}{1}f'(a)+\frac{u^2}{1.2}f''(a)-\frac{u^3}{1.2.3}f'''(a)+\text{etc.}$$

Comme rien ne limite la petitesse de u, on pourra rendre u tellement petit que le signe du développement de $f(a-u)$ ne dépende que du signe de son premier terme (n° 352); ainsi $f(a-u)$ aura le même signe que $-uf'(a)$, et par conséquent il aura un signe contraire à celui de $f'(a)$; or, $f'(a)$ et $f'(a-u)$ ont le même signe; donc $f(a-u)$ et $f'(a-u)$ ont des signes contraires. Donc V et V_1 sont de signes contraires pour $x=a-u$.

En changeant $-u$ en $+u$ dans le développement précédent, on a

$$f(a+u)=\frac{u}{1}f'(a)+\frac{u^2}{1.2}f''(a)+\frac{u^3}{1.2.3}f'''(a)+\text{etc.};$$

et l'on voit de même que $f(a+u)$ aura le même signe que $f'(a)$, et par suite le même signe que $f'(a+u)$. Donc V et V_1 ont le même signe pour $x=a+u$.

Donc, si pour $x=a$ le signe de $f'(x)$ ou de V_1 est $+$, le signe de V sera $-$ pour $x=a-u$, et il sera $+$ pour $x=a+u$. Si, au contraire, le signe de V_1 est $-$ pour $x=a$, celui de V sera $+$ pour $x=a-u$, et $-$ pour $x=a+u$. C'est ce qu'indique le tableau suivant :

$$\text{pour}\quad \begin{cases} x=a-u \\ x=a \\ x=a+u \end{cases} \quad \begin{matrix} V & V_1 \\ - & + \\ 0 & + \\ + & + \end{matrix} \quad \text{ou bien} \quad \begin{matrix} V & V_1 \\ + & - \\ 0 & - \\ - & - \end{matrix}$$

Par conséquent, lorsque a est une racine de l'équation $V=0$, le signe de V forme avec le signe de V_1 une *variation* avant que x atteigne la valeur a, et cette variation est changée en une *permanence* après que x a dépassé cette valeur.

Quant aux autres fonctions V_2, V_3, etc., chacune d'elles aura, comme V_1, soit pour $x=a-u$, soit pour $x=a+u$, le même signe qu'elle a pour $x=a$, si toutefois aucune ne s'évanouit pour $x=a$, en même temps que V. Nous allons examiner ce qui arrive, lorsqu'une de ces fonctions s'évanouit.

2e CAS. Soit V_n la fonction intermédiaire qui s'annulle quand x devient égal à b. Cette valeur de x ne peut réduire à zéro, ni la fonction V_{n-1} qui précède V_n, ni la fonction V_{n+1} qui la suit immédiatement; car si cela était, le facteur $x-b$ diviserait en même temps deux restes consécutifs V_{n-1} et V_n, ou V_n et V_{n+1} ; par conséquent $x-b$ serait un facteur multiple du polynome V, ce qui est impossible, puisque nous avons supposé que l'équation $V=0$ n'a pas de racines égales ; ainsi l'hypothèse $x=b$ réduira V_{n-1} et V_{n+1} à deux nombres qui seront toujours de *signes contraires*, comme il est aisé de s'en assurer à l'inspection de l'équation

$$V_{n-1} = V_nQ_n - V_{n+1}$$

qui est une des équations (1) du n° **411** ; car cette équation donne $V_{n-1} = -V_{n+1}$ lorsqu'on a $V_n = 0$.

Cela posé, substituons à la place de x deux nombres $b-u$

et $b+u$ très peu différents de b; les fonctions V_{n-1} et V_{n+1} auront pour ces deux valeurs de x les mêmes signes qu'elles ont pour $x=b$, puisqu'on peut prendre u assez petit pour que chacune des fonctions V_{n-1} et V_{n+1} ne change pas de signe quand x croît dans l'intervalle de $b-u$ à $b+u$. Il suit de là que quel que soit le signe de V_n pour $x=b-u$, comme il est placé entre les signes de V_{n-1} et V_{n+1} qui sont contraires, les signes des trois fonctions consécutives V_{n-1}, V_n, V_{n+1}, quand on fait $x=b-u$, formeront toujours une permanence et une variation, ou une variation et une permanence. On prouvera de la même manière que quel que soit le signe de V_n pour $x=b+u$, les signes des trois fonctions consécutives V_{n-1}, V_n, V_{n+1}, quand on fait $x=b+u$, ne forment qu'une variation.

Ainsi, la suite des signes de toutes les fonctions $V_1 \ldots V_r$, pour $x=b+u$, contiendra précisément autant de variations que la suite des signes de ces fonctions pour $x=b-u$. Donc, quand une fonction intermédiaire quelconque passe par zéro, le nombre des variations dans la suite des signes n'est pas changé, à moins que la valeur de x qui annulle cette fonction intermédiaire, ne réduise aussi à zéro la première fonction V; dans ce cas, le changement de signe de celle-ci ferait disparaître une variation sur la gauche de la suite des signes, ainsi que nous l'avons prouvé (1er cas).

Il est clair que la même conclusion subsisterait si plusieurs fonctions intermédiaires non adjacentes devenaient nulles pour la valeur $x=b$.

Il est donc démontré que, chaque fois que la variable x, en croissant par degrés insensibles, atteint et dépasse une valeur qui rend V égale à zéro, la suite des signes des fonctions $V, V_1, V_2 \ldots V_r$ perd une variation formée par les signes de V et V_1, laquelle est remplacée par une permanence; tandis que les signes des fonctions intermédiaires V_1, $V_2, \ldots V_{r-1}$, ne peuvent jamais ni augmenter ni diminuer le nombre des variations qui existaient déjà. Par conséquent, si l'on prend un nombre quelconque α, positif ou négatif, et un autre nombre β plus grand que α, et si l'on fait croître x depuis α jusqu'à β, autant il y aura de valeurs de x comprises entre α et β qui réduiront V à zéro, autant la suite des signes des fonctions $V, V_1, V_2, \ldots V_r$, pour $x = \beta$, contiendra de variations de moins que la suite des signes de ces fonctions pour $x = \alpha$. La conséquence que nous venons d'énoncer n'est autre chose que le théorème qu'on voulait établir, exprimé en d'autres termes.

SCOLIE. Il peut arriver que l'une des fonctions V_1, V_2, $V_3, \ldots V_{r-1}$, devienne nulle, soit pour $x = \alpha$, soit pour $x = \beta$. Dans ce cas, il suffit de considérer les variations de la suite des signes de toutes les fonctions, sans avoir égard à celle qui s'évanouit. Car on a vu que, lorsque la fonction V_n devient nulle pour $x = \alpha$, si l'on substitue à la place de x une quantité très peu différente de α, les signes des trois fonctions V_{n-1}, V_n, V_{n+1}, donneront toujours une variation et une permanence; or, la variation subsistera encore quand on omettra le signe de V_n.

COROLLAIRE Ier. Au moyen du théorème ci-dessus, on peut connaître immédiatement le nombre des racines réelles d'une équation; il suffit de prendre, pour les nombres qu'on substitue à la place de x, les deux limites supérieures des racines positives et négatives, ou des quantités numériquement plus grandes. On peut même se dispenser de toute substitution; car lorsque la valeur de x est suffisamment grande, chacune des fonctions $V, V_1, V_2, \ldots\ldots V_r$ a le signe de son premier terme (n° 351); par conséquent, si l'on considère d'abord les signes des premiers termes des fonctions, en supposant x remplacé par $-x$, et ensuite les signes de ces mêmes termes tels qu'ils sont, l'excès du nombre des variations de la première suite de signes sur le nombre des variations de la seconde suite, sera précisément le nombre des racines réelles de l'équation.

COROLLAIRE II. Les fonctions auxiliaires $V_1, V_2, V_3, \ldots V_r$, sont ordinairement en nombre égal au degré m de l'équation $V = 0$; car, dans la recherche du plus grand commun diviseur de V et V_1, chaque reste est ordinairement d'un degré inférieur d'une seule unité à celui du reste précédent. Toutes les fois que les fonctions V_1, V_2, etc., sont effectivement en nombre égal à m, on peut connaître le nombre des racines imaginaires de l'équation $V=0$ par la simple inspection des signes des premiers termes de ces fonctions : *l'équation* $V=0$ *a autant de couples de racines imaginaires qu'il y a de variations dans la suite des signes des premiers termes des fonctions auxiliaires* V_1, V_2, *etc., jusqu'à la constante* V_m *inclusivement.* On démontre aisément cette règle, au moyen du corollaire 1 ; il suffit de remarquer que, d'après l'hypothèse actuelle, deux fonctions consécutives V_{n-1}, V_n sont l'une de degré pair, l'autre de degré impair ; de sorte que, si les signes de ces deux fonctions forment une permanence quand x est positif, ils forment une variation quand x est négatif, *et vice versâ.*

Il suit de là que, *pour que l'équation* $V=0$ *ait toutes ses racines réelles, il faut et il suffit que les premiers termes des fonctions* V_1, V_2, ... V_m, *aient tous le même signe.*

413. Appliquons maintenant le théorème de M. Sturm à quelques exemples.

Premier exemple. Soit l'équation $x^3 - 2x - 5 = 0$.

On a

$$V = x^3 - 2x - 5,$$
$$V_1 = 3x^2 - 2.$$

Pour calculer la fonction V_2, on divise V par V_1, et afin d'éviter les fractions, on multiplie V par 3 ; on obtient ainsi le reste $-4x - 15$, donc

$$V_2 = 4x + 15.$$

Pour calculer V_3, on divise V_1 par V_2 ; et pour éviter les fractions, on multiplie par 4 la fonction V_1, ainsi que le reste du premier degré. De cette manière, le reste indépendant de x est $+643$, donc

$$V_3 = -643.$$

Quand on attribue à x une valeur négative, les premiers termes des fonctions V, V_1, V_2, V_3, offrent la suite des signes

$$- + - -,$$

et quand x est positif, ces mêmes termes offrent la suite de signes

$$+ + + -.$$

La première suite a deux variations, et la seconde n'en a qu'une ; par conséquent, l'équation a une seule racine réelle (n° **412**, coroll. 1). D'ailleurs cette racine est positive, puisque le dernier terme est négatif (n° **355**). Pour obtenir deux limites de la racine, il est inutile de considérer les fonctions V_1, V_2, V_3 ; il suffit de substituer divers nombres dans la fonction V. Si l'on suppose d'abord $x = 0$, cette fonction est négative; or, on sait qu'elle est positive pour $x = 1 + \sqrt{5}$ (n° **383**) ; donc la racine est comprise entre zéro et 4. L'hypothèse $x = 2$ conduit à un résultat négatif, et l'hypothèse $x = 3$ donne au contraire un résultat positif ; ainsi, la racine est comprise entre 2 et 3. On verra bientôt comment on peut obtenir, par des moyens plus rapides, une valeur aussi approchée qu'on le veut.

Comme le calcul des fonctions V_2, V_3, etc., ne peut jamais offrir de difficulté, nous n'entrerons plus à cet égard dans aucun détail.

2e Exemple. Soit l'équation $x^3 - 7x + 7 = 0$.

On a

$$\begin{aligned} V &= x^3 - 7x + 7, \\ V_1 &= 3x^2 - 7, \\ V_2 &= 2x - 3, \\ V_3 &= +1. \end{aligned}$$

Pour une valeur négative de x, les premiers termes des fonctions V, V_1, V_2, V_3, offrent la suite de signes

$$- + - +,$$

et pour une valeur positive de x, ces mêmes termes offrent la suite de signes

$$+ + + +.$$

La première suite a trois variations ; la seconde n'en a aucune ; par conséquent les trois racines de l'équation sont réelles.

Pour effectuer la séparation des racines, on suppose successivement $x = -10, -1, 0, +1, +10$; les signes des fonctions V, V_1, V_2, V_3, pour ces valeurs de x, sont tels qu'on le voit dans le tableau ci-dessous :

		V	V_1	V_2	V_3
(—10)	...	—	+	—	+
(—1)	...	+	—	—	+
(0)	...	+	—	—	+
(1)	...	+	—	—	+
(10)	...	+	+	+	+

Ce tableau fait connaître que l'équation proposée a une racine comprise entre —1 et —10, et deux racines comprises entre 1 et 10.

Si l'on suppose $x = 2$, on a cette nouvelle suite :

$$(2) \quad \ldots \quad + + + +$$

La comparaison de cette suite avec celle qu'on a trouvée pour $x = 1$, montre que les deux racines positives sont entre 1 et 2 ; si l'on fait $x = 1,5$, la fonction V prend une valeur négative ; par conséquent une des racines positives est entre 1 et 1,5, et l'autre est entre 1,5 et 2.

Quant à la racine négative de l'équation proposée, on en obtiendra deux limites aussi approchées qu'on le voudra par la substitution de divers nombres dans la seule fonction V. En se bornant à substituer des nombres entiers, on reconnaîtra que la racine est comprise entre — 3 et — 4.

Si l'on substituait la valeur $x = 1,5$ dans les trois fonctions

V, V_1, V_2, on trouverait que la dernière devient nulle, et l'on aurait cette suite de signes :

$$(1,5) \quad \ldots \quad - \; - \; 0 \; +$$

En ne tenant pas compte, dans cette suite, du signe o, on y trouve une variation ; ainsi, elle a une variation de moins que la suite qu'on obtient pour $x=1$, et une variation de plus, que la suite qu'on obtient pour $x=2$; ce qui s'accorde avec le *scolie* du n° **412**.

3° Exemple. Soit l'équation $x^4 - 4x^3 - 3x + 23 = 0$.

On a

$$\begin{aligned} V &= x^4 - 4x^3 - 3x + 23, \\ V_1 &= 4x^3 - 12x^2 - 3, \\ V_2 &= 12x^2 + 9x - 89, \\ V_3 &= -491x + 1371, \\ V_4 &= -715793 2; \end{aligned}$$

et l'on forme le tableau des signes que prennent ces fonctions, pour diverses valeurs de x, comme on le voit ci-dessous :

	V	V_1	V_2	V_3	V_4
$(-x)$ ...	+	−	+	+	−
(0) ...	+	−	−	+	−
(1) ...	+	−	−	+	−
(10) ...	+	+	+	−	−

(1) ...	+	−	−	+	−
(2) ...	+	−	−	+	−
(3) ...	−	−	+	−	−

La première ligne contient les signes que prennent les premiers termes des fonctions V, V_1, V_2, V_3, V_4, pour une valeur négative de x.

On obtient la seconde ligne, en supposant $x=0$; cette seconde ligne ayant le même nombre de variations que la première, il en résulte que l'équation proposée n'a pas de racines négatives. Ainsi, il n'y a pas lieu de substituer des nombres négatifs.

On suppose ensuite $x=1$, et $x=10$, ce qui donne la troisième et la quatrième ligne. L'inspection de ces lignes montre que l'équation a deux racines réelles comprises entre 1 et 10.

Comme la suite des signes qu'on obtient pour $x=10$ est évidemment celle qu'on trouverait si l'on ne considérait que les premiers termes des fonctions, en supposant x positif, il n'y a pas lieu de substituer des nombres plus grands que 10. On voit, d'ailleurs, que le nombre 5 est une limite supérieure des racines positives de l'équation.

Par conséquent l'équation a deux racines réelles et deux racines imaginaires.

On écrit de nouveau la suite des signes qu'on a obtenus pour $x=1$, et celles qu'on obtient en faisant d'abord $x=2$, et ensuite $x=3$. On voit par là que l'une des racines de l'équation est comprise entre 2 et 3, et que l'autre racine est plus grande que 3; on pourra obtenir des limites plus rapprochées de celle-ci, en se bornant à considérer la seule fonction V.

4ᵉ Exemple. Soit proposé de trouver les conditions nécessaires pour que l'équation $x^3+px+q=0$ ait toutes ses racines réelles.

On a

$$\begin{aligned} V &= x^3 + px + q, \\ V_1 &= 3x^2 + p, \\ V_2 &= -2px - 3q, \\ V_3 &= -4p^3 - 27q^2. \end{aligned}$$

Pour que l'équation proposée ait ses trois racines réelles, il est nécessaire et il suffit que les premiers termes des fonctions V, V_1, V_2, V_3, aient, pour une valeur négative de x, des signes qui n'offrent que des variations, et, pour une valeur positive de x, des signes qui n'offrent que des permanences. Or, quand x est négatif, le premier terme de V a le signe $-$, et celui de V_1 a le signe $+$; donc il faut que $-2px$

ait le signe —, et que V_3, qui est une quantité constante, ait le signe +. On en conclut que les conditions demandées sont

$$p < 0, \quad 4p^3 + 27q^2 < 0.$$

Ces conditions sont suffisantes; car lorsqu'elles sont remplies les signes des premiers termes des fonctions V, V_1, V_2, V_3, pour une valeur positive de x, n'offrent que des permanences.

Au reste, la règle que nous avons donnée dans le corollaire II (n° **412**) fait immédiatement connaître que ces conditions sont nécessaires et suffisantes.

On doit d'ailleurs remarquer que la première condition est comprise dans la seconde; car, le terme $27q^2$ étant toujours positif, la quantité $4p^3 + 27q^2$ ne peut devenir négative que lorsque $4p^3$ est une quantité négative.

On pourrait trouver de la même manière les conditions nécessaires pour que l'équation

$$x^4 + px^2 + qx + r = 0,$$

ait toutes ses racines réelles. Mais nous laisserons au lecteur le soin de faire cette recherche.

414. Lorsque l'on reconnaît qu'une des fonctions auxiliaires, telle que V_n, intermédiaire entre V et V_r, conserve toujours le même signe pour toutes les valeurs de x comprises entre α et β, il n'est point nécessaire de considérer les fonctions qui suivent V_n; il suffit de substituer les deux nombres α et β dans les fonctions des degrés supérieurs V, V_1, V_2, etc., en s'arrêtant à V_n, et d'écrire les signes des résultats. *Le nombre des racines réelles de l'équation* $V = 0$ *comprises entre* α *et* β, *est égal à l'excès du nombre des variations de la suite des signes produits par la substitution de* α *sur le nombre des variations de la suite des signes produits par la substitution de* β.

Pour se rendre compte de cette propriété, il suffit de remarquer qu'on peut appliquer au système partiel des fonctions V, V_1, V_2,... V_n, la démonstration que nous avons donnée plus haut pour le système complet des fonctions V, V_1, V_2 .. V_n, V_{n+1}, ... V_r, dont la dernière était un nombre constant. Dans l'hypothèse actuelle, V_n conserve toujours le même signe, sans avoir une valeur constante, pour toutes les valeurs croissantes de x depuis α jusqu'à β; or, la suite des signes des fonctions V, V_1, V_2, ... V_n, perd une variation chaque fois que V devient nulle, et l'évanouissement des fonctions intermédiaires entre V et V_n ne peut ni augmenter ni diminuer le nombre des variations. Donc, autant l'équation $V = 0$ a de racines comprises entre α et β, autant la suite des signes produits par la substitution de β a de variations de moins que la suite des signes produits par la substitution de α.

Le théorème, modifié comme on vient de le voir, sera souvent d'une application plus facile. Ainsi, lorsqu'en cherchant le plus grand commun diviseur de V et V_1, on parvient à un polynome V_n (par exemple celui du second degré) qui égalé à zéro, ne donne que des valeurs imaginaires de x, il n'est pas nécessaire de pousser plus loin les divisions; car ce polynome V_n sera constamment de même signe que son premier terme, pour toutes les valeurs réelles de x; de sorte qu'on pourra le prendre pour la dernière des fonctions auxiliaires V_1, V_2, etc. On pourrait même s'arrêter à un polynome V_n qui s'annullerait pour des valeurs réelles de x, pourvu qu'on pût déterminer toutes ces valeurs. Car, en désignant par p, q, r, etc., celles de ces valeurs qui seraient comprises entre α et β, et les supposant disposées par ordre de grandeur, en commençant par les plus petites, on trouverait, par l'application du principe ci-dessus, combien l'équation $V = 0$ a de racines entre α et $p-u$, u étant une quantité positive aussi petite qu'on le voudrait; on trouverait de même combien $V = 0$ a de racines entre $p+u$ et $q-u$, c'est-à-dire entre p et q, en prenant le nombre u suffisamment petit; on trouverait de même combien $V = 0$ a de racines entre q et r, et ainsi de suite. On suppose toutefois que les valeurs p, q, r, etc., qui annullent V_n, ne réduisent pas en même temps V à zéro.

415. On peut remarquer que, lorsque la fonction V_n ne change pas de signe pour les valeurs croissantes de x, depuis α jusqu'à β, on obtiendra constamment le même nombre de variations en substituant soit α, soit β, soit tout autre nombre compris entre α et β dans la suite partielle des fonctions V_n, $V_{n+1}, \ldots V_r$. Mais il ne faut pas croire que, si les deux nombres α et β, substitués dans ces fonctions, donnent le même nombre de variations, V_n conservera le même signe pour toutes les valeurs croissantes de x depuis α jusqu'à β. Cette proposition réciproque n'est vraie que dans le cas où l'équation $V=0$ a toutes ses racines réelles. On peut démontrer qu'elle a toujours lieu quand cette condition est remplie; mais nous n'entreprendrons point de le faire.

416. Nous avons admis jusqu'à présent que l'équation proposée $V=0$, n'avait pas de racines égales. Mais le théorème du n° **412** subsiste également quand cette condition n'est pas satisfaite.

Pour le faire voir, supposons que, l'équation ayant des racines égales, on opère sur les polynomes V et V_1 comme on l'a dit dans le n° **411**. On parviendra alors à un reste V_r, fonction de x, qui divisera exactement le reste précédent V_{r-1}; ce reste V_r sera le plus grand commun diviseur de V et de V_1, et il divisera exactement chacun des restes successifs $V_2, V_3, \ldots V_{r-2}$.

Concevons que l'on divise les fonctions $V, V_1, V_2, \ldots V_r$, par V_r, et représentons les quotients par $T, T_1, T_2, \ldots T_r$. Il est facile de reconnaître que le théorème du n° **412** aura lieu pour l'équation $T=0$, en considérant la suite des fonctions $T, T_1, T_2, \ldots T_r$.

En effet, on voit d'abord que le dernier quotient T_r sera indépendant de x, puisqu'il sera égal à l'unité. En second lieu, comme on aura toujours, entre les fonctions V, V_1, V_2, etc., les équations $V=V_1Q_1-V_2$, $V_1=V_2Q_2-V_3$, etc., on aura aussi, en divisant toutes ces équations par V_r, $T=T_1Q_1-T_2$, $T_1=T_2Q_2-T_3$, etc.; et de là on conclura, comme dans le n° **412**, que, si une valeur de x annulle une des fonctions $T_1, T_2, T_3 \ldots T_{r-1}$, elle ne pourra annuler aucune des deux fonctions adjacentes, et elle fera prendre à ces deux fonctions des valeurs de signes contraires.

Tout se réduit donc à faire voir que, si a est une racine de l'équation $T = 0$, les deux fonctions T et T_1, dont la seconde n'est plus la dérivée de la première, auront néanmoins des signes contraires pour $x = a - u$ et les mêmes signes pour $x = a + u$. Soit

$$V = (x - a)^n (x - b)^{n'} (x - c)(x - d).$$

On aura (n° **397**)

$$V_1 = (x - a)^{n-1}(x - b)^{n'-1} \times \begin{Bmatrix} n(x - b)(x - c)(x - d) \\ + n'(x - a)(x - c)(x - d) \\ + (x - a)(x - b)(x - d) \\ + (x - a)(x - b)(x - c) \end{Bmatrix}$$

et en observant que $V_r = (x - a)^{n-1}(x - b)^{n'-1}$, on conclura des valeurs ci-dessus de V et de V_1

$$T = (x - a)(x - b)(x - c)(x - d),$$

$$T_1 = \begin{cases} n(x - b)(x - c)(x - d) + n'(x - a)(x - c)(x - d) \\ + (x - a)(x - b)(x - d) + (x - a)(x - b)(x - c). \end{cases}$$

Cela posé, si l'on fait $x = a - u$, u étant une quantité très petite, toutes les parties de T_1 qui contiennent le facteur $x - a$ auront des valeurs très petites ; par conséquent le signe de T_1 sera le même que celui du produit $n(x - b)(x - c)(x - d)$; or ce produit aura un signe contraire à celui de T, puisque le facteur $x - a$ se réduira à la quantité négative $-u$; donc T et T_1 auront des signes contraires. Si l'on fait au contraire $x = a + u$, le facteur $x - a$ devenant $+u$, T et T_1 auront le même signe.

Il résulte de ces explications que, *si l'on donne successivement à* **x**, *dans la suite des fonctions* T, T_1, T_2, etc., *deux valeurs* α *et* $\mathcal{C}$ (α *étant plus petit que* $\mathcal{C}$), *l'excès du nombre* *des variations qu'on trouvera en faisant* $x=\alpha$, *sur celui des variations qu'on trouvera pour* $x=\beta$, *sera égal au nombre des racines réelles de l'équation* $T=0$, *comprises entre* α *et* β.

On peut se dispenser de calculer les quotients T, T_1, T_2, etc.; car les fonctions V, V_1, V_2, etc., qui sont respectivement égales aux fonctions T, T_1, T_2, etc. multipliées par V_r, auront pour une valeur particulière de x les mêmes signes que les fonctions T, T_1, T_2, etc., ou bien elles auront toutes des signes contraires, suivant que, pour cette valeur de x, la fonction V_r sera positive ou négative; par conséquent le nombre des variations de signes des fonctions V, V_1, V_2, etc., pour une valeur quelconque de x, sera toujours égal au nombre des variations de signes de la suite des fonctions T, T_1, T_2, etc.

Donc, *si l'on donne successivement à* x *dans la suite des fonctions* V, V_1, V_2, ... V_r, *deux valeurs* α *et* β (*α étant moindre que* β), *l'excès du nombre des variations qu'on obtiendra en faisant* $x=\alpha$, *sur celui des variations qu'on obtiendra pour* $x=\beta$, *sera égal au nombre des racines réelles différentes de l'équation* $V=0$ *comprises entre* α *et* β, *abstraction faite du degré de multiplicité de chaque racine.*

417. Avant la découverte du théorème de M. *Sturm*, plusieurs géomètres avaient cherché les moyens d'effectuer la séparation des racines sans recourir au calcul de l'équation aux différences. Dans le cours des années 1796 et 1797, Fourier avait développé, dans ses leçons d'Analyse à l'École Polytechnique, avec plusieurs propositions importantes sur les équations, un théorème par lequel, au moyen des fonctions dérivées successives, on obtient une limite du nombre des racines réelles comprises entre deux nombres donnés. En 1803, M. Budan communiqua aussi à l'Institut une méthode fondée sur un théorème semblable à celui de Fourier, et qu'il publia plus tard, sous le titre de *Nouvelle méthode pour la résolution des équations*. Pour lever l'incertitude que laissait encore lans un grand nombre de cas le théorème dont nous venons de parler, il restait à démontrer une proposition que Fourier avait énoncée en 1827. Mais les doutes qu'on pouvait conserver sur cette proposition ont été dissipés par une démonstration due à M. Vincent, professeur au collége Saint-Louis, et qu'il a publiée en 1834.

Les travaux de Fourier sur la résolution des équations sont réunis dans un ouvrage qui a été publié après la mort de cet illustre académicien par les soins de M. Navier, sous le titre d'*Analyse des équations déterminées.*

Méthode d'approximation de Newton.

418. Quand on sait qu'une racine d'une équation est comprise entre deux nombres α et β, et que ces nombres n'en comprennent qu'une seule, le moyen le plus naturel d'approcher de la valeur de cette racine est de substituer successivement dans l'équation d'autres nombres compris entre les deux premiers. Concevons, par exemple, que l'on substitue un troisième nombre γ compris entre α et β, le signe du résultat fera connaître si la racine est entre α et γ, ou entre β et γ. Supposons qu'elle tombe entre β et γ; on substituera une quantité intermédiaire δ, ce qui fera connaître si la racine est entre β et δ, ou bien entre γ et δ. En continuant de resserrer ainsi les limites de la racine, on parviendra à l'évaluer avec l'approximation que l'on voudra. Mais quand on aura obtenu par ce procédé une certaine approximation, il sera plus simple de continuer les opérations par la méthode suivante, qui est due à Newton.

Pour la commodité des calculs, on prend ordinairement pour point de départ une valeur qui diffère de la racine d'une quantité moindre qu'un dixième. Représentons par a cette valeur approchée, et désignons l'équation par $f(x)=0$. Si l'on pose $x=a+y$, l'équation en y sera

$$f(a)+f'(a)y+f''(a)\frac{y^2}{2}+f'''(a)\frac{y^3}{2.3}+\text{etc.}=0.$$

En tirant de cette équation la valeur de y, comme si les quantités y^2, y^3, etc., étaient connues, on trouve

$$y = -\frac{f(a)}{f'(a)} - \frac{1}{f'(a)}\left[f''(a)\frac{y^2}{2} + f'''(a)\frac{y^3}{2.3} + \text{etc.}\right].$$

Puisque la valeur de y que l'on veut obtenir doit être moindre qu'un dixième, y^2 est moindre qu'un centième, y^3 est moindre qu'un millième, etc. D'après cela, on admet qu'il est permis de négliger dans l'expression ci-dessus de y tous les termes qui contiennent ces puissances. On a alors simplement

$$y = -\frac{f(a)}{f'(a)};$$

on effectue la division indiquée dans cette dernière formule en s'arrêtant aux centièmes, et l'on ajoute le résultat à la quantité a.

Nommons b la valeur de x qu'on obtient par cette correction, et supposons qu'elle soit exacte à moins d'un centième. En opérant sur cette valeur comme on a opéré sur la précédente, et en nommant y' ce qu'il faut ajouter à b pour avoir la racine, on trouvera

$$y' = -\frac{f(b)}{f'(b)}.$$

Comme y' doit être une quantité moindre qu'un centième, d'où il suit que y'^2, y'^3, etc., seront des quantités toutes moindres qu'un dix-millième, on calculera la valeur de y' par la formule ci-dessus, jusqu'aux dix-millièmes; on ajoutera ensuite le résultat à b.

Si la valeur de x qu'on obtient par cette seconde correction est exacte à moins d'un dix-millième, on pourra s'en servir pour calculer de la même manière une troisième valeur encore plus approchée; et cette fois on poussera l'approximation jusqu'à la huitième décimale. On pourra continuer ainsi, en doublant chaque fois le nombre des décimales de la valeur de x, jusqu'à ce qu'on ait l'approximation nécessaire.

Il faut bien remarquer que, dans la pratique de cette méthode, les corrections successives sont toutes données par la même formule. Ainsi, en posant généralement

$$y = -\frac{f(x)}{f'(x)},$$

on remplacera d'abord x par a, on calculera la valeur de y jusqu'aux centièmes, et on l'ajoutera à a, ce qui donnera la seconde valeur b; on remplacera ensuite x par b, on calculera la valeur de y jusqu'aux dix-millièmes, et on l'ajoutera à b, ce qui donnera la troisième valeur approchée; ainsi de suite.

419. Comme cette méthode est uniquement fondée sur la supposition qu'il est permis de négliger dans l'expression générale de y tous les termes qui contiennent y à partir de la deuxième puissance, les corrections successives qu'on obtient n'offrent pas de certitude; mais il est facile de vérifier après chaque correction si toutes les décimales qu'on a calculées sont exactes.

Considérons d'abord la valeur b fournie par la première correction, et qui est exprimée avec deux décimales. On substituera cette valeur dans l'équation, et suivant que l'on connaîtra par le signe du résultat, comparé aux signes des résultats des substitutions précédentes, que la racine est plus grande ou plus petite que b, on substituera $b + \frac{1}{100}$, ou bien $b - \frac{1}{100}$. Si le résultat de cette seconde substitution a un signe contraire à celui de la première, on sera certain que la quantité b ne diffère pas de la racine d'un centième; mais si les deux résultats ont le même signe, on en conclura que la correction est fautive ou insuffisante. Dans ce cas, pour se servir de la méthode de Newton, il faudra partir d'une valeur plus approchée, qu'on pourra obtenir en cherchant le chiffre des centièmes comme il a été dit au commencement du numéro précédent.

On agira de la même manière pour les valeurs qui résulteront des autres corrections. C'est-à-dire qu'après chaque opération, on substituera d'abord la valeur qu'on aura obtenue, et ensuite cette valeur augmentée ou diminuée d'une unité du dernier ordre. Si l'on trouve que la seconde correction, dans laquelle on prend quatre décimales, ne fournit pas cependant une valeur approchée à moins d'un dix-millième, on supprimera la dernière décimale ; et si celles qui restent sont exactes, on passera à une autre correction qu'on étendra jusqu'aux millionièmes, sauf à supprimer ensuite une ou deux décimales.

Au reste, il n'est pas toujours nécessaire de vérifier immédiatement chaque correction ; car on voit dans les applications que la marche même des calculs suffit souvent pour indiquer les corrections qui sont fautives, ou pour rectifier celles qui sont insuffisantes ; de sorte que, lorsqu'on n'aperçoit pas de circonstances contradictoires dans les opérations successives, on peut se borner à une seule vérification, en calculant d'abord toutes les décimales nécessaires à l'approximation que l'on veut avoir.

420. Passons maintenant aux exemples.

Soit l'équation

$$x^3 - 2x - 5 = 0.$$

On a vu que cette équation n'a qu'une racine réelle qui est comprise entre 2 et 3. En substituant 2,5, on a un résultat positif, et comme 2 donne un résultat négatif, la racine est comprise entre 2 et 2,5. En substituant 2,2, on a encore un résultat positif. La racine est donc 2,1 à moins d'un dixième.

Comme la dérivée du premier membre est $3x^2 - 2$, la formule des corrections est

$$y = -\frac{x^3 - 2x - 5}{3x^2 - 2}.$$

On fait dans cette formule $x = 2,1$, ce qui donne

$$y = -\frac{0,061}{11,23}.$$

On doit calculer la valeur de y jusqu'aux centièmes ; mais le quotient de 0,061 par 11,23 est plus petit qu'un centième. Il en résulte que, si la méthode n'est pas en défaut, la valeur 2,1 est déjà approchée à moins d'un centième ; on peut donc pousser immédiatement la correction jusqu'aux dix-millièmes. On trouve alors $y = -0{,}0054$, et l'on en conclut

$$x = 2{,}0946.$$

En substituant cette seconde valeur dans la formule ci-dessus, et calculant la valeur de y avec huit décimales, on trouve $y = -0{,}00004851$, et l'on en conclut

$$x = 2{,}09455149.$$

En continuant les calculs, on pourra pousser le nombre des décimales aussi loin qu'on le voudra.

Pour procéder avec plus de certitude, il aurait fallu s'assurer d'abord que le nombre 2,1 exprime la valeur de la racine à moins d'un centième, et que celle qu'on en déduit ensuite est exacte à moins d'un dix-millième. Mais en laissant de côté ces précautions, et en se bornant à vérifier la dernière valeur, qui est exprimée avec huit décimales, on voit qu'elle a tous ses chiffres exacts ; car en substituant cette valeur, on a un résultat positif, et en substituant 2,09455148, on a un résultat négatif.

421. Soit encore l'équation

$$6x^3 - 141x + 263 = 0.$$

En se reportant à ce qui a été dit sur la condition de réalité des racines de l'équation $x^3 + px + q = 0$ (n° **413**, 4ᵉ *ex.*), on voit que dans l'exemple actuel les trois racines sont réelles. On en conclut par la règle des signes qu'une des racines est négative et que les deux autres sont positives. On peut aussi parvenir autrement à cette dernière conséquence ; car le produit des racines devant être négatif, il faut qu'il y ait seulement une racine négative, ou qu'elles soient toutes trois négatives ; or, la seconde supposition est inadmissible, puisque la somme des racines est nulle (n° **373**).

Si l'on substitue dans le premier membre de l'équation, les nombres entiers 0, 1, 2, 3, 4, on n'obtient que des résultats positifs; d'ailleurs tous les nombres plus grands que 4 donneraient aussi des résultats positifs, car les deux premiers termes reviennent à $6x(x^2 - \frac{47}{2})$, et le nombre $\frac{47}{2}$ est plus petit que le carré de 5. Il faut donc recourir au théorème de M. Sturm, afin de savoir quels sont les deux nombres qui comprennent les racines positives. On trouve ainsi qu'elles tombent entre 2 et 3 ; et en substituant dans le premier membre de l'équation des nombres intermédiaires exprimés avec une décimale, on reconnaît qu'une des racines est comprise entre 2,7 et 2,8, et que l'autre est comprise entre 2,8 et 2,9.

Si l'on applique la méthode de Newton, en prenant la limite 2,8, qui est commune aux deux racines, on trouve pour la première correction 0,73, et en ajoutant ce nombre à 2,8, on a pour somme 3,53 ; or cette somme est évidemment plus éloignée de chaque racine que le nombre 2,8. La correction est donc fautive.

Il est naturel d'essayer si la méthode réussira en prenant les autres limites. Considérons d'abord la plus petite racine, dont la limite inférieure est 2,7. La première correction calculée au moyen de cette limite est 0,04, ce qui donne 2,74 pour la valeur approchée de la racine. Si l'on calcule immédiatement une seconde correction en faisant usage de cette valeur, on trouve qu'elle s'élève à plus d'un centième ; ce qui donne lieu de penser que la première correction est insuffisante.

Pour éviter toute incertitude, il faut substituer 2,74 dans l'équation ; ce nombre donne un résultat positif ; or 2,8 a donné un résultat négatif ; la racine est donc plus grande que 2,74.

Si l'on substitue 2,76, on trouve un résultat négatif ; la racine est donc comprise entre 2,74 et 2,76 ; elle est donc égale à 2,75, à moins de 0,01. Cette valeur est précisement celle qu'on obtiendrait en calculant la seconde correction au moyen de la valeur 2,74, et s'arrêtant aux centièmes.

Si l'on continue les calculs, on verra qu'on trouve à chaque opération une valeur plus grande que la précédente, et toujours moindre que la racine ; de sorte que l'approximation augmente toujours. Mais le nombre des décimales exactes croît moins rapidement que dans l'exemple précédent; ainsi la valeur 2,75, qui est exacte à moins d'un centième, ne fournit qu'une correction qui ne s'étend pas au-delà des millièmes.

Si l'on calcule la plus grande racine positive, au moyen de la limite 2,9, chaque opération fournira une valeur moindre que la précédente et toujours plus grande que la racine, de sorte que l'approximation augmentera toujours; mais le nombre des décimales exactes ne doublera pas à chaque opération.

On peut éviter de calculer directement la racine négative; car sa valeur numérique est égale à la somme des deux racines positives.

Méthode d'approximation de LAGRANGE.

422. La méthode d'approximation de LAGRANGE n'offre pas le même avantage que celle de NEWTON, sous le rapport de la simplicité des opérations, mais elle est entièrement exempte d'incertitude.

Soient a et $a+1$ deux nombres entiers consécutifs qui comprennent une racine d'une équation et qui n'en comprennent qu'une. Si l'on pose $x=a+\frac{1}{y}$, l'équation résultante en y aura nécessairement une racine plus grande que 1; et parmi les racines de cette équation en y, il n'y en aura qu'une seule plus grande que 1, autrement il y aurait plusieurs valeurs de x comprises entre a et $a+1$, ce qui est contre l'hypothèse. On pourra donc déterminer la partie entière de cette valeur de y, en substituant successivement dans l'équation en y les nombres entiers 1, 2, 3, etc., jusqu'à ce que l'on ait obtenu deux résultats de signes contraires.

Supposons que b et $b+1$ soient les deux nombres qui donnent ces résultats de signes contraires. Si l'on pose

$y = b + \frac{1}{z}$, l'équation résultante en z aura encore une seule racine plus grande que 1, et l'on pourra déterminer la partie entière de cette valeur de z, en opérant de la même manière que pour la valeur de y.

Si c est la partie entière de la valeur de z, on posera $z = c + \frac{1}{u}$; ainsi de suite.

Au moyen de ces calculs, on aura la valeur de x exprimée par une fraction continue

$$x = a + \cfrac{1}{b + \cfrac{1}{c + \text{etc.}}}$$

423. On pourra calculer les transformées successives en y, z, etc., au moyen des dérivées (n° 348). L'équation proposée étant exprimée par $f(x) = 0$, celle qu'on obtiendra en posant $x = a + \frac{1}{y}$ sera

$$f(a) + f'(a)\frac{1}{y} + \frac{f''(a)}{2}\frac{1}{y^2} + \frac{f'''(a)}{2.3}\frac{1}{y^3} + \text{etc.} = 0.$$

On chassera les dénominateurs en multipliant tous les termes par y^m, m étant le degré de l'équation, ce qui donnera

$$f(a)y^m + f'(a)y^{m-1} + \frac{f''(a)}{2}y^{m-2} + \frac{f'''(a)}{2.3}y^{m-3} + \text{etc.} = 0.$$

Si l'on représente le premier membre de cette équation par $\varphi(y)$, la transformée suivante sera

$$\varphi(b)z^m + \varphi'(b)z^{m-1} + \frac{\varphi''(b)}{2}z^{m-2} + \frac{\varphi'''(b)}{2.3}z^{m-3} + \text{etc.} = 0\,;$$

et de même pour toutes les autres.

424. Quand les nombres a et $a+1$ comprennent plusieurs racines de l'équation proposée, la transformée en y qu'on obtient en posant $x = a + \frac{1}{y}$ a aussi plusieurs racines plus grandes que 1, de sorte que la substitution des nombres entiers 1, 2, 3, etc., à la place de y, peut ne plus suffire pour faire connaître les parties entières des valeurs de y; mais quand on a effectué, par quelque méthode que ce soit, la séparation des racines, il est toujours facile de voir par quel nombre on doit multiplier les racines qui sont comprises entre les mêmes nombres entiers, afin de les changer en d'autres dont les parties entières soient différentes. De cette manière, le calcul des valeurs approchées des racines par la méthode de Lagrange se ramène toujours à ce qui a été dit ci-dessus. Au reste, quand les différences des racines comprises entre deux nombres entiers consécutifs a et $a+1$, ne sont pas des fractions très petites, on peut encore opérer directement sur l'équation proposée, ainsi qu'on le verra dans le deuxième exemple ci-après.

428. 1er Exemple. $x^3 - 2x - 5 = 0$.

Cette équation n'ayant qu'une seule racine réelle qui est comprise entre 2 et 3 (n° 415), on pose $x = 2 + \frac{1}{y}$.

On trouve

$$\begin{aligned} f(2) &= 2^3 - 2.2 - 5 = -1, \\ f'(2) &= 3.2^2 - 2 = 10, \\ \tfrac{1}{2}f''(2) &= 3.2 = 6, \\ \tfrac{1}{2.3}f'''(2) &= 1. \end{aligned}$$

1re Transformée. $y^3 - 10y^2 - 6y - 1 = 0$.

Il est facile de voir, sans faire aucune substitution, que $y = 10$ donnerait un résultat négatif, et que $y = 11$ donnerait un résultat positif, puisque 11 est le plus grand coefficient augmenté de l'unité. La valeur de y est donc comprise entre 10 et 11; il faut donc poser $y = 10 + \frac{1}{z}$.

On trouve

$$\varphi(10) = 10^3 - 10.10^2 - 6.10 - 1 = -61,$$
$$\varphi'(10) = 3.10^2 - 20.10 - 6 = 94,$$
$$\tfrac{1}{2}\varphi''(10) = 3.10 - 10 = 20,$$
$$\tfrac{1}{2.3}\varphi'''(10) = 1.$$

2ᵉ Transformée. $61z^3 - 94z^2 - 20z - 1 = 0.$

L'hypothèse $z = 2$ donnant un résultat positif, on en conclut que la valeur de z est comprise entre 1 et 2 ; il faut donc poser $z = 1 + \frac{1}{u}$.

On trouve

$$\psi(1) = 61.1^3 - 94.1^2 - 20.1 - 1 = -54,$$
$$\psi'(1) = 183.1^2 - 188.1 - 20 = -25,$$
$$\tfrac{1}{2}\psi''(1) = 183.1 - 94 = 89,$$
$$\tfrac{1}{2.3}\psi'''(1) = 61,$$

3ᵉ Transformée. $54u^3 + 25u^2 - 89u - 61 = 0.$

Cette équation fait connaître que la valeur de u est comprise entre 1 et 2.

En prolongeant suffisamment les opérations, on trouve que la racine est exprimée par la fraction continue ci-dessous :

$$x = 2 + \cfrac{1}{10 + \cfrac{1}{1 + \cfrac{1}{1 + \cfrac{1}{2 + \cfrac{1}{1 + \cfrac{1}{3 + \cfrac{1}{1 + \text{etc.}}}}}}}}$$

Les réduites de cette fraction continue sont

$$\frac{2}{1},\ \frac{21}{10},\ \frac{23}{11},\ \frac{44}{21},\ \frac{111}{53},\ \frac{155}{74},\ \frac{576}{275},\ \frac{731}{349},\ \text{etc.}$$

En s'arrêtant à la fraction $\frac{731}{349}$, on a une valeur trop forte (n° 244); mais l'erreur est moindre que $\frac{1}{349(349+275)}$ ou $\frac{1}{217776}$ (n° 248). Comme cette dernière fraction est plus petite que 0,000005, on peut obtenir, au moyen de la réduite $\frac{731}{349}$, une valeur approchée de la racine avec cinq décimales exactes ; cette valeur est 2,09455.

2ᵉ Exemple. $x^3 - 7x + 7 = 0$.

On a vu que cette équation a une racine négative comprise entre -3 et -4, et deux racines positives comprises l'une entre 1 et $\frac{3}{2}$, et l'autre entre $\frac{3}{2}$ et 2 (n° 413). Pour obtenir une équation dont les racines positives n'aient pas la même partie entière, il suffit de remplacer x par $\frac{x'}{2}$; la transformée est

$$x'^3 - 28x' + 56 = 0 ;$$

et elle doit avoir une racine comprise entre 2 et 3, et une autre entre 3 et 4.

En opérant sur cette équation comme dans l'exemple précédent, on trouve pour la première racine la fraction continue

$$2 + \cfrac{1}{1 + \cfrac{1}{2 + \cfrac{1}{2 + \cfrac{1}{40 + \text{etc.}}}}} ;$$

et en prenant la cinquième réduite, on en déduit une valeur approchée de la racine avec quatre décimales exactes ; cette valeur est 2,7138.

La racine comprise entre 3 et 4 est exprimée par la fraction continue

$$3+\cfrac{1}{2+\cfrac{1}{1+\cfrac{1}{1+\cfrac{1}{1+\cfrac{1}{1+\cfrac{1}{9+\text{etc.}}}}}}}$$

Si l'on prend la septième réduite, on en déduira une valeur approchée de la racine avec quatre décimales exactes; cette valeur approchée est 3,3840.

Il suit de là que les valeurs approchées des deux racines positives de l'équation proposée, à moins d'un demi-dix-millième, sont 1,3569 et 1,6920.

Pour calculer la racine négative, on change x en $-x$; l'équation devient

$$x^3-7x-7=0,$$

et l'on trouve

$$x=3+\cfrac{1}{20+\cfrac{1}{3+\text{etc.}}}$$

On peut d'ailleurs se dispenser de calculer directement cette troisième racine; car la somme des racines devant être nulle, il s'ensuit que la valeur absolue de la racine négative est égale à la somme des deux racines positives.

On pourrait calculer les deux racines positives sans faire subir à l'équation aucune transformation; car, l'une de ces racines étant comprise entre 1 et $\frac{3}{2}$, et l'autre entre $\frac{3}{2}$ et 2, si l'on pose $x=1+\frac{1}{y}$, l'inconnue y aura seulement deux valeurs positives, l'une plus grande que 2, l'autre comprise entre 1 et 2. L'équation qui résulte de la substitution de

$1+\frac{1}{y}$ à la place de x, est $y^3-4y^2+3y+1=0$. En faisant $y=1$ on a un résultat positif; $y=2$ donne un résultat négatif, et $y=3$ donne un résultat positif; ainsi la partie entière de la plus grande valeur de y est 2. En posant $y=2+\frac{1}{z}$, et $y=1+\frac{1}{z}$, on obtiendra deux transformées qui auront chacune une seule racine plus grande que l'unité.

426. Lorsqu'en calculant une racine par la méthode de Lagrange, on vient à reconnaître que la fraction continue est périodique, cette racine peut être donnée par une équation du second degré (n° **251**), et elle est par conséquent de la forme $a+\sqrt{b}$. Or il est facile de prouver que, si les coefficients de l'équation proposée sont rationnels, elle ne pourra avoir la racine $a+\sqrt{b}$ sans admettre aussi la racine $a-\sqrt{b}$, qui est donnée par la même équation du second degré. Le premier membre de cette équation du second degré sera donc un diviseur exact du premier membre de l'équation proposée. Celle-ci pourra donc être ramenée à une équation d'un degré moindre de deux unités.

Toutes les fois que l'on est conduit à une transformée qui est identique avec l'une des précédentes, on a nécessairement une fraction continue périodique; mais il peut arriver que les mêmes quotients incomplets se reproduisent dans le même ordre, quoique les transformées successives soient toutes différentes. Alors pour s'assurer si la racine est réellement exprimée par une fraction continue périodique, il suffit de former l'équation du second degré qui donnerait la valeur de cette fraction continue périodique, et de voir si le premier membre est un diviseur exact du premier membre de l'équation proposée.

427. Quand on n'a pas supprimé les racines commensurables d'une équation, on peut les obtenir par la méthode de

Lagrange, et elles sont exprimées par des fractions continues terminées; mais il y a cet inconvénient que, tant que l'on n'est pas parvenu à une transformée qui admet une racine entière, on ne peut décider si la racine cherchée est commensurable ou incommensurable.

La méthode de Newton donnerait également les racines commensurables; ces racines seraient alors exprimées par des fractions décimales terminées ou périodiques. Mais si l'on devait parvenir à une fraction décimale périodique, les calculs ne pourraient que faire soupçonner la périodicité; et pour lever l'incertitude, il faudrait substituer dans l'équation la fraction ordinaire équivalente à la fraction périodique.

428. M. Sturm a fait voir que par l'emploi des fractions continues, combiné avec son théorème, on peut calculer toutes les racines d'une équation qui ont la même partie entière, sans faire subir à ces racines aucune transformation.

Supposons que a et $a+1$ soient deux nombres qui comprennent plusieurs racines. On fera, selon la méthode de Lagrange, $x=a+\frac{1}{y}$; mais au lieu de se borner à substituer $a+\frac{1}{y}$ à la place de x dans l'équation proposée que nous représenterons par $V=0$, on fera en outre la même substitution dans les fonctions que nous avons désignées par V_1, V_2, V_3, etc., en s'arrêtant à la première fonction qui garde le même signe pour toutes les valeurs de x. Si l'on substitue alors dans les fonctions résultantes en y les nombres entiers consécutifs, la différence entre les nombres des variations que donneront les signes de ces fonctions pour deux nombres consécutifs b et $b+1$ sera le nombre des valeurs de y comprises entre b et $b+1$. Car, puisque l'on a posé $x=a+\frac{1}{y}$, les résultats qu'on obtient en substituant pour y les nombres b et $b+1$, sont ceux qu'on aurait en substituant $a+\frac{1}{b}$

et $a+\frac{1}{b+1}$ à la place de x dans les polynomes primitifs V, V_1, V_2, etc. Ainsi la différence entre les deux nombres des variations que présentent les signes de ces résultats est égale au nombre des racines de l'équation $V=0$ comprises entre $a+\frac{1}{b}$ et $a+\frac{1}{b+1}$, et auxquelles répondent autant de valeurs de y comprises entre b et $b+1$.

S'il y a plusieurs valeurs de y comprises entre b et $b+1$, on posera $y=b+\frac{1}{z}$, et l'on remplacera y par $b+\frac{1}{z}$ dans toutes les fonctions précédentes en y; on substituera ensuite pour z, dans les nouvelles fonctions, les nombres entiers consécutifs. Ainsi de suite.

Quand une des inconnues successives y, z, etc., n'aura qu'une seule valeur comprise entre deux nombres entiers consécutifs, on continuera les calculs pour cette valeur, en ne considérant plus que la seule transformée qui proviendra de la fonction V.

Comme on n'a besoin que de connaître les signes et non les valeurs des fonctions de y pour chaque nombre substitué à la place de y, on pourra multiplier ces fonctions par des facteurs positifs. Ainsi, après avoir mis $a+\frac{1}{y}$ à la place de x dans la fonction V, on pourra multiplier la fonction résultante par y^m, ce qui reviendra à prendre immédiatement pour cette fonction celle qu'on obtient en opérant comme il a été dit dans le n° 423. Il en sera de même des fonctions transformées qui se déduiront des polynomes V_1, V_2, etc., et de toutes les fonctions semblables que l'on aura à considérer dans la suite des calculs.

CHAPITRE QUINZIÈME.

MÉTHODE D'ÉLIMINATION POUR LA RÉSOLUTION DE DEUX ÉQUATIONS DE DEGRÉ QUELCONQUE A DEUX INCONNUES. ÉQUATION AUX DIFFÉRENCES.

Sur la forme des équations à deux inconnues.

429. Une équation du degré m à deux inconnues, quand elle est ordonnée par rapport à l'une des inconnues x, peut être représentée par

$$(1) \qquad Ax^m + Bx^{m-1} + Cx^{m-2} \ldots + Hx + K = 0.$$

Puisque m exprime le degré de l'équation, il faut que le coefficient A soit une quantité indépendante de y; que B ne contienne aucune puissance de y supérieure à la première; que C ne contienne aucune puissance de y supérieure à la seconde; ainsi de suite; enfin que K ne contienne que des puissances de y dont l'exposant ne surpasse pas m. Il suit de là que, dans le cas où l'équation ne manque d'aucun terme, on a

$$\begin{aligned} B &= b_0 + b_1 y \\ C &= c_0 + c_1 y + c_2 y^2 \\ &\ldots\ldots\ldots\ldots\ldots\ldots \\ K &= k_0 + k_1 y + k_2 y^2 \ldots + k_m y^m. \end{aligned}$$

Ainsi l'équation générale du degré m à deux inconnues est

$$(2) \quad \begin{aligned} &Ax^m + (b_0 + b_1 y)x^{m-1} + (c_0 + c_1 y + c_2 y^2)x^{m-2} \ldots\ldots \\ &\quad + k_0 + k_1 y + k_2 y^2 \ldots + k_m y^m = 0. \end{aligned}$$

En supposant $m = 2$, on obtient l'équation générale du second degré à deux inconnues

$$Ax^2 + (b_0 + b_1 y)x + c_0 + c_1 y + c_2 y^2 = 0.$$

430. On pourrait croire que, puisqu'une équation n'est pas altérée quand on divise tous les termes par un même nombre, il est permis de supposer que le coefficient de l'un des termes de l'équation (2), par exemple celui du premier terme, est égal à l'unité. Mais en supposant $A=1$, on altérerait la généralité de l'équation; car elle ne comprendrait plus les équations du degré m qui ne renfermeraient pas la $m^{ième}$ puissance de l'inconnue x.

431. Quand il faut déterminer les coefficients d'une équation générale à deux inconnues de manière à obtenir une équation particulière qui satisfasse à des conditions indiquées, on peut supposer que le coefficient de l'un des termes de l'équation à laquelle on doit parvenir est égal à l'unité. Si l'on ne fait pas cette supposition, un des coefficients inconnus restera nécessairement arbitraire, et lorsque l'on aura trouvé les valeurs de tous les autres coefficients exprimées au moyen de ce coefficient arbitraire, en mettant ces valeurs dans l'équation générale, le coefficient arbitraire sera facteur dans tous les termes, et on pourra le supprimer.

On conclut de là que le nombre des conditions nécessaires pour déterminer une équation complète du degré m à deux inconnues est inférieur d'une unité au nombre des coefficients que renferme l'équation (2); par conséquent ce nombre est

$$2+3+4\ldots+(m+1) \quad \text{ou} \quad \tfrac{1}{2}m(m+3).$$

Lorsque l'on suppose un des coefficients inconnus égal à l'unité, il faut, pour qu'on puisse obtenir les valeurs des autres coefficients, que l'équation demandée contienne le terme affecté du coefficient sur lequel porte la supposition; et si cela n'a pas lieu, l'hypothèse qu'on a établie rend les valeurs des autres coefficients infinies. Par cette raison, il est généralement préférable de ne point faire d'avance aucune supposition.

Observations préliminaires sur la résolution de deux équations à deux inconnues.

432. Lorsqu'on a à résoudre deux équations à deux inconnues x et y, dont l'une est du premier degré par rapport à x, on peut tirer immédiatement de cette équation la valeur de x exprimée en fonction de y; la substitution de cette valeur dans l'autre équation en fournit une qui ne contient plus que y. Lorsque les valeurs de y sont connues, en les mettant successivement dans la valeur de x exprimée en fonction de y, on obtient les valeurs correspondantes de x.

Ce procédé peut encore être appliqué lorsque l'une des équations n'est que du second degré par rapport à x. Cette équation fournit deux valeurs de x qui peuvent être représentées par $p+\sqrt{q}$ et $p-\sqrt{q}$, p et q désignant des fonctions rationnelles de y. En substituant successivement chacune de ces valeurs à la place de x dans l'autre équation, on obtient deux équations en y; la résolution de ces deux équations donne toutes les valeurs de y qui conviennent au système proposé.

L'équation qui résulte de la substitution de $p+\sqrt{q}$ à la place de x dans la seconde équation du système proposé est de la forme

$$(1) \qquad \mathrm{P}+\mathrm{Q}\sqrt{q}=0,$$

P et Q étant des fonctions rationnelles de y.

L'équation qui résulte de la substitution de $p-\sqrt{q}$ ne diffère de la précédente que par le signe de la partie irrationnelle, de sorte qu'elle est

$$(2) \qquad \mathrm{P}-\mathrm{Q}\sqrt{q}=0.$$

En multipliant ces équations membre à membre, on obtient une équation délivrée de radicaux, savoir :

$$(\mathrm{P}+\mathrm{Q}\sqrt{q})(\mathrm{P}-\mathrm{Q}\sqrt{q})=0 \quad \text{ou} \quad \mathrm{P}^2-\mathrm{Q}^2q=0.$$

Pour avoir toutes les valeurs de y qui vérifient les deux premières équations, il suffit évidemment de résoudre la troisième. Cette dernière équation peut d'ailleurs se déduire immédiatement de l'une ou de l'autre des équations (1) et (2) ; car, si dans chacune de ces équations on fait passer la partie irrationnelle dans le second membre, en élevant ensuite les deux membres au carré, on a

$$P^2 = Q^2q \quad \text{d'où} \quad P^2 - Q^2q = 0.$$

Quand on connaît les valeurs de y, on obtient les valeurs de x au moyen d'un principe qui sera exposé ci-après.

433. Lorsque les premiers membres des équations proposées peuvent être décomposés en facteurs rationnels par rapport aux inconnues, la résolution du système de ces équations se ramène à la résolution de plusieurs autres systèmes plus simples. Pour le faire voir, désignons les deux équations par $M=0$, $N=0$, et supposons que l'on ait $M=UU'U''$, $N=VV'$; en désignant par U, U', U'', V, V', des facteurs rationnels par rapport aux inconnues x et y. Il est clair qu'on obtiendra toutes les solutions du système $M=0$, $N=0$, en cherchant celles des différents systèmes ci-après :

$$\begin{array}{l|l|l|l|l|l} U=0 & U=0 & U'=0 & U'=0 & U''=0 & U''=0 \\ V=0 & V'=0 & V=0 & V'=0 & V=0 & V'=0 \end{array}$$

Soient, par exemple, les deux équations

$$x^2-2yx+y^2-1=0 \quad x^2+2xy+y^2-10x-10y+21=0.$$

On voit aisément que le premier membre de la première équation revient à

$$(x-y)^2-1 \quad \text{ou} \quad (x-y+1)(x-y-1).$$

Pour découvrir si la seconde équation peut être décomposée en facteurs rationnels, on résout cette équation par rapport à x, ce qui donne

$$x=-y+5\pm 2\,;$$

on en conclut que

$$x^2+2xy+y^2-10x-10y+21=(x+y-7)(x+y-3).$$

On obtiendra donc toutes les solutions du système proposé en résolvant successivement ces différents systèmes :

$$\begin{array}{l|l|l|l} x-y+1=0 & x-y+1=0 & x-y-1=0 & x-y-1=0 \\ x+y-7=0 & x+y-3=0 & x+y-7=0 & x+y-3=0. \end{array}$$

434. Lorsque les premiers membres des équations proposées ont un facteur commun, le système des deux équations est vérifié par tous les couples de valeurs des inconnues qui réduisent ce facteur à zéro, ce qui fournit un nombre illimité de solutions. Si le facteur commun ne contient que x, ce facteur égalé à zéro donne une équation qui détermine un nombre limité de valeurs de x auxquelles on peut joindre des valeurs quelconques de y. Si le facteur commun ne contient que y, on en déduit au contraire des valeurs déterminées de y auxquelles on peut joindre des valeurs quelconques de x. Enfin, si le facteur commun est dépendant à la fois de x et de y, ce facteur égalé à zéro donne une équation dans laquelle une des inconnues peut recevoir des valeurs arbitraires qui déterminent celles de l'autre inconnue.

435. Voici un exemple de deux équations qui ont un facteur commun dépendant seulement de l'une des inconnues.

$$(y^2-1)x^2+(2y^3-2y)x+y^4-2y^2+1=0$$
$$(y^2-3y+2)x^2-y^4-3y^3+7y^2+15y-18=0.$$

En effectuant les calculs nécessaires pour trouver le plus grand commun diviseur des multiplicateurs des diverses puissances de x et de la partie indépendante de x, dans la première équation, on trouve que ces quantités sont divisibles par y^2-1, ou $(y-1)(y+1)$; et le quotient du premier membre de l'équation par y^2-1 est $x^2+2yx+y^2-1$. On voit de la même manière que le premier membre de la seconde équation est divisible par le trinome y^2-3y+2 qui équivaut à $(y-1)(y-2)$, et le quotient est x^2-y^2-6y-9. Les équations proposées peuvent donc s'écrire ainsi :

$$(y-1)(y+1)(x^2+2yx+y^2-1)=0,$$
$$(y-1)(y-2)(x^2-y^2-6y-9)=0.$$

On satisfait à ces équations en posant $y = 1$ avec des valeurs quelconques de x.

On obtiendra les autres solutions au moyen des trois systèmes

$$1^\circ.\quad y + 1 = 0,\quad x^2 - y^2 - 6y - 9 = 0;$$
$$2^\circ.\quad y - 2 = 0,\quad x^2 + 2yx + y^2 - 1 = 0;$$
$$3^\circ.\quad x^2 + 2yx + y^2 - 1 = 0,\quad x^2 - y^2 - 6y - 9 = 0.$$

Le premier système donne les deux couples $y = -1$, $x = 2$; $y = -1$, $x = -2$.

Le deuxième système donne les deux couples $y = 2$, $x = -1$; $y = 2$, $x = -3$.

Le troisième système peut être résolu par des calculs semblables à ceux que nous avons exécutés dans l'exemple ci-dessus, et l'on obtient les deux couples $y = -1$, $x = 2$; $y = -2$, $x = 1$.

436. Soient actuellement les équations

$$x^3 - y^3 - 3xy + 3y^2 = 0,$$
$$3x^2 - 2xy - y^2 = 0.$$

On voit immédiatement que la première équation peut s'écrire ainsi : $(x - y)(x^2 + xy + y^2 - 3y) = 0$. La seconde équation revient à $2x^2 - 2xy + x^2 - y^2 = 0$ ou $(x - y)(3x + y) = 0$. On satisfera donc aux deux équations en posant $x - y = 0$, ce qui donne un nombre illimité de solutions.

Pour obtenir les autres solutions, il faut résoudre le système

$$x^2 + xy + y^2 - 3y = 0,\quad 3x + y = 0;$$

ce qui donne le couple $x = 0$, $y = 0$, qui était déjà compris parmi les solutions de l'équation $x - y = 0$, et le couple $x = -\frac{9}{7}$, $y = \frac{27}{7}$.

Méthode générale pour la résolution de deux équations numériques à deux inconnues.

437. Considérons deux équations de degré quelconque à deux inconnues x et y. Soit $x=\alpha$, $y=\beta$, une solution commune à ces deux équations. Si, au lieu de substituer simultanément α à la place de x, et β à la place de y, on substitue seulement β à la place de y, il en résultera deux équations qui ne contiendront plus que l'inconnue x, et ces équations devront être vérifiées par la valeur $x=\alpha$; or, pour cela, il sera nécessaire et il suffira que les premiers membres aient un commun diviseur contenant le facteur $x-\alpha$. Ainsi :

Deux équations à deux inconnues étant données, pour qu'une valeur attribuée à l'une des inconnues convienne à ces équations, il est nécessaire et il suffit que, si l'on substitue cette valeur dans les équations, les premiers membres acquièrent, par cette substitution, un commun diviseur fonction de l'autre inconnue; et si l'on égale ce commun diviseur à zéro, on obtient une équation dont les racines sont les valeurs correspondantes de l'autre inconnue.

438. On est naturellement conduit à conclure, en vertu de ce principe, que l'on pourra trouver les solutions communes aux équations proposées, en appliquant aux premiers membres les mêmes calculs que si l'on voulait obtenir leur plus grand commun diviseur.

Représentons les équations proposées par $A=0$, $B=0$, et supposons que le degré de B, par rapport à x, ne surpasse pas celui de A. Si la division de A par B peut être effectuée sans que le quotient contienne des dénominateurs en y, et sans qu'on soit forcé de recourir à aucune préparation pour que cette condition soit remplie, en nommant Q le quotient et R le reste, on aura

$$A = BQ + R.$$

Il résulte de cette égalité, que toutes les valeurs des inconnues qui donneront $A=0$, $B=0$, devront donner aussi $R=0$, puisque le quotient Q ne peut pas devenir infini pour des valeurs finies de x et de y. Par la même raison, toutes les valeurs qui donneront $B=0$ et $R=0$, donneront aussi $A=0$. On pourra donc remplacer le système des équations $A=0$, $B=0$, par le système $B=0$, $R=0$, lequel est plus simple que le précédent, en ce que R est d'un degré moins élevé que B par rapport à x.

La même conclusion n'aurait plus lieu, si le quotient Q contenait des dénominateurs en y; car alors il pourrait se faire que A et B étant réduits à zéro, Q devînt infini; dans ce cas le terme $B\times Q$ pourrait avoir une valeur différente de zéro; par conséquent R pourrait ne pas être nul.

Supposons que, pour effectuer la division de A par B, sans que y entre en dénominateur dans le quotient, il soit nécessaire de multiplier d'abord le polynome A par un facteur contenant y. Nommons c ce facteur, et représentons encore par Q le quotient qu'on obtiendra après cette préparation, et par R le reste, on aura

$$cA = BQ + R.$$

Cette égalité prouve que les solutions des équations $B=0, R=0$, sont les mêmes que celles des équations $cA=0$, $B=0$. Or ce dernier système se partage en deux autres, savoir $A=0$, $B=0$, et $c=0$, $B=0$. Par conséquent les équations $B=0$, $R=0$, admettront toutes les solutions des équations proposées; mais elles admettront en outre toutes celles des équations $c=0$, $B=0$, lesquelles peuvent ne pas convenir à l'équation $A=0$.

On pourra opérer sur les équations $B=0$ et $R=0$ de la même manière que sur les équations $A=0$ et $B=0$. On obtiendra ainsi un nouveau système formé de l'équation $R=0$, et d'une autre équation de degré moindre par rapport à x. Ce système admettra toutes les solutions du système $B=0$, $R=0$, et il pourra en admettre d'autres.

En continuant ainsi, on parviendra toujours à un dernier système de deux équations dont l'une ne contiendra plus x. On pourra trouver toutes les solutions de ce dernier système; ce qui fera connaître toutes les solutions du système proposé, et en outre celles qui auront été introduites par les préparations qu'on aura fait subir aux dividendes successifs.

439. Pour simplifier les opérations, s'il existe dans les premiers membres des équations proposées des facteurs qui ne dépendent que de y, on pourra les supprimer, en ayant soin de tenir compte des solutions communes qui résulteront de ces facteurs suivant ce qui a été dit dans les nos 433 et 434. On supprimera pareillement dans les restes successifs les facteurs qui ne dépendront que de y, en tenant compte des solutions qui seront déterminées par ces facteurs.

440. Il reste à montrer comment on peut parvenir à des équations entièrement délivrées des solutions étrangères au système proposé. C'est ce que nous allons faire en suivant à peu de chose près la marche qui a été indiquée par M. Sarrus, professeur à la Faculté des Sciences de Strasbourg, dans une brochure intitulée : *Méthode d'élimination par le plus grand commun diviseur.*

441. Supposons que A et B représentent les quotients que l'on obtient en divisant les premiers membres des équations proposées par tous ceux de leurs facteurs qui ne dépendent que de y. Soit c le facteur par lequel il faut multiplier A pour effectuer la division par B ; représentons par q le quotient, et par Rr le reste, r désignant le produit des facteurs de ce reste qui ne dépendent que de y.

Soit c_1 le facteur par lequel il faut multiplier B pour effectuer la division par R; représentons par q_1 le quotient et par R_1r_1 le reste, r_1 désignant le produit des facteurs de ce reste qui ne dépendent que de y. Ainsi de suite. Enfin, supposons pour plus de simplicité qu'à la quatrième division on ait un reste indépendant de x, et désignons ce reste par r_3.

On aura les égalités

$$(1)\quad \begin{cases} cA = Bq + Rr \\ c_1B = Rq_1 + R_1r_1 \\ c_2R = R_1q_2 + R_2r_2 \\ c_3R_1 = R_2q_3 + r_3. \end{cases}$$

Soit d le plus grand commun diviseur de c et de r, d_1 celui de $\frac{cc_1}{d}$ et de r_1, d_2 celui de $\frac{cc_1c_2}{dd_1}$ et de r_2, d_3 celui de $\frac{cc_1c_2c_3}{dd_1d_2}$ et de r_3. Nous allons prouver qu'on obtiendra toutes les solutions du système $A=0$, $B=0$, sans aucune solution étrangère, en résolvant les systèmes ci-après :

$$(2)\quad \begin{bmatrix} \frac{r}{d}=0 \\ B=0 \end{bmatrix} \begin{bmatrix} \frac{r_1}{d_1}=0 \\ R=0 \end{bmatrix} \begin{bmatrix} \frac{r_2}{d_2}=0 \\ R_1=0 \end{bmatrix} \begin{bmatrix} \frac{r_3}{d_3}=0 \\ R_2=0 \end{bmatrix}.$$

Pour établir cette proposition, nous prouverons d'abord que les solutions des systèmes (2) conviennent toutes aux équations $A=0$, $B=0$; nous ferons voir ensuite que les solutions du système $A=0$, $B=0$ sont toutes comprises parmi celles des systèmes (2).

En divisant par d les deux membres de la première équation du système (1) il vient

$$(3)\quad \frac{c}{d}A = \frac{q}{d}B + \frac{r}{d}R.$$

$\frac{q}{d}$ est entier, car c et r sont divisibles par d; donc qB est divisible par d; mais B, par hypothèse, est premier avec d, donc d divise q.

L'équation (3) montre que les valeurs de x et y qui satisfont aux équations $B=0$, $\frac{r}{d}=0$, annullent $\frac{c}{d}A$; or $\frac{c}{d}$ et $\frac{r}{d}$ sont premiers entre eux; donc ces valeurs satisfont à l'équation $A=0$. Par conséquent, 1°. *toutes les solutions du système* $B=0$, $\frac{r}{d}=0$ *conviennent au système* $A=0$, $B=0$.

Pour avoir une relation entre A, R et $\frac{r_1}{d_1}$, on multiplie l'équation (3) par c_1, et l'on remplace dans l'équation résultante $c_1 B$ par le second membre de la deuxième équation du système (1) ; ce qui donne

$$\frac{cc_1}{d} A = \left(\frac{c_1 r + qq_1}{d}\right) R + \frac{q}{d} r_1 R_1.$$

La quantité $\frac{c_1 r + qq_1}{d}$ est entière, puisque r et q sont divisibles par d ; de plus cette quantité est divisible par d_1; car d_1 divise $\frac{cc_1}{d}$ et r_1, et il est premier avec R. Divisant les deux membres de l'équation ci-dessus par d_1, et posant pour abréger $\frac{q}{d} = M$, et $\frac{c_1 r + qq_1}{dd_1} = M_1$, il vient

$$(4) \qquad \frac{cc_1}{dd_1} A = M_1 R + MR_1 \frac{r_1}{d_1}.$$

Pour avoir une relation entre B, R et $\frac{r_1}{d_1}$, on multiplie d'abord la deuxième équation du système (1) par $\frac{c}{d}$, ce qui donne $\frac{cc_1}{d} B = \frac{cq_1}{d} R + \frac{c}{d} R_1 r_1$. Puisque $\frac{cc_1}{d}$ et r_1 sont divisibles par d_1, il faut que d_1 divise aussi $\frac{cq_1}{d} R$; or d_1 est premier avec R, donc d_1 divise $\frac{cq_1}{d}$. Divisant tous les termes de l'équation par d_1, et posant pour abréger $\frac{c}{d} = N$, $\frac{cq_1}{dd_1} = N_1$, il vient

$$(5) \qquad \frac{cc_1}{dd_1} B = N_1 R + NR_1 \frac{r_1}{d_1}.$$

Les équations (4) et (5) prouvent que toutes les valeurs de x et de y qui réduisent à zéro les polynomes R et $\frac{r_1}{d_1}$, annuler aussi $\frac{cc_1}{dd_1}$ A et $\frac{cc_1}{dd_1}$ B; or $\frac{cc_1}{dd_1}$ et $\frac{r_1}{d_1}$ sont premiers entre eux ; par conséquent, 2°. *toutes les solutions du système* $R=0$, $\frac{r_1}{d_1}=0$ *conviennent au système proposé* $A=0$, $B=0$.

On obtient une relation entre A, R_1 et $\frac{r_2}{d_2}$, en multipliant l'équation (4) par c_2, et remplaçant c_2R par le second membre de la troisième équation du système (1). On trouve ainsi $\frac{cc_1c_2}{dd_1}A = R_1\left(M_1q_2 + Mc_2\frac{r_1}{d_1}\right) + M_1R_2r_2$. Par hypothèse d_2 divise le premier membre de cette équation, ainsi que r_2 ; il doit donc diviser $R_1\left(M_1q_2 + Mc_2\frac{r_1}{d_1}\right)$; or R_1 et d_2 sont premiers entre eux ; donc d_2 divise le multiplicateur de R_1. Désignant le quotient par M_2, il vient

$$(6) \qquad \frac{cc_1c_2}{dd_1d_2}A = M_2R_1 + M_1R_2\frac{r_2}{d_2}.$$

En multipliant l'équation (5) par c_2 et remplaçant ensuite c_2R par le second membre de la troisième équation du système (1), il vient $\frac{cc_1c_2}{dd_1}B = R_1\left(N_1q_2 + Nc_2\frac{r_1}{d_1}\right) + N_1R_2r_2$. On démontrerait comme ci-dessus que le multiplicateur de R_1 est divisible par d_2 ; et en représentant le quotient par N_2, on trouve

$$(7) \qquad \frac{cc_1c_2}{dd_1d_2}B = N_2R_1 + N_1R_2\frac{r_2}{d_2}.$$

Les équations (6) et (7) démontrent que toutes les valeurs de x et de y qui réduisent les polynomes R_1 et $\frac{r_2}{d_2}$ à zéro, annullent aussi les premiers membres de ces deux équations ; or $\frac{cc_1c_2}{dd_1d_2}$ et $\frac{r_2}{d_2}$ sont premiers entre eux. Par conséquent, 3°. *toutes les solutions du système* $R_1=0$, $\frac{r_2}{d_2}$ *conviennent au système proposé* $A=0$, $B=0$.

L'équation qui donne une relation entre A, R_2 et $\frac{r_3}{d_3}$ s'obtient en multipliant l'équation (6) par c_3, et remplaçant c_3R_1 par le second membre de la quatrième équation du système (1). On trouve ainsi $\frac{cc_1c_2c_3}{dd_1d_2}A=R_2\left(M_2q_3+c_3M_1\frac{r_2}{d_2}\right)+M_2r_3$. Divisant les deux membres de cette équation par d_3, et désignant par M_3 le quotient du polynome entier $M_2q_3+c_3M_1\frac{r_2}{d_2}$ par d_3, il vient

$$(8)\qquad \frac{cc_1c_2c_3}{dd_1d_2d_3}A=M_3R_2+M_2\frac{r_3}{d_3}.$$

Pour avoir une relation entre B, R_2 et $\frac{r_3}{d_3}$, on multiplie l'équation (7) par c_3, et on remplace c_3R_1 par le second membre de la quatrième équation du système (1), ce qui donne $\frac{cc_1c_2c_3}{dd_1d_2}B=R_2\left(N_2q_3+c_3N_1\frac{r_2}{d_2}\right)+N_2r_3$. Divisant les deux membres de cette équation par d_3, et désignant par N_3 le quotient du polynome entier $N_2q_3+c_3N_1\frac{r_2}{d_2}$ par le diviseur d_3, il vient

$$(9)\qquad \frac{cc_1c_2c_3}{dd_1d_2d_3}B=N_3R_2+N_2\frac{r_3}{d_3}.$$

Les équations (8) et (9) démontrent que toutes les valeurs de x et de y qui réduisent les polynomes R_2 et $\frac{r_3}{d_3}$ à zéro, annullent aussi les premiers membres de ces équations ; or $\frac{cc_1c_2c_3}{dd_1d_2d_3}$ et $\frac{r_3}{d_3}$ sont premiers entre eux ; par conséquent, 4°. *toutes les solutions du système* $R_2=0$, $\frac{r_3}{d_3}=0$, *conviennent au système proposé* $A=0$, $B=0$.

Il reste encore à prouver qu'un système quelconque de

valeurs qui satisfont aux équations $A=0$, $B=0$, fait partie des systèmes des valeurs que fournissent les équations (2).

Pour former les équations qui démontrent cette seconde partie du théorème, remplaçons d'abord dans l'équation (3) $\frac{c}{d}$ par N et $\frac{q}{d}$ par M; il viendra, en transposant le terme MB,

$$(10)\quad NA - MB = R\frac{r}{d}.$$

Éliminons maintenant R entre les équations (4) et (5). On pourrait effectuer cette élimination en retranchant les deux équations l'une de l'autre, après avoir multiplié la première par N_1, la seconde par M_1, et en ayant égard aux valeurs ci-dessus de N_1 et de M_1; mais les calculs sont plus simples en multipliant l'équation (4) par B et l'équation (5) par A. On trouve alors, en retranchant les deux équations résultantes l'une de l'autre, $(M_1B - N_1A)R + (MB - NA)R_1\frac{r_1}{d_1} = 0$. Remplaçant $MB - NA$ par $-R\frac{r}{d}$, et supprimant le facteur R, il vient

$$(11)\quad N_1A - M_1B = -R_1\frac{r}{d}\frac{r_1}{d_1}.$$

Afin d'éliminer R_1 entre les équations (6) et (7), on multiplie l'équation (6) par B et l'équation (7) par A, puis on retranche l'une de l'autre les équations résultantes; ce qui donne $(M_2B - N_2A)R_1 + (M_1B - N_1A)R_2\frac{r_2}{d_2} = 0$. Remplaçant $M_1B - N_1A$ par $R_1\frac{r}{d}\frac{r_1}{d_1}$, et supprimant le facteur R_1, il vient

$$(12)\quad N_2A - M_2B = R_2\frac{r}{d}\frac{r_1}{d_1}\frac{r_2}{d_2}.$$

On parvient de la même manière à l'équation

$$(13)\quad N_3A - M_3B = -\frac{r}{d}\frac{r_1}{d_1}\frac{r_2}{d_2}\frac{r_3}{d_3}.$$

L'équation (13) montre que tout système de valeurs de x

et de y qui donnera $A=0$ et $B=0$, devra aussi satisfaire à l'équation $\frac{r}{d}\cdot\frac{r_1}{d_1}\cdot\frac{r_2}{d_2}\cdot\frac{r_3}{d_3}=0$, ce qui exige que l'un des facteurs $\frac{r}{d}$, $\frac{r_1}{d_1}$, etc., devienne nul; d'où il suit que les équations $\frac{r}{d}=0$, $\frac{r_1}{d_1}=0$, $\frac{r_2}{d_2}=0$, $\frac{r_3}{d_3}=0$, donnent toutes les bonnes valeurs de y.

Cela posé, soit $x=\alpha$, $y=\beta$ un système de bonnes valeurs des équations $A=0$, $B=0$.

Si la valeur $y=\beta$ est une racine de l'équation $\frac{r}{d}=0$, il est clair que le couple $x=\alpha$, $y=\beta$ sera une solution du système $B=0$, $\frac{r}{d}=0$.

Si la valeur $y=\beta$ ne vérifie point l'équation $\frac{r}{d}=0$, et qu'elle soit une racine de l'équation $\frac{r_1}{d_1}=0$, on voit par l'équation (10) que le couple $x=\alpha$, $y=\beta$, donnera $R=0$; par conséquent il sera une solution du système $R=0$, $\frac{r_1}{d_1}=0$.

Si la valeur $y=\beta$ ne vérifie ni l'équation $\frac{r}{d}=0$ ni l'équation $\frac{r_1}{d_1}=0$, et qu'elle soit une racine de l'équation $\frac{r_2}{d_2}=0$, on voit par l'équation (11) que le couple $x=\alpha, y=\beta$, donnera $R_1=0$; par conséquent il sera une solution du système $R_1=0$, $\frac{r_2}{d_2}=0$.

Si la valeur $y=\beta$ ne vérifie aucune des équations $\frac{r}{d}=0$, $\frac{r_1}{d_1}=0$, $\frac{r_2}{d_2}=0$, et qu'elle soit une racine de l'équation $\frac{r_3}{d_3}=0$, on voit par l'équation (12) que le couple $x=\alpha$,

$y = \mathfrak{C}$, donnera $R_2 = 0$; par conséquent il sera une solution du système $R_2 = 0$, $\frac{r_3}{d_3} = 0$.

Donc tous les systèmes de valeurs qui satisfont aux équations $A = 0$, $B = 0$, font partie des systèmes de valeurs que fournissent les équations (2).

L'équation $\frac{r}{d} \cdot \frac{r_1}{d_1} \cdot \frac{r_2}{d_2} \cdot \frac{r_3}{d_3} = 0$, qui donne toutes les bonnes valeurs de y, se nomme l'*équation finale* en y.

EXEMPLE 1er.

$$x^3 + 3yx^2 + (3y^2 - y + 1)x + y^3 - y^2 + 2y = 0;$$
$$x^2 + 2yx + y^2 - y = 0.$$

Première division.

$$\begin{array}{l|l} x^3+3yx^2+(3y^2-y+1)x+y^3-y^2+2y & x^2+2yx+y^2-y \\ \hline -x^3-2yx^2-(y^2-y)x & x+y \\ \hline yx^2+(2y^2+1)x+y^3-y^2+2y & \\ -yx^2-2y^2x-y^3+y^2 & \\ \hline x+2y & \end{array}$$

Deuxième division.

$$\begin{array}{l|l} x^2+2yx+y^2-y & x+2y \\ \hline -x^2-2yx & x \\ \hline y^2-y & \end{array}$$

Puisque l'on n'a pas fait subir de préparation aux dividendes, et que l'on n'a supprimé dans les restes aucun facteur, on aura toutes les solutions du système proposé au moyen des deux équations

$$x + 2y = 0, \quad y^2 - y = 0;$$

ces équations donnent les deux couples :

$$y = 0, \ x = 0; \quad \text{et} \quad y = 1, \ x = -2.$$

L'équation $y^2 - y = 0$ est l'équation finale en y.

EXEMPLE II.

$$x^3+2yx^2+2y(y-2)x+y^2-4=0$$
$$x^2+2yx+2y^2-5y+2=0.$$

La première division donne le reste $(y-2)x+y^2-4$ ou $(y-2)(x+y+2)$. On supprime le facteur $y-2$, et l'on divise le premier membre de la seconde équation par $x+y+2$, ce qui conduit à un reste indépendant de x qui est y^2-5y+6. On obtiendra toutes les solutions des équations proposées en résolvant les deux systèmes,

1°. $y-2=0,\quad x^2+2yx+2y^2-5y+2=0.$
2°. $y^2-5y+6=0,\quad x+y+2=0.$

Le premier système donne les deux couples $y=2$, $x=0$; $y=2$, $x=-4$; et le second système donne les deux couples $y=2$, $x=-4$; $y=3$, $x=-5$.

On obtiendra l'équation finale en y, en multipliant membre à membre les deux équations $y-2=0$ et $y^2-5y+6=0$.

EXEMPLE III.

$$x^3-3yx^2+3x^2+3y^2x-6yx-x-y^3+3y^2+y-3=0$$
$$x^3+3yx^2-3x^2+3y^2x-6yx-x+y^3-3y^2-y+3=0.$$

Le reste de la première division est $2(y-1)(3x^2+y^2-2y-3)$. On divise le premier membre de la seconde équation par $3x^2+y^2-2y-3$, ce qui conduit au reste $8(y^2-2y)x$. Enfin, en divisant $3x^2+y^2-2y-3$ par x, on obtient le reste y^2-2y-3. On aura donc toutes les solutions des équations proposées en résolvant les trois systèmes

1°. $y-1=0$, $x^3+3yx^2-3x^2+3y^2x-6yx-x+y^3-3y^2-y+3=0$.
2°. $y^2-2y=0$, $3x^2+y^2-2y-3=0$.
3°. $y^2-2y-3=0$, $x=0$.

Le premier système donne les trois couples $y=1$, $x=0$; $y=1$, $x=2$; $y=1$, $x=-2$.

Le deuxième système donne les quatre couples $y=0$, $x=1$; $y=0$, $x=-1$; $y=2$, $x=1$; $y=2$, $x=-1$.

Le troisième système donne les deux couples $y=3$, $x=0$; $y=-1$, $x=0$.

EXEMPLE IV.

$$(y-2)x^2-2x+5y-2=0,$$
$$yx^2-5x+4y=0.$$

Première division.

Pour effectuer cette division, on multiplie d'abord le premier membre de la première équation par y.

$$\begin{array}{l|l}
(y-2)x^2-2x+5y-2 & yx^2-5x+4y \\ \cline{2-2}
(y-2)yx^2-2yx+5y^2-2y & y-2 \\
-(y-2)yx^2+(5y-10)x-4y^2+8y & \\ \hline
\qquad (3y-10)x+y^2+6y &
\end{array}$$

Deuxième division.

Pour effectuer cette division, on multiplie d'abord le dividende par $3y-10$; et pour continuer l'opération, il faut multiplier encore le reste par $3y-10$.

$$\begin{array}{l|l}
\qquad yx^2-5x+4y & (3y-10)x+y^2+6y \\ \cline{2-2}
(3y-10)yx^2-(15y-50)x+12y^2-40y & yx-(y^3+6y^2+15y-50) \\
-\ldots\ldots\ldots-(y^3+6y^2)x & \\ \hline
-(y^3+6y^2+15y-50)x+12y^2-40y & \\
-(y^3+\ldots)(3y-10)x+36y^3-240y^2+400y & \\
+\ldots\ldots\ldots+y^5+12y^4+51y^3+40y^2-300y & \\ \hline
\qquad y^5+12y^4+87y^3-200y^2+100y. &
\end{array}$$

Il est facile de voir qu'on aurait obtenu le même reste, si, au lieu de multiplier le dividende par $3y-10$, et ensuite le premier reste par $3y-10$, on avait multiplié le dividende par $(3y-10)^2$; il faut donc diviser le reste en y ci-dessus par le plus grand commun diviseur de ce reste et de $y(3y-10)^2$. D'ailleurs on voit immédiatement que le reste y^5+12y^4+ etc. n'est pas divisible par $3y-10$, puisque la valeur de y qui réduit $3y-10$ à zéro étant fractionnaire, elle ne peut pas réduire à zéro le polynome y^5+12y^4+etc. Tout se réduit donc à diviser ce polynome par y ; et l'on obtiendra toutes les solutions des équations proposées au moyen des deux équations ci-après :

$$(3y-10)x+y^2+6y=0,$$
$$y^4+12y^3+87y^2-200y+100=0.$$

On peut remarquer que s'il n'est résulté de la multiplication par $3y-10$ aucune solution étrangère, cela tient à ce que l'on ne peut pas satisfaire en même temps aux deux équations

$$3y-10=0,\ (3y-10)x+y^2+6y=0,$$

puisque, si l'on met dans la seconde équation la valeur de y tirée de la première, le premier membre se réduira à un nombre.

L'équation $y^4+12y^3+87y^2-200y+100=0$ admet la racine commensurable $y=1$; et en supprimant le facteur $y-1$, on obtient l'équation du troisième degré ...... $y^3+13y^2+100y-100=0$; les racines de cette équation sont incommensurables. La valeur de x qui correspond à $y=1$ est $x=1$; les autres solutions ne peuvent s'obtenir qu'approximativement.

Afin de justifier ce que nous avons dit dans cet exemple sur la manière d'effectuer les préparations nécessaires pour éviter les quotients fractionnaires, désignons par A le dividende et par B le diviseur. Supposons qu'après avoir multiplié A par c, on obtienne un quotient q et un reste A' qui contienne x à un plus haut degré que B; que l'on multiplie A' par un nouveau facteur c', et que la division de $c'A'$ par B donne un quotient q' et un reste A'' ; que l'on multiplie A'' par un facteur c'', et que la division de $c''A''$ par B donne un quotient q'' avec le reste Rr, ce reste étant d'un degré moindre que le diviseur par rapport à x. On aura les égalités :

$$cA=Bq+A',\ c'A'=Bq'+A'',\ c''A''=Bq''+Rr.$$

Or, en multipliant les deux membres de la première égalité

par $c'c''$, ceux de la seconde par c'', et en ajoutant ensuite les trois égalités, on obtient celle-ci :

$$cc'c''A = B(qc'c'' + q'c'' + q'') + Rr\,;$$

si dans cette dernière égalité, on pose $cc'c'' = C, \ldots\ldots$ $qc'c'' + q'c'' + q'' = Q$, il vient

$$CA = BQ + Rr.$$

Il existe donc entre CA, B et Rr, une relation semblable à celle que présentent les diverses égalités du système (1) (page 462).

EXEMPLE V.

$$yx^3 - (y^2 - 3y - 1)x + y = 0,$$
$$x^2 - y^2 + 3 = 0.$$

La première division donne le reste $x+y$, et la division de $x^2 - y^2 + 3$ par $x+y$ donne le reste 3. Ce reste étant numérique, il n'existe point de valeurs des inconnues qui le réduisent à zéro, et comme on n'a d'ailleurs obtenu aucun facteur qui puisse déterminer des solutions, les équations proposées sont incompatibles.

Remarques sur la méthode précédente.

442. Il y a sur la méthode précédente plusieurs observations à faire.

Remarque 1re. En se reportant aux égalités (1), (page 462), on voit que l'on peut toujours faire en sorte que les quantités c et r n'aient aucun facteur commun ; car d'après ce qu'on a dit au sujet de l'égalité (3), si d est le plus grand commun diviseur de c et de r, la division de $\frac{c}{d}A$ par B donnera un quotient qui ne contiendra point de fractions ; par conséquent c ne sera pas le facteur le plus simple par lequel il faudra multiplier A pour effectuer la division par B.

On voit de la même manière que, si l'on a opéré convenablement, c_1 sera premier avec r_1, c_2 sera premier avec r_2, c_3

sera premier avec r_3. Il suit de là que dans les systèmes (2), l'équation $\frac{r}{d}=0$ sera la même que $r=0$; et l'on devra prendre pour d_1 le plus grand commun diviseur de c et de r_1, pour d_2 celui de $\frac{cc_1}{d_1}$ et de r_2, pour d_3 celui de $\frac{cc_1c_2}{d_1d_2}$ et de r_3.

Remarque II. Lorsque le reste indépendant de x, que nous avons désigné par r_3, est nul, le polynome R_2 est le plus grand commun diviseur des polynomes A et B, et il divise aussi les restes R et R_1. Les équations proposées $A=0$, $B=0$, sont vérifiées par toutes les solutions de l'équation $R_2=0$, et les autres solutions du système proposé sont fournies par les deux équations $\frac{A}{R_2}=0$, $\frac{B}{R_2}=0$. Or, en divisant par R_2 les deux membres des équations (3), (4), (5), (6), (7), et ceux des équations (10), (11), (12), on obtient de nouvelles équations qui ne diffèrent des premières qu'en ce que les quantités A, B, R, R_1, R_2, sont remplacées par les quotients $\frac{A}{R_2}$, $\frac{B}{R_2}$, $\frac{R}{R_2}$, $\frac{R_1}{R_2}$, $\frac{R_2}{R_2}$; et au moyen de ces équations, on prouve, par des raisonnements semblables à ceux du n° **441**, que toutes les solutions du système $\frac{A}{R_2}=0$, $\frac{B}{R_2}=0$, sont données, sans aucune solution étrangère, par les systèmes

$$\left[\frac{r}{d}=0,\ \frac{B}{R_2}=0\right]\left[\frac{r_1}{d_1}=0,\ \frac{R}{R_2}=0\right]\left[\frac{r_2}{d_2}=0,\ \frac{R_1}{R_2}=0\right].$$

Le cas dont nous venons de parler se rencontre dans l'exemple suivant :

EXEMPLE VI.

$$x^3+yx^2-(y^2+1)x+y-y^3=0,$$
$$x^3-yx^2-(y^2+6y+9)x+y^3+6y^2+9y=0.$$

La première division conduit au reste

$$yx^2+(3y+4)x-(y^3+3y^2+4y).$$

Pour faire la seconde division, on multiplie le dividende par y, et l'on exécute encore la même préparation sur le premier reste que l'on obtient. On est ainsi conduit à un reste du premier degré en x qui peut se mettre sous cette forme

$$32(y^2+3y+2)(x-y).$$

En divisant alors le reste du second degré par $x-y$, on obtient le quotient $yx+y^2+3y+4$, et le reste est nul.

On conclut de ces calculs que les premiers membres des équations proposées sont divisibles par $x-y$, de sorte qu'elles sont vérifiées par toutes les solutions de l'équation indéterminée $x-y=0$. Les autres solutions sont fournies par le système des deux équations

$$y^2+3y+2=0, \quad yx+y^2+3y+4=0;$$

d'où l'on tire $y=-1$, $x=+2$, et $y=-2$, $x=+1$.

Remarque III. Lorsque le reste indépendant de x n'est pas nul, les polynomes A et B n'ont aucun facteur commun; par conséquent les équations $A=0$, $B=0$, n'admettent que des solutions déterminées pour chaque inconnue. Cela se voit aussi par les systèmes (2); car dans chacun de ces systèmes l'équation qui ne contient que y donne pour cette inconnue des valeurs déterminées, et la substitution de chaque valeur de y dans l'autre équation donne une équation qui ne peut être identique, puisque les quantités B, R, R_1, R_2, n'admettent point de diviseurs qui ne dépendent que de y.

Il peut arriver que dans l'un des systèmes (2), par exemple $\frac{r_1}{d_1}=0$, $R=0$, une valeur de y tirée de la première équation anéantisse quelques-uns des multiplicateurs des puissances de x, dans la seconde équation, à partir de celui de la plus haute puissance; dans ce cas, on n'obtient plus qu'un nombre de valeurs de x inférieur au degré de l'équation $R=0$; et si la substitution de la valeur de y anéantissait tous les multiplicateurs des puissances de x dans R, l'équation $R=0$ ne fournirait aucune valeur de x. A la vérité on peut prouver, par des raisonnements semblables à ceux que nous avons faits sur l'équation générale du second degré (n^o **190**), que si dans une équation de la forme....... $Gx^n + Hx^{n-1} + Kx^{n-2} +$ etc. $= o$, on établit sur les quantités qui entrent dans les coefficients G, H, K, etc., des suppositions telles que l'on ait $G = o$, $H = o$, etc., l'équation a, pour ces suppositions, des racines infinies en nombre égal au nombre des coefficients consécutifs qui sont réduits à zéro. Mais il faut remarquer que les explications par lesquelles nous avons établi que les solutions des systèmes (2) sont les mêmes que celles du système $A = o$, $B = o$, ne s'appliquent qu'aux solutions exprimées par des valeurs finies de x et de y.

Pour prouver que les solutions des systèmes (2) pour lesquelles la valeur de x est infinie, conviennent aussi aux équations proposées $A = o$, $B = o$, supposons que $y = \beta$ vérifiant l'équation $\frac{r_1}{d_1} = o$, anéantisse un ou plusieurs des multiplicateurs des plus hautes puissances de x dans R. Si dans les deux membres de l'égalité (4), on fait $y = \beta$, le terme $MR_1 \frac{r_1}{d_1}$ sera réduit à zéro, et le degré du terme M_1R par rapport à x s'abaissera d'une ou de plusieurs unités. D'ailleurs, on ne peut pas supposer que les termes de M_1R qui sont réduits à zéro étaient détruits, avant que l'on n'ait fait $y = \beta$, par les termes de $MR_1 \frac{r_1}{d_1}$; car les degrés de A, B, R, R_1, etc., sont décroissants, et l'on voit sans peine, par les relations qui existent entre M, M_1, M_2, etc., que les degrés de ces quantités par rapport à x vont en croissant. Il faudra donc que, pour la valeur $y = \beta$, le degré de $\frac{cc_1}{dd_1}A$ par rapport à x s'abaisse d'autant d'unités que celui de R. On prouvera de la même manière que la valeur $y = \beta$ doit aussi anéantir un ou plusieurs des multiplicateurs des plus hautes puissances de x dans B. Les équations $A = o$, $B = o$ admettront donc, pour $y = \beta$, une ou plusieurs valeurs infinies de x.

Quant à la proposition réciproque, que les solutions des équations $A=0$, $B=0$, pour lesquelles x est infini, doivent se trouver parmi les solutions des systèmes (2), elle n'est point vraie : on en a la preuve par l'exemple VIII ci-après.

Au reste, lorsqu'on doit avoir égard aux solutions dans lesquelles la valeur de l'une des inconnues est infinie, il est facile de les déterminer directement. Si l'on veut obtenir, par exemple, les solutions correspondantes à une valeur infinie de x, on divise tous les termes de chaque équation par la plus haute puissance de x, et l'on suppose ensuite $x=\infty$; on obtient ainsi deux équations qui ne renferment que y; et suivant que ces équations admettent ou n'admettent pas de racines communes, il y a des valeurs de y qui satisfont aux proposées avec $x=\pm\infty$, ou il n'y en a pas.

EXEMPLE VII.

$$(y-1)x^3+y(y+1)x^2+(3y^2+y-2)x+2y=0,$$
$$(y-1)x^2+y(y+1)x+3y^2-1=0.$$

La première division donne immédiatement le reste. . $(y-1)x+2y$; et en prenant ce reste pour diviseur, on parvient, sans aucune préparation, au reste y^2-1. On obtiendra donc toutes les solutions du système proposé en résolvant les deux équations.

$$y^2-1=0,\quad (y-1)x+2y=0.$$

La première équation donne $y=\pm 1$. Pour $y=-1$, on trouve $x=-1$, et ce couple satisfait aux équations proposées. Pour $y=+1$, on trouve $x=\infty$. Ce couple satisfait aussi aux équations proposées ; car en divisant chacune de ces équations par la plus haute puissance de x, et supposant $x=\infty$, les deux équations se réduisent à $y-1=0$.

EXEMPLE VIII.

$$(y-1)x^2+yx+y^2-2y=0,$$
$$(y-1)x+y=0.$$

La division conduit au reste $y^2 - 2y = 0$; ainsi les solutions des équations proposées dépendent du système

$$y^2 - 2y = 0, \quad (y-1)x + y = 0.$$

Ce système donne les deux couples $y=0$, $x=0$; $y=2$, $x=-2$. Mais les équations proposées admettent en outre la solution $y=1$, $x=\infty$, puisque la valeur $y=1$ anéantit le multiplicateur de la plus haute puissance de x dans chacune de ces équations.

Équation aux différences.

443. Nous avons vu (nº **409**), qu'on peut effectuer la séparation des racines incommensurables d'une équation numérique, en calculant d'abord une autre équation telle que ses racines soient les différences des racines de l'équation proposée prises deux à deux. Nous allons maintenant expliquer comment on forme cette équation.

Représentons l'équation proposée par

$$(1) \qquad f(x) = 0,$$

et soient a, b, c, d, etc., les m racines. Supposons d'abord que l'on veuille obtenir une équation dont les racines soient les différences entre la racine a et les $m-1$ autres racines. On posera

$$y = x - a, \quad \text{d'où} \quad x = a + y.$$

En substituant $a+y$ au lieu de x, dans $f(x)=0$, il vient

$$f(a+y) = 0,$$

ou en développant (nº **348**),

$$(2) \quad f(a) + f'(a)y + f''(a)\frac{y^2}{1.2} + f'''(a)\frac{y^3}{1.2.3} + \text{etc.} = 0.$$

Puisque, par hypothèse, a est une racine de l'équation (1), $f(a)$ est nul. Par suite, l'équation (2) est divisible par y ; ainsi elle admet une racine nulle. Cette racine nulle provient de la différence $a-a$; car, d'après la relation $y=x-a$, les valeurs de y sont les différences entre la racine a et toutes les racines de l'équation (1), en y comprenant la racine a. En supprimant cette racine nulle, l'équation se réduit à

$$f'(a) + f''(a)\frac{y}{1.2} + f'''(a)\frac{y^2}{1.2.3} + \text{etc.} = 0;$$

cette dernière équation a pour racines les différences entre la racine a et les $m-1$ autres racines de la proposée.

Si, dans cette équation, on écrit b au lieu de a, on obtiendra une équation qui aura pour racines toutes les différences entre la racine b et les $m-1$ autres racines de la proposée. De même, en écrivant c au lieu de a, on obtiendra une équation dont les racines seront les différences entre la racine c et les $m-1$ autres racines de l'équation proposée; etc.

Il suit de là que les différences des racines de l'équation proposée, combinées deux à deux, sont les valeurs de y qu'on obtiendrait en substituant successivement chacune de ces racines à la place de x dans l'équation

$$(4) \quad f'(x) + f''(x)\frac{y}{1.2} + f'''(x)\frac{y^2}{1.2.3} + \text{etc.} = 0;$$

ce qui revient à résoudre le système des équations (1) et (4).

Par conséquent, si l'on élimine x entre les équations (1) et (4), l'équation finale en y sera l'équation cherchée.

444. L'équation proposée étant du degré m, l'équation aux différences est du degré $m(m-1)$; car le nombre de ses racines est égal au nombre des arrangements qu'on peut former avec m lettres a, b, c, etc., en les prenant deux à deux.

L'équation aux différences ne contient que des puissances paires de l'inconnue; car elle admet à la fois les racines $a-b$ et $b-a$; par conséquent ses racines sont deux à deux égales et de signes contraires.

Soit $m(m-1) = 2n$; l'équation aux différences étant de la forme

$$y^{2n} + B_1 y^{2n-2} + B_2 y^{2n-4} \ldots + B_n = 0,$$

on pourra poser $y^2 = z$, alors il viendra

$$z^n + B_1 z^{n-1} + B_2 z^{n-2} \dots + B_n = 0.$$

Cette dernière équation a pour racines les carrés des différences des racines de l'équation proposée ; on la nomme par cette raison l'*équation aux carrés des différences*.

445. On se sert principalement de l'équation aux différences pour obtenir, comme nous l'avons dit dans le n° **409**, une quantité moindre que la plus petite différence des racines d'une équation donnée ; à cet effet, on cherche une limite inférieure des racines positives de l'équation aux différences : cette limite est la quantité demandée.

On peut aussi chercher une limite inférieure des racines de l'équation aux carrés des différences, et prendre pour la quantité demandée la racine carrée de cette limite. On obtient souvent, de cette manière, une limite plus grande et qui est par conséquent préférable.

446. L'équation aux carrés des différences donne le moyen de reconnaître si l'équation proposée a des racines imaginaires.

Lorsque toutes les racines d'une équation sont réelles, l'équation aux carrés des différences a toutes ses racines réelles et positives ; par conséquent elle est complète et elle n'a que des variations de signes. (Nous supposons que l'équation proposée n'a pas de racines égales, de sorte que l'équation aux différences n'a pas de racines nulles.)

La proposition réciproque est également vraie ; c'est-à-dire que, si l'équation aux carrés des différences est complète, et si elle n'a que des variations, l'équation proposée a toutes ses racines réelles. En effet, si cette équation avait des racines imaginaires, elle en aurait au moins deux telles que $\alpha + \beta\sqrt{-1}$ et $\alpha - \beta\sqrt{-1}$; or, le carré de la différence de ces deux expressions étant $-4\beta^2$, l'équation aux carrés des différences aurait une racine négative, et puisqu'elle est complète, elle devrait avoir au moins une permanence, ce qui est contraire à l'hypothèse.

447. Lorsque l'équation proposée a toutes ses racines inégales, l'équation aux différences ne peut pas avoir de racines nulles; la réciproque est également vraie. Cette considération ramène au théorème du n° **396**; car, pour que le système des équations (1) et (4) admette des valeurs nulles de y, il est nécessaire et il suffit que les deux équations $f(x) = 0$ et $f'(x) = 0$ aient des racines communes.

448. Quand l'élimination de x entre les équations (1) et (4) fournit plusieurs équations partielles en y, ayant chacune pour racines quelques-unes des valeurs de y, on détermine une quantité moindre que la plus petite différence des racines de l'équation proposée, en cherchant les limites inférieures des racines de chaque équation partielle; et comme chaque différence doit se trouver à la fois dans le système de ces équations avec le signe + et avec le signe —, on peut prendre pour la quantité cherchée la plus petite limite inférieure des valeurs positives de y, ou la plus petite limite inférieure des valeurs négatives..

Si l'on n'avait pas fait les opérations nécessaires pour que les équations en y ne renfermassent pas de racines étrangères, on pourrait toujours se servir de ces équations pour déterminer la quantité dont nous venons de parler; seulement on serait exposé à obtenir une limite moindre que celle que l'on trouve quand les équations en y sont débarrassées des racines étrangères.

Quand on multiplie entre elles les équations partielles en y, afin d'obtenir une équation qui admette toutes les racines de ces équations partielles, on n'est pas en droit d'affirmer que l'équation à laquelle on parvient a pour racines toutes les différences que l'on formerait si l'on retranchait successivement chaque racine de l'équation proposée de toutes les autres; car il peut arriver que quelques-unes de ces différences soient égales entre elles; or, les explications que nous avons données dans le n° **441** ne fournissent pas le moyen de connaître combien de fois ces différences égales entreront dans les équations en y qui résulteront de l'élimination de x entre les équations (1) et (4). A la vérité, il sera facile d'apercevoir dans chaque exemple les précautions que l'on devra prendre, pour parvenir à une équation dont les racines soient toutes les différences égales ou inégales des racines de l'équation donnée. Mais quand on voudra former une équation qui satisfasse à cette condition, il sera préférable de recourir à la méthode que nous exposerons dans le chapitre XVII.

449. Si l'on applique ce que nous venons de dire sur les équations aux différences et aux carrés des différences, à l'équation générale du troisième degré

$$x^3 + px + q = 0,$$

on trouvera que l'équation aux carrés des différences est

$$z^3 + 6pz^2 + 9p^2z + 4p^3 + 27q^2 = 0.$$

On en conclut, d'après le n° **446**, que les conditions nécessaires et suffisantes pour que l'équation proposée ait toutes ses racines réelles sont celles-ci : $p < 0$, $4p^3 + 27q^2 < 0$; ce qui s'accorde avec ce qu'on a vu dans le n° **413**, (4e *ex.*).

CHAPITRE SEIZIÈME.

DES DIVISEURS DU SECOND DEGRÉ. DE L'ABAISSEMENT DES ÉQUATIONS. ÉQUATIONS RÉCIPROQUES. ÉQUATIONS BINOMES ET TRINOMES. ÉQUATIONS IRRATIONNELLES.

Des diviseurs du second degré.

480. Soit l'équation

$$x^m + Ax^{m-1} + Bx^{m-2} + Cx^{m-3} + \ldots = 0.$$

Si l'on veut trouver les diviseurs du second degré du premier membre de cette équation, on représentera l'un quelconque de ces diviseurs par le trinome

$$x^2 + px + q.$$

En effectuant la division du premier membre de l'équation par x^2+px+q, on parviendra à un reste du premier degré en x. Représentons ce reste par $Px+Q$, P et Q désignant des quantités qui renfermeront les coefficients inconnus p et q. Pour que le trinome x^2+px+q soit un diviseur du premier membre de l'équation proposée, il faudra que le reste $Px+Q$ soit nul, x restant indéterminé ; ce qui exigera qu'on ait séparément $P=0$, $Q=0$. Les différents couples de valeurs qu'on obtiendra pour p et q, au moyen de ces deux équations, feront connaître tous les diviseurs du second degré de l'équation proposée.

Le nombre des diviseurs du second degré étant $\frac{1}{2}m(m-1)$ (n° **370**), si l'on élimine p ou q entre les deux équations $P=0$, $Q=0$, l'équation finale devra être du degré $\frac{1}{2}m(m-1)$; et comme ce nombre est plus grand que m, toutes les fois que m surpasse 3, il s'ensuit que la détermination des diviseurs du second degré offrira généralement plus de difficultés que la résolution de l'équation proposée.

On a vu que les facteurs correspondants à deux racines imaginaires conjuguées d'une équation produisent un facteur réel du second degré (n° 372, coroll. II) ; par conséquent il existera toujours des couples de valeurs réelles de p et q qui satisferont aux équations $P = 0$, $Q = 0$; et le nombre de ces couples sera au moins égal à $\frac{1}{2}m$, ou à $\frac{1}{2}(m-1)$, selon que m sera un nombre pair ou un nombre impair. En déterminant tous les couples de valeurs réelles de p et q, on obtiendra tous les diviseurs réels du second degré de l'équation proposée ; et l'on en déduira les racines imaginaires de cette équation.

S'il existe des couples de valeurs commensurables de p et de q qui satisfassent aux équations $P = 0$, $Q = 0$, il sera facile de les déterminer ; on connaîtra par là tous les diviseurs commensurables du second degré de l'équation proposée, et l'on ramènera ainsi la résolution de l'équation à celle d'une équation de degré moindre et de plusieurs équations du second degré.

481. Pour donner quelques exemples de la méthode qui vient d'être exposée, considérons d'abord l'équation

$$(1) \qquad x^3 + ax + b = 0.$$

En divisant le premier membre par $x^2 + px + q$, on parvient au reste

$$(p^2 - q + a)x + pq + b.$$

Il faut donc poser les deux équations

$$p^2 - q + a = 0, \quad pq + b = 0.$$

En éliminant q entre ces deux équations, on obtient la suivante :

$$(2) \qquad p^3 + ap + b = 0.$$

Celle-ci n'étant autre que l'équation (1), dans laquelle a est remplacé par p, les valeurs de p sont les racines mêmes de l'équation proposée.

L'explication de ce fait est facile : si l'on représente par α, β, γ, les racines de l'équation (1), les diviseurs cherchés seront

$$(x-\alpha)(x-\beta),\ (x-\alpha)(x-\gamma),\ (x-\beta)(x-\gamma);$$

les diverses valeurs de p seront donc

$$-(\alpha+\beta),\ -(\alpha+\gamma),\ -(\beta+\gamma);$$

mais l'équation proposée étant privée du second terme, on a

$$\alpha+\beta+\gamma=0,$$

et de là on conclut

$$-(\alpha+\beta)=\gamma,\ -(\alpha+\gamma)=\beta,\ -(\beta+\gamma)=\alpha.$$

482. Considérons encore l'équation

$$(3)\qquad x^4+ax^2+bx+c=0.$$

En divisant le premier membre par x^2+px+q, on parvient au reste

$$(b-ap+2pq-p^3)x+c-aq+q^2-p^2q.$$

Il faut donc poser les deux équations

$$p^3-2pq+ap-b=0,\ q^2-(a+p^2)q+c=0.$$

La première équation donne

$$(4)\qquad q=\frac{p^3+ap-b}{2p},$$

et la substitution de cette valeur dans la seconde équation conduit à

$$(5)\qquad p^6+2ap^4+(a^2-4c)p^2-b^2=0.$$

Cette équation est du sixième degré ; mais comme elle ne contient que des puissances paires de l'inconnue p, on la ramènera à une équation du troisième degré en posant $p^2=z$.

Il était facile de prévoir cette réduction ; car les six valeurs de p doivent être les sommes deux à deux des quatre racines de l'équation proposée ; or, la somme de ces racines étant nulle, la somme de deux quelconques d'entre elles est égale et de signe contraire à la somme des deux autres ; l'équation qui détermine p ne doit donc contenir que des puissances paires de l'inconnue.

Si l'on prend l'équation complète

$$x^4 + ax^3 + bx^2 + cx + d = 0,$$

en lui appliquant des calculs semblables à ceux que nous venons de faire, on obtiendra, pour déterminer p, une équation complète du sixième degré ; mais en faisant disparaître le second terme de cette équation, c'est-à-dire le terme affecté de la cinquième puissance de l'inconnue p (n° 375), les puissances impaires de p disparaîtront en même temps, de sorte qu'on obtiendra une équation réductible au troisième degré. Nous laissons au lecteur à chercher l'explication de ce fait.

Le dernier terme de l'équation (5) étant essentiellement négatif, cette équation a nécessairement deux racines réelles, l'une positive, l'autre négative (n° 356) ; d'ailleurs, pour chaque valeur réelle de p, on obtient une valeur réelle de q. La proposition qu'une équation dont les coefficients sont réels admet toujours des facteurs réels du second degré, se trouve ainsi établie pour l'équation du quatrième degré, indépendamment des théorèmes généraux que nous avons démontrés à ce sujet.

453. Quand on a $b = 0$, l'équation (3) devient

$$x^4 + ax^2 + c = 0\,;$$

les équations (4) et (5) se réduisent alors à

$$q = \frac{p^3 + ap}{2p},\quad p^6 + 2ap^4 + (a^2 - 4c)p^2 = 0.$$

La seconde équation a deux racines nulles ; et en faisant $p = 0$ dans la valeur de q, on trouve $q = \frac{0}{0}$. Si l'on supprime d'abord le facteur p, dans les deux termes de la valeur de q, en faisant ensuite $p=0$, on obtient $q=\frac{1}{2}a$; or cette valeur de q ne convient pas à la question ; car, pour $p=0$, $q=\frac{1}{2}a$, le trinome x^2+px+q devient $x^2+\frac{1}{2}a$, et cette quantité n'est point un diviseur exact de x^4+ax^2+c, à moins que l'on n'ait $a^2-4c=0$, ce qu'on ne suppose pas.

L'expression générale de q se trouvant en défaut dans le cas que nous examinons, il faut remonter aux équations d'où on l'a déduite, savoir :

$$p^3-2pq+ap-b=0,\ q^2-(a+p^2)q+c=0.$$

Comme on a $b=0$, la première équation devient

$$p^3-2pq+ap=0\ ;$$

on satisfait donc aux deux équations, soit en posant

$$p=0,\ q^2-(a+p^2)q+c=0,$$

soit en posant

$$p^2-2q+a=0,\ q^2-(a+p^2)q+c=0.$$

Le premier système donne

$$q=\tfrac{1}{2}a\pm\sqrt{\tfrac{1}{4}a^2-c}.$$

Dans le second système, la première équation donne $q=\dfrac{a+p^2}{2}$, et la substitution de cette valeur dans la seconde équation conduit à

$$p^4+2ap^2+a^2-4c=0.$$

Lorsque l'on a $a^2-4c>0$, la formule $q=\frac{1}{2}a\pm\sqrt{\frac{1}{4}a^2-c}$ détermine deux valeurs réelles de q. Quand on a, au contraire $a^2-4c<0$, ces valeurs sont imaginaires; mais, dans ce cas, l'équation $p^4+2ap^2+a^2-4c=0$ détermine deux valeurs réelles de p, et pour chacune de ces valeurs on obtient une valeur réelle de q.

484. On pourrait se proposer de déterminer les facteurs du troisième degré d'une équation, ceux du quatrième degré, etc.;

mais cette recherche serait sans utilité : elle dépendrait d'ailleurs de la résolution d'un système d'équations dans lequel le nombre des inconnues serait égal au degré des diviseurs que l'on voudrait obtenir.

Résolution générale de l'équation du quatrième degré.

455. Les calculs que nous avons indiqués pour déterminer les diviseurs du second degré, conduisent à la résolution de l'équation générale du quatrième degré.

Reprenons l'équation

$$(1) \qquad x^4 + ax^2 + bx + c = 0.$$

Si l'on fait $p^2 = z$, dans l'équation (5) du n° **452**, il vient

$$(2) \qquad z^3 + 2az^2 + (a^2 - 4c)z - b^2 = 0.$$

Cette équation étant du troisième degré, on pourra obtenir les expressions générales de ses racines (n° **216**) ; en les désignant par $4z'$, $4z''$, $4z'''$, les valeurs de p seront $\pm 2\sqrt{z'}$, $\pm 2\sqrt{z''}$, $\pm 2\sqrt{z'''}$. Mais les valeurs de p peuvent aussi être exprimées au moyen des quatre racines de l'équation (1) ; et si l'on représente celles-ci par α, β, γ, δ, en observant que leur somme doit être nulle, on trouve, pour les six valeurs de p, $\pm(\alpha+\beta)$, $\pm(\alpha+\gamma)$, $\pm(\alpha+\delta)$. On a donc

$$\alpha + \beta = \pm 2\sqrt{z'}, \quad \alpha+\gamma = \pm 2\sqrt{z''}, \quad \alpha+\delta = \pm 2\sqrt{z'''}.$$

On déduit de là, en ayant toujours égard à la relation $\alpha+\beta+\gamma+\delta = 0$,

$$(3) \qquad \alpha = \pm\sqrt{z'} \pm \sqrt{z''} \pm \sqrt{z'''}.$$

Comme α désigne l'une quelconque des quatre racines de l'équation (1), la formule (3) doit donner à la fois les expressions des quatre racines. D'un autre côté, l'équation (2) ne renfermant que le carré de b, elle reste la même quand on considère, au lieu de l'équation (1), l'équation ..... $x^4 + ax^2 - bx + c = 0$. La formule (3) doit donc donner aussi les racines de cette dernière équation. On voit, en effet, qu'en raison du double signe de chaque radical, l'expression de α admet huit déterminations différentes. Pour exclure les racines de l'équation $x^4 + ax^2 - bx + c = 0$, il faut remarquer qu'en multipliant entre elles les trois quantités $\alpha + \beta$, $\alpha + \gamma$, $\alpha + \delta$, on obtient un produit qui se compose de la somme des produits trois à trois des racines α, β, γ, δ, augmentée de la quantité $\alpha^3 + \alpha^2\beta + \alpha^2\gamma + \alpha^2\delta$; cette dernière quantité étant nulle, puisqu'elle revient à $\alpha^2(\alpha+\beta+\gamma+\delta)$, il en résulte que le produit $(\alpha+\beta)(\alpha+\gamma)(\alpha+\delta)$ est égal à la somme des produits trois à trois des racines α, β, γ, δ; or, cette somme est égale à $-b$; par conséquent on ne doit admettre dans la formule (3) que les combinaisons de signes des radicaux qui satisfont à la condition que le produit de ces trois radicaux ait le signe contraire à celui de b.

Supposons que les déterminations des trois radicaux représentées par $+\sqrt{z'}$, $+\sqrt{z''}$ et $+\sqrt{z'''}$, soient telles que leur produit ait le même signe que b; alors les quatre racines de l'équation (1) seront exprimées comme il suit :

$$(4) \quad \begin{cases} +\sqrt{z'} + \sqrt{z''} - \sqrt{z'''}, \\ +\sqrt{z'} - \sqrt{z''} + \sqrt{z'''}, \\ -\sqrt{z'} + \sqrt{z''} + \sqrt{z'''}, \\ -\sqrt{z'} - \sqrt{z''} - \sqrt{z'''}, \end{cases}$$

456. L'équation (2) a nécessairement une racine positive, puisque son dernier terme est négatif. Les deux autres racines doivent avoir le même signe; car le produit des trois racines est positif. Ces deux racines peuvent aussi être imaginaires.

La formule (3) montre que, lorsque les trois racines de l'équation (2) sont positives, l'équation (1) a toutes ses racines réelles. Réciproquement, l'équation (1) ne peut avoir toutes ses racines réelles, à moins que l'équation (2) n'ait ses trois racines positives ; car les racines de l'équation (2) étant les carrés des sommes deux à deux des racines de l'équation (1), si les racines de l'équation (1) sont toutes réelles, les sommes deux à deux de ces racines seront aussi réelles, par conséquent les carrés de ces sommes seront positifs.

Si les racines z', z'', z''', sont positives, le produit..... $(+\sqrt{z'})\times(+\sqrt{z''})\times(+\sqrt{z'''})$ sera positif; par conséquent les expressions (4) conviendront seulement au cas où b sera positif. Si b est négatif, on devra changer dans ces expressions le signe de l'un des radicaux.

Supposons maintenant que les racines z'' et z''' soient négatives. Dans ce cas les radicaux $+\sqrt{z''}$ et $+\sqrt{z'''}$ peuvent être remplacés par $h\sqrt{-1}$ et $k\sqrt{-1}$, h et k désignant des quantités positives; le produit $(+\sqrt{z'})\times(+\sqrt{z''})\times(+\sqrt{z'''})$ devient donc $-hk\sqrt{z'}$; ainsi, pour que ce produit ait le même signe que b, il faudra prendre pour $+\sqrt{z'}$ la détermination dont le signe est contraire à celui de b. De cette manière, les quatre racines seront

$$+\sqrt{z'}+(h-k)\sqrt{-1},$$
$$+\sqrt{z'}-(h-k)\sqrt{-1},$$
$$-\sqrt{z'}+(h+k)\sqrt{-1},$$
$$-\sqrt{z'}-(h+k)\sqrt{-1}.$$

Ces quatre racines sont imaginaires, à moins que l'on n'ait $h=k$; alors les deux premières expressions se réduisent à la quantité réelle $\sqrt{z'}$.

Supposons enfin que les deux racines z'' et z''' soient imaginaires; on aura $z''=h+k\sqrt{-1}$ et $z'''=h-k\sqrt{-1}$. Les deux valeurs de $\sqrt{z''}$ pourront être exprimées par $\pm(m+n\sqrt{-1})$ (n° **211**), et celles de $\sqrt{z'''}$ seront..... $\pm(m-n\sqrt{-1})$. Si l'on prend pour $+\sqrt{z''}$ et $+\sqrt{z'''}$ les deux expressions conjuguées $m+n\sqrt{-1}$ et $m-n\sqrt{-1}$, on aura $(+\sqrt{z''})\times(+\sqrt{z'''})=m^2+n^2$. Ainsi, pour que le produit $(+\sqrt{z'})\times(+\sqrt{z''})\times(+\sqrt{z'''})$ ait le même signe que b, il faudra prendre pour $+\sqrt{z'}$ la détermination dont le signe sera le même que celui de b. De cette manière les quatre racines seront

$$-\sqrt{z'+2m},\ -\sqrt{z'-2m},\ +\sqrt{z'+2n\sqrt{-1}},\ +\sqrt{z'-2n\sqrt{-1}}.$$

Les deux premières racines sont réelles, les deux autres sont imaginaires.

Remarque. L'équation (2) est appelée la *réduite* de l'équation (1).

De l'abaissement des équations.

457. On a vu que, lorsqu'une équation contient des racines égales, elle se partage en plusieurs autres équations de degrés moindres; on dit alors que l'équation proposée est susceptible d'*abaissement*. On peut également parvenir à abaisser le degré d'une équation, quand on sait que quelques-unes des racines de cette équation doivent satisfaire à des conditions particulières.

458. Supposons que l'on sache qu'il existe entre deux racines a et b d'une équation $f(x)=0$, une relation exprimée par l'équation

$$(1) \qquad pa+qb=r.$$

Puisque a et b sont deux racines de l'équation $f(x)=0$, on devra avoir $f(a)=0$, $f(b)=0$. Si l'on substitue dans $f(b)=0$ la valeur de b tirée de l'équation (1), il vient $f\left(\frac{r-pa}{q}\right)=0$. La quantité a doit donc vérifier à la fois les deux équations $f(x)=0$ et $f\left(\frac{r-px}{q}\right)=0$. Par conséquent les premiers membres de ces équations devront avoir un commun diviseur qui, étant égalé à zéro, déterminera la racine a.

Désignons par D le plus grand commun diviseur des polynomes $f(x)$ et $f\left(\frac{r-px}{q}\right)$, et soit a une valeur de x qui satisfait à l'équation $D=0$; cette valeur sera une racine commune aux deux équations $f(x)=0$ et $f\left(\frac{r-px}{q}\right)=0$; or $f\left(\frac{r-pa}{q}\right)$ étant nul, $\frac{r-pa}{q}$ sera une racine de $f(x)=0$; donc, si l'on désigne par b cette racine, les quantités a et b seront deux racines de $f(x)=0$ qui satisferont à la relation $pa+qb=r$.

S'il existe dans l'équation $f(x)=0$ une racine c telle que l'on ait $\frac{r-pc}{q}=c$, ou $pc+qc=r$, cette racine devra aussi être donnée par l'équation $D=0$. Dans ce cas, si l'on substitue la racine c dans la relation (1), on trouvera pour la seconde racine la même quantité c ; mais on ne devra pas conclure de là que la racine c entre deux fois dans l'équation $f(x)=0$; car il suffit que cette équation admette une seule fois la racine c, pour que cette racine satisfasse aussi à l'équation $f\left(\frac{r-px}{q}\right)=0$, et par conséquent à l'équation $D=0$. Il est d'ailleurs facile de voir que, si la racine c entre plusieurs fois dans l'équation $f(x)=0$, elle entrera le même nombre de fois dans $D=0$; car les racines de l'équation $f\left(\frac{r-px}{q}\right)=0$ sont les valeurs de x qu'on trouverait en égalant successivement $\frac{r-px}{q}$ à chacune des racines de $f(x)=0$; ainsi les racines communes aux deux équations $f\left(\frac{r-px}{q}\right)=0$ et $f(x)=0$, ou les racines de $D=0$, sont toutes celles de $f(x)=0$ pour lesquelles l'expression $\frac{r-px}{q}$ devient égale à une de ces racines.

459. Quand on a $p=q$, la relation (1) devient $a+b=s$, en posant pour abréger $\frac{r}{p}=s$. Dans ce cas, les deux racines a et b entrant de la même manière dans la relation donnée, l'équation $D=0$ ne doit pas déterminer plutôt l'une de ces racines que l'autre ; ainsi elle doit les donner toutes les deux.

Cette équation doit donner en outre toutes les racines de l'équation proposée qui satisfont à la relation $x+x=s$, d'où $x=\frac{1}{2}s$.

Si l'équation $f(x)=0$ ne comprend que des racines égales à $\frac{1}{2}s$, et d'autres qui forment des couples tels que la somme des racines de chaque couple soit égale à s, la transformée qu'on déduira de l'équation $f(x)=0$, en vertu de la relation $a+b=s$, et qui est $f(s-x)=0$, sera identique avec la proposée ; ainsi, l'on ne pourra plus faire usage de la méthode que nous venons d'exposer.

Dans ce cas, si l'on supprime d'abord les racines égales à $\frac{1}{2}s$, l'équation résultante pourra se décomposer en facteurs du second degré de la forme x^2-sx+z, z représentant le produit de deux racines a et b pour lesquelles on aura $a+b=s$. En divisant le premier membre de l'équation proposée par x^2-sx+z, on parviendra à un reste du premier degré $Px+Q$, P et Q étant des polynomes qui ne renfermeront d'inconnue que z. La division devant se faire exactement, il faudra que l'on ait $P=0$, $Q=0$; les polynomes P et Q admettront donc un diviseur commun qui, égalé à zéro, déterminera la valeur de z. L'équation $x^2-sx+z=0$ fournira ensuite les valeurs correspondantes de x.

On peut également faire usage de ce procédé, quand il n'y a qu'une partie des racines de l'équation proposée qui satisfont à la relation $a+b=s$.

460. Supposons actuellement que l'on sache que trois racines a, b, c, de l'équation $f(x)=0$, doivent satisfaire à la relation $pa+qb+rc=s$, p, q, r, s, étant des quantités connues. Il faudra joindre à cette relation les trois équations $f(a)=0$, $f(b)=0$, $f(c)=0$. En éliminant b et c entre les deux dernières équations et la relation $pa+qb+rc=s$, on obtiendra une équation qui ne contiendra que a, et qui devra être vérifiée en même temps que l'équation $f(a)=0$. Ces deux équations admettront donc un commun diviseur qui, égalé à zéro, fera connaître la racine a. Si l'on a $p=q$, le diviseur commun devra donner en même temps les racines a et b, de sorte qu'il sera du second degré ; si l'on a $p=q=r$, ce diviseur commun sera du troisième degré.

461. Ce que nous venons de dire, par rapport à des relations exprimées par des équations du premier degré, s'applique à des relations quelconques ; et les difficultés que l'on peut rencontrer dans les questions de cette nature, ne consistent que dans les éliminations qu'il faut effectuer.

« En général, dit M. Lacroix, l'abaissement a lieu lors-
» qu'on obtient, entre les inconnues d'un problème possible,
» plus d'équations qu'il ne renferme d'inconnues, ce à quoi
» l'on parvient souvent en considérant le problème proposé
» sous plusieurs faces; on trouve alors entre une même in-
» connue deux équations finales qui, devant s'accorder entre
» elles, ont un diviseur commun, duquel on tire la solution
» la plus simple dont le problème soit susceptible. »

462. Il arrive quelquefois que l'on a besoin d'assigner les relations qui doivent exister entre des coefficients indéterminés d'une équation, pour qu'elle admette des racines qui satisfassent à des conditions données. On suit alors une marche analogue à celle que nous avons tracée dans le n° **459** : les relations qu'on doit établir entre les racines font connaître la forme d'un facteur de l'équation ; on divise le premier membre par ce facteur, et l'on exprime que la division se fait exactement, en égalant séparément à zéro les coefficients des diverses puissances de x dans le reste, et la quantité indépendante de x. On obtient ainsi des équations de condition entre les coefficients de l'équation proposée. Si ces équations renferment en outre des quantités arbitraires qu'on a été obligé d'introduire pour former l'expression du facteur que l'équation doit admettre, il faut éliminer ces indéterminées pour parvenir aux relations cherchées.

Supposons, par exemple, qu'on ait à exprimer qu'une équation qui contient des coefficients indéterminés admet trois fois la même racine. Si l'on représente cette racine par a, l'équation devra admettre le facteur $(x-a)^3$, ou...... $x^3-3ax^2+3a^2x-a^3$. On divisera le premier membre de l'équation par $x^3-3ax^2+3a^2x-a^3$, et l'on arrêtera la division quand on sera parvenu à un reste du second degré par rapport à x. Ce reste sera de la forme Px^2+Qx+R; P, Q, R étant des quantités qui contiendront les coefficients de l'équation proposée et la quantité arbitraire a. On posera les trois équations $P=0$, $Q=0$, $R=0$; et en éliminant a entre ces trois équations, on obtiendra deux équations de condition qui exprimeront les relations demandées entre les coefficients indéterminés de l'équation

Supposons encore qu'on demande les relations qui doivent exister entre les coefficients de l'équation.

$$x^4+px^3+qx^2+rx+s=0,$$

pour qu'elle admette deux racines égales et de signes contraires. L'équation devra avoir un facteur de la forme x^2-a^2. En divisant le premier membre par x^2-a^2, on parvient au reste du premier degré

$$(a^2p+r)x+a^4+qa^2+s;$$

pour que la division se fasse exactement, il faut que l'on ait

$$a^2p+r=0,\quad a^4+qa^2+s=0,$$

En éliminant a^2 entre ces deux équations, on trouve que la relation demandée est

$$r^2-pqr+p^2s=0.$$

Des équations réciproques.

463. On dit qu'une équation est *réciproque*, lorsqu'elle ne change pas quand on y remplace x par $\frac{1}{x}$.

Soit l'équation de degré pair

$$x^6+Px^5+Qx^4+Rx^3+Sx^2+Tx+U=0.$$

En remplaçant x par $\frac{1}{x}$, multipliant tous les termes par x^6, et divisant ensuite par U, on obtient l'équation

$$x^6 + \frac{T}{U} x^5 + \frac{S}{U} x^4 + \frac{R}{U} x^3 + \frac{Q}{U} x^2 + \frac{P}{U} x + \frac{1}{U} = 0.$$

Pour que cette seconde équation ne diffère pas de la première, il faut que l'on ait

$$\frac{1}{U} = U, \quad \frac{P}{U} = T, \quad \frac{Q}{U} = S, \quad \frac{R}{U} = R, \quad \frac{S}{U} = Q, \quad \frac{T}{U} = P.$$

La relation $\frac{1}{U} = U$ donne $U^2 = 1$, d'où $U = \pm 1$.

Quand on suppose $U = +1$, les autres relations deviennent

$$P = T, \quad Q = S, \quad R = R.$$

Si l'on suppose au contraire $U = -1$, on trouve que les autres relations deviennent

$$P = -T, \quad Q = -S, \quad R = -R \quad \text{ou} \quad R = 0.$$

Ainsi, pour qu'une équation de degré pair soit réciproque, il faut, si le terme du milieu ne manque pas, que les coefficients des termes également distants des extrêmes soient égaux; et si le terme du milieu manque, il faut que les coefficients des termes également distants des extrêmes soient égaux, ou qu'ils aient la même valeur numérique avec des signes contraires. Ces conditions sont suffisantes.

En opérant sur une équation de degré impair, comme nous venons de le faire sur l'équation générale du sixième degré, on reconnaît que, pour qu'une équation de degré impair soit réciproque, il faut et il suffit que les coefficients des termes également distants des extrêmes soient égaux, ou qu'ils aient la même valeur numérique avec des signes contraires.

464. Il résulte de la définition des équations réciproques que, si une semblable équation admet les racines a, b, c, etc., elle admet aussi les racines $\frac{1}{a}$, $\frac{1}{b}$, $\frac{1}{c}$, etc. ; par conséquent, si a est différent de $\frac{1}{a}$, b différent de $\frac{1}{b}$, c différent de $\frac{1}{c}$, etc., l'équation sera de degré pair ; en outre le dernier terme, qui sera égal au produit des racines, devra être $+1$.

D'un autre côté, si l'on a $a=\frac{1}{a}$, il en résultera $a^2=1$ et $a=\pm 1$.

Cela posé, en se rappelant que le produit des racines d'une équation est égal au dernier terme pris avec son signe ou en signe contraire, suivant que le degré de l'équation est pair ou impair, on conclut facilement des deux observations ci-dessus, qu'une équation réciproque de degré impair dont le dernier terme est $+1$ a nécessairement une racine égale à -1 ; qu'une équation réciproque de degré impair dont le dernier terme est -1 a une racine égale à $+1$; et qu'une équation réciproque de degré pair dont le dernier terme est -1, a une racine égale à -1 et une racine égale à $+1$. De sorte qu'en supprimant dans ces équations les racines $+1$ et -1, on les ramènera à d'autres équations réciproques de degré pair dans lesquelles les coefficients des termes également distants des extrêmes seront égaux et de même signe.

On arrive aux mêmes conclusions par l'inspection des équations. Soit d'abord l'équation

$$(1)\quad x^7+Px^6+Qx^5+Rx^4+Rx^3+Qx^2+Px+1=0.$$

On peut écrire cette équation comme il suit :

$$x^7+1+Px(x^5+1)+Qx^2(x^3+1)+Rx^3(x+1)=0.$$

On voit par là que le premier membre admet le facteur $x+1$, qui donne la racine -1 ; et en effectuant la division de chacun des binomes x^7+1, x^5+1, etc., par $x+1$, on parvient à l'équation

$$\begin{array}{r|r|r|r|r|l} x^6 - 1 & x^5 + 1 & x^4 - 1 & x^3 + 1 & x^2 - 1 & x + 1 = 0. \\ +P & -P & +P & -P & +P & \\ & +Q & -Q & +Q & & \\ & & +R & & & \end{array}$$

Considérons maintenant l'équation

$$(2) \quad x^7 + Px^6 + Qx^5 + Rx^4 - Rx^3 - Qx^2 - Px - 1 = 0.$$

On peut la mettre sous cette forme

$$x^7 - 1 + Px(x^5 - 1) + Qx^2(x^3 - 1) + Rx^3(x - 1) = 0.$$

De cette manière on voit que le premier membre admet le facteur $x - 1$, qui donne la racine $x = 1$; et en effectuant la division de chacun des binomes $x^7 - 1$, $x^5 - 1$, etc., par $x - 1$, on obtient l'équation

$$\begin{array}{r|r|r|r|r|l} x^6 + 1 & x^5 + 1 & x^4 + 1 & x^3 + 1 & x^2 + 1 & x + 1 = 0. \\ +P & +P & +P & +P & +P & \\ & +Q & +Q & +Q & & \\ & & +R & & & \end{array}$$

Soit enfin l'équation

$$(3) \quad x^6 + Px^5 + Qx^4 - Qx^2 - Px - 1 = 0.$$

On peut la mettre sous cette forme

$$x^6 - 1 + Px(x^4 - 1) + Qx^2(x^2 - 1) = 0.$$

On voit par là que le premier membre admet le facteur $x^2 - 1$, qui donne les racines $x = 1$ et $x = -1$; et en effectuant la division des binomes $x^6 - 1$, $x^4 - 1$ et $x^2 - 1$, par $x^2 - 1$, on obtient l'équation

$$\begin{array}{r|l} x^4 + Px^3 + 1 & x^2 + Px + 1 = 0. \\ +Q & \end{array}$$

468. Nous allons maintenant faire voir comment la résolution d'une équation réciproque de degré pair dont les coefficients également distants des extrêmes sont égaux et de même signe, peut être ramenée à la résolution d'une équation de degré moindre.

Les racines de l'équation se partageant en deux groupes tels que, si l'une des racines d'un de ces groupes est désignée par x, la racine correspondante de l'autre groupe sera $\frac{1}{x}$, et la somme $x + \frac{1}{x}$ restant la même quand on échange entre elles les quantités x et $\frac{1}{x}$, si l'on pose

$$(4) \qquad x + \frac{1}{x} = z,$$

les valeurs de l'inconnue z ne devront dépendre que d'une équation dont le degré sera sous-double de celui de la proposée.

Considérons l'équation réciproque du sixième degré

$$(5) \qquad x^6 + Px^5 + Qx^4 + Rx^3 + Qx^2 + Px + 1 = 0.$$

Pour obtenir l'équation qui donnera les valeurs de z, il faut éliminer x entre cette équation et l'équation (4) ; à cet effet, on divise tous les termes de l'équation (5) par x^3, ce qui change cette équation dans la suivante :

$$(6) \qquad x^3 + \frac{1}{x^3} + P\left(x^2 + \frac{1}{x^2}\right) + Q\left(x + \frac{1}{x}\right) + R = 0.$$

En élevant au carré les deux membres de l'équation (4), on trouve

$$x^2 + \frac{1}{x^2} = z^2 - 2.$$

En multipliant cette dernière équation par l'équation (4), il vient

$$x^3 + \frac{1}{x^3} = z^3 - 2z - \left(x + \frac{1}{x}\right) = z^3 - 3z.$$

Substituant dans l'équation (6) les valeurs de $x + \frac{1}{x}$, $x^2 + \frac{1}{x^2}$ et $x^3 + \frac{1}{x^3}$, on parvient à une équation en z du troisième degré.

Quand on aura trouvé les racines de cette équation, on obtiendra les valeurs de x, au moyen de l'équation (4), qui revient à celle-ci :

$$x^2 - zx + 1 = 0, \text{ d'où } x = \tfrac{1}{2}z \pm \sqrt{\tfrac{1}{4}z^2 - 1};$$

chaque valeur de z donnera deux valeurs de x, dont le produit sera égal à l'unité.

Pour exprimer les binomes $x + \frac{1}{x}$, $x^2 + \frac{1}{x^2}$, $x^3 + \frac{1}{x^3}$, etc., en fonction de z, au moyen de la relation $x + \frac{1}{x} = z$, on peut se servir d'une formule générale, à laquelle on parvient en multipliant $x^p + \frac{1}{x^p}$ par $x + \frac{1}{x}$. On a

$$\left(x^p + \frac{1}{x^p}\right)\left(x + \frac{1}{x}\right) = x^{p+1} + \frac{1}{x^{p+1}} + x^{p-1} + \frac{1}{x^{p-1}};$$

donc

$$(7)\quad x^{p+1} + \frac{1}{x^{p+1}} = \left(x^p + \frac{1}{x^p}\right)\left(x + \frac{1}{x}\right) - \left(x^{p-1} + \frac{1}{x^{p-1}}\right).$$

Les expressions des binomes $x + \frac{1}{x}$, $x^2 + \frac{1}{x^2}$, etc., se déduisent de la formule (7), en faisant successivement $p=1$, $p=2$, $p=3$, etc., et remplaçant chaque fois $x + \frac{1}{x}$ par z. Cette formule prouve que l'on obtiendra pour le binome $x^n + \frac{1}{x^n}$ une expression qui sera du degré n par rapport à z.

466. Pour donner un exemple, considérons l'équation

$$4x^6 - 24x^5 + 57x^4 - 73x^3 + 57x^2 - 24x + 4 = 0.$$

En divisant cette équation par x^3, et réunissant les termes également distants des extrêmes, on trouve

$$4\left(x^3 + \frac{1}{x^3}\right) - 24\left(x^2 + \frac{1}{x^2}\right) + 57\left(x + \frac{1}{x}\right) - 73 = 0.$$

Posant $x + \frac{1}{x} = z$, on a

$$x^2 + \frac{1}{x^2} = z^2 - 2, \qquad x^3 + \frac{1}{x^3} = z^3 - 3z,$$

et l'équation précédente devient

$$4z^3 - 24z^2 + 45z - 25 = 0.$$

Cette équation admet la racine 1, et en supprimant le facteur $z - 1$, on obtient une équation du second degré qui a deux racines égales à $\frac{5}{2}$. On en conclut que l'équation proposée a deux racines égales à 2, deux racines égales à $\frac{1}{2}$, et deux racines imaginaires qui sont $\frac{1}{2}(1 \pm \sqrt{-3})$.

467. Au lieu d'employer le procédé d'élimination que nous avons exposé dans le n° **465**, on pourrait faire usage de la méthode générale qui a été enseignée dans le chapitre XV. L'équation (4) revient, comme nous l'avons déjà fait remarquer, à $x^2 - zx + 1 = 0$. Si l'équation proposée est celle que nous avons considérée dans l'exemple ci-dessus, on trouvera qu'en représentant par $Mx + N$ le reste de la division du premier membre par $x^2 - zx + 1$, on a

$$M = 4z^5 - 24z^4 + 41z^3 - z^2 - 45z + 25,$$
$$N = -4z^4 + 24z^3 - 45z^2 + 25z.$$

Les polynomes M et N ont un commun diviseur qui est

$$4z^3 - 24z^2 + 45z - 25.$$

La division de $Mx + N$ par ce facteur donne le quotient $(z^2 - 1)x - z$. Pour achever l'élimination, on doit encore diviser $x^2 - zx + 1$ par $(z^2 - 1)x - z$; cette division conduit au reste 1. On obtiendra donc toutes les solutions communes à l'équation proposée et à l'équation $x^2 - zx + 1 = 0$, en mettant successivement dans la dernière équation toutes les valeurs de z fournies par l'équation $4z^3 - 24z^2 + 45z - 25 = 0$, qui est précisément celle que nous avons obtenue plus haut.

On peut remarquer aussi que le trinome $x^2 - zx + 1$ étant l'expression générale d'un diviseur du second degré de l'équation proposée, correspondant à deux racines dont le produit est l'unité, on formera l'équation qui donnera les valeurs de z en exprimant que le premier membre de l'équation proposée est divisible par $x^2 - zx + 1$. Cette considération conduit à des calculs qui ne diffèrent pas de ceux que nous venons d'expliquer. Il faut d'abord effectuer la division du premier membre de l'équation proposée par $x^2 - zx + 1$, en poussant les calculs jusqu'à ce qu'on ait un reste du premier degré $Mx + N$; on doit alors poser les équations $M = 0$, $N = 0$; et comme les valeurs de z doivent vérifier ces deux équations, il faut chercher le plus grand commun diviseur des polynomes M et N et l'égaler à zéro, ce qui donne l'équation en z.

M. Reynaud a considéré, dans la 8e édition de son *Traité d'Algèbre*, une classe d'équations analogues aux équations réciproques, qu'il a nommées *équations réciproques inverses*, et qui sont caractérisées par cette propriété qu'elles ne changent pas quand on y remplace x par $-\frac{1}{x}$. C'est aussi M. Reynaud qui a remarqué le premier qu'une équation est réciproque quand les coefficients des termes à égale distance des extrêmes sont égaux et de signes contraires.

Des équations binomes et des équations trinomes réductibles au second degré.

468. On donne le nom d'équations binomes à toutes les équations qui peuvent être ramenées à la forme

$$(1) \qquad x^m - A = 0,$$

A étant une quantité connue quelconque.

Les racines de l'équation (1) sont les diverses valeurs algébriques de l'expression $\sqrt[m]{A}$; or, quelle que soit la valeur réelle ou imaginaire de A, l'équation (1) admet m racines (n° 365); de plus, toutes ces racines sont inégales, car il n'existe aucun facteur commun entre le binome $x^m - A$ et sa fonction dérivée du premier ordre, qui est mx^{m-1}. Par conséquent le radical $\sqrt[m]{A}$, considéré algébriquement, admet m valeurs différentes les unes des autres. La proposition que nous avons énoncée dans le n° 215 est donc démontrée.

Soit a une des valeurs du radical $\sqrt[m]{A}$, c'est-à-dire une des racines de l'équation (1); on aura $a^m = A$; et si l'on pose $x = ay$, en substituant cette valeur de x dans l'équation et divisant chaque terme par a^m, on parvient à l'équation

$$(2) \qquad y^m - 1 = 0.$$

Ainsi, on obtiendra toutes les valeurs de $\sqrt[m]{A}$ en multipliant l'une quelconque d'entre elles par les m valeurs de $\sqrt[m]{1}$.

469. Supposons que le terme connu de l'équation binome soit une quantité réelle, et représentons ce terme par $\pm A$, A étant une quantité positive. L'équation (1) devient alors

$$(3) \qquad x^m \mp A = 0;$$

Soit a la valeur arithmétique de $\sqrt[m]{A}$; en posant $x = ay$ on ramènera l'équation (3) à la suivante :

$$(4) \qquad y^m \mp 1 = 0.$$

L'équation (4) étant réciproque, on la résoudra au moyen de ce qui a été dit dans les n°s 464 et 465.

Supposons d'abord que m soit un nombre impair $2n + 1$, et considérons en premier lieu l'équation

$$(5) \qquad y^{2n+1} - 1 = 0.$$

Cette équation a une racine égale à 1. Elle n'a pas d'autre racine réelle; car elle ne peut être vérifiée par une valeur négative de y; et si l'on donne à y une valeur positive différente de 1, y^{2n+1} ne sera pas égal à 1.

En divisant le premier membre par $y - 1$, on obtient l'équation

$$(6) \qquad y^{2n} + y^{2n-1} + y^{2n-2} \ldots + y^2 + y + 1 = 0.$$

La résolution de cette équation dépendra de celle d'une équation de degré sous-double (n° **465**).

L'équation $y^{2n+1}+1=0$ a une racine égale à -1. Les autres racines sont imaginaires ; pour les obtenir, on supprimera dans l'équation le facteur $y+1$, ce qui conduira à une équation réciproque du degré $2n$. On peut aussi remarquer que lorsque l'on connaît les racines de l'équation $y^{2n+1}-1=0$, il suffit de changer les signes de ces racines pour avoir celles de l'équation $y^{2n+1}+1=0$.

Supposons maintenant que m soit un nombre pair $2n$. L'équation $y^{2n}-1=0$ a deux racines réelles, $+1$ et -1. Les autres racines sont imaginaires ; pour les obtenir on pourra diviser l'équation par y^2-1 ; on sera ainsi conduit à une équation réciproque du degré $2n-2$ qui ne contiendra que les puissances paires de y. Mais on parviendra plus simplement à la résolution de l'équation dont il s'agit actuellement, si l'on remarque que $y^{2n}-1$ étant le produit de y^n-1 par y^n+1, il suffit de résoudre séparément les deux équations $y^n-1=0$ et $y^n+1=0$.

L'équation $y^{2n}+1=0$ n'a que des racines imaginaires ; on la ramène à une équation de degré sous-double en posant $y+\frac{1}{y}=z$. On peut aussi faire dépendre la résolution de l'équation $y^{2n}+1=0$ de celle d'une équation binome de degré impair, en suivant la marche qui a été indiquée dans les nos **213** et **214**.

470. Il est à remarquer qu'après la suppression des racines réelles de l'équation $y^m \mp 1=0$, en posant $y+\frac{1}{y}=z$, l'équation en z a toujours toutes ses racines réelles. Pour le démontrer, représentons par $\alpha+\beta\sqrt{-1}$ une des valeurs imaginaires de y, l'inverse de cette valeur sera $\frac{1}{\alpha+\beta\sqrt{-1}}$; or

$$\frac{1}{\alpha+\beta\sqrt{-1}}=\frac{\alpha-\beta\sqrt{-1}}{(\alpha+\beta\sqrt{-1})(\alpha-\beta\sqrt{-1})}=\frac{\alpha-\beta\sqrt{-1}}{\alpha^2+\beta^2}.$$

D'ailleurs $\alpha+\beta\sqrt{-1}$ étant une racine de l'équation $y^m \mp 1 = 0$, $\alpha-\beta\sqrt{-1}$ est aussi une racine de cette équation, de sorte qu'on a

$$(\alpha+\beta\sqrt{-1})^m = \pm 1, \quad (\alpha-\beta\sqrt{-1})^m = \pm 1,$$

d'où l'on conclut

$$[(\alpha+\beta\sqrt{-1})(\alpha-\beta\sqrt{-1})]^m = 1 \text{ ou } (\alpha^2+\beta^2)^m = 1;$$

et puisque $\alpha^2+\beta^2$ est une quantité positive, il faut que l'on ait $\alpha^2+\beta^2=1$. Donc

$$\frac{1}{\alpha+\beta\sqrt{-1}} = \alpha-\beta\sqrt{-1}.$$

Cette dernière égalité fait voir que les diverses valeurs de l'expression $y+\frac{1}{y}$ sont toutes réelles.

471. On pourra appliquer ce qui précède aux exemples suivants :

1°. $y^5-1=0$. Les quatre racines imaginaires sont comprises dans la formule

$$y = \tfrac{1}{4}[-1 \pm \sqrt{5} \pm \sqrt{2(5 \pm \sqrt{5})} \times \sqrt{-1}].$$

2°. $y^5+1=0$. Les racines imaginaires de cette équation sont les valeurs de y données par la formule précédente, prises avec des signes contraires.

3° $y^6+1=0$. Les racines de cette équation sont

$$y=\pm\sqrt{-1}, \quad y=\frac{\sqrt{3}\pm\sqrt{-1}}{2}, \quad y=\frac{-\sqrt{3}\pm\sqrt{-1}}{2}.$$

4° $y^{12}-1=0$. Les racines de cette équation se composent de celles de la précédente, $y^6+1=0$, et de celles de l'équation $y^6-1=0$; cette dernière se partage elle-même dans les deux équations $y^3-1=0$, $y^3+1=0$.

472. En faisant usage des procédés que nous venons d'expliquer et de celui qui a été indiqué dans les nos **213** et **214**, on ne peut avoir les expressions exactes des racines de l'équation $y^m \mp 1 = 0$ que dans les cas où m est un des nombres 3 ou 5 ou le produit d'un de ces nombres par une puissance quelconque de 2 ; mais en se servant des lignes trigonométriques, on a un moyen simple d'obtenir ces racines, quelle que soit la valeur de m. Voyez à ce sujet les *Leçons de Géométrie analytique* de M. Lefébure de Fourcy.

473. On donne particulièrement le nom d'équations trinomes aux équations qui peuvent être ramenées à cette forme :

$$(7) \qquad x^{2m} + px^m + q = 0.$$

Si dans cette équation on pose $x^m = y$, il vient

$$y^2 + py + q = 0.$$

Soient α et β les deux racines de la dernière équation ; les valeurs de x dépendront des deux équations binomes

$$x^m = \alpha, \quad x^m = \beta.$$

Quand les quantités α et β sont réelles, la résolution de ces équations se ramène à celle de l'équation

$$x^m = \pm 1.$$

Quand α et β sont des expressions imaginaires, on ne peut obtenir les expressions exactes des racines de l'équation (7), par les procédés algébriques, que dans le cas où le degré m est une puissance de 2.

Des équations irrationnelles.

474. Lorsqu'on veut faire disparaître des radicaux contenus dans une équation, on égale chaque radical à une inconnue ; on obtient ainsi des équations qu'on peut immédiatement débarrasser des radicaux, en élevant les deux membres de chaque équation à la puissance marquée par l'indice du radical. Ces nouvelles équations, jointes à celles qu'on obtient en remplaçant dans l'équation primitive chaque radical par l'inconnue à laquelle on l'a égalé, forment un système d'équations rationnelles, au moyen duquel on parvient à l'équation cherchée en éliminant toutes les inconnues qui ont été introduites.

Soit, par exemple, l'équation

$$\sqrt[3]{4x+7}+2\sqrt{x-4}=1\,;$$

on pose

$$\sqrt[3]{4x+7}=y,\quad \sqrt{x-4}=z,$$

ce qui donne

$$4x+7=y^3,\quad x-4=z^2.$$

Il s'agit d'éliminer y et z entre les deux dernières équations et l'équation

$$y+2z=1.$$

La dernière équation donne $y=1-2z$, et en substituant $1-2z$ à la place de y dans l'équation $4x+7=y^3$, il vient

$$4x+7=1-6z+12z^2-8z^3.$$

En éliminant z entre la dernière équation et l'équation $x-4=z^2$, on parvient à l'équation

$$16x^3-184x^2+801x-1405=0.$$

On arrive au même résultat en faisant disparaître les radicaux dans l'équation proposée, par des formations successives de puissances; à cet effet on isole dans un membre le radical cubique, en écrivant l'équation comme il suit :

$$\sqrt[3]{4x+7}=1-2\sqrt{x-4}.$$

En élevant les deux membres au cube, et transposant les termes, on parvient à

$$(4x-13)\sqrt{x-4}=4x-27.$$

En élevant les deux membres de cette équation au carré, on obtient l'équation ci-dessus $16x^3-184x^2+$ etc. $=0$.

Cette équation admet une racine commensurable qui est 5. Les deux autres racines dépendent de l'équation........ $16x^2-104x+281=0$; elles sont imaginaires.

La racine réelle $x = 5$ ne convient pas à l'équation proposée, quand on considère seulement les valeurs arithmétiques des radicaux ; mais elle vérifierait cette équation si l'on y changeait le signe du radical $\sqrt{x-4}$.

En général, lorsqu'on a fait disparaître les radicaux contenus dans une équation, l'équation rationnelle à laquelle on parvient doit donner toutes les valeurs de l'inconnue qui conviennent à l'équation proposée et à toutes les équations qu'on peut en déduire, en ayant égard aux différentes déterminations des radicaux ; car en égalant chaque radical à une inconnue, et en élevant ensuite, dans chaque équation, à la puissance marquée par le degré du radical, on obtient des équations qui restent les mêmes pour toutes les déterminations des radicaux.

Il peut arriver qu'aucune des racines de l'équation finale produite par l'élimination des inconnues auxiliaires ne satisfasse à l'équation donnée, en considérant seulement les valeurs arithmétiques des radicaux ; dans ce cas l'équation, envisagée de cette manière, est impossible.

475. Les procédés que nous venons d'exposer peuvent aussi servir à former une équation rationnelle qui admette pour racine une expression irrationnelle donnée. On parvient alors à une équation dont les racines sont les diverses valeurs que prend l'expression proposée, quand on a égard à toutes les déterminations de chacun des radicaux qui y sont contenus.

Supposons, par exemple, que l'on demande de former une équation délivrée de radicaux qui admette pour racine l'expression

$$x = \sqrt[3]{a} + \sqrt[3]{b},$$

On pourra poser

$$\sqrt[3]{a} = y, \quad \sqrt[3]{b} = z,$$

d'où

$$a = y^3, \quad b = z^3 \quad \text{et} \quad x = y + z;$$

on obtiendra l'équation demandée par l'élimination de z entre les trois dernières équations.

On parviendra au même résultat en faisant disparaître les radicaux dans l'équation $x = \sqrt[3]{a} + \sqrt[3]{b}$, par des formations successives de puissances. Cette équation donne d'abord

$$x^3 = a + 3\sqrt[3]{a^2}\sqrt[3]{b} + 3\sqrt[3]{a}\sqrt[3]{b^2} + b,$$

ce qui peut s'écrire ainsi :

$$x^3 - a - b = 3\sqrt[3]{ab}(\sqrt[3]{a} + \sqrt[3]{b}).$$

En remplaçant $\sqrt[3]{a} + \sqrt[3]{b}$ par x, et en élevant ensuite les deux membres au cube, on obtient une équation du neuvième degré délivrée de radicaux.

On peut encore former l'équation cherchée d'après cette considération que les racines de cette équation sont les diverses valeurs de l'expression $\sqrt[3]{a} + \sqrt[3]{b}$, lorsque l'on combine de toutes les manières possibles les trois racines cubiques de a et les trois racines cubiques de b. Si l'on représente l'une des deux racines cubiques imaginaires de l'unité par α, l'autre est α^2 (n° **214**), et les combinaisons dont nous venons de parler fournissent neuf valeurs de x auxquelles correspondent les facteurs ci-après :

$$x - \sqrt[3]{a} - \sqrt[3]{b},\quad x - \sqrt[3]{a} - \alpha\sqrt[3]{b},\quad x - \sqrt[3]{a} - \alpha^2\sqrt[3]{b},$$
$$x - \alpha\sqrt[3]{a} - \sqrt[3]{b},\quad x - \alpha\sqrt[3]{a} - \alpha\sqrt[3]{b},\quad x - \alpha\sqrt[3]{a} - \alpha^2\sqrt[3]{b},$$
$$x - \alpha^2\sqrt[3]{a} - \sqrt[3]{b},\quad x - \alpha^2\sqrt[3]{a} - \alpha\sqrt[3]{b},\quad x - \alpha^2\sqrt[3]{a} - \alpha^2\sqrt[3]{b}.$$

Pour former le produit de ces facteurs, on remarquera que l'on a $\alpha^3 = 1$, et $1 + \alpha + \alpha^2 = 0$; la dernière relation résultant de ce que 1, α et α^2 sont les trois racines de l'équation $y^3 - 1 = 0$. En faisant après chaque multiplication partielle les réductions qui se présentent en vertu de ces deux égalités, on obtiendra pour le produit total une équation du neuvième degré en x qui ne contiendra aucun terme irrationnel.

CHAPITRE DIX-SEPTIÈME.

DES FONCTIONS SYMÉTRIQUES.

Évaluation des fonctions symétriques des racines d'une équation.

476. Une *fonction symétrique* de plusieurs quantités est une expression qui reste la même quand on change ces quantités les unes dans les autres. Il résulte de cette définition que

$$x^2y^3 + x^3y^2 + z^2x^3 + z^3x^2 + y^2z^3 + z^3y^2,$$

est une fonction symétrique des quantités x, y, z.

Pour représenter d'une manière abrégée cette fonction symétrique, on écrit un de ses termes, et on le fait précéder de la lettre T, de cette manière, $T(x^2y^3)$. De même le *terme* $T(a^mb^nc^p)$ représente une fonction symétrique dont chaque terme est composé de trois lettres, et qui est de la forme

$$a^mb^nc^p + a^mb^pc^n + a^nb^mc^p + \text{etc.}$$

Pour composer la fonction symétrique $T(a^mb^nc^p)$, on fait les arrangements, trois à trois, de toutes les lettres qui doivent entrer dans la fonction, et l'on affecte, dans chaque arrangement, la première lettre de l'exposant m, la seconde lettre de l'exposant n, et la troisième lettre de l'exposant p.

Quand les termes d'une fonction symétrique ont des coefficients constants, il faut que les coefficients soient égaux entre eux. Il suit de là que $T(\frac{2}{3}x^2y^3) = \frac{2}{3}T(x^2y^3)$.

On représente indifféremment par $T(a^n)$ ou par S_n, une fonction symétrique de la forme $a^n + b^n + c^n + \text{etc.}$

Les relations qui existent entre les coefficients d'une équation et les racines (n° **373**), font voir que les coefficients sont des fonctions symétriques des racines.

477. *Les sommes des puissances semblables et entières des racines d'une équation peuvent être exprimées rationnellement, au moyen des coefficients.*

Soit

$$(1) \quad x^m + A_1x^{m-1} + A_2x^{m-2} + A_3x^{m-3} \ldots + A_{m-1}x + A_m = 0.$$

l'équation proposée, dont les racines sont a, b, c, ... k. La division du premier membre de cette équation par $x-a$ donne le quotient (n° **363**)

$$\begin{array}{l|l|l} x^{m-1} + a & x^{m-2} + a^2 & x^{m-3} \ldots + a^{m-1} \\ \quad\quad + A_1 & \quad\quad + aA_1 & \quad\quad + a^{m-2}A_1 \\ & \quad\quad + A_2 & \quad\quad + a^{m-3}A_2 \\ & & \quad\quad \ldots\ldots\ldots \\ & & \quad\quad + A_{m-1}. \end{array}$$

Pour obtenir les quotients de la division du premier membre de l'équation (1), par $x-b$, par $x-c$, etc., il suffira de changer dans le quotient ci-dessus, a en b, c, etc. ; si l'on fait ensuite la somme de ces m quotients, et qu'on remplace, d'après la notation adoptée,

$$\begin{array}{lll} a + b + c \ldots\ldots + k & \text{par} & S_1, \\ a^2 + b^2 + c^2 \ldots\ldots + k^2 & \text{par} & S_2, \\ \ldots\ldots\ldots\ldots\ldots\ldots\ldots\ldots & & \\ a^m + b^m + c^m \ldots\ldots + k^m & \text{par} & S_m, \end{array}$$

on trouve l'expression suivante :

$$\begin{array}{l|l|l} mx^{m-1} + S_1 & x^{m-2} + S_2 & x^{m-3} \ldots + S_{m-1} \\ \quad\quad + mA_1 & \quad\quad + A_1S_1 & \quad\quad + A_1S_{m-2} \\ & \quad\quad + mA_2 & \quad\quad + A_2S_{m-3} \\ & & \quad\quad \ldots\ldots\ldots \\ & & \quad\quad + A_{m-1}. \end{array}$$

Or, cette expression n'est autre chose que le polynome dérivé du premier membre de l'équation proposée (n° 348) : elle doit donc être identiquement égale à

$$mx^{m-1} + (m-1)A_1x^{m-2} + (m-2)A_2x^{m-3} \ldots + A_{m-1}.$$

La comparaison des coefficients des mêmes puissances de x, dans ces deux expressions, fournit les $m-1$ équations suivantes :

$$(2)\quad \begin{cases} S_1 + A_1 = 0, \\ S_2 + A_1S_1 + 2A_2 = 0, \\ S_3 + A_1S_2 + A_2S_1 + 3A_3 = 0, \\ \ldots\ldots\ldots\ldots\ldots\ldots\ldots\ldots \\ S_{m-1} + A_1S_{m-2} + A_3S_{m-3} \ldots + (m-1)A_{m-1} = 0. \end{cases}$$

Pour obtenir les sommes S_m, S_{m+1}, S_{m+2}, etc., des puissances semblables dont les exposants surpassent $m-1$, on multiplie l'équation proposée par x^n ; il vient

$$x^{m+n} + A_1x^{m+n-1} + A_2x^{m+n-2} \ldots + A_{m-1}x^{n+1} + A_mx^n = 0\,;$$

remplaçant successivement x par chacune des racines a, b, c, ..., et ajoutant tous les résultats, on a

$$(3)\ S_{m+n} + A_1S_{m+n-1} + A_2S_{m+n-2} \ldots + A_{m-1}S_{n+1} + A_mS_n = 0.$$

Si l'on fait dans cette relation $n=0$, 1, 2, etc., on trouve, en remarquant que $S_0 = a_0 + b_0 + c_0 + \text{etc.} = m$,

$$(4)\quad \begin{cases} S_m + A_1S_{m-1} + A_2S_{m-2} \ldots + A_{m-1}S_1 + mA_m = 0, \\ S_{m+1} + A_1S_m + A_2S_{m-1} \ldots + A_{m-1}S_2 + A_mS_1 = 0, \\ S_{m+2} + A_1S_{m+1} + A_2S_m \ldots + A_{m-1}S_3 + A_mS_2 = 0, \\ \text{etc.} \end{cases}$$

Exemple. Calculer les sommes des puissances semblables et entières des racines de l'équation $x^4 - x^3 - 19x^2 + 49x - 30 = 0$.

On trouve

$$S_1 = 1,\quad S_2 = 39,\quad S_3 = -89,\quad S_4 = 723,$$
$$S_5 = -2849,\quad S_6 = 16419,\ \text{etc.}$$

Il est facile de vérifier ces résultats, en remarquant que les racines de l'équation proposée sont 1, 2, 3, -5.

478. *Les sommes des puissances semblables et négatives des racines d'une équation peuvent être exprimées rationnellement au moyen des coefficients.*

En effet, si l'on pose $x = \frac{1}{y}$, dans l'équation donnée, on obtient une transformée $y^m + a_1 y^{m-1} + a_2 y^{m-2} \ldots + a_m = 0$, dont les racines sont a^{-1}, b^{-1}, c^{-1}, etc. Or, si l'on substitue a_1, a_2, a_3, etc., à la place de A_1, A_2, A_3, etc., dans les formules (2) et (4), les valeurs qu'on obtiendra pour les quantités S_1, S_2, S_3, etc., seront les sommes des puissances négatives désignées par S_{-1}, S_{-2}, S_{-3}, etc.

En appliquant cette méthode à l'équation numérique ci-dessus, on trouve

$$S_{-1} = \tfrac{49}{30},\ S_{-2} = \tfrac{1261}{900},\ S_{-3} = \tfrac{31159}{27000}, \text{ etc.}$$

On pourrait aussi déterminer S_{-1}, S_{-2}, etc. en substituant $-n$ à la place de n, dans la formule (3); mais ce moyen serait moins simple que le précédent.

479. Les formules (2) et (4) donnent les valeurs de S_1, S_2, S_3, etc., en fonction des coefficients de l'équation (1), et réciproquement les coefficients A_1, A_2, A_3, etc., peuvent être exprimés en fonction des sommes des puissances semblables des racines.

480. *Toute fonction algébrique, rationnelle et symétrique des racines d'une équation, peut être exprimée rationnellement par les coefficients de cette équation.*

Soient a, b, c, ... k, les racines de l'équation

$$x^m + A_1 x^{m-1} + A_2 x^{m-2} \ldots + A_m = 0.$$

Commençons par déterminer la fonction symétrique à deux lettres $T(a^n b^p)$. A cet effet, multiplions l'une par l'autre les deux quantités

$$S_n = a^n + b^n + c^n + d^n + \ldots$$
$$S_p = a^p + b^p + c^p + d^p + \ldots$$

Il vient

$$S_n \times S_p = a^{n+p} + b^{n+p} + c^{n+p} + d^{n+p} + \dots$$
$$+ a^n b^p + a^n c^p + a^n d^p + b^n a^p + \dots$$

La première ligne du produit est égale à S_{n+p}.

La seconde ligne est une somme formée des $m(m-1)$ arrangements deux à deux des m racines; dans chaque terme, la première lettre est affectée de l'exposant n, et la seconde lettre est affectée de l'exposant p ; donc la seconde ligne est la fonction symétrique à deux lettres représentée par $T(a^n b^p)$.

Ainsi, on a

$$S_n \times S_p = S_{n+p} + T(a^n b^p),$$

d'où

$$(5) \qquad T(a^n b^p) = S_n \times S_p - S_{n+p}.$$

Déterminons maintenant la fonction symétrique à trois lettres $T(a^n b^p c^q)$. Il suffit, pour cela, de multiplier l'une par l'autre les deux quantités

$$T(a^n b^p) = a^n b^p + a^n c^p + a^n d^p + b^n a^p \dots .$$
$$S_q = a^q + b^q + c^q + d^q \dots .$$

Le résultat se compose de trois produits partiels différents : 1°. d'une somme de produits de deux lettres qui ont pour exposants $n+q$ et p, et qui est représentée par $T(a^{n+q} b^p)$; 2°. d'une somme de produits de deux lettres ayant pour exposants $p+q$ et n, et qui est représentée par $T(a^{p+q} b^n)$; 3°. enfin, d'une somme de produits de trois lettres différentes, qui est la fonction symétrique représentée par $T(a^n b^p c^q)$. Par conséquent, on a

$$T(a^n b^p) \times S_q = T(a^{n+q} b^p) + T(a^{p+q} b^n) + T(a^n b^p c^q),$$

et en remplaçant $T(a^n b^p)$, $T(a^{n+q} b^p)$, $T(a^{p+q} b^n)$, par leurs valeurs qu'on obtient au moyen de la formule (5), on trouve

$$(6) \quad T(a^n b^p c^q) = S_n S_p S_q - S_{n+p} S_q - S_{n+q} S_p - S_{p+q} S_n + 2S_{n+p+q}.$$

En suivant une marche semblable, on parviendra à exprimer successivement les fonctions symétriques à *quatre* lettres, *cinq* lettres, etc.

REMARQUE. Lorsque, dans une fonction symétrique à plusieurs lettres, quelques-uns des exposants deviennent égaux entre eux, les formules doivent être modifiées.

Soit $n=p$ dans la formule (5). La fonction symétrique $T(a^n b^p)$ se compose d'autant de termes que l'on peut faire d'arrangements deux à deux avec les m racines, et ces termes sont tous différents, lorsque les deux exposants sont différents; mais si ces exposants deviennent égaux, les termes dont se compose la fonction symétrique deviennent égaux deux à deux; de sorte que $T(a^n b^p)$ se réduit à $2T(a^n b^n)$, et la formule (5) donne

$$(7) \qquad T(a^n b^n) = \tfrac{1}{2}(S_n^2 - S_{2n}).$$

Soit encore $n=p$ dans la formule (6). Les termes de la fonction symétrique $T(a^n b^p c^q)$ deviennent, dans ce cas, égaux deux à deux, et la formule (6) se réduit à

$$(8) \qquad T(a^n b^n c^q) = \tfrac{1}{2}(S_n^2 S_q - S_{2n} S_q - 2S_{n+q} S_n + 2S_{2n+q}).$$

Si l'on suppose $n=p=q$, il est facile de voir que les termes de la fonction symétrique $T(a^n b^p c^q)$ seront égaux *six à six*, de sorte que cette fonction deviendra $6T(a^n b^n c^n)$, et la formule (6) donnera

$$(9) \qquad T(a^n b^n c^n) = \tfrac{1}{6}(S_n^3 - 3S_{2n} S_n + 2S_{3n}).$$

En général, lorsque α exposants deviennent égaux entre eux, il faut diviser la valeur primitive de la fonction par le produit $2.3.4\ldots\alpha$.

Équation aux carrés des différences.

481. Nous allons calculer, par les fonctions symétriques, l'équation aux carrés des différences des racines de l'équation donnée $x^m + A_1 x^{m-1} + A_2 x^{m-2} \ldots + A_m = 0$.

Soit $\frac{m(m-1)}{2}=n$; l'équation aux carrés des différences sera de la forme

$$z^n+B_1z^{n-1}+B_2z^{n-2}\ldots+B_n=0 \text{ (n° 444)},$$

et il s'agira de déterminer les coefficients inconnus B_1, B_2,..B_n.

Désignons par S_1, S_2, S_3, etc., les sommes des puissances semblables des m racines a, b, c, etc. de l'équation proposée, et par s_1, s_2, s_3, etc., les sommes des puissances semblables des n racines $(a-b)^2$, $(a-c)^2$, $(b-c)^2$, etc., de l'équation aux carrés des différences. La question sera résolue quand on aura des relations entre S_1, S_2, S_3, etc., et s_1, s_2, s_3, etc. ; car les sommes S_1, S_2, S_3, etc., pouvant être exprimées par les coefficients connus A_1, A_2, A_3, etc. (n° **477**), on connaîtra ainsi les sommes s_1, s_2, s_3, etc. ; et au moyen de ces dernières, on pourra évaluer les coefficients inconnus B_1, B_2, B_3, etc. (n° **479**).

Voici le procédé que Lagrange a employé dans son *Traité de la résolution des équations numériques*, pour obtenir s_1, s_2, etc., quand on connaît S_1, S_2, etc.

Le développement des puissances des binomes $(x-a)^{2p}$, $(x-b)^{2p}$, etc., donne l'égalité

$$(x-a)^{2p}+(x-b)^{2p}+(x-c)^{2p}+\text{etc.}=$$

$$mx^{2p}-2pS_1x^{2p-1}+\frac{2p(2p-1)}{1\cdot 2}S_2x^{2p-2}-\frac{2p(2p-1)(2p-2)}{1\cdot 2\cdot 3}S_3x^{2p-3}+\text{etc.}$$

Or, si l'on suppose successivement dans cette égalité $x=a$, b, c, etc., et que l'on ajoute tous les résultats, en désignant, d'après la notation adoptée, $(a-b)^{2p}+(a-c)^{2p}+$ etc. par s_p, on a

$$2s_p=mS_{2p}\ -2pS_1S_{2p-1}+\frac{2p(2p-1)}{1.2}S_2S_{2p-2}-\text{etc.}$$

Cette relation peut être simplifiée ; car dans le second membre, les termes qui sont également distants du terme du milieu sont égaux et ont le même signe; par conséquent, si l'on réunit les termes égaux, qu'on désigne par K le terme du milieu, qui est $\pm \frac{2p(2p-1)\ldots(p+1)}{1.2\ldots.p} S_p^2$, et qu'on divise les deux membres par 2, on aura

$$(1) \qquad s_p = mS_{2p} - 2pS_1S_{2p-1} + \frac{2p(2p-1)}{1.2} S_2S_{2p-2} \ldots + \frac{1}{2}K;$$

la valeur de K est positive ou négative, selon que p est un nombre pair ou un nombre impair.

Soit, comme exemple particulier, l'équation $x^3+px+q=0$, dont on demande l'équation aux carrés des différences.

L'équation cherchée sera de la forme

$$z^3 + B_1z^2 + B_2z + B_3 = 0.$$

Il s'agit de déterminer les coefficients B_1, B_2 et B_3. Or, les relations (2) et (4) du n° **477** donnent

$$(2) \qquad \begin{cases} B_1 = -s_1, \\ B_2 = \frac{1}{2}(s_1^2 - s_2), \\ B_3 = \frac{1}{6}(3s_1s_2 - 2s_3 - s_1^3). \end{cases}$$

Pour obtenir s_1, s_2, s_3, en fonction des sommes S_1, S_2, S_3, etc., on fera usage de la formule (1) ci-dessus, et l'on trouvera

$$(3) \qquad \begin{cases} s_1 = 3S_2 - S_1^2, \\ s_2 = 3S_4 - 4S_1S_3 + 3S_2^2, \\ s_3 = 3S_6 - 6S_1S_5 + 15S_2S_4 - 10S_3^2. \end{cases}$$

Il faut maintenant évaluer S_1, S_2, ... S_6, au moyen des coefficients p et q de l'équation donnée. Pour cela, on fait dans les relations (2) et (4) du n° **477**

$$A_1 = 0, \quad A_2 = p, \quad A_3 = q, \quad A_4 = 0, \quad A_5 = 0, \quad \text{etc.},$$

et on obtient

$$S_1 = 0, \quad S_2 = -2p, \quad S_3 = -3q,$$
$$S_4 = 2p^2, \quad S_5 = 5pq, \quad S_6 = 3q^2 - 2p^3;$$

ces valeurs de S_1, S_2, S_3, etc., substituées dans les relations (3) de la page précédente, donnent

$$s_1 = -6p,\quad s_2 = 18p^2,\quad s_3 = -66p^3 - 81q^2,$$

et la substitution des valeurs de s_1, s_2, s_3, dans les relations (2), donne

$$B_1 = 6p,\quad B_2 = 9p_2,\quad B_3 = 4p^3 + 27q^2.$$

Par conséquent, l'équation aux carrés des différences est

$$z^3 + 6pz^2 + 9p^2z + 4p^3 + 27q^2 = 0.$$

De l'élimination et du degré de l'équation finale.

482. Les propriétés des fonctions symétriques peuvent servir à effectuer l'élimination d'une inconnue entre deux équations.

Soient les deux équations à deux inconnues

$$(1)\qquad x^m + A_1x^{m-1} + A_2x^{m-2}\ldots + A_{m-1}x + A_m = 0,$$
$$(2)\qquad x^n + B_1x^{n-1} + B_2x^{n-2}\ldots + B_{n-1}x + B_n = 0.$$

La première est du degré m, la seconde du degré n, m n'est pas inférieur à n, et les coefficients A_1, A_2, A_3, etc., B_1, B_2, B_3, etc., sont des fonctions de y (n° **429**).

Supposons, pour un moment, qu'on ait résolu l'équation (1) par rapport à x, et que a, b, c, etc. soient les diverses valeurs de x (a, b, c, etc., étant des fonctions de y); si l'on fait successivement dans l'équation (2), $x=a$, $x=b$, $x=c$, etc., on obtiendra autant d'équations en y que l'équation (1) donne de valeurs pour x; ainsi on aura les m équations

$$(3)\quad \begin{cases} a^n + B_1a^{n-1} + B_2a^{n-2}\ldots + B_{n-1}a + B_n = 0,\\ b^n + B_1b^{n-1} + B_2b^{n-2}\ldots + B_{n-1}b + B_n = 0,\\ c^n + B_1c^{n-1} + B_2c^{n-2}\ldots + B_{n-1}c + B_n = 0,\\ \text{etc.}\end{cases}$$

Toutes les valeurs de y que fournit le système (3) conviennent aux équations (1) et (2). En effet, soit α' une racine de la première équation $a^n + B_1 a^{n-1} + \text{etc.} = 0$ de ce système, la substitution de α' à la place de y dans la fonction a, déterminera pour x une quantité α; ainsi les valeurs $y = \alpha'$, $x = \alpha$ satisferont nécessairement à l'équation (2); elles satisferont aussi à l'équation (1), car celle-ci est vérifiée par la seule substitution de $x = a$, quelle que soit y. Il est facile de voir que toute quantité qui, substituée à la place de y, ne satisfait pas à l'une des équations du système (3), n'est pas non plus une valeur de y convenable aux équations proposées.

Il suit de là qu'en multipliant entre eux les premiers membres des équations (3), et en égalant le produit à zéro, on aura l'*équation finale* en y. Comme les facteurs de ce produit restent les mêmes quand on change les quantités a, b, c, etc., les unes dans les autres, le produit ne renfermera que des fonctions symétriques de ces quantités, et il pourra être exprimé rationnellement par les coefficients A_1, A_2, A_3, etc., de l'équation (1).

Pour donner un exemple, nous allons chercher l'équation finale en y, en considérant deux équations que nous avons déjà traitées par le procédé du plus grand commun diviseur (exemple IV, page 470).

Ces équations sont

$$(y-2)x^2 - 2x + 5y - 2 = 0,$$
$$yx^2 - 5x + 4y = 0.$$

Désignons par a et b les valeurs de x tirées de la seconde équation (a et b étant des fonctions de y), et substituons successivement ces valeurs dans la première équation; il vient

$$(y-2)a^2 - 2a + 5y - 2 = 0,$$
$$(y-2)b^2 - 2b + 5y - 2 = 0.$$

Le produit de ces dernières équations, qui doit être l'équation finale en y, donne

$$(y-2)^2 T.a^2b^2 - 2(y-2)T.a^2b + (y-2)(5y-2)\,S_2 - 2(5y-2)S_1 + 4T.ab + (5y-2)^2 = 0.$$

On détermine les diverses fonctions symétriques au moyen des coefficiens de la seconde des équations proposées. On a

$$A_1 = -\frac{5}{y},\quad A_2 = 4,\quad A_3 = 0,$$

$$S_1 = \frac{5}{y},\quad S_2 = \frac{25-8y^2}{y^2},\quad S_3 = \frac{125-6y^2}{y^3},$$

$$T.ab = 4,\quad T(a^2b) = \frac{20}{y},\quad T(a^2b^2) = 16.$$

La substitution des valeurs de ces fonctions symétriques conduit, toute réduction faite, à l'équation finale

$$y^4 + 12y^3 + 87y^2 - 200y + 100 = 0.$$

483. *Lorsqu'on élimine une inconnue entre deux équations à deux inconnues, le degré de l'équation finale ne peut pas être supérieur au produit des nombres qui marquent les degrés des équations sur lesquelles on effectue l'élimination.*

Le produit des premiers membres des m équations du système (3) (page 517), se compose d'une somme de termes dont l'un est, par exemple,

$$B_h a^{n-h} \times B_k b^{n-k} \times B_l b^{n-l} \times \text{etc.}, \text{ ou } (B_h B_k B_l \ldots)(a^{n-h} b^{n-k} c^{n-l} \ldots),$$

et comme le produit total est une fonction symétrique des quantités a, b, c, etc., il en résulte que le coefficient $B_h B_k B_l \ldots$ affectera une somme composée de tous les termes qui entrent dans la fonction symétrique $T(a^{n-h} b^{n-k} c^{n-l} \ldots)$; il suffit donc de démontrer que le plus fort exposant de y dans la fonction symétrique $(B_h B_k B_l \ldots.) \times T(a^{n-h} b^{n-k} c^{n-l} \ldots.)$ ne surpasse pas mn.

Or, si l'on examine la composition des équations (2) et (4) qui donnent S_1, S_2, etc. (n° **477**), on voit que S_1 ne peut être que du premier degré en y, S_2 du deuxième degré, et en général, S, du degré p. Donc le produit $S_{n-h} \times S_{n-k} \times S_{n-l}\ldots$ est au plus d'un degré marqué par $n-h+n-k+n-l+$etc. ou $mn-(h+k+l+$etc.). Et, par suite, les formules (5) et (6) du n° 480 montrent que la fonction symétrique $T(a^{n-h}b^{n-k}c^{n-l}\ldots)$ est aussi, au plus, du même degré $mn-(h+k+l\ldots)$. Mais on sait que l'exposant de y est tout au plus égal à h dans B_h, à k dans B_k, etc. (n° 429) ; par conséquent, la somme des exposants de y dans le produit $B_hB_kB_l\ldots$ ne peut pas être supérieure à $h+k+l\ldots$ Donc le plus fort exposant de y dans $(B_hB_kB_l\ldots)\times T(a^{n-h}b^{n-k}c^{n-l}\ldots)$ ne peut pas être supérieur à $mn-(h+k+l\ldots)+(h+k+l\ldots)$ ou $m\times n$.

M. Poisson, dans un Mémoire qu'il a publié dans le IXe cahier du *Journal de l'École Polytechnique*, a étendu le théorème précédent à m équations qui renferment m inconnues.

N. B. La théorie des fonctions symétriques conduit encore à la solution de plusieurs autres questions intéressantes. Lagrange en a déduit une méthode pour résoudre les équations littérales du troisième et du quatrième degré. Ceux qui désireront plus de détails sur ces matières, pourront consulter les *Compléments d'Algèbre* de M. Lacroix, et les *Traités d'Algèbre* de MM. Reynaud et Bourdon, ainsi que les *Leçons d'Algèbre* de M. Lefébure de Fourcy.

CHAPITRE DIX-HUITIÈME.

DÉVELOPPEMENTS EN SÉRIES DE QUELQUES EXPRESSIONS ALGÉBRIQUES.

Du développement en séries des expressions fractionnaires et irrationnelles.

484. On a vu, dans le n° **77**, que, lorsqu'on effectue une division dans laquelle le dividende et le diviseur sont ordonnés par rapport aux puissances ascendantes d'une quantité x, il peut arriver que l'on obtienne un quotient composé d'une suite de termes ordonnés par rapport aux puissances ascendantes de x, qui se prolonge indéfiniment. Les extractions de racines des quantités algébriques conduisent également à des développements en suites infinies. Nous allons faire voir qu'on peut aussi développer une expression fractionnaire ou irrationnelle, sans appliquer le procédé de la division ou de l'extraction de la racine.

Considérons d'abord la fraction

$$\frac{a+bx+cx^2}{m+nx+px^2+qx^3}.$$

Représentons le quotient de la division indiquée dans cette fraction par la suite

$$\mathrm{A}+\mathrm{B}x+\mathrm{C}x^2+\mathrm{D}x^3+\text{etc.},$$

les coefficients A, B, C, D, etc., étant des quantités indépendantes de x, qu'il s'agit de déterminer. Il faudra que ce quotient, multiplié par le polynome $m+nx+px^2+qx^3$, reproduise le dividende $a+bx+cx^2$. En effectuant la multiplication, on obtient le produit ci-dessous :

$$\begin{array}{l|l|l|l|l} mA+mB & x+mC & x^2+mD & x^3+mE & x^4+\text{etc.} \\ +nA & +nB & +nC & +nD & \\ & +pA & +pB & +pC & \\ & & +qA & +qB & \end{array}$$

Pour que ce produit soit identique avec le dividende, il faut que les coefficients des trois premiers termes soient respectivement égaux aux coefficients a, b, c, et que les coefficients de tous les autres termes soient nuls ; on doit donc avoir

$$\begin{array}{l} mA = a \\ mB + nA = b \\ mC + nB + pA = c \\ mD + nC + pB + qA = 0 \\ mE + nD + pc + qB = 0 \\ \text{etc.} \end{array}$$

La première équation fait connaître la valeur de A. La seconde équation donne la valeur du coefficient B au moyen de celle de A. La troisième équation fait connaître la valeur du coefficient C au moyen de celles de B et de A. On voit par la quatrième équation et les suivantes, qui sont toutes de la même forme, que chaque coefficient du quotient, à partir de celui de la troisième puissance de x, se formera en ajoutant les trois coefficients précédents multipliés respectivement par les rapports $-\frac{n}{m}$, $-\frac{p}{m}$ et $-\frac{q}{m}$.

483. Les suites qui proviennent du développement d'une expression fractionnaire, se forment toujours suivant une loi analogue à celle que nous venons d'observer. Ces suites sont appelées *séries récurrentes.* Elles donnent lieu à trois questions : 1°. *trouver le terme général d'une série récurrente*, c'est-à-dire une expression au moyen de laquelle on puisse obtenir un terme quelconque de la série sans connaître les termes précédents ; 2°. *trouver la somme d'un certain nombre de termes d'une série récurrente ; 3°. une série étant donnée, re-*

connaître si elle est récurrente, et dans ce cas, trouver la fraction génératrice. Nous ne nous occuperons pas de ces questions pour lesquelles on pourra consulter les *Leçons d'Algèbre* de M. Lefébure de Fourcy, ou les *Éléments d'Algèbre* de M. Bourdon.

486. Les développements qui proviennent des expressions irrationnelles s'obtiennent aisément lorsque l'on connaît celui de $(1+x)^m$, l'exposant m étant un nombre fractionnaire, positif ou négatif. Pour trouver ce développement, supposons que l'on ait

$$(1)\qquad (1+x)^m = 1 + Ax + Bx^2 + Cx^3 + Dx^4 + \text{etc.},$$

les coefficients A, B, C, D, etc., étant des quantités indépendantes de x, qu'il s'agit de déterminer. On reconnaît immédiatement que le premier terme du développement doit être 1, puisque l'expression proposée $(1+x)^m$ se réduit à 1 quand on suppose $x=0$.

Comme on a $(a+x)^m = a^m\left(1+\frac{x}{a}\right)^m$, on obtiendra le développement de $(a+x)^m$ en remplaçant, dans le second membre de l'équation (1), x par $\frac{x}{a}$, et multipliant tous les termes par a^m; ainsi on aura

$$(2)\qquad (a+x)^m = a^m + Aa^{m-1}x + Ba^{m-2}x^2 + Ca^{m-3}x^3 + Da^{m-4}x^4 + \text{etc.}$$

Si l'on change dans la dernière équation x en $x+u$, il vient

$$(3)\qquad (a+x+u)^m = a^m + Aa^{m-1}(x+u) + Ba^{m-2}(x+u)^2 + Ca^{m-3}(x+u)^3 + Da^{m-4}(x+u)^4 + \text{etc.}$$

On peut aussi obtenir le développement de $(a+x+u)^m$ en remplaçant, dans l'équation (2), a par $a+x$ et x par u, et de cette manière on trouve

$$(4)\quad (a+x+u)^m = (a+x)^m + A(a+x)^{m-1}u + B(a+x)^{m-2}u^2 + \text{etc.}$$

Puisque les seconds membres des équations (3) et (4) sont les expressions d'une même quantité mise sous deux formes différentes, ils doivent être égaux ; et comme cette égalité devra subsister sans qu'on attribue aucune valeur particulière à u, il faudra qu'il y ait séparément égalité entre les multiplicateurs des mêmes puissances de u.

Pour obtenir les multiplicateurs des diverses puisances de u dans le second membre de l'équation (3), il faut d'abord développer les expressions $(x+u)^2$, $(x+u)^3$, etc. Les exposants de ces puissances étant des nombres entiers, les développements sont connus par ce qui a été dit dans le chapitre XI. Mais la méthode que nous exposons actuellement pour parvenir au développement de $(a+x)^m$, peut être rendue indépendante de la démonstration que nous avons déjà donnée; et de cette manière elle s'appliquera au cas où m sera un nombre entier, comme à celui où m sera un nombre fractionnaire, positif ou négatif.

En formant par la multiplication les développements de $(x+u)^2$, $(x+u)^3$, etc., on est conduit à conclure par analogie que les deux premiers termes du développement de $(x+u)^n$, n étant un nombre entier, sont x^n+nux^{n-1}. On peut d'ailleurs prouver, par la multiplication, que, si cette composition des deux premiers termes est vérifiée pour la puissance $n^{ième}$, elle sera vraie pour la puissance $(n+1)^{ième}$; d'où il suit qu'elle est générale.

On trouve, au moyen de cette observation, que la partie indépendante de u dans le second membre de l'équation (3) est

$$a^m + Aa^{m-1}x + Ba^{m-2}x^2 + Ca^{m-3}x^3 + \text{etc.} ;$$

et que le multiplicateur de la première puissance de u est

$$Aa^{m-1} + 2Ba^{m-2}x + 3Ca^{m-3}x^2 + 4Da^{m-4}x^3 + \text{etc.}$$

La première expression doit être égalée à la partie indépendante de u dans le second membre de l'équation (4), ce qui reproduit l'équation (2); et la seconde expression doit être égalée au multiplicateur de la première puissance de u

dans le second membre de l'équation (4), ce qui fournit l'équation

$$A(a+x)^{m-1} = Aa^{m-1} + 2Ba^{m-2}x + 3Ca^{m-3}x^2 + \text{etc.}$$

En multipliant les deux membres de cette équation par $a+x$, et en remplaçant $(a+x)^m$ par le second membre de l'équation (2), on obtient l'équation ci-après :

$$(5)\left\{\begin{array}{l} Aa^m + A^2a^{m-1}x + ABa^{m-2}x^2 + ACa^{m-3}x^3 + \text{etc.} \\ = Aa^m + \left.\begin{array}{l}2B \\ +A\end{array}\right| a^{m-1}x + \left.\begin{array}{l}3C \\ +2B\end{array}\right| a^{m-2}x^2 + \left.\begin{array}{l}4D \\ +3C\end{array}\right| a^{m-3}x^3 + \text{etc.} \end{array}\right.$$

Dans cette dernière équation, comme dans les précédentes, les coefficients A, B, C, D, etc., sont des nombres tout-à-fait indépendants de a et de x ; et l'équation devant être vérifiée sans que l'on attribue de valeurs particulières à a et à x, il faut qu'il y ait séparément égalité entre les coefficients des mêmes puissances de x ou de a, ce qui fournit les équations ci-dessous :

$$\left.\begin{array}{r} 2B + A = A^2 \\ 3C + 2B = AB \\ 4D + 3C = AC \\ \text{etc.} \end{array}\right\} \text{d'où} \left\{\begin{array}{l} B = \dfrac{A(A-1)}{2} \\ C = \dfrac{B(A-2)}{3} \\ D = \dfrac{C(A-3)}{4} \\ \text{etc.} \end{array}\right.$$

La loi suivant laquelle ces équations sont formées s'aperçoit immédiatement, et l'on en doit conclure que, si l'on désigne par H et K les coefficients de x^{n-1} et de x^n dans le second membre de l'équation (1), on aura

$$nK + (n-1)H = AH, \text{ d'où } K = \frac{H(A-n+1)}{n}.$$

On pourrait d'ailleurs parvenir directement à cette dernière équation en écrivant dans l'équation (1) les deux termes $Hx^{n-1} + Kx^n$, et en écrivant aussi dans les équations suivantes les termes qui se déduisent de ceux-ci.

Il ne s'agit plus actuellement que de déterminer le coefficient A.

D'après l'observation qui a été faite plus haut, lorsque l'exposant m est un nombre entier, on a $A = m$. Considérons l'expression $(1+x)^{\frac{p}{q}}$, ou $\sqrt[q]{(1+x)^p}$; les deux premiers termes du développement de $(1+x)^p$ étant $1+px$, on trouve par la règle qui a été donnée pour l'extraction des racines (n° 328), que les deux premiers termes du développement de $(1+x)^{\frac{p}{q}}$ seront $1+\frac{p}{q}x$. Enfin, quand on considère l'expression $(1+x)^{-p}$, ou $\frac{1}{(1+x)^p}$, les deux premiers termes du développement de $(1+x)^p$ étant $1+px$, on reconnaît par la règle de la division que les deux premiers termes du développement de $(1+x)^{-p}$ sont $1-px$. On a donc dans tous les cas $A = m$.

En remplaçant A par m dans les équations ci-dessus, on obtient

$$B=\frac{m(m-1)}{1.2},\ C=\frac{m(m-1)(m-2)}{1\ .\ 2\ .\ 3},\ D=\frac{m(m-1)(m-2)(m-3)}{1\ .\ 2\ .\ 3\ .\ 4},\ \text{etc.}$$

et l'on a pour la relation qui existe entre les coefficients de x^n et de x^{n-1}

$$K = \frac{H(m-n+1)}{n}.$$

En reportant dans l'équation (1) les valeurs des coefficients A, B, C, D, etc., on trouve la formule ci-après :

$$(6)\ (1+x)^m = 1+mx+\frac{m(m-1)}{1\ .\ 2}x^2+\frac{m(m-1)(m-2)}{1\ .\ 2\ .\ 3}x^3+\text{etc.}$$

Le terme qui en a n avant lui dans le second membre de cette formule, ou le terme général, a pour expression

$$\frac{m(m-1)(m-2)\ldots(m-n+1)}{1\ .\ 2\ .\ 3\ \ldots\ n}x^n.$$

Lorsque m est un nombre entier, le développement ci-dessus se termine ; parce que si l'on donne à n, dans le terme général, une valeur plus grande que m, l'expression du coefficient renferme un facteur égal à zéro. Toutes les fois que m est une fraction ou un nombre négatif, le développement se prolonge indéfiniment.

487. Le procédé que nous avons employé dans les nos **484** et **486**, constitue une méthode qui est connue sous le nom de *Méthode des coefficients indéterminés*. Elle s'applique à la recherche des développements de la plupart des expressions que fournissent l'Algèbre et les autres branches des Mathématiques. Mais si cette méthode est d'un usage commode, elle ne saurait être regardée comme suffisamment rigoureuse; car elle ne conduit au développement d'une fonction que parce que l'on admet *à priori* l'existence de ce développement, en lui attribuant une forme déterminée qu'il n'est pas toujours possible de justifier à l'avance ; et lorsque l'on obtient ensuite les valeurs des coefficients du développement, en vertu de certaines propriétés de la fonction proposée, il faudrait que l'on pût s'assurer que ces propriétés appartiennent exclusivement à cette fonction. D'ailleurs, lorsqu'on passe aux évaluations numériques, après avoir donné des valeurs aux lettres, on ne peut plus employer le développement d'une fonction en une suite infinie ; à moins d'être certain qu'en se bornant à un nombre limité de termes de ce développement, on pourra obtenir une valeur aussi approchée qu'on le voudra de la fonction qu'il représente. Nous passerons donc sous silence les autres applications qu'on a faites de cette méthode pour arriver immédiatement à l'exposition de quelques principes généraux sur les séries, dont nous ferons ensuite l'application aux développements que nous nous sommes proposé de faire connaître.

Principes sur la convergence des séries.

488. Considérons une série quelconque

(1) $$u_0 + u_1 + u_2 + u_3 \ldots + u_n + \text{etc.}$$

u_n désignant le terme qui en a n avant lui, et qui est ce que l'on nomme le *terme général* de la série.

Représentons par s_n la somme des n premiers termes de cette série. Suivant les définitions que nous avons données dans le numéro **237**, si, pour des valeurs de plus en plus grandes de n, la somme s_n s'approche indéfiniment d'une certaine limite fixe s, on dit que la série est convergente. Dans ce cas la limite s est ce que l'on nomme la *somme* de la série. Si, au contraire, n croissant indéfiniment, la somme s_n ne s'approche d'aucune limite fixe, la série est divergente et n'a pas de somme.

489. Dans le cas où la série (1) est convergente, il faut que, si l'on donne à n une valeur suffisamment grande, les sommes s_n, s_{n+1}, s_{n+2}, s_{n+3}, etc., n'aient entre elles que des différences très petites, puisqu'elles doivent différer toutes très peu de la somme s de la série. Or on a

$$\begin{aligned}
s_n &= u_0 + u_1 + u_2 \ldots + u_{n-1},\\
s_{n+1} &= u_0 + u_1 + u_2 \ldots + u_{n-1} + u_n,\\
s_{n+2} &= u_0 + u_1 + u_2 \ldots + u_{n-1} + u_n + u_{n+1},\\
s_{n+3} &= u_0 + u_1 + u_2 \ldots + u_{n-1} + u_n + u_{n+1} + u_{n+2},\\
&\text{etc.}
\end{aligned}$$

d'où l'on conclut

$$s_{n+1} - s_n = u_n,\quad s_{n+2} - s_{n+1} = u_{n+1},\quad s_{n+3} - s_{n+2} = u_{n+2},\ \text{etc.},$$

Ainsi, pour que la série soit convergente, il faut d'abord qu'en donnant à n une valeur suffisamment grande, tous les termes de la série, à partir de u_n, puissent devenir moindres qu'une quantité aussi petite qu'on le voudra.

Comme on a aussi

$$s_{n+2}-s_n=u_n+u_{n+1},\quad s_{n+3}-s_n=u_n+u_{n+1}+u_{n+2},\ \text{etc.},$$

il faut encore que, pour une valeur suffisamment grande de n, les sommes des quantités u_n, u_{n+1}, u_{n+2}, etc., prises en tel nombre que l'on veut, à partir de u_n, soient toutes moindres qu'une quantité aussi petite qu'on le voudra.

Réciproquement, lorsque toutes ces conditions sont remplies, la série (1) est convergente ; car alors les sommes s_n, s_{n+1}, s_{n+2}, s_{n+3}, etc., pouvant devenir aussi peu différentes les unes des autres qu'on le veut, ces sommes convergent nécessairement vers une limite très peu différente de s_n.

490. Supposons que les termes de la série (1) n'aient pas tous le même signe, et désignons les valeurs numériques de ces termes par

$$(2)\qquad U_0,\ U_1,\ U_2,\ U_3,\ \text{etc.}$$

Il est facile de voir que, toutes les fois que ces quantités formeront une série convergente, la série (1) sera, à plus forte raison, convergente ; car la série (2) étant convergente, il s'ensuivra que les sommes des quantités U_n, U_{n+1}, U_{n+2}, etc., prises en tel nombre que l'on voudra, à partir de la première, pourront devenir moindres que toute limite assignable, si l'on donne à n une valeur suffisamment grande. La même condition aura donc lieu, à plus forte raison, pour les sommes que l'on obtiendrait en substituant aux quantités ci-dessus les quantités u_n, u_{n+1}, u_{n+2}, etc., qui, par hypothèse, ont respectivement les mêmes valeurs numériques que les précédentes, sans être toutes positives.

491. Supposons maintenant que la loi des termes de la série (2) soit telle que, pour des valeurs croissantes de n, le rapport $\frac{U_{n+1}}{U_n}$ converge vers une limite déterminée ρ. Si la quantité ρ est plus grande que 1, les séries (1) et (2) seront divergentes ; car, en choisissant à volonté une quantité r comprise entre 1 et ρ, et par conséquent plus grande que 1, on pourra assigner une valeur de n telle que, pour toutes les valeurs plus grandes, le rapport ci-dessus soit constamment plus grand que r; alors les termes de la série (2), à partir de U_n, iront en augmentant. Si, au contraire, la limite ϱ est plus petite que 1, la série (2) et par suite la série (1) seront convergentes. Car, en choisissant à volonté une quantité r comprise entre 1 et ϱ, et par conséquent plus petite que 1, on pourra assigner une valeur de n telle que, pour toutes les valeurs plus grandes, le rapport $\frac{U_{n+1}}{U_n}$ soit constamment inférieur à r. Alors, les termes de la série (2) à partir de U_n, savoir :

$$U_n,\ U_{n+1},\ U_{n+2},\ U_{n+3},\ \text{etc.},$$

seront, à l'exception du premier, tous inférieurs aux termes correspondants de la progression géométrique

$$U_n,\ U_n r,\ U_n r^2,\ U_n r^3,\ \text{etc.};$$

et comme il est toujours possible d'assigner dans cette progression, dont la raison est plus petite que 1, un terme tel que les sommes formées avec les termes suivants en tel nombre que l'on veut, soient moindres que toute quantité assignable, la même chose aura lieu, à plus forte raison, pour la série (2). Cette explication fait voir en même temps, qu'en prenant la somme des n premiers termes de la série (2) pour une valeur approchée de la somme de la série, l'erreur sera moindre que $\frac{U_n}{1-r}$.

Dans le cas où les termes de la série (1) sont alternativement positifs et négatifs, on a vu (n° **238**) que la série est toujours convergente, si les termes décroissent de manière à devenir moindres que toute quantité assignable.

492. Considérons deux séries ordonnées suivant les puissances croissantes d'une quantité variable x et que nous représenterons par

$$(3) \qquad a_0 + a_1 x + a_2 x^2 + a_3 x^3 + \text{etc.},$$
$$(4) \qquad b_0 + b_1 x + b_2 x^2 + b_3 x^3 + \text{etc.},$$

Soit s_n la somme des n premiers termes de la première série, et s'_n la somme des n premiers termes de la seconde série, de sorte qu'on ait

$$s_n = a_0 + a_1 x + a_2 x^2 \ldots + a_{n-1} x^{n-1},$$
$$s'_n = b_0 + b_1 x + b_2 x^2 \ldots + b_{n-1} x^{n-1};$$

et concevons que l'on multiplie entre elles les expressions de s_n et de s'_n. En prenant les termes du produit dans lesquels l'exposant de x sera moindre que n, et désignant la somme de ces termes par s''_n, on aura

$$(5) \quad s''_n = a_0 b_0 + [a_1 b_0 + a_0 b_1]x + [a_2 b_0 + a_1 b_1 + a_0 b_2]x^2 + \ldots\ldots$$
$$\ldots\ldots\ldots + [a_{n-1} b_0 + a_{n-2} b_1 \ldots + a_1 b_{n-2} + a_0 b_{n-1}]x^{n-1}.$$

Les termes qui composent la somme s''_n pourront être considérés comme les n premiers termes d'une série dont le terme général aura pour expression

$$(6) \qquad [a_n b_0 + a_{n-1} b_1 \ldots + a_1 b_{n-1} + a_0 b_n]x^n.$$

Cela posé, nous allons démontrer que, *si, pour une valeur particulière de* x, *les séries* (3) *et* (4) *étant uniquement composées de termes positifs, sont convergentes et ont respectivement pour sommes* s *et* s', *la série dont le terme général est l'expression* (6) *sera aussi convergente et aura pour somme* s×s' ; *et la même propriété aura lieu si, les termes de ces séries n'étant pas tous positifs, chacune d'elles ne cesse pas d'être convergente quand on change les signes des termes négatifs.*

Supposons d'abord que les termes des séries (3) et (4) soient tous positifs. Dans ce cas on voit immédiatement que l'on a

$$s''_n < s_n s'_n.$$

D'un autre côté, en désignant par m le nombre entier égal à $\frac{n-1}{2}$ lorsque n est un nombre impair, et à $\frac{n-2}{2}$ lorsque n

34..

est un nombre pair, on reconnaît sans peine que le produit des deux sommes s_{m+1} et s'_{m+1} ne donnera que des termes dans lesquels l'exposant de x sera moindre que n; de sorte que ces termes se trouvent tous compris dans l'expression de s''_n; donc on a

$$s''_n > s_{m+1}s'_{m+1}.$$

Mais si l'on conçoit que le nombre n croisse indéfiniment, le nombre m croîtra aussi indéfiniment, et les sommes s_n et s_{m+1} convergeront l'une et l'autre vers la limite s, en même temps que les sommes s'_n et s'_{m+1} convergeront vers la limite s'. Donc la somme s''_n, qui est comprise entre les deux produits $s_n s'_n$ et $s_{m+1}s'_{m+1}$, convergera vers la limite ss'.

Supposons actuellement que les différents termes des séries (3) et (4) conservant les mêmes valeurs numériques, tous ces termes ou quelques-uns d'entre eux changent de signe. Il suit de l'explication qui vient d'être donnée, que dans le cas où tous les termes sont positifs, si l'on fait croître indéfiniment le nombre n, la différence $s_n s'_n - s''_n$ convergera vers zéro. Or cette différence se compose de tous les termes du produit $s_n s'_n$ dans lesquels l'exposant de x est plus grand que $n-1$; de sorte qu'on a

$$s_n s'_n - s''_n = a_{n-1}b_{n-1}x^{2n-2} + [a_{n-1}b_{n-2} + a_{n-2}b_{n-1}]x^{2n-3} + \dots \\ \dots\dots\dots + [a_{n-1}b_1 + a_{n-2}b_2 \dots + a_2 b_{n-2} + a_1 b_{n-1}]x^n.$$

Donc, si, pour des valeurs croissantes de n, la différence $s_n s'_n - s''_n$ converge vers zéro lorsque tous les termes qui la composent ont le signe $+$, la même chose aura encore lieu si tous les termes, ou quelques-uns d'entre eux, changent de signe, en conservant les mêmes valeurs numériques. Par conséquent la série dont le terme général est l'expression (6) sera encore convergente et aura pour somme ss'.

Démonstration de la formule du binome pour un exposant quelconque.

493. Soit la série

$$(1)\quad 1 + mx + \frac{m(m-1)}{1.2}x^2 + \frac{m(m-1)(m-2)}{1.2.3}x^3 + \text{etc.},$$

dont le terme général est

$$(2)\qquad \frac{m(m-1)(m-2)\ldots(m-n+1)}{1.2.3\ldots n}x^n.$$

Lorsque m est un nombre entier positif, cette série se réduit à un polynome composé d'un nombre fini de termes, et elle a pour somme $(1+x)^m$. Supposons que m soit fractionnaire ou négatif, et cherchons quelles sont les conditions nécessaires pour que la série, qui se compose alors d'un nombre infini de termes, soit convergente.

En désignant par u_n le terme qui en a n avant lui, et par u_{n+1} le terme suivant, on a

$$\frac{u_{n+1}}{u_n} = \frac{m-n}{n+1}x, \quad \text{ou} \quad \frac{u_{n+1}}{u_n} = -\frac{1-\dfrac{m}{n}}{1+\dfrac{1}{n}}x.$$

Or, si l'on fait croître indéfiniment le nombre n, la fraction $\dfrac{1-\dfrac{m}{n}}{1+\dfrac{1}{n}}$ convergera vers l'unité ; donc la valeur numérique du rapport $\dfrac{u_{n+1}}{u_n}$ aura pour limite la valeur numérique de x. Par conséquent la série (1) sera convergente pour toutes les valeurs de x comprises entre $+1$ et -1 ; elle sera divergente toutes les fois que la valeur numérique de x sera plus grande que l'unité (n° **491**).

Pour déterminer la somme de la série (1), dans les cas où elle est convergente, concevons que l'on attribue à m deux valeurs différentes h et k, la série proposée se changera successivement dans les deux suivantes :

$$(3)\quad 1 + hx + \frac{h(h-1)}{1.2}x^2 + \frac{h(h-1)(h-2)}{1.2.3}x^3 + \text{etc.}$$

$$(4)\quad 1 + kx + \frac{k(k-1)}{1.2}x^2 + \frac{k(k-1)(k-2)}{1.2.3}x^3 + \text{etc.}$$

Si l'on multiplie entre elles ces deux dernières séries, il en résultera une nouvelle série dont le terme général sera

$$(5)\quad \left[\frac{h(h-1)\ldots h-n+1)}{1.2\ldots n} + \frac{h(h-1)\ldots(h-n+2)}{1.2\ldots(n-1)}\frac{k}{1} + \ldots\right.$$
$$\left.\ldots + \frac{h}{1}\frac{k(k-1)\ldots(k-n+2)}{1.2\ldots(n-1)} + \frac{k(k-1)\ldots(k-n+1)}{1.2\ldots n}\right]x^n.$$

Cette série sera aussi convergente pour toutes les valeurs de x comprises entre $+1$ et -1 (n°492). De plus, si l'on représente la somme de la série (1) par $\varphi(m)$, celle de la série (3) sera $\varphi(h)$, celle de la série (4) sera $\varphi(k)$, et la série dont le terme général est l'expression (5) aura pour somme $\varphi(h)\times\varphi(k)$.

Supposons maintenant que h et k deviennent des nombres entiers positifs. Dans ce cas les séries (3) et (4) sont composées d'un nombre fini de termes, et elles ont respectivement pour sommes $(1+x)^h$ et $(1+x)^k$; par conséquent la série dont le terme général est l'expression (5) est aussi composée d'un nombre limité de termes, et elle a pour somme $(1+x)^{h+k}$; d'où il suit que l'on a pour toutes les valeurs entières et positives de h et k

$$\frac{h(h-1)\ldots(h-n+1)}{1.2\ldots n} + \frac{h(h-1)\ldots(h-n+2)}{1.2\ldots(n-1)}\frac{k}{1} + \ldots\ldots\ldots$$
$$\ldots + \frac{h}{1}\frac{k(k-1)\ldots(k-n+2)}{1.2\ldots(n-1)} + \frac{k(k-1)\ldots(k-n+1)}{1.2\ldots n}$$
$$= \frac{(h+k)(h+k-1)\ldots(h+k-n+1)}{1.2\ldots n}.$$

Pour que cette dernière égalité soit vérifiée par toutes les valeurs entières positives des nombres h et k, il faut nécessairement que les deux membres soient des expressions tout-à-fait identiques; d'où il suit que l'égalité a lieu pour des valeurs quelconques de h et k. En effet, les deux membres étant des fonctions entières de h et de k, du degré n, si l'on développe les opérations indiquées et qu'on ordonne ensuite chaque membre par rapport à k, on aura une égalité de cette forme :

$$A_0 + A_1k + A_2k^2 + \text{etc.} = B_0 + B_1k + B_2k^2 + \text{etc.}$$

Les coefficients A_0, A_1, A_2, etc., B_0, B_1, B_2, etc., seront des fonctions entières de h, et les deux membres ne contiendront que les puissances de k inférieures à la $(n+1)^{ième}$.

Supposons qu'on ait donné à h une valeur fixe, choisie arbitrairement; la dernière égalité devant avoir lieu pour toutes les valeurs entières positives de k, il faudra que l'on ait $A_0=B_0$, $A_1=B_1$, $A_2=B_2$, etc.; car si ces conditions n'avaient pas lieu, en réunissant tous les termes dans un seul membre, on aurait une équation du degré n, à une seule inconnue k, qui ne pourrait être vérifiée pour plus de n valeurs différentes de k, ce qui est contraire à la supposition. Observons maintenant que cette conclusion devant avoir lieu quelle que soit la valeur de h, pourvu qu'elle soit un nombre entier, on peut appliquer aux équations $A_0=B_0$, $A_1=B_1$, etc., un raisonnement semblable; par conséquent celles-ci doivent être aussi vérifiées pour toutes les valeurs de h.

Il suit de cette démonstration que la série dont le terme général est l'expression (5) est toujours composée avec $h+k$ comme les séries (3) et (4) sont composées respectivement avec h et avec k; ainsi les sommes des deux dernières séries étant exprimées par $\varphi(h)$ et $\varphi(k)$, la somme de la série dont le terme général est l'expression (5) sera $\varphi(h+k)$; et puisque cette somme est aussi égale à $\varphi(h)\times\varphi(k)$ on aura

$$\varphi(h)\times\varphi(k)=\varphi(h+k). \tag{6}$$

En remplaçant dans cette équation k par $k+l$, on obtient

$$\varphi(h)\times\varphi(k)\times\varphi(l)=\varphi(h+k+l).$$

On aura donc, en considérant un nombre quelconque de quantités h, k, l, etc.,

$$\varphi(h)\times\varphi(k)\times\varphi(l)\times \text{etc.}=\varphi(h+k+l+\text{etc.}).$$

Si l'on suppose les quantités h, k, l, etc., toutes égales à une fraction positive $\frac{p}{q}$, et que le nombre de ces quantités soit q, il viendra

$$\left[\varphi\left(\frac{p}{q}\right)\right]^q=\varphi(p),\quad \text{d'où}\quad \varphi\left(\frac{p}{q}\right)=\left[\varphi(p)\right]^{\frac{1}{q}}$$

Or, p étant un nombre entier, $\varphi(p)$ ne sera autre chose que $(1+x)^p$. On aura donc

$$\varphi\left(\frac{p}{q}\right)=(1+x)^{\frac{p}{q}}.$$

En supposant dans l'équation (6) $k=-h$, on trouve

$$\varphi(0)=\varphi(h)\times\varphi(-h);$$

or, pour $m=0$, la série (1) se réduit à 1; d'où il suit que $\varphi(0)=1$; la dernière équation donne donc

$$\varphi(-h)=\frac{1}{\varphi(h)}.$$

D'ailleurs on vient de voir que $\varphi(h)=(1+x)^h$; on a donc

$$\varphi(-h)=\frac{1}{(1+x)^h},\quad \text{ou}\quad \varphi(-h)=(1+x)^{-h}.$$

Il est donc démontré que, lorsque x est compris entre 1 et -1, on a pour toutes les valeurs de m

$$(7)\ (1+x)^m=1+mx+\frac{m(m-1)}{1.2}x^2+\frac{m(m-1)(m-2)}{1.2.3}x^3+\text{etc.}$$

494. La formule (7) peut être employée avec avantage pour les extractions de racines. Supposons que l'on ait à calculer la racine $n^{ième}$ d'un nombre p. En posant $p=y\pm z$, on aura

$p^{\frac{1}{n}} = y^{\frac{1}{n}}\left(1 \pm \frac{z}{y}\right)^{\frac{1}{n}}$; or si l'on choisit les nombres z et y de manière que le second soit plus grand que le premier, et que $y^{\frac{1}{n}}$ soit une quantité rationnelle, la formule (7) donnera le développement de l'expression $\left(1 \pm \frac{z}{y}\right)^{\frac{1}{n}}$ en une série convergente; on obtiendra une valeur approchée de cette expression en calculant la somme d'un nombre suffisant de termes de la série à partir du premier, et il ne restera plus qu'à multiplier cette valeur approchée par la quantité rationnelle $y^{\frac{1}{n}}$.

495. Quand on emploie la formule (7) à ces sortes d'applications, il ne suffit pas de savoir que la série qui forme le second membre est convergente; il faut avoir des limites de l'erreur que l'on commet en ne prenant qu'un nombre limité de termes de la série.

Pour trouver ces limites, considérons d'abord le cas où x est positif, et comme la valeur de x doit être plus petite que 1, représentons-la par $\frac{1}{a}$; a sera un nombre plus grand que 1.

Si l'on désigne par N le terme de la série qui en a n avant lui, la quantité par laquelle il faudra multiplier N pour avoir le terme suivant sera

$$\frac{m - n}{n + 1}\frac{1}{a}.$$

Cette quantité peut être d'abord positive, mais elle devient négative dès que l'on a $n > m$. Quand cette condition est remplie, la fraction $\frac{m-n}{n+1}$ ou $-\frac{n-m}{n+1}$, ou encore.... $-\left(1 - \frac{m+1}{n+1}\right)$, a une valeur inférieure à l'unité; par conséquent la valeur numérique du rapport ci-dessus est plus petite que $\frac{1}{a}$. La suite des termes de la série, à partir de N, peut s'écrire ainsi :

$$N - N\left(1 - \frac{m+1}{n+1}\right)\frac{1}{a} + N\left(1 - \frac{m+1}{n+1}\right)\left(1 - \frac{m+1}{n+2}\right)\frac{1}{a^2} - \text{etc.}$$

Comme ces termes, qui vont en décroissant, sont alternativement positifs et négatifs, leur somme est plus petite que N, et elle est plus grande que $N - N\left(1 - \frac{m+1}{n+1}\right)\frac{1}{a}$. L'erreur que l'on commet en ne prenant que les termes qui précèdent N est donc comprise entre ces deux limites.

Supposons maintenant x négatif, et posons $x = -\frac{1}{a}$. La somme des termes de la série, à partir de celui qui en a n avant lui, sera

$$N + N\left(1 - \frac{m+1}{n+1}\right)\frac{1}{a} + N\left(1 - \frac{m+1}{n+1}\right)\left(1 - \frac{m+1}{n+2}\right)\frac{1}{a^2} + \text{etc.}$$

Cette somme est évidemment moindre que celle de tous les termes de la progression géométrique indéfinie

$$N + N\frac{1}{a} + N\frac{1}{a^2} + \text{etc.} ;$$

et elle est plus grande que celle de tous les termes de la progression indéfinie

$$N + N\left(1 - \frac{m+1}{n+1}\right)\frac{1}{a} + N\left(1 - \frac{m+1}{n+1}\right)^2\frac{1}{a^2} + \text{etc.}$$

Or les sommes de ces progressions sont $\frac{Na}{a-1}$ et $\frac{Na(n+1)}{(n+1)a-(n-m)}$. L'erreur que l'on commet en ne prenant que les termes de la série qui précèdent N est donc comprise entre ces deux quantités.

Si, après avoir calculé la somme des termes qui précèdent ,

on prend, pour la somme des termes à partir de N, la moitié de la somme des deux fractions $\frac{Na}{a-1}$ et $\frac{Na(n+1)}{(n+1)a-(n-m)}$, l'erreur sera moindre que la moitié de la différence de ces fractions ; ce qui donne pour la limite supérieure de l'erreur

$$\frac{Na(m+1)}{2(a-1)[(n+1)a-(n-m)]} \text{ ou } \frac{Na(m+1)}{2(a-1)[n(a-1)+m+a]}.$$

Nous avons supposé l'exposant m positif ; mais on déterminerait de la même manière les limites des approximations fournies par la série qui résulte du développement de $(1+x)^{-m}$.

496. Quand on veut appliquer la formule (7) aux extractions de racines, on peut remplacer d'abord m par $\frac{1}{n}$; il vient alors

$$(1+x)^{\frac{1}{n}}=1+\frac{1}{n}x-\frac{n-1}{2n^2}x^2+\frac{(n-1)(2n-1)}{2.3.n^3}x^3-\frac{(n-1)(2n-1)(3n-1)}{2.3.4.n^4}x^4+\text{etc.}$$

Si dans la formule (7) on remplace m par $-m$, il vient

$$(1+x)^{-m}=1-mx+\frac{m(m+1)}{1.2}x^2-\frac{m(m+1)(m+2)}{1.2.3}x^3+\text{etc.}$$

En supposant $m=1$, et en changeant x en $-x$, on retrouve la formule qui donne la somme des termes d'une progression décroissante par quotient, prolongée indéfiniment ; savoir :

$$(1-x)^{-1}=1+x+x^2+x^3+\text{etc.}$$

Développements en séries des exponentielles e^x et a^x, et de $l(1+x)$.

497. Si dans la formule qui donne le développement de $(1+x)^m$, on remplace x par αx et m par $\frac{1}{\alpha}$, on aura pour toutes les valeurs de αx comprises entre $+1$ et -1, et par conséquent pour toutes les valeurs de x comprises entre $+\frac{1}{\alpha}$ et $-\frac{1}{\alpha}$,

$$(1+\alpha x)^{\frac{1}{\alpha}} = 1 + x + \frac{x^2}{2}(1-\alpha) + \frac{x^3}{1.2.3}(1-\alpha)(1-2\alpha) + \text{etc.}$$

Si l'on suppose que α décroisse indéfiniment, on trouvera en passant aux limites, et pour toutes les valeurs de x comprises entre $-\infty$ et $+\infty$,

$$lim(1+\alpha x)^{\frac{1}{\alpha}} = 1 + x + \frac{x^2}{2} + \frac{x^3}{2.3} + \text{etc.}$$

En supposant dans la dernière formule $x = 1$, on obtient

$$lim(1+\alpha)^{\frac{1}{\alpha}} = 1 + 1 + \frac{1}{2} + \frac{1}{2.3} + \text{etc.}$$

La série numérique qui forme le second membre de cette égalité a pour somme le nombre que nous avons désigné par e dans le n° **237**, et dont on peut obtenir une valeur aussi approchée qu'on le veut. On a donc

$$lim(1+\alpha)^{\frac{1}{\alpha}} = e.$$

On conclut de là, en remplaçant α par αx,

$$lim(1+\alpha x)^{\frac{1}{\alpha x}} = e.$$

Donc

$$lim(1+\alpha x)^{\frac{1}{\alpha}} = lim\left[(1+\alpha x)^{\frac{1}{\alpha x}}\right]^x = e^x.$$

On a donc

$$(1) \quad e^x = 1 + x + \frac{x^2}{2} + \frac{x^3}{1.2.3} + \frac{x^4}{1.2.3.4} + \text{etc.}$$

Cette formule subsiste pour toutes les valeurs de x. Il est d'ailleurs facile de s'assurer, au moyen du principe du n° **491**, que la série qui compose le second membre est toujours convergente.

498. Soit a une quantité positive quelconque, en indiquant par la lettre l les logarithmes dont la base est e, on a $a = e^{la}$; d'où $a^x = e^{xla}$; donc

$$(2) \qquad a^x = 1 + xla + \frac{(xla)^2}{1.2} + \frac{(xla)^3}{1.2.3} + \text{etc.}$$

499. La formule du développement de $(1+x)^m$ donne

$$\frac{(1+x)^m - 1}{m} = x - \frac{x^2}{2}(1-m) + \frac{x^3}{3}(1-m)\left(1-\frac{m}{2}\right) - \frac{x^4}{4}(1-m)\left(1-\frac{m}{2}\right)\left(1-\frac{m}{3}\right) + \text{etc.}$$

Si, dans cette dernière équation, on suppose que m converge vers zéro, on trouve en passant aux limites, et pour toutes les valeurs de x comprises entre $+1$ et -1,

$$lim\ \frac{(1+x)^m - 1}{m} = x - \frac{x^2}{2} + \frac{x^3}{3} - \frac{x^4}{4} + \text{etc.}$$

D'un autre côté, on a

$$(1+x)^m = e^{ml(1+x)} = 1 + ml(1+x) + \frac{m^2 l^2(1+x)}{2} + \frac{m^3 l^3(1+x)}{2.3} + \text{etc},$$

d'où l'on tire

$$\frac{(1+x)^m - 1}{m} = l(1+x) + \frac{ml^2(1+x)}{2} + \frac{m^2 l^3(1+x)}{2.3} + \text{etc.}$$

Et en faisant converger m vers zéro, on trouve

$$lim.\ \frac{(1+x)^m - 1}{m} = l(1+x);$$

on a donc

$$(3) \qquad l(1+x) = x - \frac{x^2}{2} + \frac{x^3}{3} - \frac{x^4}{4} + \text{etc.}$$

La dernière formule subsiste tant que la valeur numérique de x est inférieure à l'unité ; et il est facile de voir, au moyen du principe du n° **491**, que, dans ce cas, la série qui forme le second membre est convergente. Mais cette série devient divergente dès qu'on suppose la valeur de x supérieure à l'unité, et l'équation (3) cesse d'avoir lieu. Dans le cas particulier où l'on fait $x=1$, le second membre devient $1-\frac{1}{2}+\frac{1}{3}-$ etc.; or on a vu que cette série est convergente (n° 238); on a donc

$$l(2)=1-\frac{1}{2}+\frac{1}{3}-\frac{1}{4}+\text{etc.}$$

Quand on fait $x=-1$, le second membre de l'équation (3) devient $-1-\frac{1}{2}-\frac{1}{3}-\frac{1}{4}-$ etc.; or on a vu que la somme des quantités $1, \frac{1}{2}, \frac{1}{3}, \frac{1}{4}$, etc., en nombre infini, a une valeur infinie (n° 238); la formule (3) donne donc $l(0)=-\infty$, ce qui est exact.

Si dans la formule (3) on pose $x=\frac{1}{n}$, en observant que $l\left(1+\frac{1}{n}\right)=l\left(\frac{n+1}{n}\right)=l(n+1)-ln$, on trouvera

$$(4)\quad l(n+1)=ln+\frac{1}{n}-\frac{1}{2n^2}+\frac{1}{3n^3}-\text{etc.}$$

Cette formule pourra servir à calculer les logarithmes des nombres entiers consécutifs.

En changeant dans la formule (3) x en $-x$, on obtient

$$l(1-x)=-x-\frac{x^2}{2}-\frac{x^3}{3}-\frac{x^4}{4}-\text{etc.};$$

donc

$$l(1+x)-l(1-x)=2\left(x+\frac{x^3}{3}+\frac{x^5}{5}+\text{etc.}\right);$$

et si l'on pose $\frac{1+x}{1-x}=\frac{m}{n}$, d'où $x=\frac{m-n}{m+n}$, il viendra, pour toutes les valeurs positives de m et de n,

$$l\frac{m}{n}=lm-ln=2\left[\frac{m-n}{m+n}+\frac{1}{3}\left(\frac{m-n}{m+n}\right)^3+\frac{1}{5}\left(\frac{m-n}{m+n}\right)^5+\text{etc.}\right]$$

En faisant $m=n+z$, on aura

$$l(n+z)=ln+2\left(\frac{z}{2n+z}+\frac{1}{3}\frac{z^3}{(2n+z)^3}+\frac{1}{5}\frac{z^5}{(2n+z)^5}+\text{etc.}\right),$$

et pour $z=1$,

$$l(n+1)=ln+2\left(\frac{1}{2n+1}+\frac{1}{3(2n+1)^3}+\text{etc.}\right).$$

La dernière formule pourra être employée préférablement à la formule (4).

500. Les diverses formules que nous venons d'établir pour le calcul des logarithmes ne donnent que les logarithmes népériens. Si l'on veut avoir les logarithmes vulgaires, il faudra multiplier ceux qu'on trouvera au moyen de ces formules par le module $\frac{1}{l10}$ (n° **293**). En désignant ce module par M, on aura, d'après la formule (3),

$$(5)\quad \log(1+x)=M(x-\frac{x^2}{2}+\frac{x^3}{3}-\text{etc.}),$$

et d'après la formule (4),

$$(6)\quad \log(n+1)-\log n=M\left(\frac{1}{n}-\frac{1}{2n^2}+\frac{1}{3n^3}-\text{etc.}\right).$$

Évaluation des erreurs qui résultent de la proportion à laquelle on a recours pour calculer, au moyen des tables, le logarithme d'un nombre, ou le nombre correspondant à un logarithme.

501. Soient n un nombre entier quelconque, d une quantité plus petite que l'unité, et M le module par lequel il faut multiplier les logarithmes népériens pour obtenir les logarithmes vulgaires. Puisqu'on a $\log(n+d)-\log n=\log\left(1+\frac{d}{n}\right)$, on trouve en remplaçant x par $\frac{d}{n}$, dans la formule (5) du n° **499**.

$$\log(n+d)-\log n=M\left(\frac{d}{n}-\frac{d^2}{2n^2}+\frac{d^3}{3n^3}-\text{etc.}\right).$$

Si le nombre n est très grand, les termes $\frac{d^2}{2n^2}$, $\frac{d^3}{3n^3}$, etc., seront tous très petits comparativement au terme $\frac{d}{n}$; on pourra donc obtenir une valeur fort approchée de la différence $\log(n+d) - \log n$, en se bornant au seul terme $M\frac{d}{n}$. Comme cette valeur est proportionnelle à la quantité d, il s'ensuit que, pour des nombres suffisamment grands, les différences des logarithmes sont à très peu près proportionnelles aux différences des nombres ; ce qui justifie le procédé que nous avons indiqué dans le n° **301**.

On peut aisément obtenir une limite de l'erreur que l'on commet en calculant par ce procédé la différence $\log(n+d) - \log n$. A cet effet posons

$$\log(n+d) - \log n = \delta \text{ et } \log(n+1) - \log n = \Delta.$$

On a trouvé dans le n° **300**

$$\log(n+1) - \log n = M\left(\frac{1}{n} - \frac{1}{2n^2} + \frac{1}{3n^3} - \text{etc.}\right)$$

Cette dernière formule donne

$$\Delta < \frac{M}{n} \text{ et } \Delta > \frac{M}{n}\left(1 - \frac{1}{2n}\right);$$

et d'après la formule que nous avons trouvée plus haut pour le développement de la différence $\log(n+d) - \log n$, on a aussi

$$\delta < \frac{Md}{n} \text{ et } \delta > \frac{Md}{n}\left(1 - \frac{d}{2n}\right).$$

Pour obtenir la valeur approchée de la différence $\log(n+d) - \log n$, on pose la proportion $1 : d :: \Delta : x$, d'où $x = d\Delta$. Or, le produit $d\Delta$ est compris entre $\frac{Md}{n}$ et $\frac{Md}{n}\left(1 - \frac{1}{2n}\right)$; et puisque, d'après les inégalités ci-dessus, la vraie différence δ est comprise entre $\frac{Md}{n}$ et $\frac{Md}{n}\left(1 - \frac{d}{2n}\right)$, elle est comprise *à fortiori* entre $\frac{Md}{n}$ et $\frac{Md}{n}\left(1 - \frac{1}{2n}\right)$. Donc l'erreur que l'on commet en prenant $d\Delta$ au lieu de δ est moindre que la différence $\frac{Md}{n} - \frac{Md}{n}\left(1 - \frac{1}{2n}\right)$ ou $\frac{Md}{2n^2}$.

En cherchant parmi les logarithmes népériens qui se trouvent dans les tables de Callet, le logarithme de 10, on trouve qu'il est égal à 2,30258...., et en divisant l'unité par ce logarithme, on a $M = 0,43....$; par conséquent, lorsque le nombre n est plus grand que 10000, la fraction $\frac{Md}{2n^2}$ dans laquelle d exprime une quantité moindre que 1, a une valeur moindre que $\frac{0,43......}{200000000}$; cette valeur est donc moindre que le quart de l'unité décimale du 8e ordre. L'erreur que l'on commet en prenant $d\Delta$ pour la valeur approchée de δ ne peut donc pas influer sur les sept premières décimales du logarithme demandé.

On peut aussi déduire des relations ci-dessus, une limite de l'erreur qui résulte de la proportion qu'on établit entre les différences des nombres et celles des logarithmes, quand on cherche le nombre auquel appartient un logarithme donné. Supposons que n et $n+1$ soient les nombres dont les logarithmes comprennent le logarithme donné, que ce logarithme soit $\log n + \delta$, et que le nombre correspondant soit $n+d$. La valeur approchée de ce nombre, calculée par le procédé du n° **501**, sera $n + \frac{\delta}{\Delta}$; ainsi l'erreur sera $d - \frac{\delta}{\Delta}$. Or, suivant ce qui précède, la valeur absolue de la différence $d\Delta - \delta$ est moindre que $\frac{Md}{2n^2}$; on a donc

$$d - \frac{\delta}{\Delta} < \frac{Md}{2n^2\Delta};$$

et puisque $\Delta > \frac{M}{n}\left(1 - \frac{1}{2n}\right)$, on a, à plus forte raison,

$$d - \frac{\delta}{\Delta} < \frac{d}{2n-1}.$$

Quand le nombre n est plus grand que 10000, la fraction $\frac{d}{2n-1}$ est moindre que $\frac{1}{20000}$. L'erreur que l'on commet en prenant le quotient $\frac{\delta}{\Delta}$ pour la valeur de d, n'influe donc pas sur les quatre premières décimales du nombre cherché.

802. Quand on calcule les limites des erreurs dont nous venons de nous occuper, en ayant égard à l'inexactitude des logarithmes donnés par les Tables de Callet, on reconnaît que, lorsqu'il s'agit de trouver le logarithme d'un nombre, on obtient ce logarithme à moins d'une unité du septième chiffre décimal; et lorsqu'il s'agit de trouver le nombre qui correspond à un logarithme donné, la caractéristique de ce logarithme étant 4, l'erreur que l'on commet dans l'évaluation du nombre a pour limite $\frac{1}{D}$, D représentant la différence des logarithmes des nombres entiers qui comprennent le nombre cherché, considérée comme un nombre entier. On pourra consulter, pour la démonstration de ces deux principes, la Note de M. Vincent que nous avons citée (page 315). On trouvera aussi dans cette Note une méthode qui conduit à des limites moindres que celles que nous avons obtenues dans le numéro précédent, pour l'erreur produite par la proportion, les logarithmes étant supposés exacts.

CHAPITRE DIX-NEUVIÈME.

DE L'USAGE DES FONCTIONS DÉRIVÉES DANS LES QUESTIONS DE MAXIMUM ET DE MINIMUM, ET DE QUELQUES AUTRES PROPRIÉTÉS DE CES FONCTIONS. RECTIFICATION DE LA MÉTHODE DE NEWTON D'APRÈS FOURIER. OBSERVATIONS SUR LES FRACTIONS QUI SE PRÉSENTENT SOUS LA FORME $\frac{0}{0}$.

De l'usage des fonctions dérivées dans les questions de maximum *et de* minimum, *et de quelques autres propriétés de ces fonctions.*

303. Soit $f(x)$ une fonction quelconque de la variable x, et supposons que l'on attribue à x une valeur particulière a; on dira que la valeur correspondante de la fonction est un *maximum* ou un *minimum*, si, en donnant à x des valeurs suffisamment voisines de a, soit au-dessous, soit au-dessus, la fonction prend des valeurs toutes plus petites ou toutes plus grandes que pour $x=a$. Ainsi, en désignant par h un accroissement donné à x, pour que $x=a$ détermine un maximum ou un minimum, il faudra que la différence $f(a+h)-f(a)$ reste toujours négative ou toujours positive, quel que soit le signe de h, tant que cet accroissement sera suffisamment petit.

On peut dire également que la valeur $x=a$ donne un maximum ou un minimum de la fonction, lorsque x croissant et passant par la valeur a, la fonction cesse de croître pour commencer à décroître, ou cesse de décroître pour commencer à croître.

On a vu que, lorsque la fonction représentée par $f(x)$ est

35..

entière, on a

$$f(a+h) = f(a) + f'(a)h + f''(a)\frac{h^2}{1.2} + \text{etc.},$$

ce qui donne

$$(1)\quad f(a+h) - f(a) = f'(a)h + f''(a)\frac{h^2}{1.2} + \text{etc.}$$

Si l'on attribue à h une valeur suffisamment petite, le second membre aura le signe de son premier terme. Donc, si $f'(a)$ n'est pas nulle, la différence $f(a+h) - f(a)$ changera de signe avec h; et par conséquent $f(a)$ ne pourra être ni un maximum ni un minimum.

Si $f'(a)$ est nulle et que $f''(a)$ ait une valeur différente de zéro, la différence $f(a+h) - f(a)$ aura toujours le même signe que $f''(a)$, quel que soit le signe de h, pourvu que cette quantité soit suffisamment petite. Ainsi, quand $f''(a)$ sera une quantité négative, $f(a)$ sera un maximum; quand $f''(a)$ sera une quantité positive, $f(a)$ sera un minimum.

Si l'on avait en même temps $f'(a) = 0$ et $f''(a) = 0$, la valeur $x = a$ ne produirait ni un maximum ni un minimum de la fonction, à moins que l'on n'eût aussi $f'''(a) = 0$; dans ce cas on aurait un maximum pour $x = a$, si $f^{\text{IV}}(a)$ était une quantité négative, et l'on aurait un minimum, si $f^{\text{IV}}(a)$ était une quantité positive.

En général, pour que $x = a$ donne un maximum ou un minimum de $f(x)$, il est nécessaire et il suffit que, dans la suite des fonctions dérivées de $f(x)$, la première fonction qui n'est pas réduite à zéro soit une dérivée d'ordre pair; et suivant que cette fonction est négative ou positive pour $x=a$, la valeur correspondante de la fonction est un maximum ou elle est un minimum.

Soit $f(x) = x^3 - 9x^2 + 15x - 3$.

En égalant à zéro la fonction dérivée du premier ordre, on obtient l'équation

$$x^2 - 6x + 5 = 0.$$

Les racines de cette équation sont 1 et 5. La valeur $x = 1$ réduit $f''(x)$ à -12 ; par conséquent la valeur que prend $f(x)$ pour $x = 1$ est un maximum. La valeur $x = 5$ réduit $f''(x)$ à $+12$; donc elle rend $f(x)$ un minimum.

Soit $f(x) = x^3 - 3x^2 + 3x + 7$.

La première dérivée de cette fonction étant $3x^2 - 6x + 3$, ou $3(x-1)^2$, elle ne peut devenir nulle que pour $x = 1$. Cette valeur de x réduit aussi $f''(x)$ à zéro, et $f'''(x)$ est un nombre. Par conséquent la fonction proposée n'admet ni maximum ni minimum.

Soit encore $f(x) = x^3 - 3x^2 + 6x + 7$

En égalant à zéro la dérivée du premier ordre, on obtient une équation qui n'a que des racines imaginaires, ainsi la fonction proposée n'admet ni maximum ni minimum.

304. Lorsque $f'(a)$ n'est pas nulle, la différence $f(a+h) - f(a)$ a, pour des valeurs positives très petites de h, le même signe que $f'(a)$. Par conséquent, si l'on donne à x des valeurs croissantes, la fonction $f(x)$ ira en croissant tant que la dérivée $f'(x)$ sera positive, et elle ira au contraire en décroissant lorsque la dérivée sera négative.

305. Supposons que deux valeurs réelles et inégales de x réduisent $f(x)$ à zéro, et que l'on fasse croître x depuis la plus petite de ces deux valeurs jusqu'à la plus grande ; il faudra nécessairement que la fonction $f(x)$, si elle est d'abord croissante, devienne ensuite décroissante; ou, si elle est d'abord décroissante, devienne ensuite croissante. Par conséquent il faudra qu'entre ces deux valeurs de x il s'en trouve une qui réduise $f'(x)$ à zéro. C'est aussi ce qu'on voit par les raisonnements qui ont été faits pour la démonstration du théorème de M. Sturm (n° **412**) ; car si a est une racine réelle de l'équation $f(x) = 0$, il a été prouvé qu'en désignant par h une quantité positive très petite, $f(a+h)$ et $f'(a+h)$ ont le même signe, et si b est une autre racine de la même équation, on a vu également que $f(b-h)$ et $f'(b-h)$ ont des signes contraires; or, s'il ne se trouve aucune racine de l'équation $f(x) = 0$ entre a et b, $f(a+h)$

et $f(b-h)$ auront le même signe ; donc $f'(a+h)$ et $f'(b-h)$ devront avoir des signes contraires ; il y aura donc entre $a+h$ et $b-h$ une racine de l'équation $f'(x)=0$.

Ainsi, *entre deux racines réelles inégales d'une équation* $f(x)=0$, *il se trouve au moins une racine réelle de l'équation* $f'(x)=0$.

Ce théorème, qui a été découvert par Rolle, sert de base à une méthode connue sous le nom de *Méthode des cascades,* que ce géomètre a proposée pour la résolution des équations.

306. En écrivant x au lieu de a, dans l'égalité (1), et en divisant les deux membres par h, on obtient

$$\frac{f(x+h)-f(x)}{h}=f'(x)+\frac{h}{1.2}f''(x)+\frac{h^2}{1.2.3.}f'''(x)+\text{etc.}$$

Comme les fonctions dérivées $f'(x)$, $f''(x)$, etc., sont entières par rapport à x, elles ont toujours des valeurs finies, tant que x ne devient pas infini ; on peut donc prendre h assez petit pour que la valeur numérique de la quantité

$$\frac{h}{1.2}f''(x)+\frac{h^2}{1.2.3}f'''(x)+\text{etc.}$$

soit inférieure à un nombre donné ι, si voisin qu'on le voudra de zéro (n° 352). Alors on aura

$$\frac{f(x+h)-f(x)}{h}>f'(x)-\iota,\ \text{ et }\ \frac{f(x+h)-f(x)}{h}<f'(x)+\iota.$$

Ainsi, *lorsque dans une fonction entière d'une quantité variable, cette variable reçoit un accroissement très petit, le rapport de l'accroissement de la fonction à celui de la variable est une quantité finie qui est à très peu près égale à la valeur que prend la fonction dérivée du premier ordre de la fonction proposée pour la valeur primitive de la variable.*

Ou autrement, *la dérivée du premier ordre d'une fonction entière d'une variable exprime la limite du rapport de l'accroissement de la fonction à l'accroissement de la variable.*

307. Lemme. *Soient* A *la plus petite et* B *la plus grande* *des valeurs que reçoit la fonction dérivée* f′(x), *lorsque* x *croît par degrés insensibles depuis* a *jusqu'à* b ; *et soit* c *une valeur quelconque de* x *comprise entre* a *et* b. *La valeur du rapport* $\frac{f(c) - f(a)}{c - a}$ *sera toujours comprise entre* A et B.

Désignons par ε et h deux nombres très petits, dont le second soit tel que l'on ait pour toutes les valeurs de x comprises entre a et b,

$$\frac{f(x+h)-f(x)}{h} > f'(x)-\varepsilon, \text{ et } \frac{f(x+h)-f(x)}{h} < f'(x)+\varepsilon.$$

Comme on a, par hypothèse, pour toute valeur de x comprise entre a et b, $f'(x) > \mathrm{A}$, et $f'(x) < \mathrm{B}$, on aura aussi

$$\frac{f(x+h)-f(x)}{h} > \mathrm{A}-\varepsilon \text{ et } \frac{f(x+h)-f(x)}{h} < \mathrm{B}+\varepsilon.$$

Cela posé, concevons que l'on donne à x une suite de valeurs croissantes depuis a jusqu'à c, de telle sorte que la différence de deux valeurs consécutives soit toujours plus petite que h ; les deux inégalités ci-dessus seront vérifiées quand on y mettra l'une de ces valeurs pour x, et la suivante pour $x+h$; ainsi, en désignant les valeurs comprises entre a et c par $\alpha_1, \alpha_2, \ldots \alpha_n$, les fractions

$$\frac{f(\alpha_1)-f(a)}{\alpha_1 - a}, \quad \frac{f(\alpha_2)-f(\alpha_1)}{\alpha_2-\alpha_1}, \ldots \frac{f(c)-f(\alpha_n)}{c-\alpha_n},$$

seront toutes plus grandes que $\mathrm{A}-\varepsilon$, et toutes plus petites que $\mathrm{B}+\varepsilon$.

Or, toutes ces fractions ayant des dénominateurs positifs, si l'on divise la somme de leurs numérateurs par la somme de leurs dénominateurs, on obtiendra une nouvelle fraction qui sera elle-même comprise entre les quantités $\mathrm{A}-\varepsilon$ et $\mathrm{B}+\varepsilon$ (n° 164). D'ailleurs, cette nouvelle fraction est précisément le rapport

$$\frac{f(c)-f(a)}{c-a}.$$

Donc la valeur de ce rapport est comprise entre $A-\varepsilon$ et $B+\varepsilon$. Et comme cette conclusion subsiste quel que petit que soit le nombre ε, il s'ensuit que ce rapport est compris entre A et B.

COROLLAIRE Ier. La proposition qu'on vient d'établir ne cesse pas d'avoir lieu quand on suppose $c=b$.

COROLLAIRE II. Concevons que x passe par degrés insensibles depuis la limite a jusqu'à la limite b; la fonction dérivée $f'(x)$ variera aussi par degrés insensibles (n° 353); donc elle prendra successivement toutes les valeurs comprises entre les quantités A et B, qui sont l'une la plus petite et l'autre la plus grande des valeurs qu'elle reçoit dans cet intervalle. Donc aussi toute quantité comprise entre A et B sera une valeur de $f'(x)$ correspondante à une valeur de x comprise entre a et b. Nous désignerons, d'après FOURIER, une semblable valeur de $f'(x)$, par la notation $f'(a\ldots b)$; de cette manière, on aura

$$\frac{f(b)-f(a)}{b-a}=f'(a\ldots b).$$

Rectification de la méthode de NEWTON, *d'après* FOURIER.

508. Soient a et b deux nombres qui comprennent une racine incommensurable de l'équation $f(x)=0$; et supposons que chacune des équations $f'(x)=0$, et $f''(x)=0$ n'ait pas de racine comprise entre ces nombres.

Pour que l'on puisse trouver deux valeurs approchées d'une racine de l'équation $f(x)=0$ qui satisfassent à cette condition, il est nécessaire que cette racine ne vérifie ni l'équation $f'(x)=0$ ni l'équation $f''(x)=0$. Mais quand l'équation $f(x)=0$ n'a pas de racines égales, aucune de ses racines ne satisfait à l'équation $f'(x)=0$; et si les équations $f(x)=0$ et $f''(x)=0$ ont des racines communes, il faudra substituer à l'équation $f(x)=0$ deux autres équations plus simples, qu'on obtiendra en égalant à zéro le plus grand commun diviseur des polynomes $f(x)$ et $f''(x)$, et le quotient de $f(x)$ par ce plus grand commun diviseur.

Si l'on substitue chacun des nombres a et b dans les trois fonctions $f(x)$, $f'(x)$, $f''(x)$, on aura pour $f(x)$ des valeurs de signes contraires, et pour chacune des deux autres fonctions on aura des valeurs de même signe. De plus, on voit par ce qui a été dit pour la démonstration du théorème de M. Sturm que, si a est la plus petite des deux limites a et b, $f(a)$ et $f'(a)$ auront des signes contraires et $f(b)$ et $f'(b)$ auront le même signe. Ainsi les signes des trois fonctions $f(x)$, $f'(x)$, et $f''(x)$, pour $x=a$ et pour $x=b$, en supposant $a<b$, ne pourront offrir que l'une des quatre combinaisons indiquées dans le tableau ci-dessous :

		$f(x)$	$f'(x)$	$f''(x)$
(1)	(a)	$-$	$+$	$+$
	(b)	$+$	$+$	$+$

		$f(x)$	$f'(x)$	$f''(x)$
(2)	(a)	$-$	$+$	$-$
	(b)	$+$	$+$	$-$

		$f(x)$	$f'(x)$	$f''(x)$
(3)	(a)	$+$	$-$	$+$
	(b)	$-$	$-$	$+$

		$f(x)$	$f'(x)$	$f''(x)$
(4)	(a)	$+$	$-$	$-$
	(b)	$-$	$-$	$-$

Considérons le cas de la première combinaison.

Soit β la quantité inconnue qu'il faudrait retrancher de la plus grande limite b, pour avoir la valeur exacte de x; de sorte qu'on ait $f(b-\beta)=0$. Le lemme du n° **507** donne

$$\frac{f(b)-f(b-\beta)}{\beta}=f'(b\ldots b-\beta),$$

en exprimant par $f'(b\ldots b-\beta)$ la valeur de $f'(x)$, pour une certaine valeur inconnue de x qui est comprise entre b et $b-\beta$. On tire de là, à cause de $f(b-\beta)=0$,

$$(5)\qquad \beta=\frac{f(b)}{f'(b\ldots b-\beta)};$$

La fonction $f''(x)$, qui est la première dérivée de $f'(x)$, étant constamment positive entre a et b, il s'ensuit que $f'(x)$ est toujours croissante entre ces limites (n° 504), de sorte que $f'(b \ldots b-\beta) < f'(b)$; donc on a $\beta > \frac{f(b)}{f'(b)}$, d'où

$$b-\beta \quad \text{ou} \quad x < b - \frac{f(b)}{f'(b)}.$$

On déduit ainsi de la limite b, qui est plus grande que x, une autre limite, $b - \frac{f(b)}{f'(b)}$, qui est plus approchée de x que la précédente, puisqu'elle est moindre que celle-ci, et toujours plus grande que x.

On peut aussi obtenir une limite moindre que x, et plus approchée que a. A cet effet, désignons par α ce qu'il faut ajouter à a pour obtenir la valeur exacte de la racine, de sorte qu'on ait $f(a+\alpha) = 0$. Le lemme du n° 507 donne

$$\frac{f(a+\alpha) - f(a)}{\alpha} = f'(a \ldots a+\alpha);$$

donc,

$$(6) \qquad \alpha = - \frac{f(a)}{f'(a \ldots a+\alpha)},$$

en exprimant par $f'(a \ldots a+\alpha)$ la valeur de $f'(x)$, pour une certaine valeur de x comprise entre a et $a+\alpha$. Mais toute valeur de x comprise entre ces limites est comprise, à plus forte raison, entre a et b; ainsi on a $f'(a \ldots a+\alpha) < f'(b)$; de plus $f(a)$ est une quantité négative ; donc $\alpha > \frac{-f(a)}{f'(b)}$, d'où

$$a+\alpha \quad \text{ou} \quad x > a - \frac{f(a)}{f'(b)}.$$

On déduit ainsi de la moindre limite a une limite qui est plus approchée, puisqu'elle est à la fois plus grande que la précédente et plus petite que x.

Il est essentiel de remarquer que, dans le cas dont nous venons de nous occuper, on ne peut pas appliquer avec certitude, à la moindre limite a, la méthode de Newton telle que nous l'avons exposée dans le n° 418; c'est-à-dire que si l'on prenait, pour la nouvelle valeur approchée de la racine, la quantité $a - \frac{f(a)}{f'(a)}$, la correction pourrait être fautive. En effet, il résulte de la relation (6) que α est moindre que $\frac{-f(a)}{f'(a)}$; par conséquent la quantité $a - \frac{f(a)}{f'(a)}$ est plus grande que x. On n'est donc pas certain que cette valeur soit plus approchée de x que la première limite a.

On reconnaît, par des raisonnements analogues à ceux que nous venons d'exposer, que, lorsque les signes de $f''(x)$, $f'(x)$, $f(x)$, pour les limites a et b, offrent la combinaison (4), les nouvelles limites de la racine, déduites de a et de b, sont, comme dans le cas précédent,

$$a - \frac{f(a)}{f'(b)}, \quad b - \frac{f(b)}{f'(b)}.$$

Lorsque ces signes offrent une des combinaisons (2) et (3), on trouve par les mêmes raisonnements qu'il faut prendre pour les limites de la racine

$$a - \frac{f(a)}{f'(a)}, \quad b - \frac{f(b)}{f'(a)}.$$

509. Cette méthode ne laisse rien à désirer sous le rapport de la certitude, à l'égard du degré d'approximation qu'on obtient à chaque opération ; car on trouve deux limites, l'une moindre et l'autre plus grande que la racine cherchée, de sorte que chaque limite diffère de cette racine d'une quantité moindre que la différence des deux limites. Mais, pour faire mieux apprécier l'avantage de la méthode, il est bon de montrer que l'approximation croît d'une manière rapide.

A cet effet, nommons i la différence des limites b et a, i' la différence des nouvelles limites b' et a' qui s'en déduisent, et supposons que ces nouvelles limites soient celles qu'on obtient dans le cas que nous avons considéré en premier lieu; de sorte qu'on aura

$$b' = b - \frac{f(b)}{f'(b)}, \quad a' = a - \frac{f(a)}{f'(b)};$$

En retranchant ces deux égalités l'une de l'autre, et remplaçant $b - a$ par i et $b' - a'$ par i', on obtient

$$i' = i - \frac{f(b) - f(a)}{f'(b)};$$

mais puisque $b - a = i$, on a

$$\frac{f(b) - f(a)}{i} = f'(b \ldots a), \text{ d'où } f(b) - f(a) = if'(b \ldots a);$$

donc

$$i' = i - \frac{if'(b \ldots a)}{f'(b)} \quad \text{ou} \quad i' = \frac{i[f'(b) - f'(b \ldots a)]}{f'(b)}.$$

$f'(b \ldots a)$ désignant la valeur de $f'(x)$ pour une certaine valeur de x comprise entre b et a, on peut représenter cette valeur de $f'(x)$ par $f'(b - i'')$, et i'' sera une quantité moindre que i. Or on aura

$$\frac{f'(b) - f'(b - i'')}{i''} = f''(b \ldots b - i'');$$

d'où

$$f'(b) - f'(b - i'') = i''f''(b \ldots b - i'');$$

et en observant que toute valeur de x comprise entre b et $b - i''$ est comprise entre b et a, il viendra enfin

$$i' = ii''\frac{f''(b \ldots a)}{f'(b)}.$$

Par conséquent, si l'on détermine la plus grande valeur numérique de $f''(b \ldots a)$, c'est-à-dire la plus grande valeur que prend $f''(x)$ dans l'intervalle des deux limites a et b, en représentant par C le quotient de cette quantité par $f'(b)$, on aura

$$i' < Ci^2 \text{ (*)}.$$

Cette dernière relation montre que, lorsque la quantité i

(*) On peut démontrer que l'on a $i' < \frac{1}{2}Ci^2$, mais, pour cela, il faut employer les deux premiers termes de la série de Taylor.

sera une unité décimale fort petite, la différence i' sera elle-même fort petite par rapport à i. Toutefois on ne peut pas en conclure que chaque opération doit fournir autant de nouvelles décimales exactes qu'on en avait obtenues auparavant; car il faudrait pour cela que la quantité C ne surpassât pas l'unité.

Il est facile de voir que si, au lieu de prendre pour la quantité C la plus grande valeur numérique de la fraction $\frac{f''(b\ldots.a)}{f'(b)}$, on prend la plus grande valeur numérique de la fraction $\frac{f''(b\ldots a)}{f'(a)}$, la relation $i' < Ci^2$ sera vérifiée pour cette valeur de C pendant toute la durée des opérations successives qu'on aura à effectuer afin d'approcher suffisamment de la racine.

Lorsque l'on doit prendre, au lieu des limites que nous venons de considérer, celles qui sont données par les formules $a - \frac{f(a)}{f'(a)}$ et $b - \frac{f(b)}{f'(a)}$, on a, entre la différence de ces limites et celle des limites primitives a et b, la relation $i' < Ci^2$, C désignant la plus grande valeur numérique de la fraction $\frac{f''(b\ldots a)}{f'(a)}$; et si l'on veut que cette quantité C une fois calculée conserve la même valeur dans tout le cours des opérations successives, il suffit de la prendre égale à la plus grande valeur de la fraction $\frac{f''(b\ldots a)}{f'(b)}$.

510. Pour donner un exemple, reprenons l'équation

$$6x^3 - 141x + 263 = 0.$$

On a vu (n° **421**) que cette équation a deux racines positives dont l'une est comprise entre 2,7 et 2,8, et l'autre est comprise entre 2,8 et 2,9.

En formant les deux premières dérivées du premier membre, on trouve

$$f'(x) = 18x^2 - 141, \quad f''(x) = 36x.$$

La fonction dérivée $18x^2 - 141$ est négative pour $x = 2{,}7$, et elle est positive pour $x = 2{,}8$; ainsi l'équation $f'(x) = 0$ a une racine entre $2{,}7$ et $2{,}8$. Cette équation n'a pas de racine comprise entre $2{,}8$ et $2{,}9$. Quant à l'équation $f''(x) = 0$ ou $36x = 0$, elle n'est vérifiée que par $x = 0$.

Les équations $f'(x) = 0$ et $f''(x) = 0$ n'ayant pas de racines comprises entre les nombres $2{,}8$ et $2{,}9$, on peut faire immédiatement usage de la méthode pour approcher de la racine de l'équation proposée qui tombe entre ces nombres.

La substitution des nombres $2{,}8$ et $2{,}9$ dans les trois fonctions $f(x)$, $f'(x)$ et $f''(x)$, donne les signes marqués dans le tableau ci-dessous :

	$f(x)$	$f'(x)$	$f''(x)$
2,8	$-$	$+$	$+$
2,9	$+$	$+$	$+$

Ainsi il faudra employer la plus grande limite $2{,}9$. On trouvera en partant de cette limite une suite de nombres qui seront tous plus grands que la racine, et qui en approcheront de plus en plus.

La valeur de la fraction $-\dfrac{f(2{,}9)}{f'(2{,}9)}$ calculée jusqu'aux centièmes est $-0{,}04$, ce qui donne $2{,}86$ pour la nouvelle valeur approchée de la racine.

La valeur de la fraction $-\dfrac{f(2{,}86)}{f'(2{,}86)}$ calculée jusqu'aux dix-millièmes est $-0{,}0163$, ce qui donne $2{,}8437$ pour la troisième valeur approchée de la racine.

Pour apprécier l'approximation qu'on obtient à chaque correction, afin de ne prendre dans les opérations suivantes que des chiffres dont l'exactitude soit certaine, on pourra calculer la quantité C. Pour cela, il faut d'abord chercher la plus grande valeur que prend la fonction dérivée du second ordre entre les limites $2{,}8$ et $2{,}9$. Cette fonction dérivée étant $36x$, sa valeur est d'autant plus grande que x est plus grand. Ainsi, si l'on veut obtenir une valeur de C qui puisse être employée pendant toute la durée des opérations, il faut prendre la fraction $\frac{36 \times 2{,}9}{f'(2{,}8)}$; mais cette fraction a une valeur fort grande, parce que $f'(2{,}8)$ est un nombre très petit.

Comme la première correction fait connaître que la racine est comprise entre 2,8 et 2,86, on peut calculer la quantité C au moyen de ces limites, afin d'apprécier l'approximation fournie par la seconde correction ; mais on trouve alors $C = \frac{36 \times 2{,}86}{f'(2{,}86)}$; et d'après cette valeur de C, on ne serait point encore assuré de l'exactitude des chiffres qui suivent celui des dixièmes.

On levera l'incertitude en substituant 2,84 dans l'équation. Ce nombre donne un résultat négatif; ainsi la racine est comprise entre 2,84 et 2,8437. D'après ces dernières limites, on peut prendre pour la valeur de C, dans toutes les opérations suivantes, la fraction $\frac{36 \times 2{,}8437}{f'(2{,}84)}$, et comme la valeur de cette fraction est moindre que 25, on aura dans toutes ces opérations $i' < 25i^2$. On conclut de cette relation qu'après la troisième correction l'erreur sera au-dessous de 0,0004 ; que la quatrième correction donnera exactement les cent-millièmes ; et que dans chacune des opérations suivantes le nombre des chiffres décimaux exacts ne sera pas inférieur de plus de deux unités au double du nombre des chiffres décimaux de la valeur sur laquelle on opérera.

Pour appliquer la méthode à la racine comprise entre 2,7 et 2,8, il faut d'abord en obtenir des limites plus approchées. La racine positive de l'équation $18x^2 - 141$ est $\sqrt{\frac{141}{18}}$ ou 2,79 à moins d'un centième. En substituant 2,79 dans le premier membre de l'équation proposée, on obtient un résultat négatif, et comme 2,7 a donné un résultat positif, la racine est comprise entre 2,7 et 2,79. On peut donc prendre ces deux nombres pour les limites primitives a et b.

La substitution des nombres 2,7 et 2,79 dans les trois

fonctions $f(x)$, $f'(x)$ et $f''(x)$ donne les signes marqués dans le tableau ci-dessous :

	$f(x)$	$f'(x)$	$f''(x)$
2,7	+	—	+
2,79	—	—	+

Ainsi, il faudra employer la plus petite limite 2,7. On trouvera en partant de cette limite une suite de nombres qui seront tous plus petits que la racine et qui en approcheront de plus en plus.

La valeur de la fraction $-\frac{f(2{,}7)}{f'(2{,}7)}$ calculée jusqu'aux centièmes est 0,04, ce qui donne 2,74 pour la troisième valeur approchée de la racine.

La valeur de la fraction $-\frac{f(2{,}74)}{f'(2{,}74)}$ calculée jusqu'aux dix-millièmes est 0,0144, ce qui donne 2,7544 pour la troisième valeur approchée de la racine.

En substituant dans l'équation 2,76, on a un résultat négatif; ainsi la racine est comprise entre 2,7544 et 2,76.

D'après ces dernières limites, on pourra prendre pour la quantité C, pendant toute la durée des opérations subséquentes, la valeur numérique de la fraction $\frac{36 \times 2{,}76}{f'(2{,}76)}$; et comme cette valeur est moindre que 26, on aura dans toutes ces opérations $i' < 26i^2$. Pour les limites 2,7544 et 2,76, la différence i étant plus petite que 0,006, la relation ci-dessus fait voir que l'on aura $i' < 0{,}001$; et l'on en conclut que dans chacune des opérations suivantes, le nombre des chiffres décimaux exacts ne sera pas inférieur de plus de deux unités au double du nombre des chiffres décimaux de la valeur sur laquelle on opérera.

Observations relatives aux fractions qui se présentent sous la forme $\frac{0}{0}$.

311. Les développements en séries peuvent être utilement employés pour découvrir la vraie valeur d'une expression qui se présente sous la forme indéterminée $\frac{0}{0}$.

Pour en donner quelques exemples, prenons d'abord l'expression

$$\frac{-b+\sqrt{b^2-4ac}}{2a}.$$

On a vu (n° 190) que, pour obtenir la vraie valeur de cette expression quand on a fait $a=0$, ce qui la réduit à $\frac{0}{0}$, il suffit de multiplier les deux termes par $+b+\sqrt{b^2-4ac}$. On peut aussi parvenir au même but en développant le radical en une série ordonnée par rapport aux puissances croissantes de a. A cet effet, on écrit d'abord ce radical comme il suit :

$$b\left(1-\frac{4ac}{b^2}\right)^{\frac{1}{2}}.$$

D'après la formule du binome, on trouve, pour toutes les valeurs de a qui satisfont à la condition $4ac < b^2$,

$$\left(1-\frac{4ac}{b^2}\right)^{\frac{1}{2}} = 1-\frac{2ac}{b^2}-\frac{2a^2c^2}{b^4}-\text{etc.},$$

d'où l'on conclut

$$\sqrt{b^2-4ac} = b-\frac{2ac}{b}-\frac{2a^2c^2}{b^3}-\text{etc.};$$

il en résulte

$$\frac{-b+\sqrt{b^2-4ac}}{2a} = -\frac{c}{b}-\frac{ac^2}{b^3}-\text{etc.}$$

La dernière égalité montre que, lorsqu'on suppose $a=0$, l'expression proposée se réduit à $-\frac{c}{b}$.

Prenons en second lieu l'expression

$$\frac{-b+\sqrt[3]{b^3+ab^2}}{a}.$$

Cette expression devient aussi $\frac{0}{0}$ lorsqu'on suppose $a=0$; mais le radical peut être remplacé par l'expression équivalente

$$b\left(1+\frac{a}{b}\right)^{\frac{1}{3}};$$

au moyen de la formule du binome on trouve, en supposant $a<b$,

$$\left(1+\frac{a}{b}\right)^{\frac{1}{3}}=1+\frac{1}{3}\cdot\frac{a}{b}-\frac{1}{3}\cdot\frac{1}{3}\cdot\frac{a^2}{b^2}+\text{etc.},$$

d'où l'on conclut

$$\frac{-b+\sqrt[3]{b^3+ab^2}}{a}=\frac{1}{3}-\frac{1}{3}\cdot\frac{1}{3}\cdot\frac{a}{b}+\text{etc.}$$

La dernière égalité montre que, lorsqu'on suppose $a=0$, l'expression proposée se réduit à $\frac{1}{3}$.

Soit encore l'expression

$$\frac{e^x-e^{-x}}{2x},$$

cette expression devient $\frac{0}{0}$ lorsqu'on fait $x=0$; mais en remplaçant les exponentielles e^x et e^{-x} par leurs développements en séries, il vient

$$\frac{e^x-e^{-x}}{2x}=1+\frac{x^2}{1.2.3}+\frac{x^4}{1.2.3.4.5}+\text{etc.}$$

On voit par cette égalité que, lorsqu'on fait $x=0$, l'expression proposée se réduit à 1.

312. Considérons généralement une fraction dont les deux termes soient des fonctions algébriques, rationnelles ou irrationnelles, d'une quantité variable. Représentons cette fraction par $\frac{f(x)}{F(x)}$, et supposons qu'elle devienne $\frac{0}{0}$ pour $x=a$. Si l'on remplace x par $a+h$, la fraction proposée deviendra

$\frac{f(a+h)}{F(a+h)}$. On pourra alors développer le numérateur et le dénominateur suivant les puissances ascendantes de h. Puisque, par hypothèse, les quantités $f(a)$ et $F(a)$ sont nulles, il faudra que les développements de $f(a+h)$ et $F(a+h)$ se réduisent à zéro pour $h=0$; par conséquent ces développements ne contiendront que des puissances positives de h, et ils ne renfermeront pas de terme indépendant de h. Soit $f(a+h) = Ph^{\alpha} + Qh^{\mathfrak{C}} +$ etc. et $F(a+h) = P'h^{\alpha'} + Q'h^{\mathfrak{C}'} +$ etc.; la fraction $\frac{f(x)}{F(x)}$ sera remplacée par la suivante

$$\frac{Ph^{\alpha} + Qh^{\mathfrak{C}} + \text{etc.}}{P'h^{\alpha'} + Q'h^{\mathfrak{C}'} + \text{etc.}}.$$

Cela posé, si $\alpha = \alpha'$, en divisant le numérateur et le dénominateur de la dernière fraction par h^{α}, et faisant ensuite $h=0$, on trouvera pour la valeur de cette fraction $\frac{P}{P'}$. Si $\alpha > \alpha'$, en divisant le numérateur et le dénominateur par $h^{\alpha'}$ et faisant ensuite $h=0$, la fraction se réduira à zéro. Enfin, si $\alpha < \alpha'$, en divisant les deux termes par h^{α} et faisant ensuite $h=0$, la fraction deviendra infinie.

513. Lorsque, dans une fraction dont les deux termes sont des fonctions entières d'une quantité variable x, on donne à x une valeur infinie, la fraction se présente sous la forme indéterminée $\frac{\infty}{\infty}$. Pour faire disparaître l'indétermination, il suffit de diviser les deux termes de la fraction par une puissance de x telle que le numérateur ou le dénominateur ne contienne plus x qu'en diviseur.

Soient, par exemple, les trois fractions

$$\frac{2x^2-1}{x^2+2x+1},\quad \frac{2x^2-1}{x^3+1},\quad \frac{x^3-1}{2x^2+3x}.$$

En divisant les deux termes de chacune de ces fractions par x^2, on les change dans les suivantes :

$$\frac{2-\frac{1}{x^2}}{1+\frac{2}{x}+\frac{1}{x^2}},\quad \frac{2-\frac{1}{x^2}}{x+\frac{1}{x^2}},\quad \frac{x-\frac{1}{x^2}}{2+\frac{3}{x}}.$$

Si dans ces dernières fractions on suppose $x=\infty$, la première devient $\frac{2}{1}$ ou 2 ; la deuxième devient $\frac{2}{\infty}$ ou zéro ; la troisième devient $\frac{\infty}{2}$ ou l'infini.

FIN.

www.ingramcontent.com/pod-product-compliance
Lightning Source LLC
Chambersburg PA
CBHW031737210326
41599CB00018B/2611
* 9 7 8 2 0 1 2 6 2 9 5 5 4 *